乐高机器人——EV3与Scratch机器人基础与应用实例

林　文　编著

机械工业出版社
CHINA MACHINE PRESS

本书讲解了乐高 EV3 机器人模型的机械结构知识，以及编写 EV3 程序的编程方法，让读者在学习中不断体会图形化编程软件的特点。

本书共 21 章，包括认识 EV3 硬件，EV3 编程软件，认识 EV3 编程模块，EV3 建模软件，VRT、Scratch3.0 与 EV3 编程，EV3 Scratch 家庭版与教育版，以及俯卧撑机器人、超声波避障车、直升机、机械手、跳舞机器人、摩托车等 15 个由浅入深的精彩实例。

本书适合喜爱乐高 EV3 以及 Scratch 编程的青少年阅读。

图书在版编目（CIP）数据

乐高机器人：EV3与Scratch机器人基础与应用实例 / 林文编著. —北京：机械工业出版社， 2020. 5

ISBN 978-7-111-65392-9

Ⅰ. ①乐… Ⅱ. ①林… Ⅲ. ①智能机器人—程序设计—青少年读物 Ⅳ. ①TP242.6-49

中国版本图书馆CIP数据核字（2020）第063471号

机械工业出版社（北京市百万庄大街22号 邮政编码：100037）

策划编辑：杨 源 责任编辑：杨 源

责任校对：李 伟 责任印制：孙 炜

北京联兴盛业印刷股份有限公司印刷

2020年 6 月第 1 版第 1 次印刷

185mm × 260mm · 17.25印张 · 381千字

0001— 3000册

标准书号：ISBN 978-7-111-65392-9

定价：99. 80 元

电话服务 网络服务

客服电话：010-88361066 机 工 官 网：www. cmpbook. com

010-88379833 机 工 官 博：weibo. com/cmp1952

010-68326294 金 书 网：www. golden-book. com

封底无防伪标均为盗版 机工教育服务网：www. cmpedu. com

前 言

学习编程和制作乐高 EV3 机器人是一件很有意义的事情。在学习的过程中，既能学到机械结构知识，又能锻炼逻辑思维能力。本书涵盖了齿轮传动、蜗轮蜗杆结构、循环切换、变量、阵列、数学运算、数学公式等平时认为比较枯燥的知识，但通过本书的相关实例，将这些内容有趣且有序地融入其中，使学习变得生动起来。

本书共 21 章，前 6 章为乐高 EV3 机器人的基础知识。包括认识硬件、熟悉编程软件等。从第 7 章开始，采用循序渐进的方式，通过 15 个精彩的实例，向读者展现了丰富多彩的编程知识以及 EV3 模型。

实例部分每章的框架为：建模、EV3 程序、EV3 Scratch 程序、来编程吧、一个人也可以做好。本书的 EV3 模型和 EV3 程序从易到难，制作了形神兼备的乐高 EV3 模型，并编写了可以互动的程序。希望读者可以从本书中获得灵感，举一反三创作自己的 EV3 模型和程序。

本书是笔者在教学实践中的经验总结，在写作过程中力求严谨。但由于时间有限，难免会有所疏漏，恳请广大读者批评指正。

·目　录·

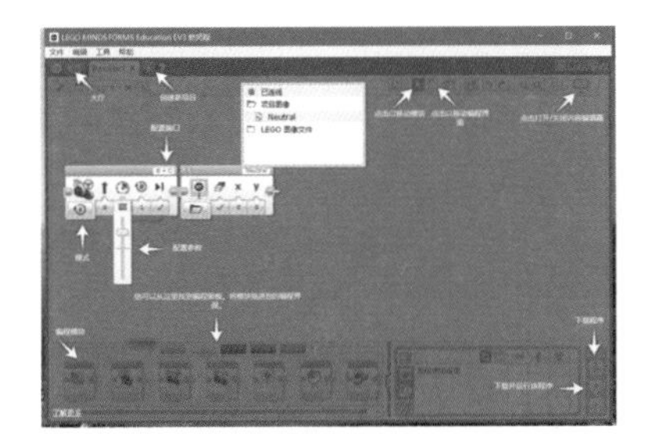

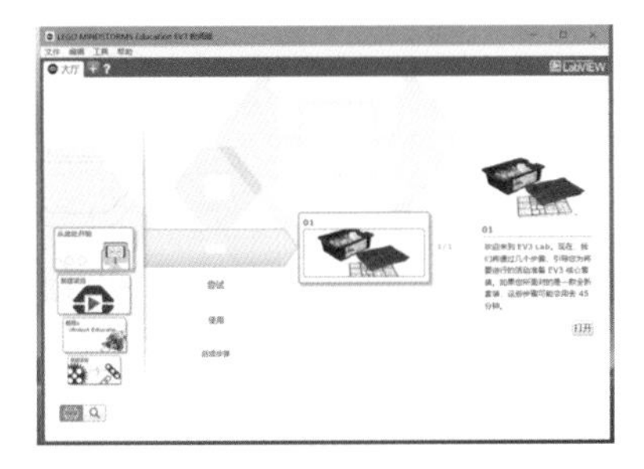

第 3 章 认识 EV3 编程模块

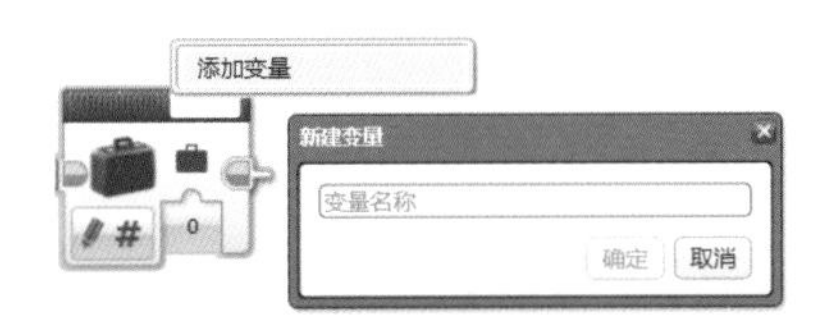

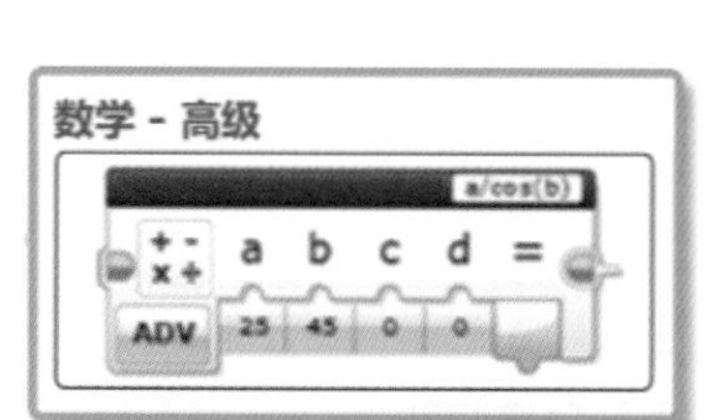

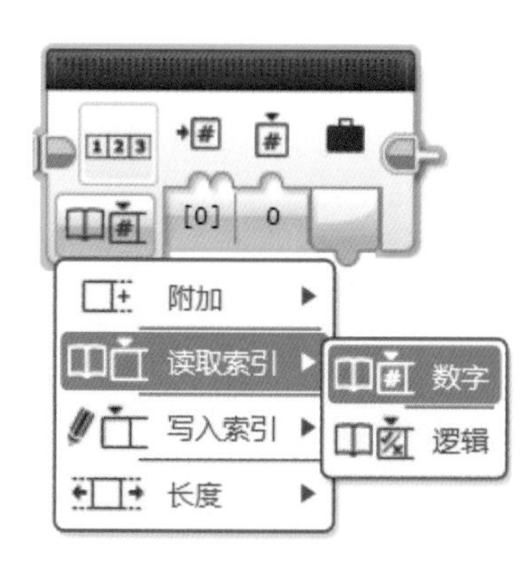

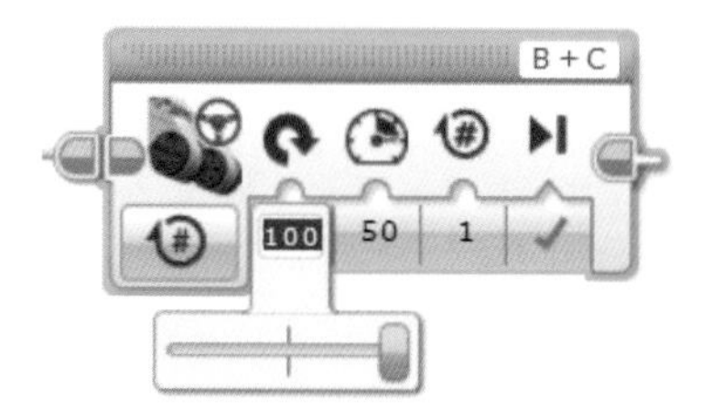

第 4 章 EV3 建模软件

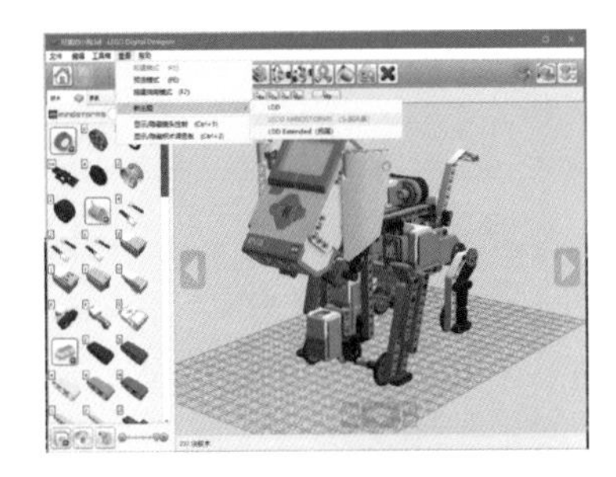

第 5 章 VRT、Scratch 3.0 与 EV3 编程

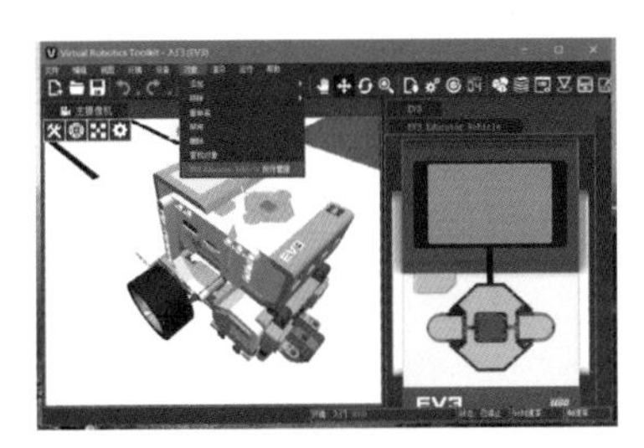

第 6 章　EV3 Scratch 家庭版与教育版

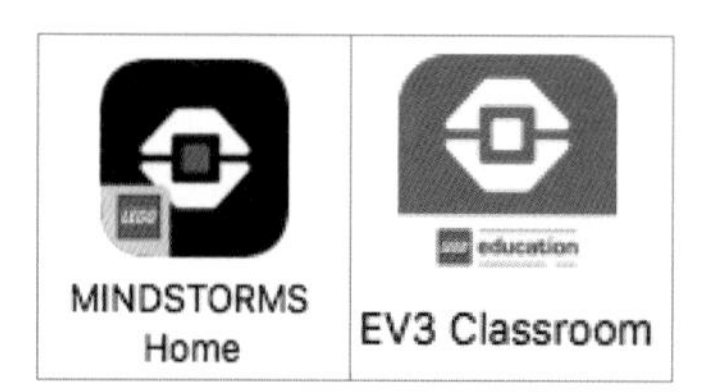

第 7 章　俯卧撑机器人

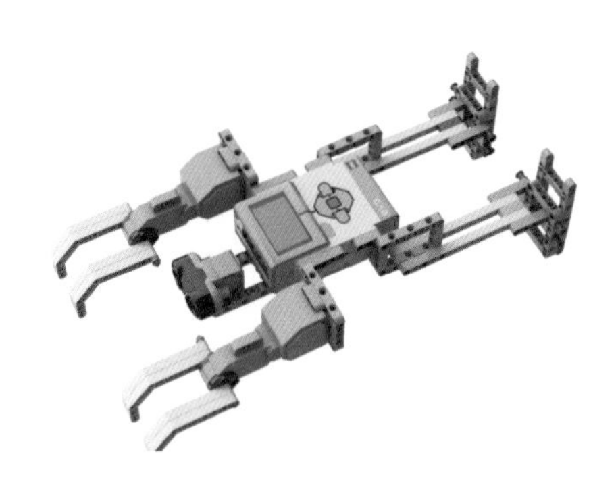

第 8 章 超声波避障车

第 9 章 陀螺发射器

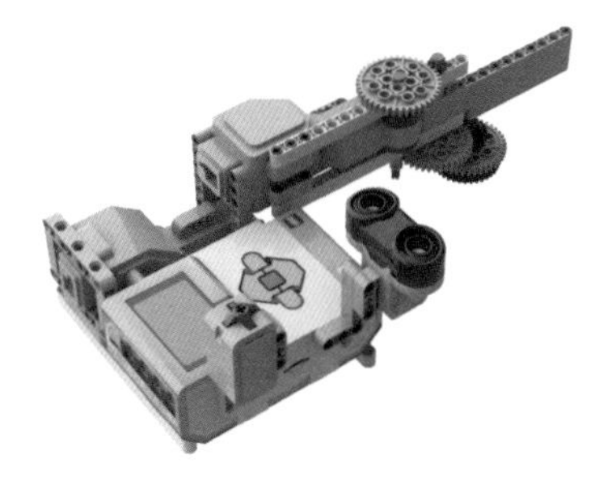

第 10 章 门禁、刮水器

第 11 章 推车机器人

第 12 章 直升机

第 13 章 打鼓机器人

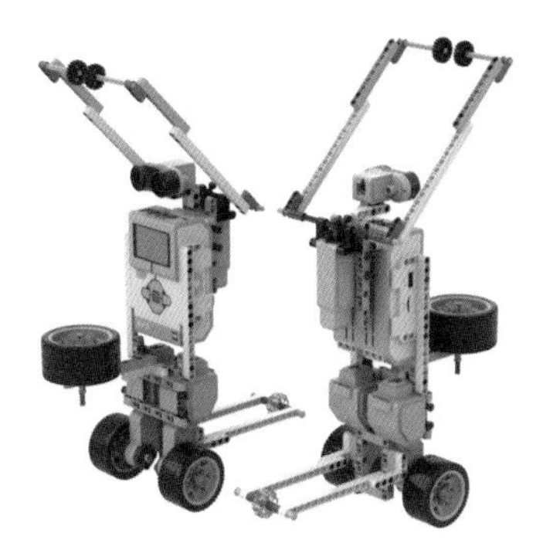

第 14 章 智能风扇

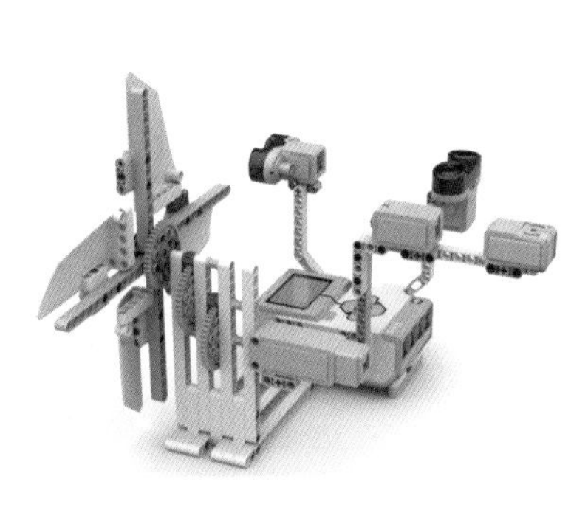

第 15 章 机械手

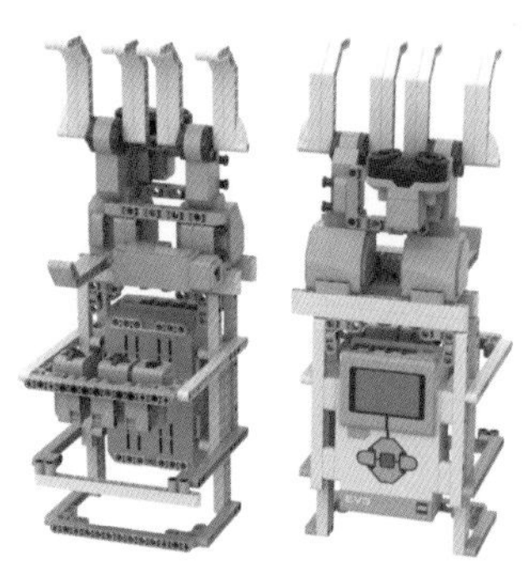

第 16 章　相扑比赛与巡线比赛

第 17 章　跳舞机器人

第 18 章 摩托车

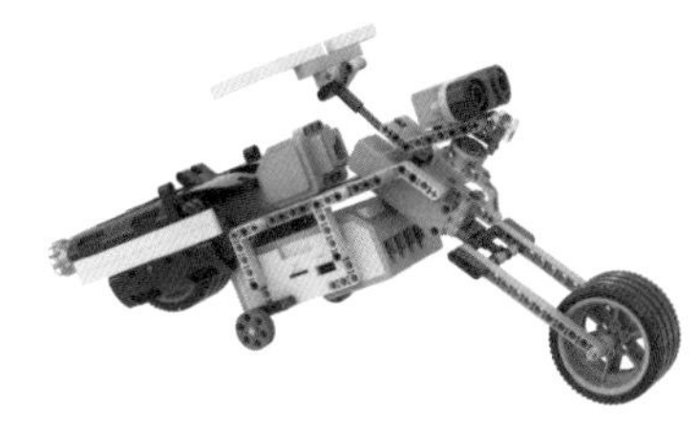

第 19 章 坦克

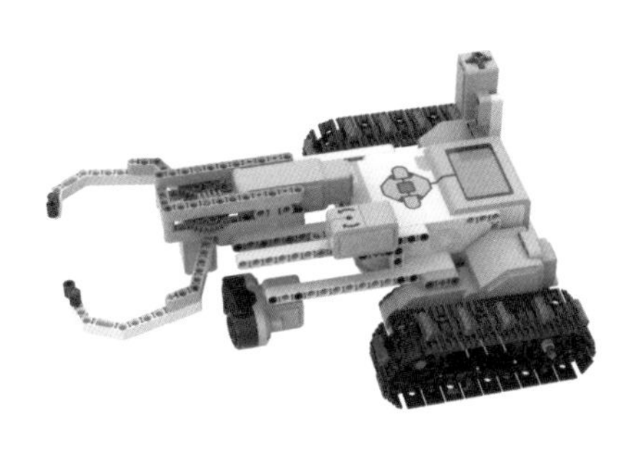

第 20 章 二战飞机

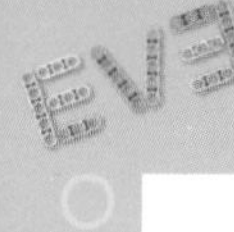

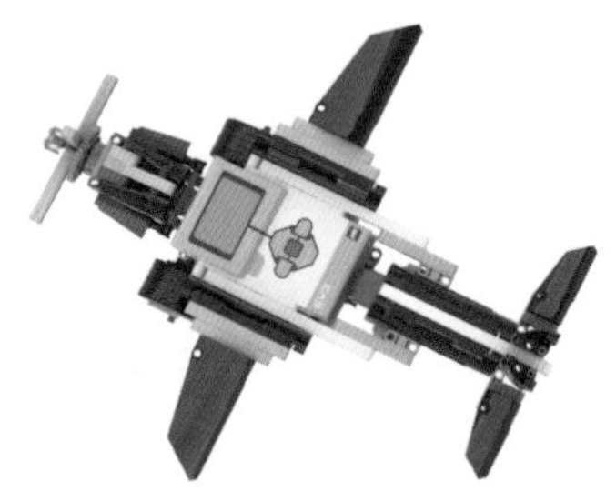

第21章 赛车

认识 EV3 硬件

乐高头脑风暴 EV3 机器人是乐高集团和麻省理工学院合作开发的第三代机器人，于 2013 年上市。它包括家庭版 31313 套装、教育版 45544 核心套装、45560 扩展套装，中国比赛版 9898 套装。孩子们可以从乐高头脑风暴 EV3 机器人中学到数学知识、机械原理、结构设计、编程逻辑。它可以培养孩子的创造力、想象力、空间思维能力。

现在，中国有很多机器人比赛。乐高 EV3 机器人是这些比赛的主要机器人之一。学习和掌握好乐高 EV3 机器人技术，不仅可以培养孩子动手动脑的能力，还可以为孩子考入理想的学校提供帮助。

希望通过本书的学习，能够帮助孩子实现自己的梦想。

1.1 EV3 套装介绍

本章用详细的产品说明和实例模型，以及老师的上课经验，总结了中国市场上的 EV3 套装介绍。指导大家怎样选择适合自己的套装。

本书使用的是教育版 45544 核心套装和 45560 扩展套装。

1.1.1 教育版 45544 核心套装

产品编号：45544　　积木数量：541

产品名称：EV3 机器人核心套装

产品说明：45544 核心套装可供学生根据真实的机器人技术搭建、编程，并测试自己的设计方案。套装包含一个坚固的收纳箱，其中有分类托盘，便于课堂管理。套装包含：EV3 控制核心，3 个交互式且内置旋转传感器的电机，1 个超声波传感器，1 个颜色传感器，1 个陀螺仪传感器，2 个触动传感器，1 个可充电电池，还有球轮、连接线，以及搭建指南。

此套装不能参加中国代理的乐高比赛

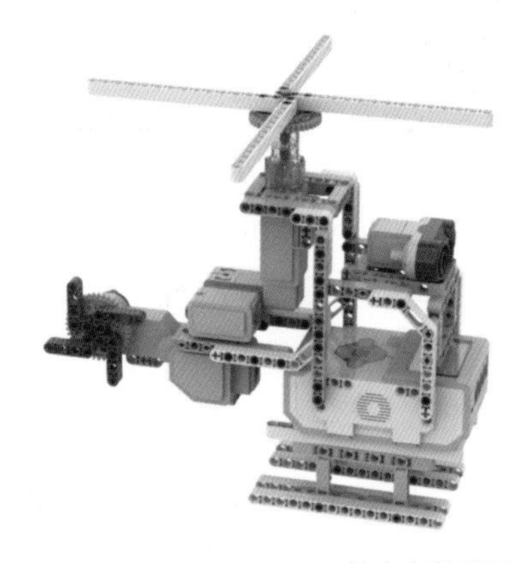

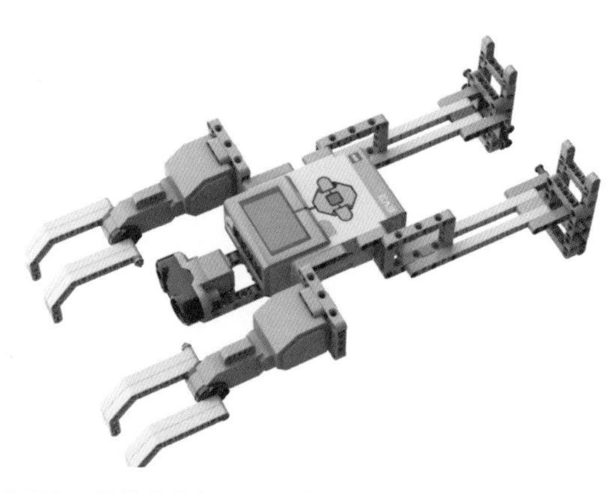

核心套装模型：激发创意，挑战你的机器人技能。

1.1.2　教育版45560扩展套装

产品编号：　45560　积木数量：　853

产品名称：　EV3机器人配件库

产品说明：　45560扩展套装包含各种补充零件，延续了EV3核心套装的批判性思维与创造性主题。目的是让学生的机器人体验达到新的水平，包括各种各样的特殊零件，如不同的齿轮、大转盘、机器人个性化配件、独特的结构零件、横梁、轮轴以及连接器。

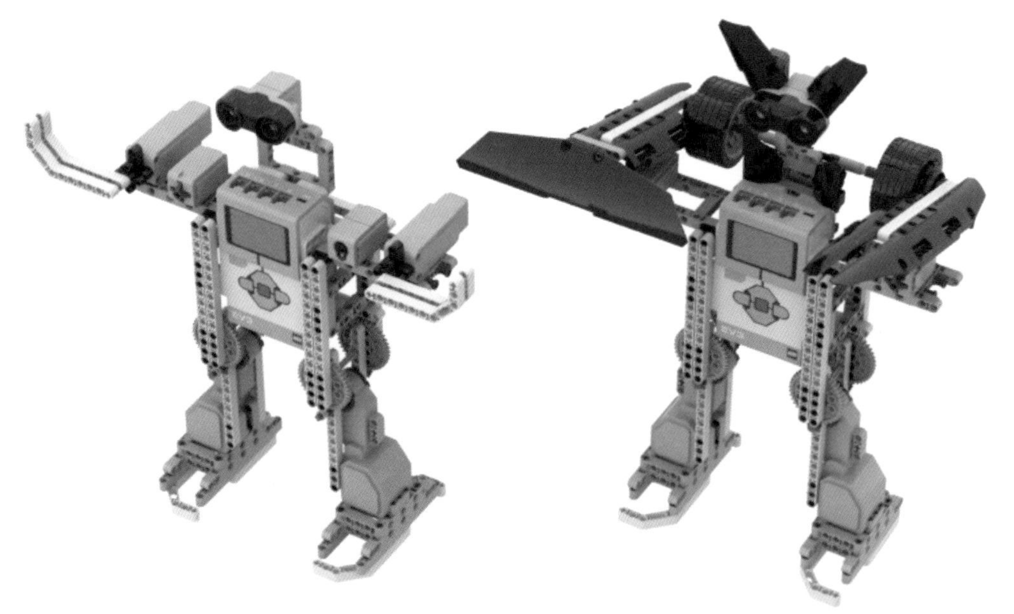

配件库模型：使用核心套装和扩展套装，可搭建出具有更多复杂功能的更大的模型。这款套装包含大量各式各样的补充零件，如有趣的高级搭建活动，可以加深学生对机器人的学习体验及发挥他们的创造力。

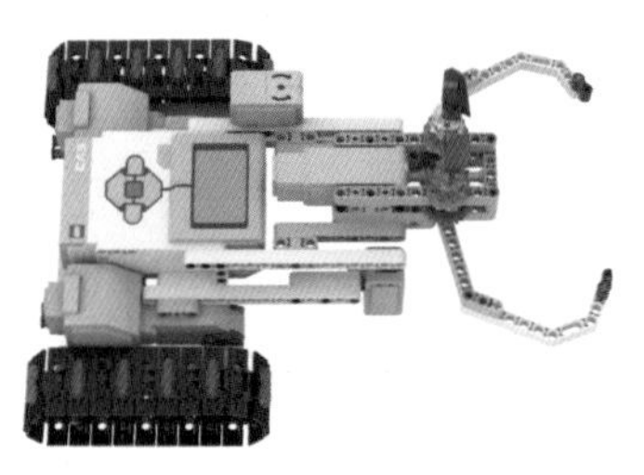

排爆坦克

超声波避障车

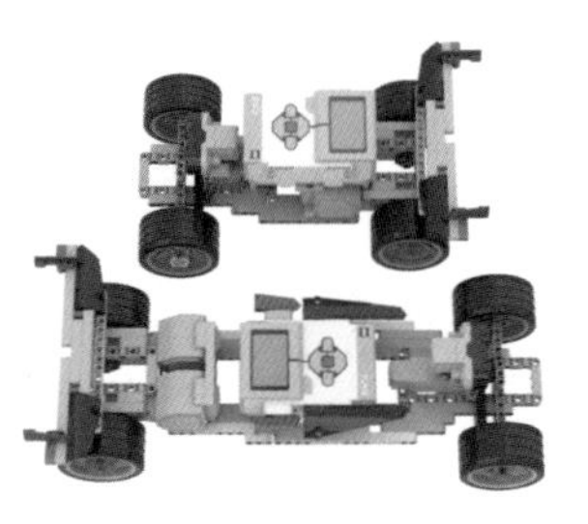

遥控赛车

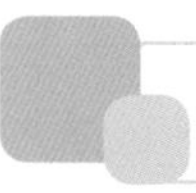

1.1.3 家庭版31313套装

产品编号： 31313 积木数量： 594

产品名称： EV3 第三代机器人家庭版

产品说明： 31313 家庭版乐高零件与可编程积木、电机及传感器的结合，可让你的机器人行走、说话、抓取、思考、射击以及做几乎所有能想到的事情！31313 套装配有 17 项拼砌说明，如人形机器人、蝎子、蛇、叉车、赛道卡车、电吉他以及行走的恐龙等。每个机器人均有其独一无二的特点，以及对其行为进行控制的程序。

家庭版套装有红外线传感器、红外信标，没有超声波传感器和陀螺仪传感器。零件颜色更多，种类也更多，有装饰的贴纸，也有家庭版的头脑风暴 EV3 编程软件。

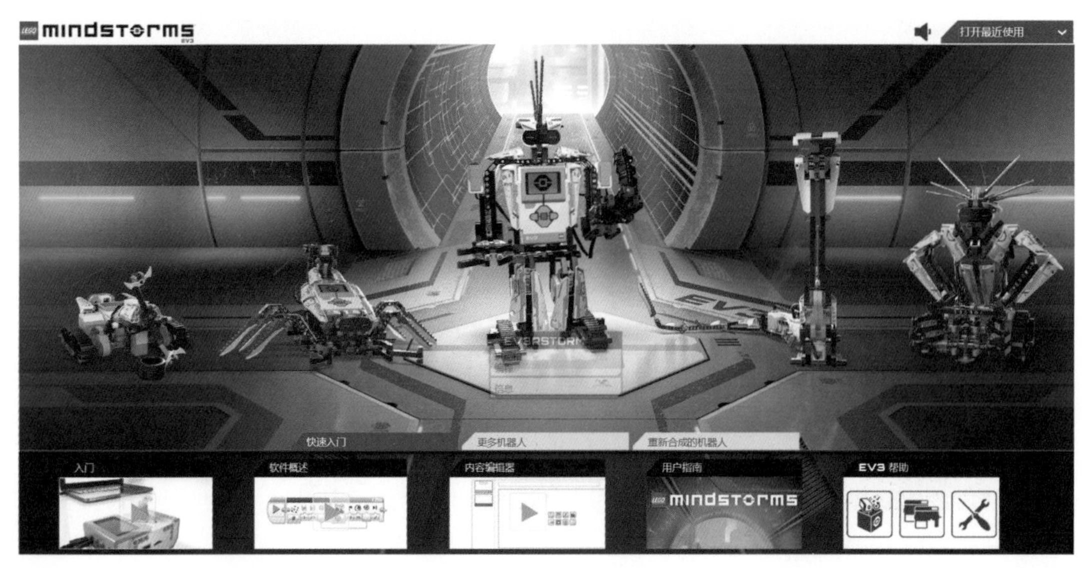

1.1.4　中国比赛版 9898 套装

产品编号:　9898　积木数量:　541

产品名称:　EV3 中国比赛版

产品说明:　中国比赛版 9898 套装带条形码，内置识别芯片。按照比赛举办者的要求，有些比赛规则限制必须使用 9898，要扫描芯片进行验证，45544 扩展套装是不行的。除了芯片之外，9898 还比 45544 扩展套装多一盒单独的 2000426 补充包（补充包需要另外加钱购买）。

注意:

中国比赛版 9898 套装与 45544 扩展套装的功能是完全一样的。但是在中国，受到有些中国代理的乐高比赛规则限制，只能使用中国比赛版 9898 套装参加比赛。比赛前会扫描程序块。只有购买中国比赛版 9898 套装加 45560 扩展套装，才能获得全套零件。2000426 补充包也要另外加钱购买。

乐高官方的比赛 LOGO

FIRST
LEGO
LEAGUE

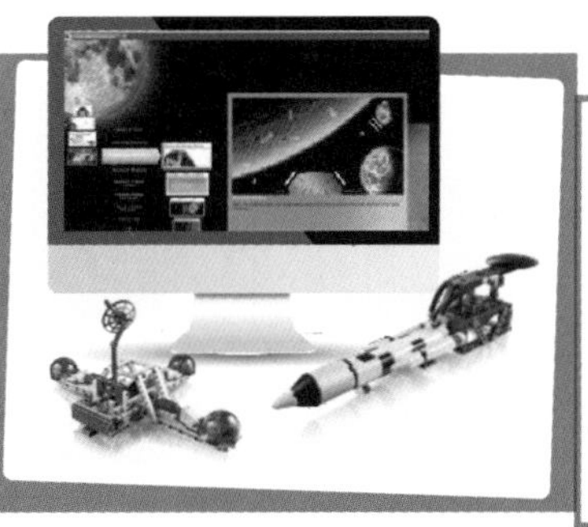

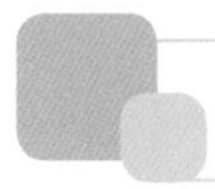

1.2 EV3零件介绍

1.2.1 零件的名称

认识乐高EV3程序块、电机、传感器以及EV3程序块的输入、输出端口。

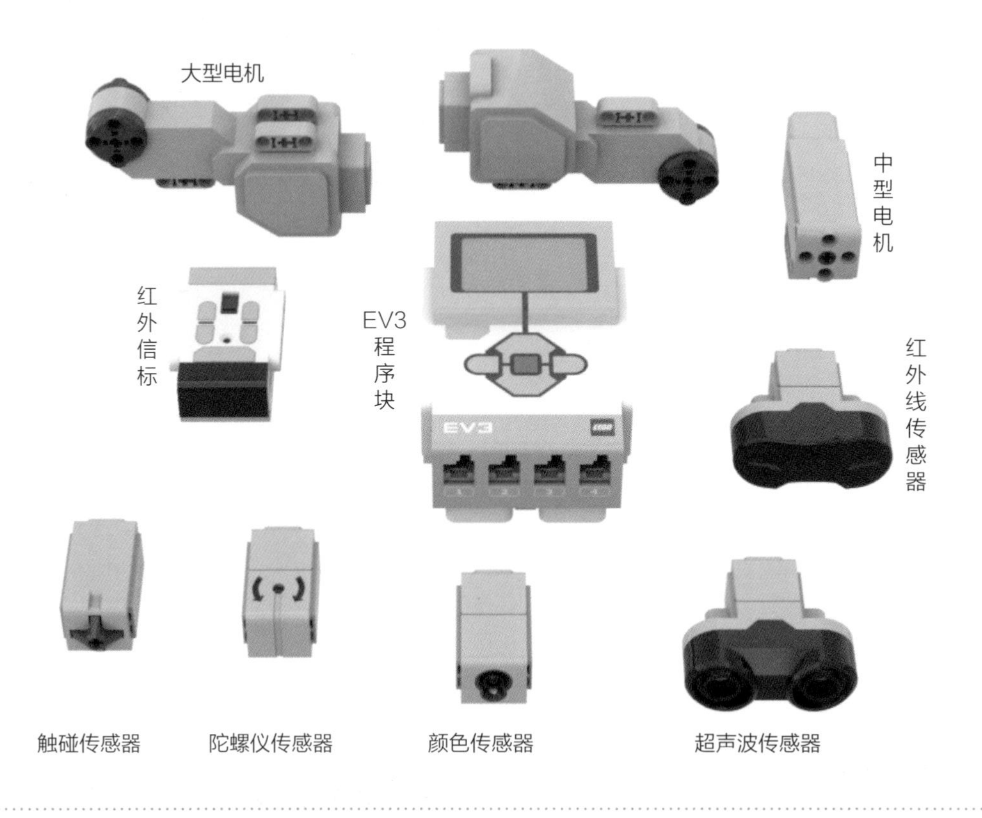

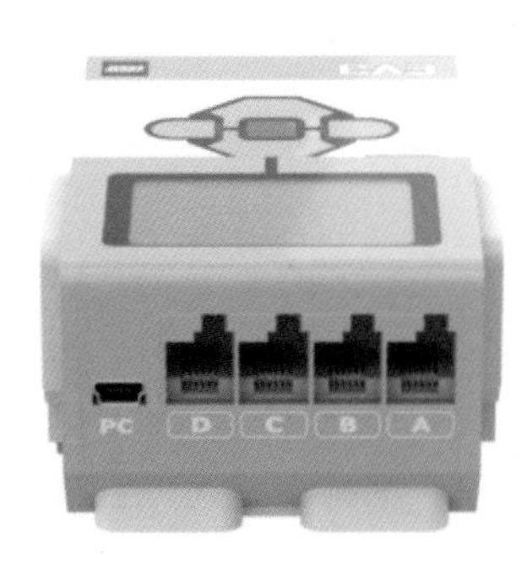

输出端口A，B，C，D用于将电机连接到EV3程序块。PC端口用于将EV3程序块连接到计算机。

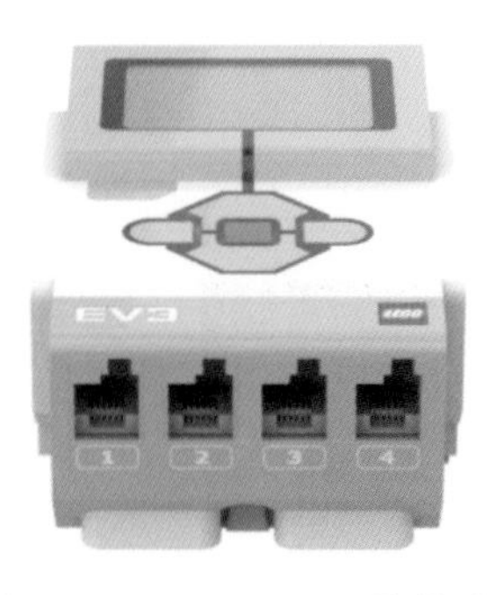

输入端口1、2、3、4用于将传感器连接到EV3程序块。

1.2.2　乐高 EV3 程序块

认识乐高 EV3 程序块的灯、按钮、扬声器、USB 主机端口、SD 卡端口、学会开机、关机。

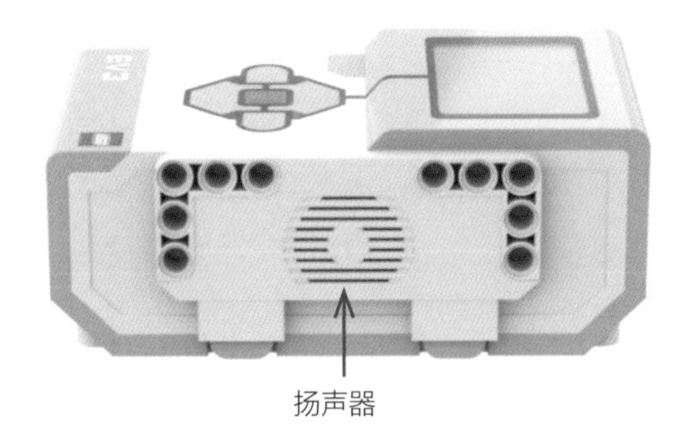

扬声器

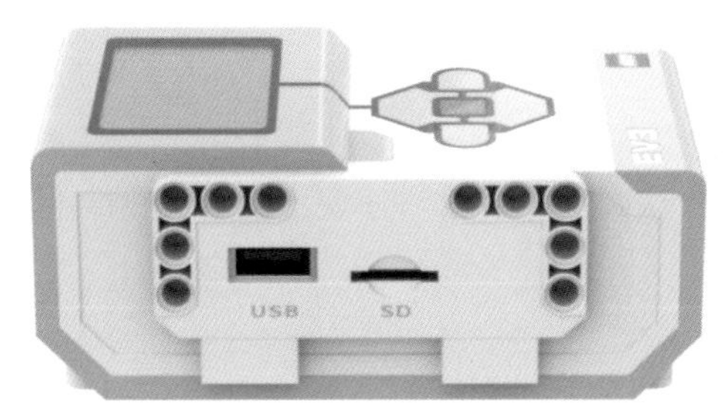

USB 主机端口　SD 卡端口

USB 主机端口可用于添加一个 USB WiFi 适配器，以连接到无线网络，或将最多 4 个 EV3 程序块连接到一起（菊链）。

SD 卡端口可插入 SD 卡，扩展 EV3 程序块的可用内存（最多支持 32 GB）。

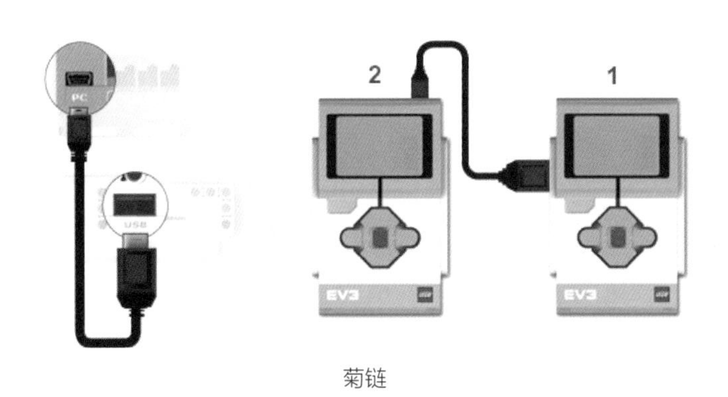

菊链

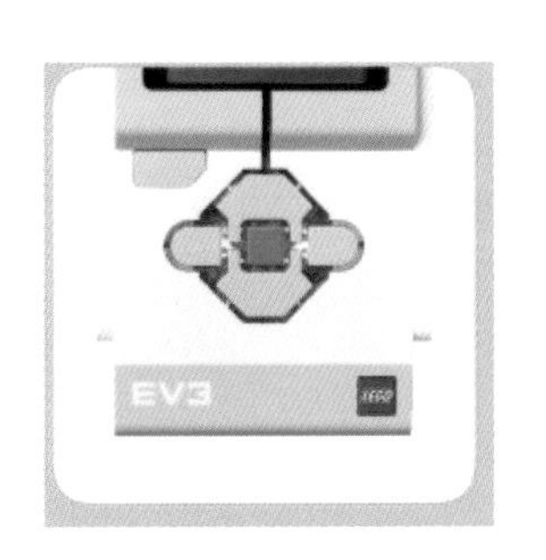

程序块状态灯 – 红色

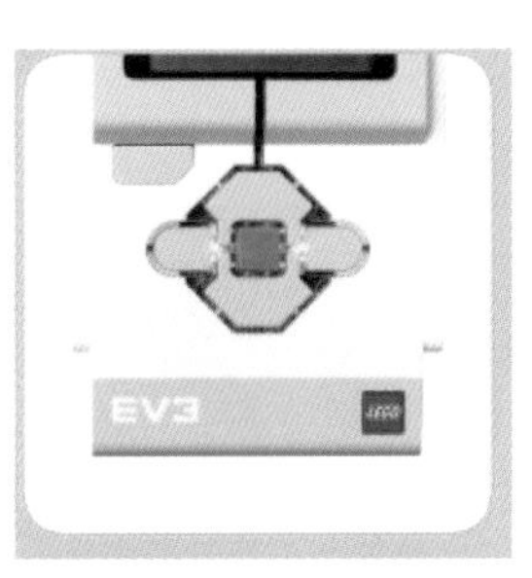

程序块状态灯 – 橙色

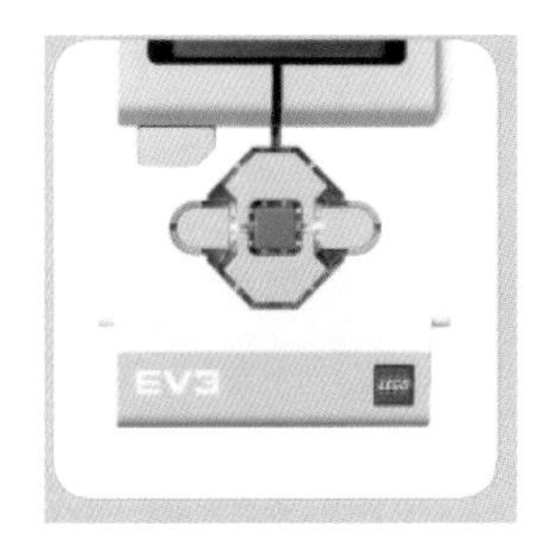

程序块状态灯 – 绿色

红灯 = 启动、升级中、关闭；红灯闪烁 = 忙碌；　橙色灯 = 警告、就绪；　橙色灯闪烁 = 警告、运行；　绿灯 = 就绪；　绿灯闪烁 = 运行程序。

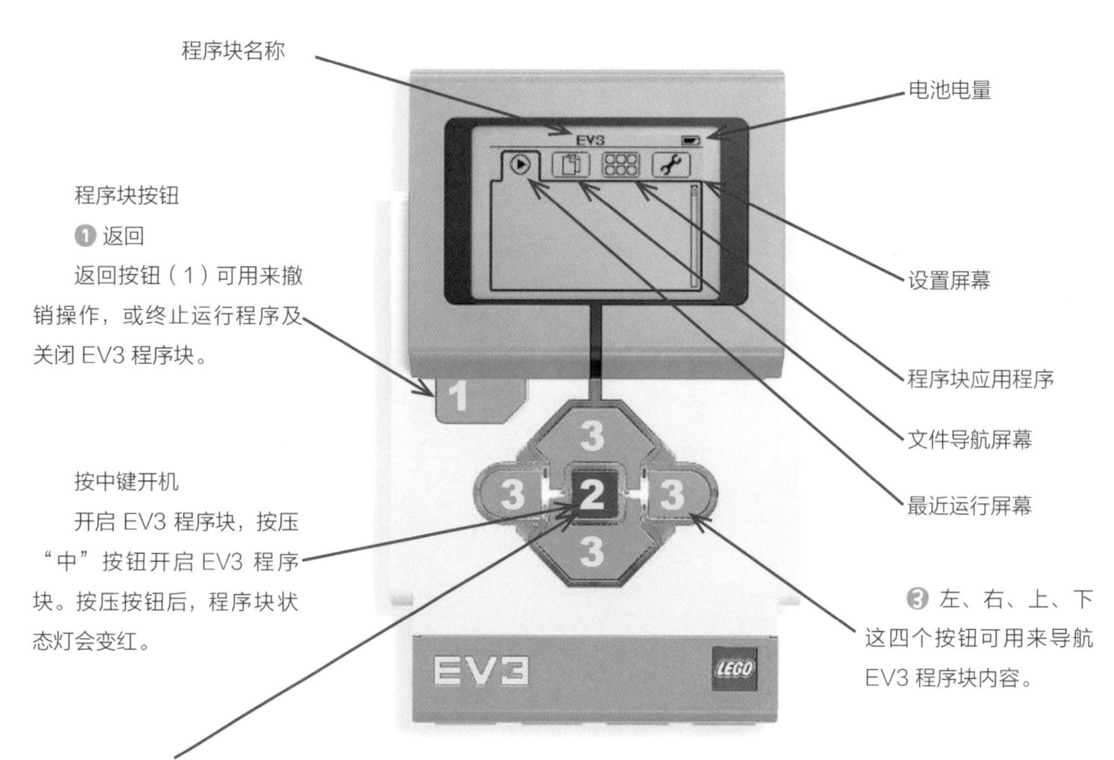

❷ 按压“中”按钮，对各种问题回复“确定”，如关闭程序、选择需要的设置或选择程序块程序应用中的模块。

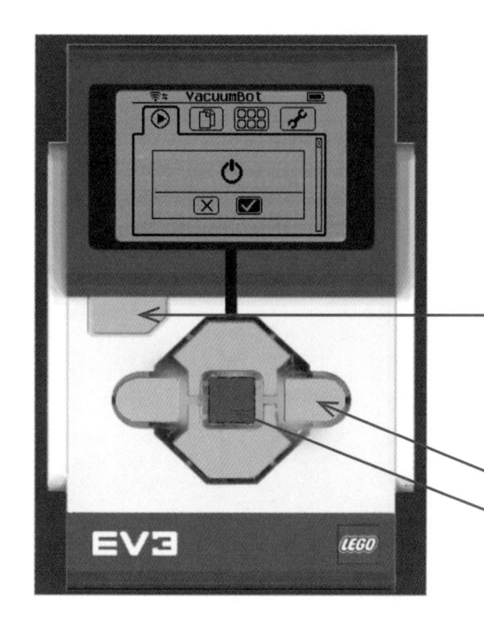

按返回键关机

如果想关闭 EV3 程序块，需要按压“返回”按钮直到在屏幕上看见 Shut Down。

先按返回按钮，再按右按钮，最后按“中”按钮确定关机。

文件导航屏幕

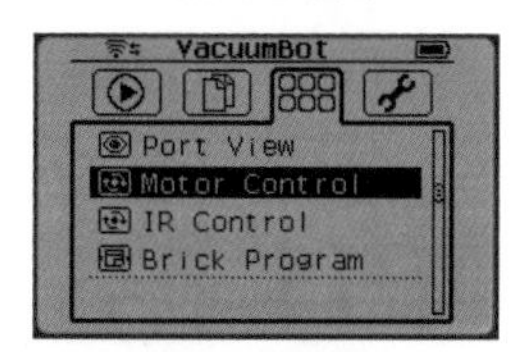

程序块应用程序

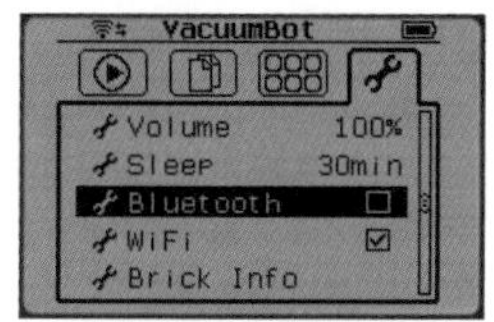

设置屏幕

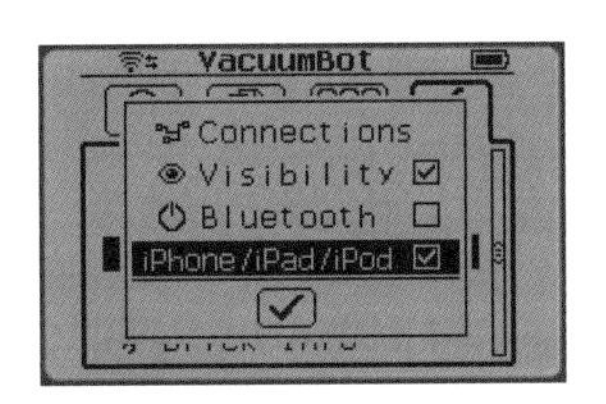

iPhone/iPad/iPod 连接

如果打开了 iPhone/iPad/iPod 连接，就不能连接到安卓手机、计算机上。必须关闭 iPhone/iPad/iPod 连接，才能连接到安卓手机、计算机上。

1.2.3　圆梁

不带凸点，只有孔的梁称为圆梁，简称梁。圆梁无法通过凸点的结合来进行连接，只能通过销进行连接，所以搭建出的模型会更加坚固，其在机器人主体结构的搭建中大量使用。圆梁分为直梁和弯梁，此外还有方形梁和 H 形梁。直梁的长度以梁的孔数来命名，有多少个孔就是多少单位的梁。红色是 3 个单位梁。L 形的是直角梁（梁上的一个孔，就是一个乐高单位）。

同时梁也是其他零件的测量工具。比如梁上面有很多孔，我们在挑选轴的时候经常需要和梁进行对比，然后确定它是几孔长的轴。图纸中的数字编号代表它是几孔长度。

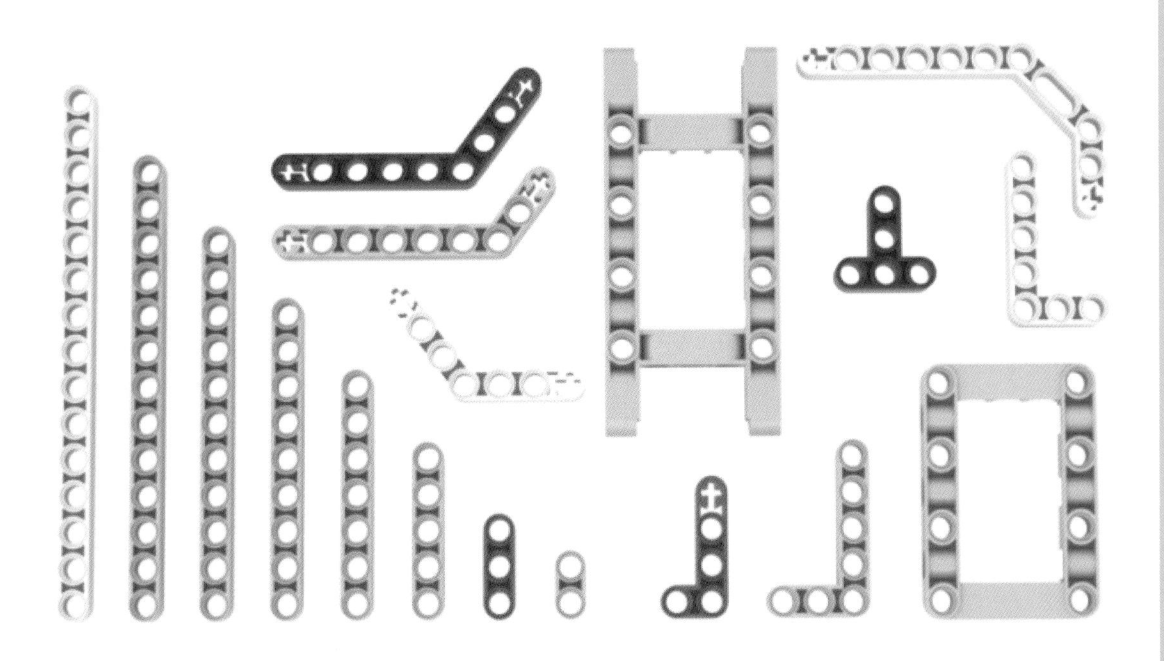

1.3 认识主要零件

1.3.1 轴

轴是断面为十字的细长杆，根据长度分类，可用于连接运动件，轴上的零件通常由带十字孔的梁、轴套、半轴套固定。也可以由各种有十字孔的零件固定。轴的长度参考梁的长度命名，如 10 单位的轴。

黑色的轴是偶数单位　　灰色的轴是奇数单位

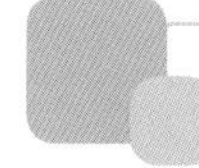

1.3.2 销和轴销

销是空心的，在两端或中间开有弹性槽，可与梁、砖、板相结合。轴销是轴与销的组合件。销有滑动销、摩擦销、半销、长蓝销。

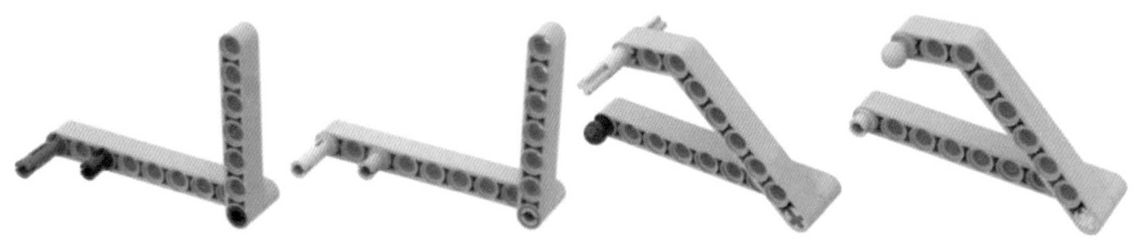

销和轴销的连接方式

1.3.3　轴套

内孔为十字形的短圆柱，与十字形的轴形成配合，主要用于轴上零件的位置固定，其中半轴套也可作为皮带轮使用。

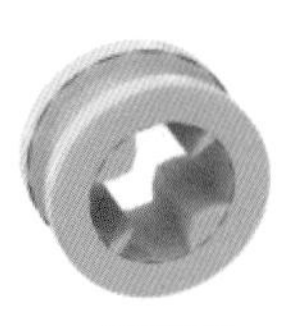

半轴套

轴套

1.3.4　轴连接器

轴连接器是轴与轴，轴与轴销间的连接件，分为垂直连接、直连接等。连接件用于轴的延长、关节连接、搭建机器人的手脚和触手等，还可用于轴、带凸点的轴销连接器制作万向联轴器。

联轴器上有编号，角度不同，编号也不同。

1.3.5 齿轮

齿轮可分为直齿轮、冠齿轮、锥齿轮、离合齿轮、差速齿轮、凸轮、齿条和蜗杆。不同种类和齿数的齿轮组合，可以进行变速或改变旋转轴的方向，一般按照其齿数命名。

1.3.6 滑轮、轮胎和履带

滑轮、轮胎和履带通常用于实现机器人的行走和移动。

1.4 乐高教育官方网站

访问以下乐高官方网站，可以获得官方教程，并可下载编程软件。

乐高教育官网：https://education.lego.com/zh-cn

乐高官网：https://www.lego.com/zh-cn/products

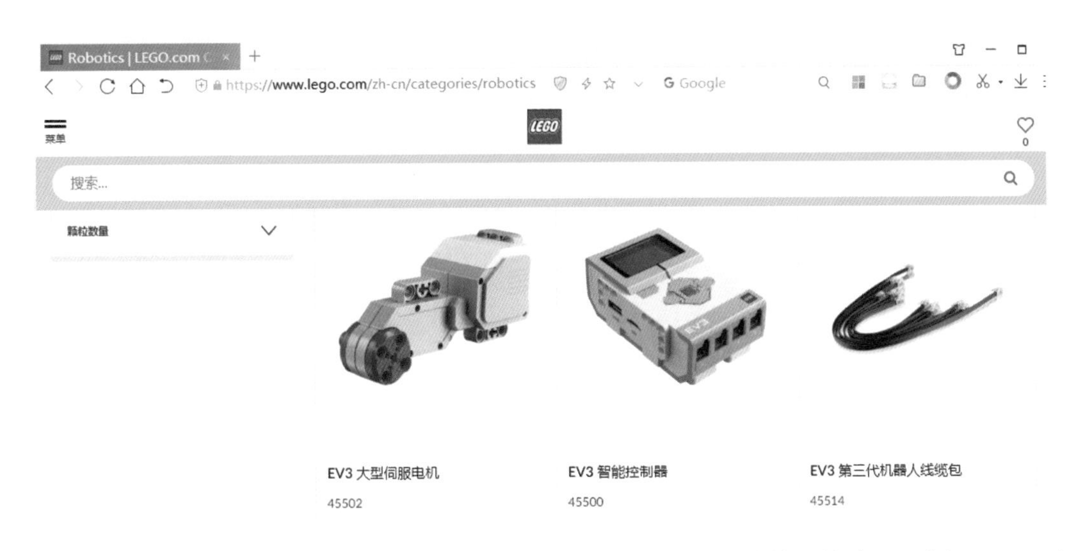

本章我们了解了乐高 EV3 套装的基本情况，并认识了 EV3 程序块、传感器、电机、EV3 主要零件的名字、EV3 零件的特征、EV3 程序块的开机与关机，以及注意事项。我们要学习乐高 EV3 机器人，必须先拥有一套 45544 核心套装和 45560 扩展套装。当购买了乐高 EV3 硬件后，就需要下载和安装编程软件，熟悉编程界面，学习编程知识，掌握编程方法，并需要了解机械结构，搭建模型。

EV3 编程软件

第 1 章我们认识了乐高 EV3 套装、EV3 的程序块、主要零件。因为乐高 EV3 是软件和硬件结合的编程机器人套装，因此本章我们将要学习下载和安装 EV3 头脑风暴编程软件。熟悉编程软件的界面、快捷键、文件管理，是学习编写程序的基础。

首先认识图标，查看软件版权信息。

教师版 EV3 头脑风暴编程软件图标

乐高教育官网的课程资源：

https://education.lego.com/zh-cn/downloads/mindstorms-ev3/curriculum

2.1　下载和安装软件

2.1.1　软件下载网址

教育版 EV3 编程软件下载网址：

选择页面：https://education.lego.com/zh-cn/downloads?from=timeline

资源下载

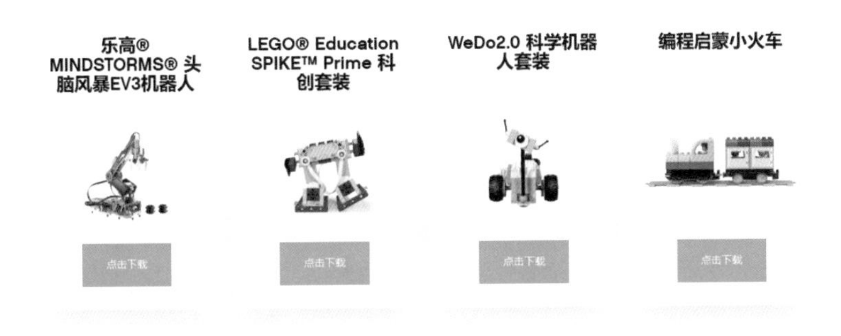

下载页面：https://education.lego.com/zh-cn/downloads/mindstorms-ev3/software

请下载 MINDSTORMS 头脑风暴软件

Windows (7, 8.1, 10)

中文

Windows (7, 8.1, 10)
Windows 10（触屏设备）
Mac OS
Chromebook
iPad
Android
Amazon kindle

如果您有任何 LEGO MINDSTORMS Education EV3 产品，则需要下载此软件。软件中包括教师资源、文档工具、数据日志、搭建说明和教程。点击此处，查找更多有关可选 Windows 10 版本的信息。

› SOFTWARE-REQUIREMENTS

2.1.2 下载软件

单击“下载”按钮，下载完成后，运行安装程序。

安装 EV3 编程软件和安装其他软件一样，都是单击“下一步”按钮直到安装结束。安装时可选择、更改安装目录。

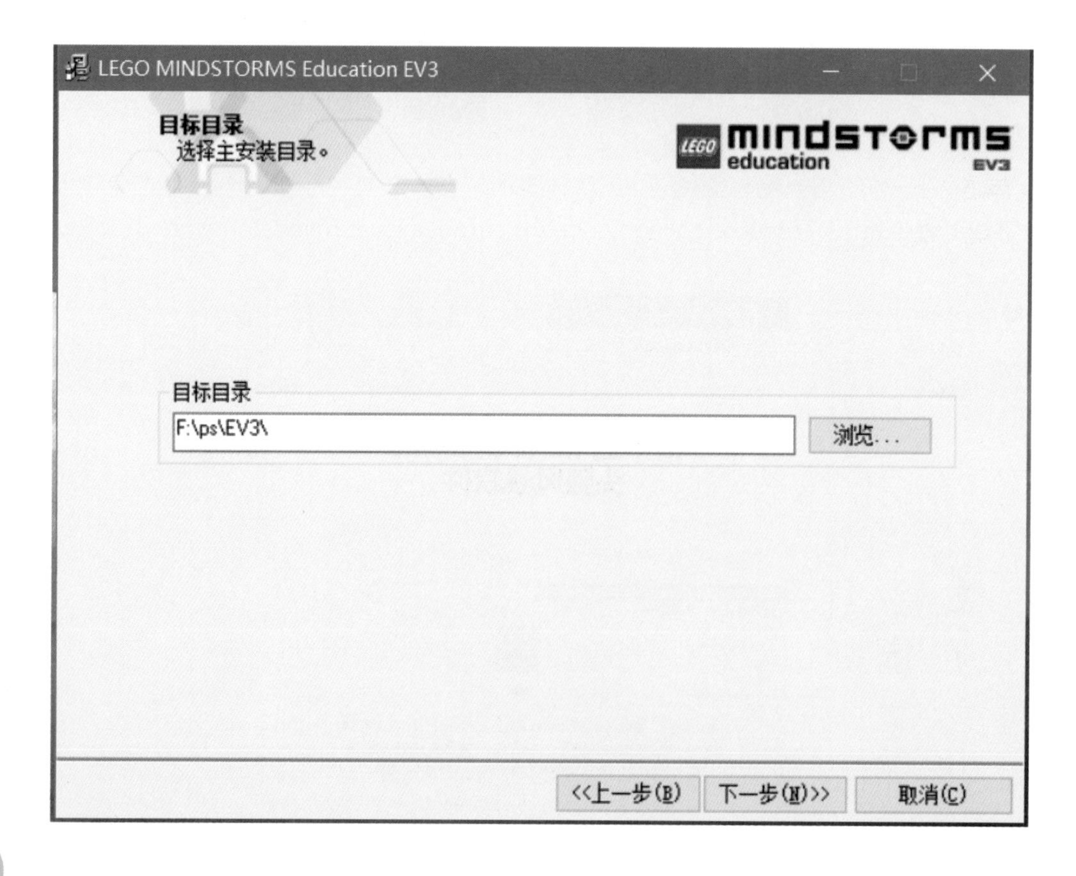

2.1.3　安装软件

单击“下一步”按钮，选择教师版。因为机器人比赛和培训机构上课都是用的教师版。学生在家也可以使用教师版编程软件。

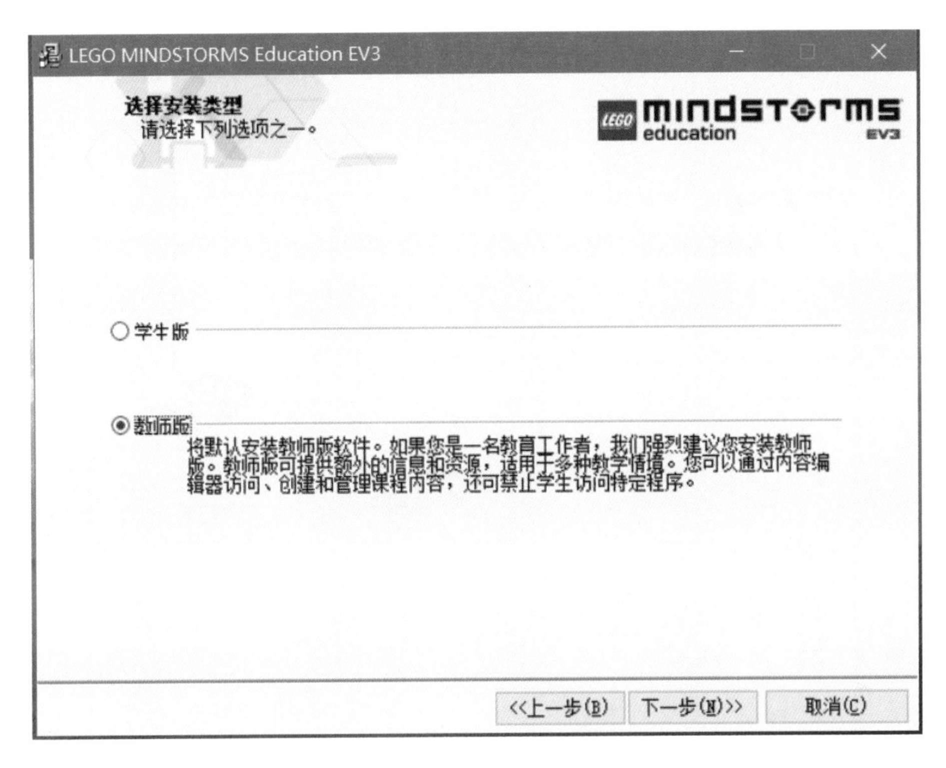

单击“下一步”按钮会有安装进度条，并提示安装软件需要的编程环境，可选择默认的选项，等待安装完成。

2.1.4　EV3 Scratch

MINDSTORMS Home 1.3.0
400.3 MB

EV3 Classroom 1.0.0
438 MB

乐高教育在 2020 年更新的 EV3 编程软件为：EV3 Scratch 教育版和家庭版。这些将会在后面的章节中做详细介绍。这本书会使用两种编程软件进行编程。

2.2 头脑风暴编程软件介绍

2.2.1 开始界面

教师版头脑风暴 EV3 编程软件开始界面如下。

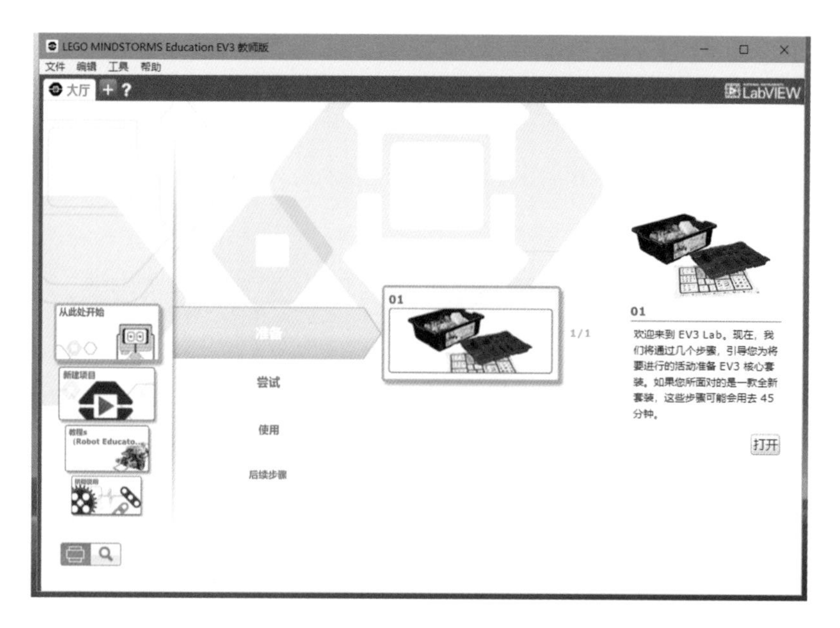

家庭版头脑风暴 EV3 编程软件开始界面如下。

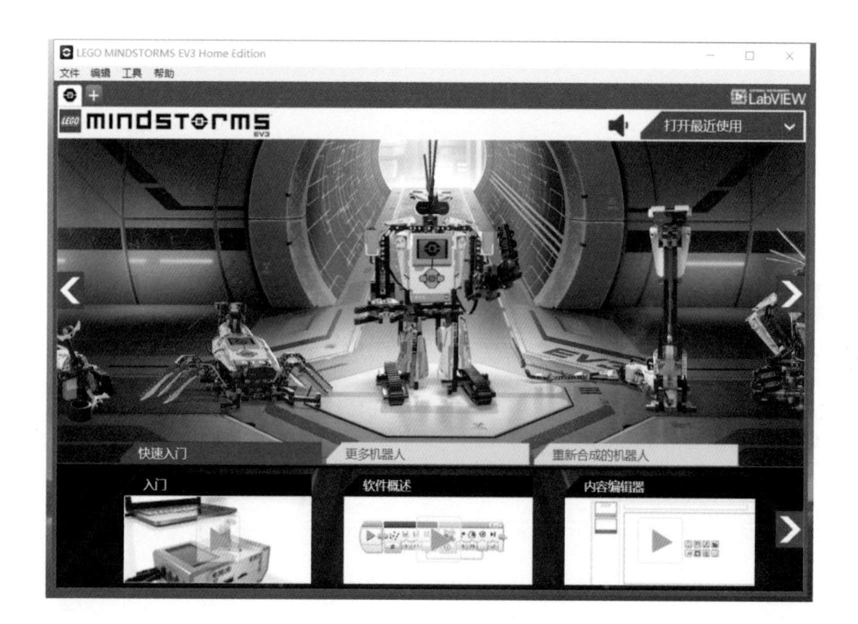

2.2.2　软件界面

教师版头脑风暴 EV3 编程软件界面如下。

2.2.3　文件组织

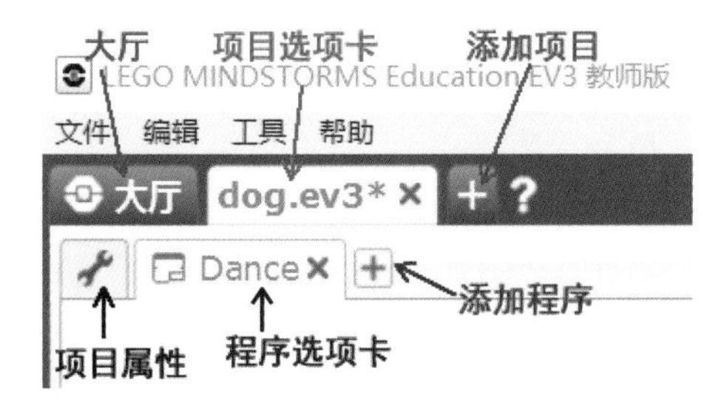

文件组织为各个项目。

例如，可以构建一个“dog”机器人。创建一个“dog”项目，在项目中有许多专门用于该机器人的程序、图像和声音文件。

双击程序选项卡，可以更改程序的名字。

项目另存为，可以更改项目名。

项目包含：程序、项目属性、试验。

2.2.4　快捷键

按住 Ctrl 键加鼠标中键，上下滚动鼠标中键，可以缩小或放大编程画布。

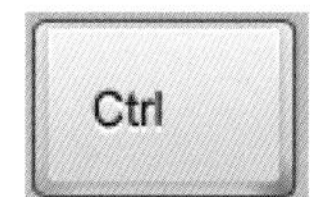

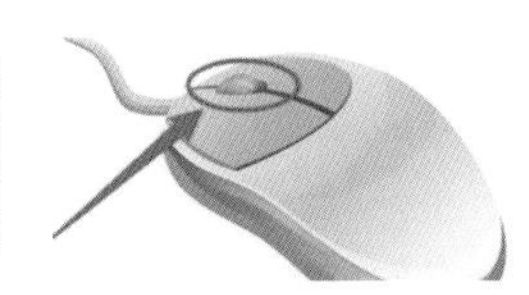

按住 Ctrl 键加鼠标左键，或按住 Shift 键加鼠标左键，都可以逐个点选程序模块。滚动鼠标中键，可以上下移动编程画布。

Shift

使用鼠标左键单击编程画布的空白处，按键盘上的方向键可以上下左右调整编程画布中的程序位置。

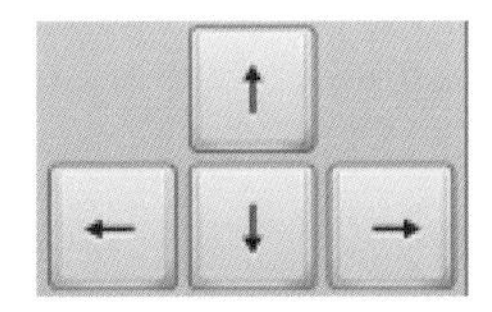

在编程画布空白处按住鼠标左键拉出选择框，选中编程画布里的程序模块。可以选择指定模块，复制所选择的编程模块，删除所选择的编程模块。

编程时常用的快捷键如下：

Ctrl + C 为复制 Ctrl C

Ctrl + A 为全选 Ctrl A

删除模块时用 Delete 键和 Back space

Ctrl + V 为粘贴 Ctrl V

Ctrl + S 为保存 Ctrl S

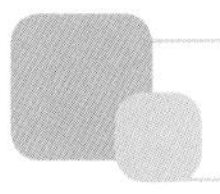

2.2.5 编程界面

教师版头脑风暴 EV3 编程软件操作界面如下。

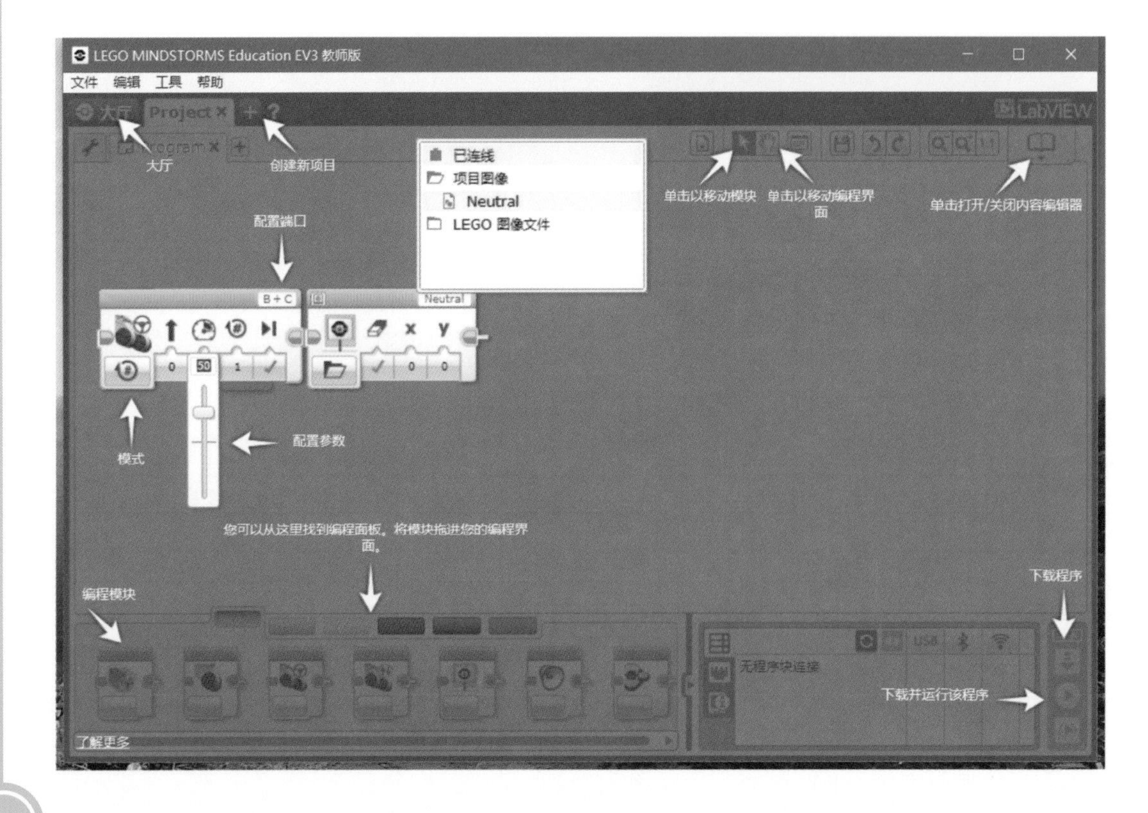

2.2.6　框选模块

在编程画布空白处，按住鼠标左键，拉伸并框选需要的程序块。

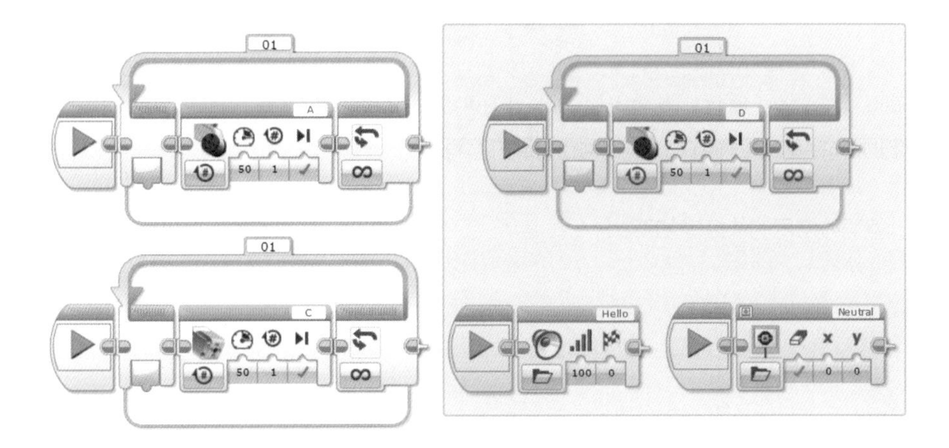

2.2.7　软件菜单

EV3 编程软件的菜单如下。

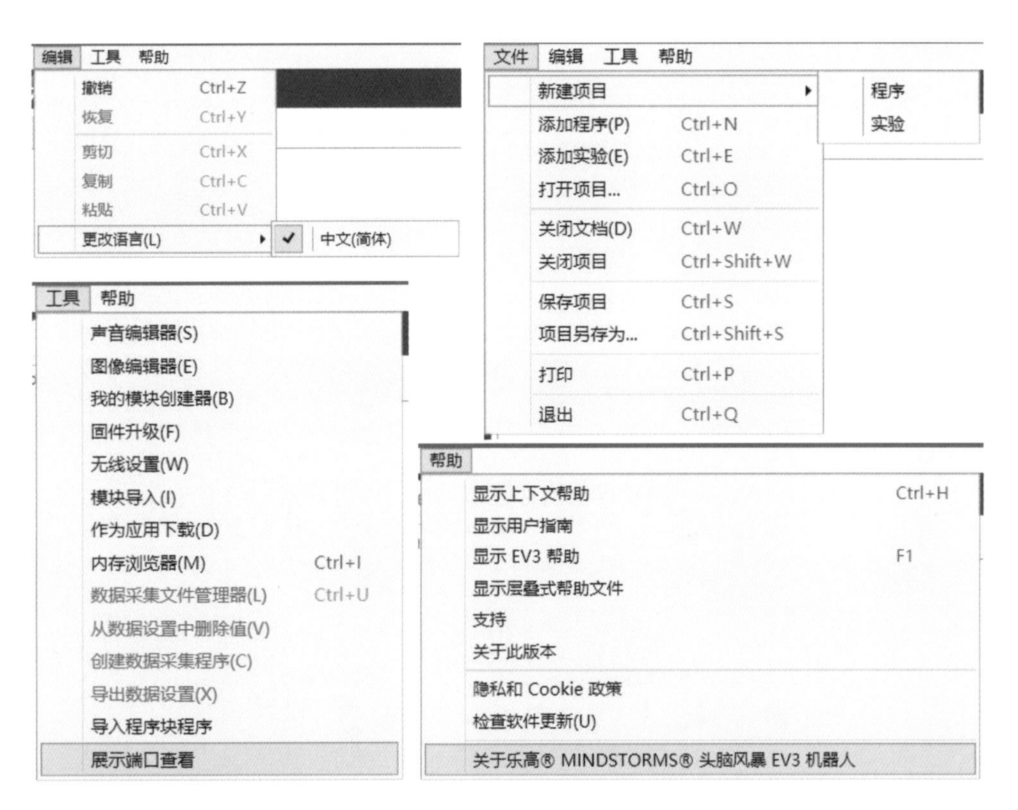

2.2.8 注释

注释 是对自己编写程序时的小提醒。分享程序时，可以让别人更容易理解程序。

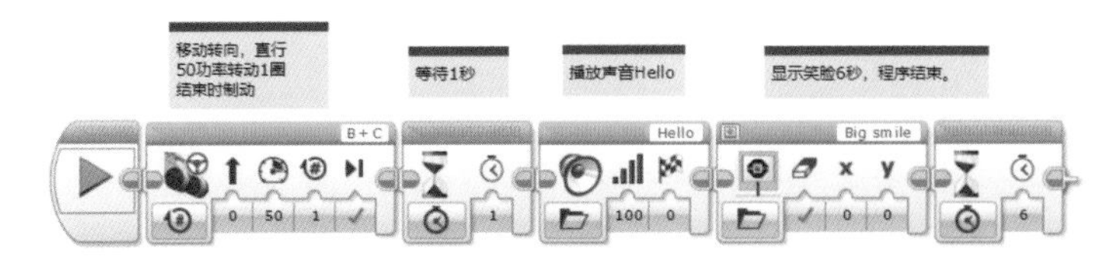

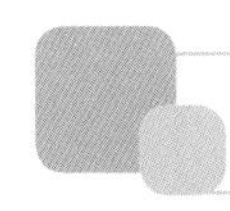

2.2.9 编写程序

怎样编写程序：可以通过将编程模块（从屏幕底部的编程面板）拖动到编程画布上，来创建程序。

当编程模块相互接近时，它们会自动贴靠在一起。

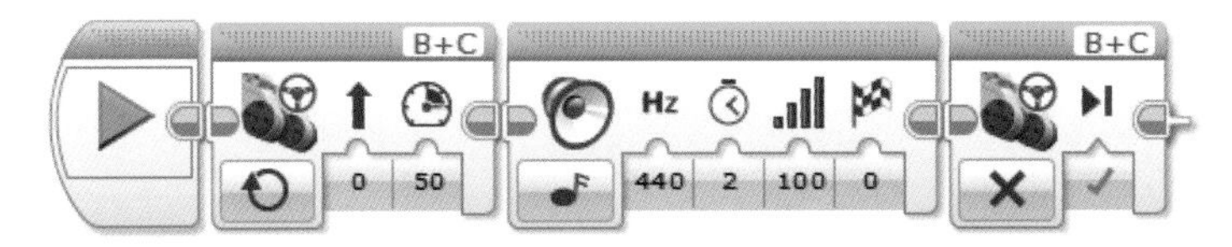

当运行程序时，编程模块会按屏幕上出现的顺序（从左到右）来运行。

正在运行的程序模块标题会处于高亮显示，程序块标题有动态运行效果动画。

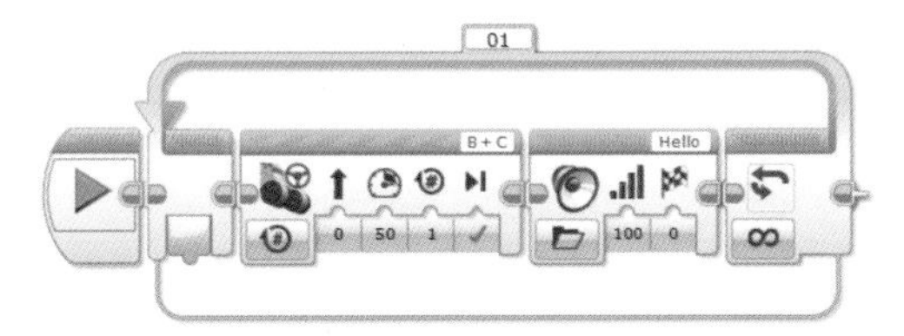

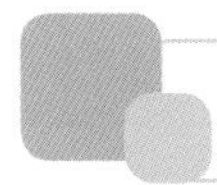

2.2.10 序列线

当编程模块不是相互紧靠时，可以连接它们。将序列线从第一个模块拖动到第二个模块。

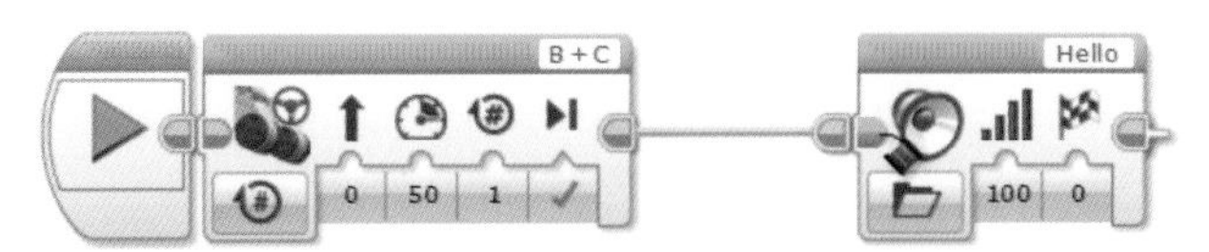

可以通过单击第二个模块的进入序列接头删除序列线。

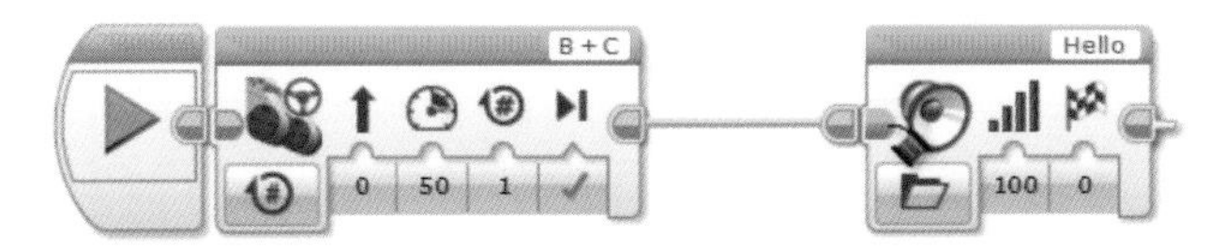

2.2.11　代码区块

对于较长的程序，将程序划分为较小的编程模块区块（代码区块之间存在空白）可能会十分有用。这可以更容易地理解程序。

如果单击编程模块的离开序列接头，则会创建空格和序列线。

要删除空格和序列线，请再次单击离开序列接头。

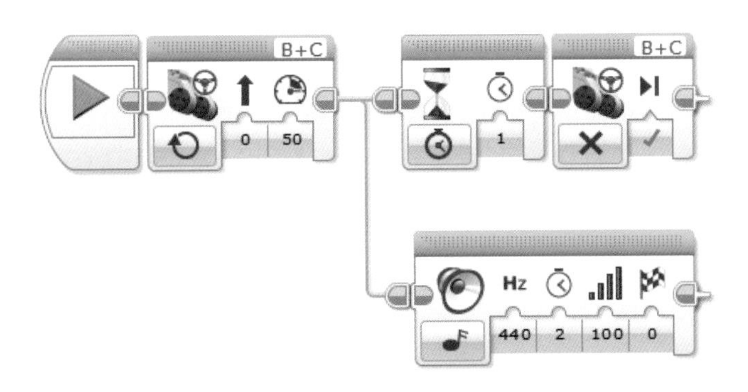

为机器人执行的每个不同的操作创建独立区块，以便于更容易追踪程序。

2.2.12　调整大小

调整流程编程模块的大小：可以调整循环和切换模块的大小。可以使它们更大，以便其他编程模块整齐地置于其中。可通过拖动大小来调整这些编程模块的大小。

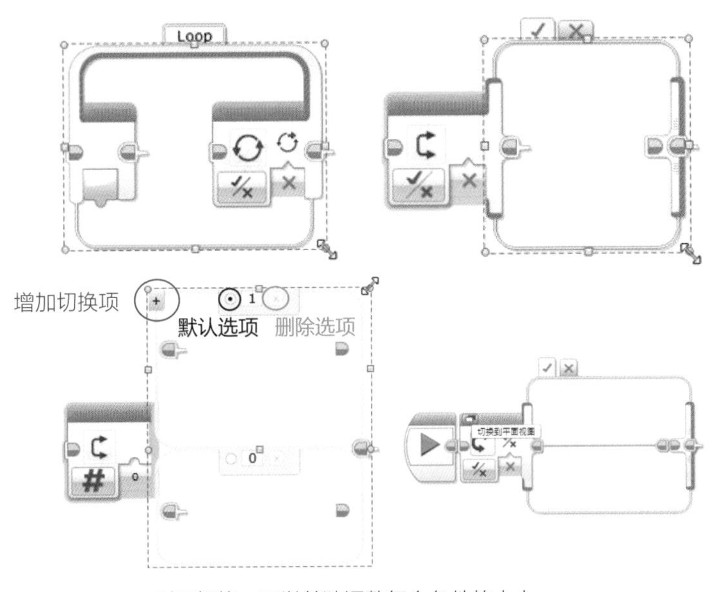

对于切换，可以单独调整每个条件的大小。

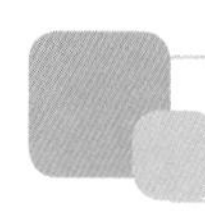

2.2.13 并行系列

可以同时运行多个任务集合。例如，可以让一个编程模块序列控制机器人的向前运动，另一个编程模块序列控制机器人顶部的手臂。

可以通过从并行序列之前的编程模块的离开序列接头拖动新序列线，来创建并行序列：

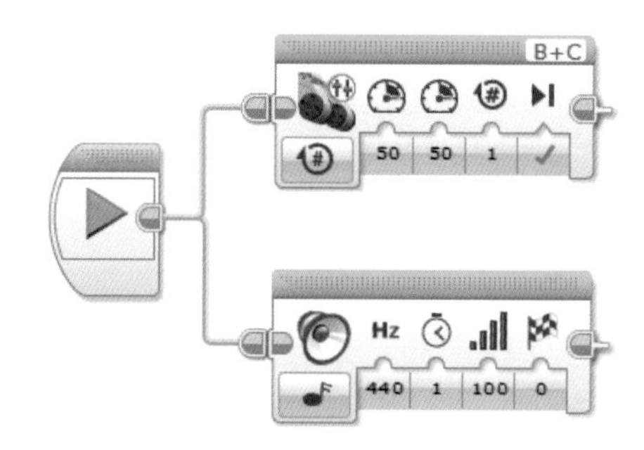

小心资源冲突（如下图所示），当同时运行任务时，可能会发生资源冲突。例如，一个编程模块序列尝试引导机器人向左行驶，而另一个序列同时尝试引导机器人向右行驶。EV3 程序块的执行方式将无法预计。

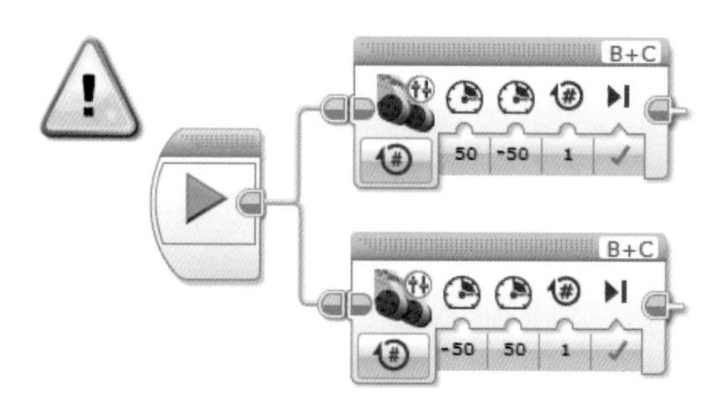

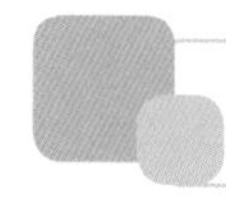

2.2.14 多任务多流程

对于多个开始模块，每个开始模块可以有多个流程。

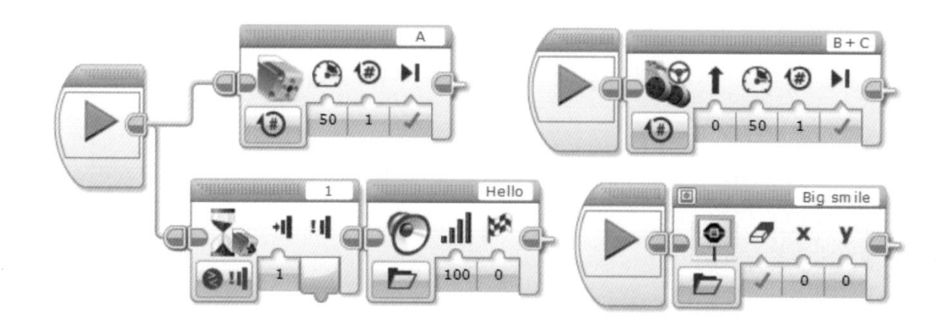

2.3 连接 EV3 软件站

需要与计算机建立连接，才能在 EV3 程序块上运行程序。可通过三种方式建立连接：（按中键，开启 EV3 程序块。）

USB 连接：用 USB 线连接 PC 端口和计算机 USB 端口。

蓝牙连接：打开蓝牙，点选蓝牙连接。

WiFi 连接：开启网络，选择 WiFi 连接。

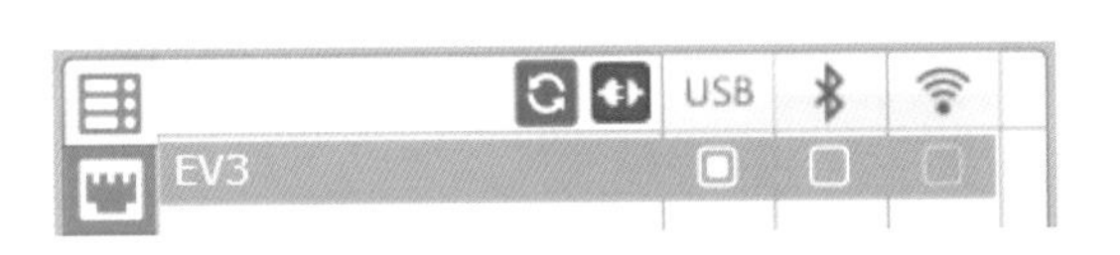

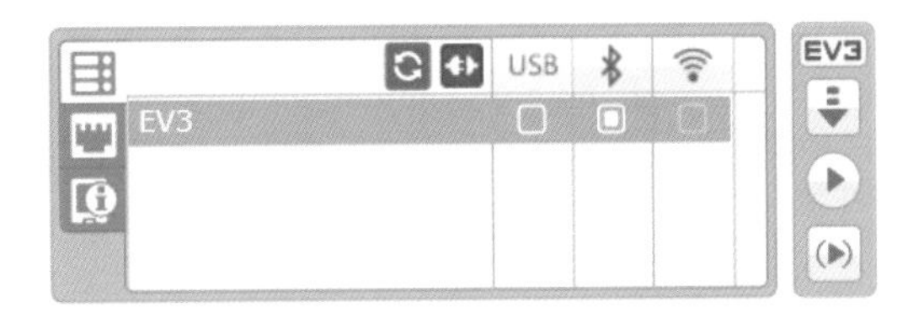

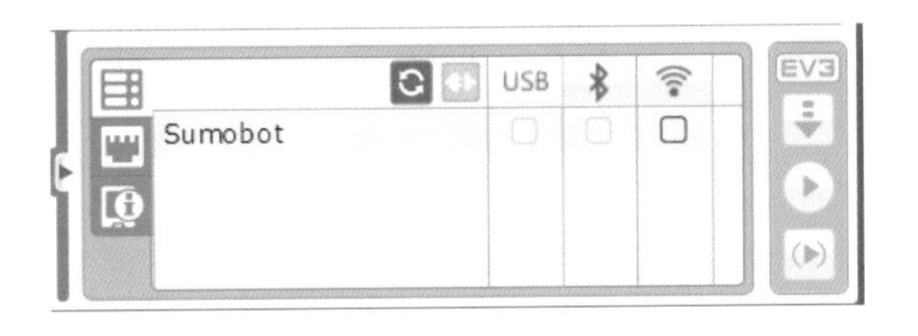

可以勾选 WiFi 连接。

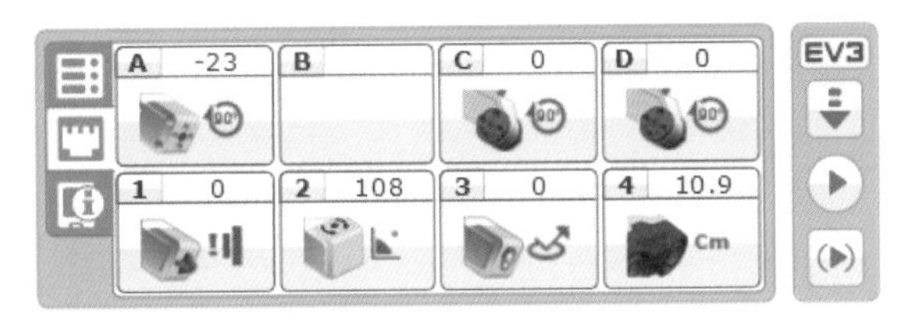

没有连接的端口查看。

VRT 虚拟机器人软件里的 EV3 机器人处于开机状态，点选 WiFi 连接。

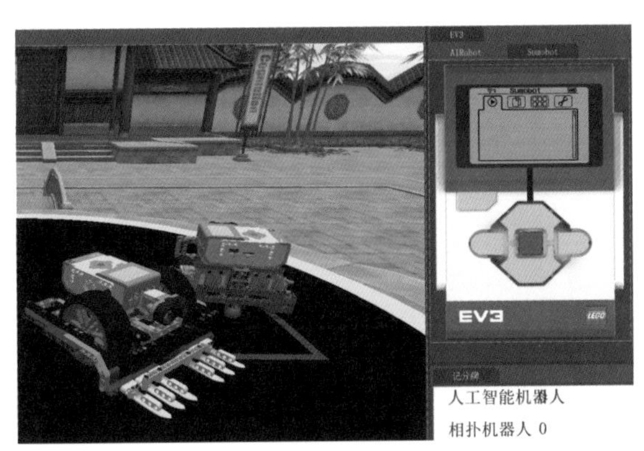

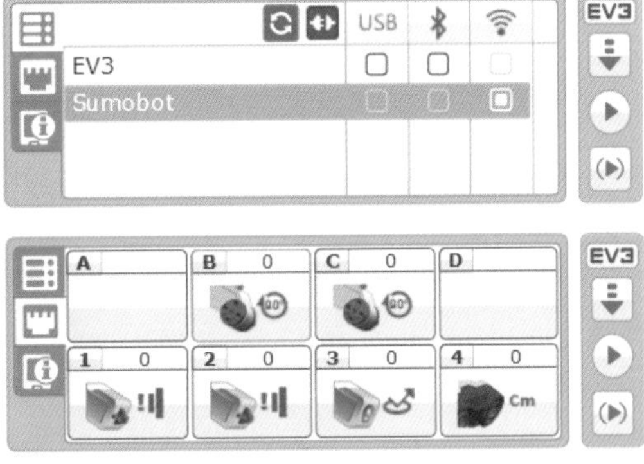

以下是已连接的端口查看。

端口查看会实时显示电机的功率、角度、圈数。

单击电机图标，切换显示模式。

端口A，B，C，D只能连接大型电机和中型电机，它是输出端口。大型电机和中型电机内置有电机旋转传感器，可以测量电机的角度、当前功率、圈数。

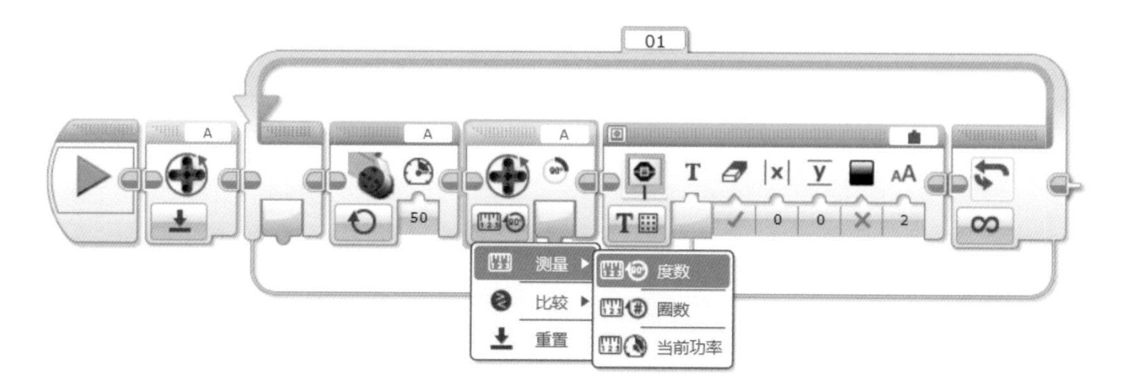

端口1、2、3、4只能连接传感器，它是输入端口。会实时显示传感器收集的数字和状态。

触动传感器是模拟传感器。颜色传感器、超声波传感器、陀螺仪传感器都是数字传感器。

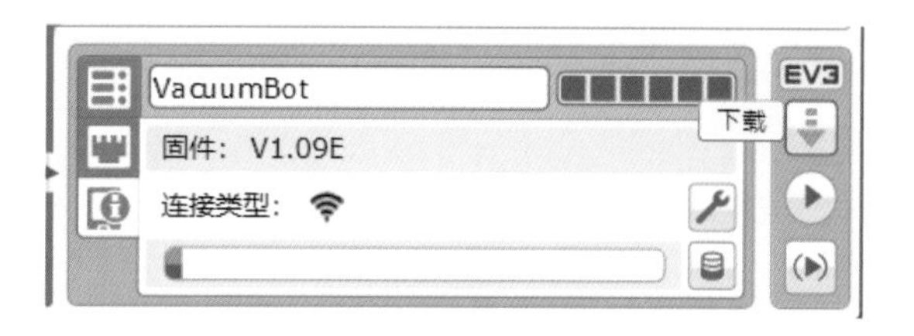

把写好的程序下载到EV3程序块中。

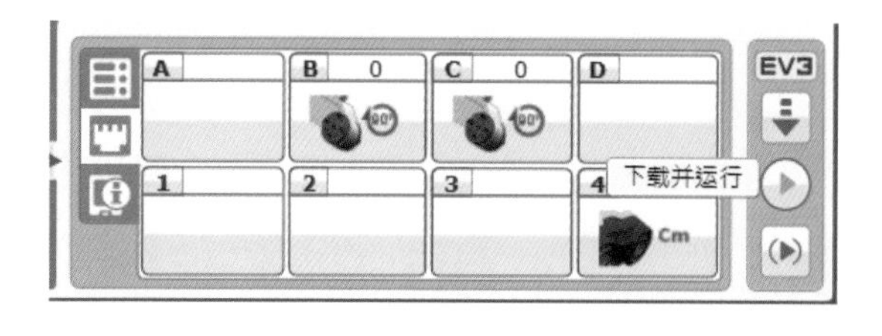

把写好的程序下载到EV3程序块中，并运行下载好的程序。

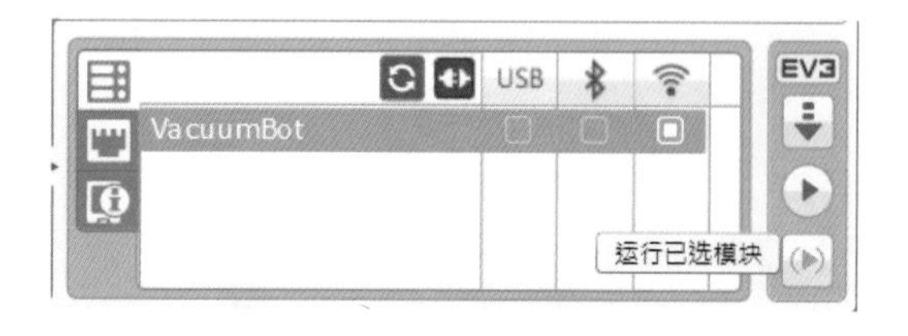

运行在编程画布里用鼠标选中的程序模块。注意，用鼠标选中的模块，不需要连接开始模块。

用鼠标单独选中的没有连接开始模块的程序模块也能运行。

2.4 管理程序文件

2.4.1 内存浏览器

内存浏览器显示 EV3 程序块里的可用空间、程序块里的程序文件。可以删除、上传、下载、复制、粘贴程序块里的文件。

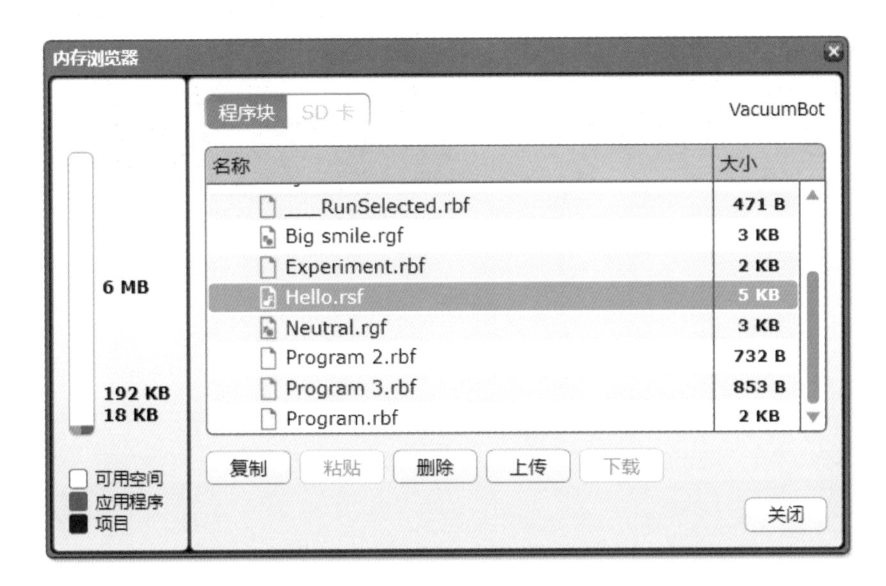

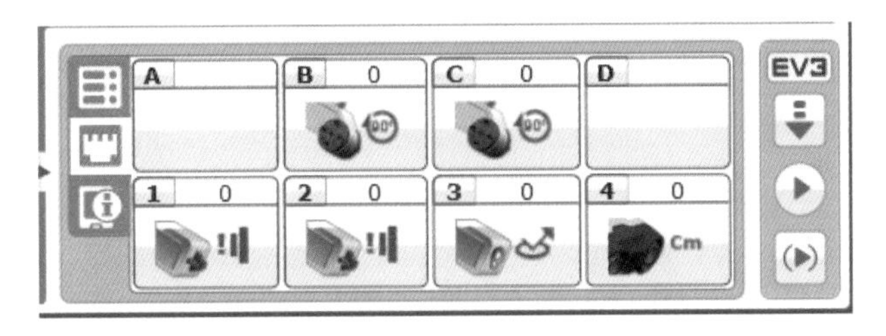

单击传感器图标，切换显示模式，可以在端口查看窗口中看到每个传感器的实时测量数值，每个电机的转动角度、圈数、当前功率。

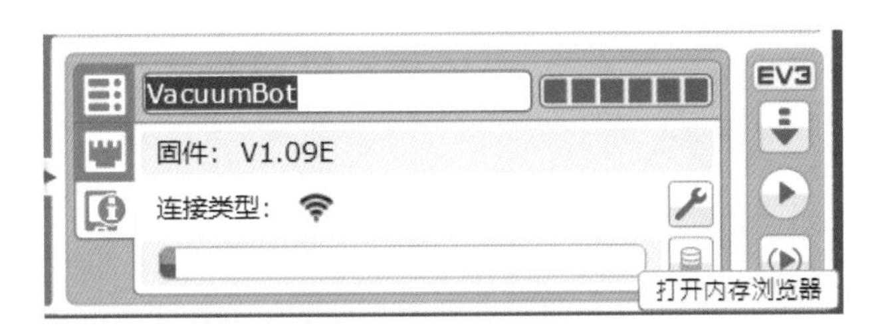

这里是已连接的程序块信息。可以在这里更改程序名，显示连接方式，打开内存浏览器。

2.4.2 项目属性

在头脑风暴 EV3 编程软件中，单击扳手选项，打开项目属性，开启菊链模式。

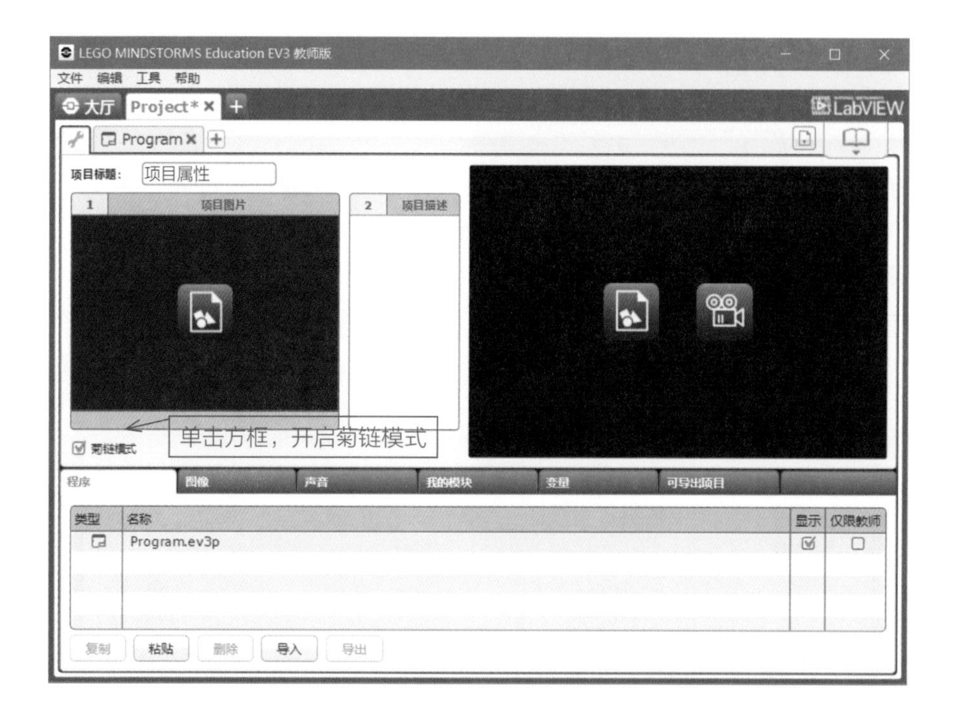

2.4.3 菊链

第一个 EV3 侧面的 USB 端口使用合适的 USB 电缆连接到下一个 EV3 程序块的迷你 USB 端口。链中下一个 EV3 程序块的 PC 端口，使用合适的 USB 电缆连接到上一个 EV3 程序块的 USB 端口。

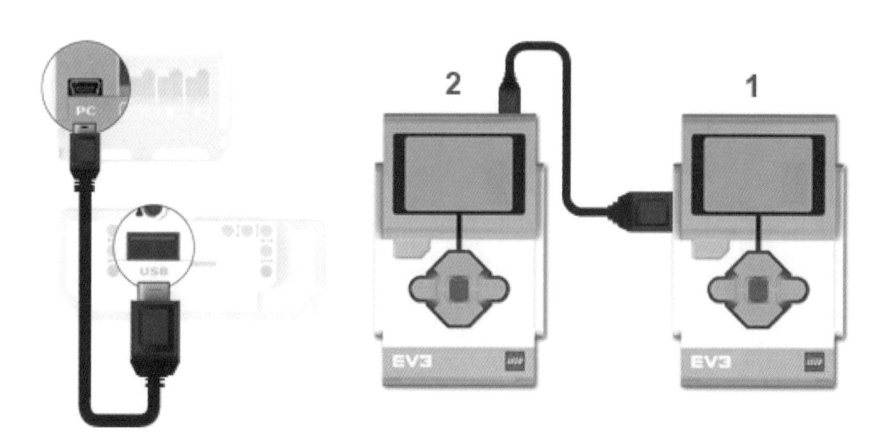

2.4.4　层选择器

当菊链启用时，会修改每个电机模块和传感器模块，以包含层选择器。

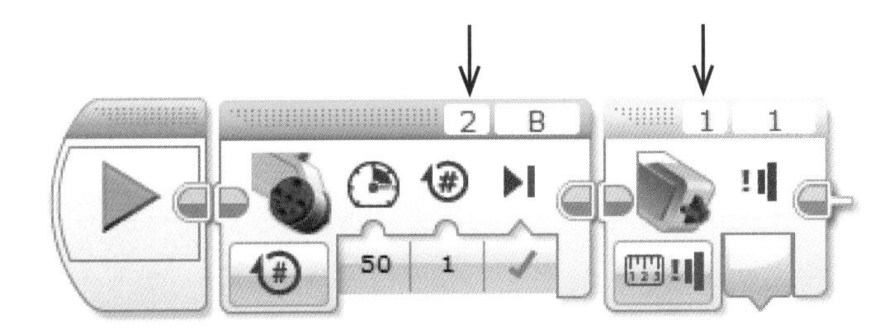

使用层选择器可选择在哪个 EV3 程序块上运行编程模块。

2.4.5　示例 1

下面的程序使连接到菊链中第三个 EV3 程序块的端口 B 和端口 C 电机向前驱动。

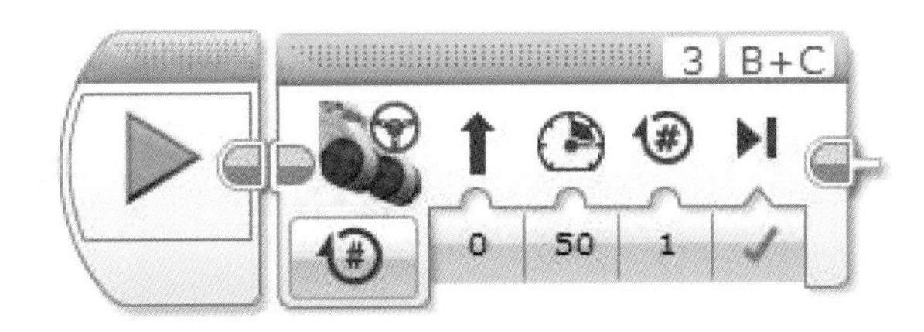

下面的程序同时使菊链中第一个 EV3 机器人和第二个 EV3 机器人向前驱动。

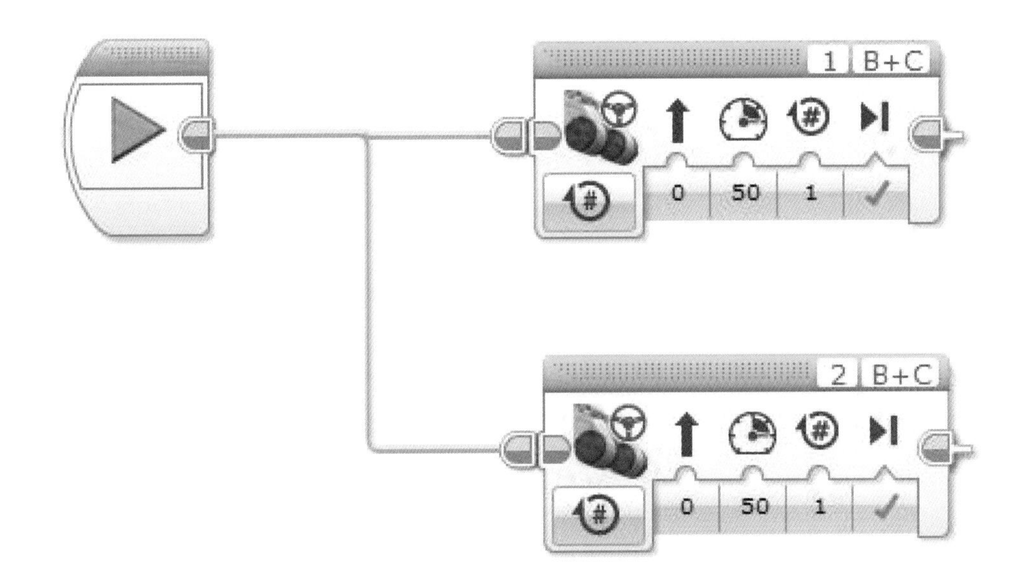

2.4.6 项目文件

头脑风暴 EV3 编程软件的项目属性。

2.4.7 管理项目文件

如果为一个项目编写了“我的模块”并且要在其他项目中使用它，请选择“我的模块”并单击“复制”按钮。打开另一个项目的项目属性页面，然后单击“粘贴”按钮以插入“我的模块”。可以按相同方式复制并粘贴程序、图像和声音。

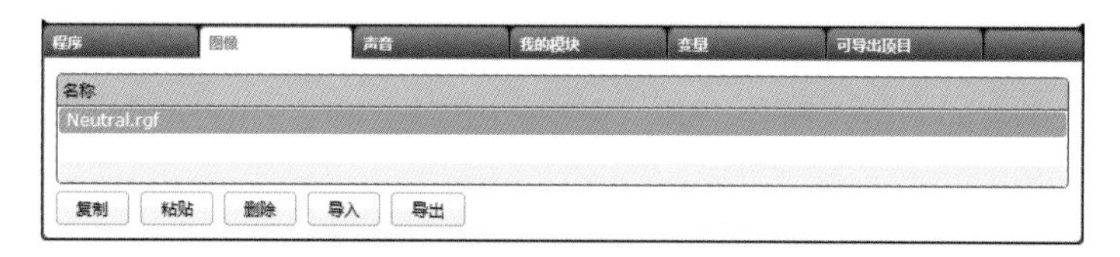

可以通过选择文件并单击“删除”按钮来删除这些文件。

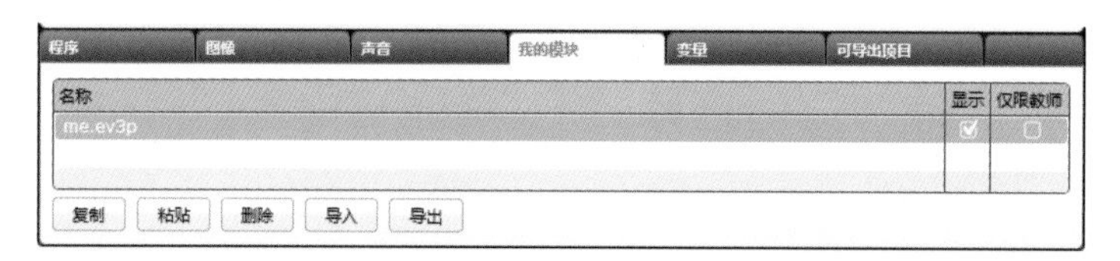

使用“导入”按钮可将其他程序、图像、声音和“我的模块”添加到项目中。

2.4.8 示例 2

粘贴　添加

变量在项目属性页面中进行管理。使用“删除”按钮可删除变量，而使用“添加”按钮可添加新变量。

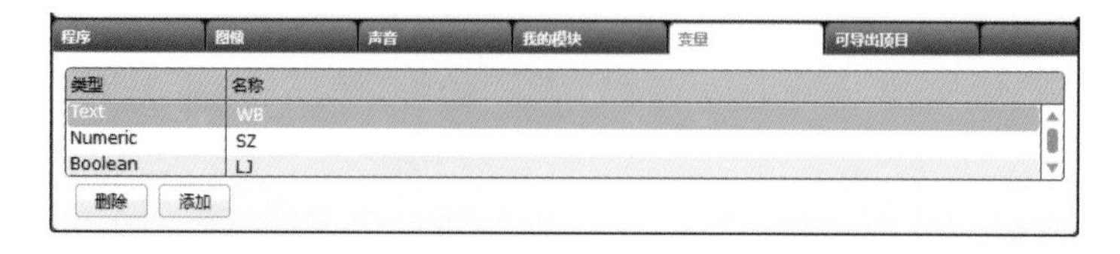

可以使用变量模块读取变量或写入变量。

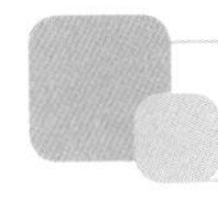

2.4.9　管理文件

在 EV3 编程软件中创建的每个项目都由一些小文件（图像、声音等）组成。存储在每个项目中的文件可以是一个或多个程序，以及图像、声音、文本文件和原始数据日志文件。

2.4.10　文件扩展名

在 EV3 编程软件中，使用了中文名和中文参数后的错误提示。

文件类型	文件扩展名
程序数据日志实验	.ev3p（程序）.ev3e（实验）
声音文件	.rsf
图形和图像	.rgf
数据日志（原始数据）	.rdf
项目文件（包括上面的所有文件。）	.ev3
文本文件（请注意，这是纯文本文件。）	.rtf

2.4.11　中文输入法

在 EV3 程序里不能输入中文的参数，但是可以使用中文的注释。

编写程序时，请使用英文输入法。输入英文的文件名、程序名、程序参数。

注意：EV3 编程软件保存文件时，不能使用中文名保存文件。

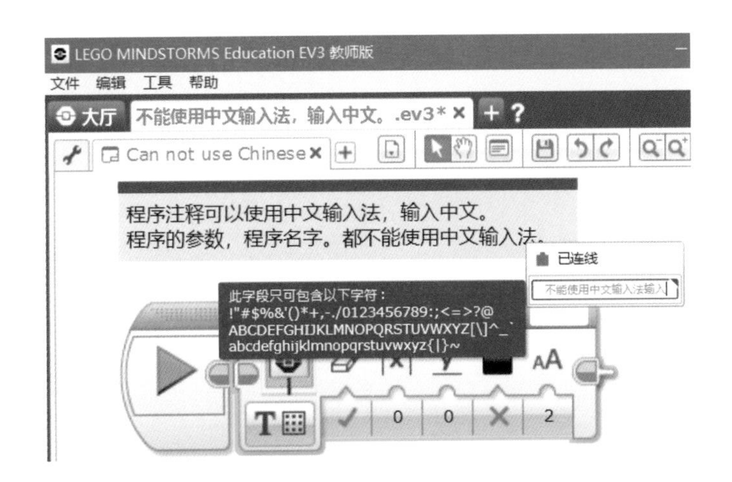

2.4.12 输入中文注释

在EV3编程软件中，使用了中文名和中文参数后的错误提示。

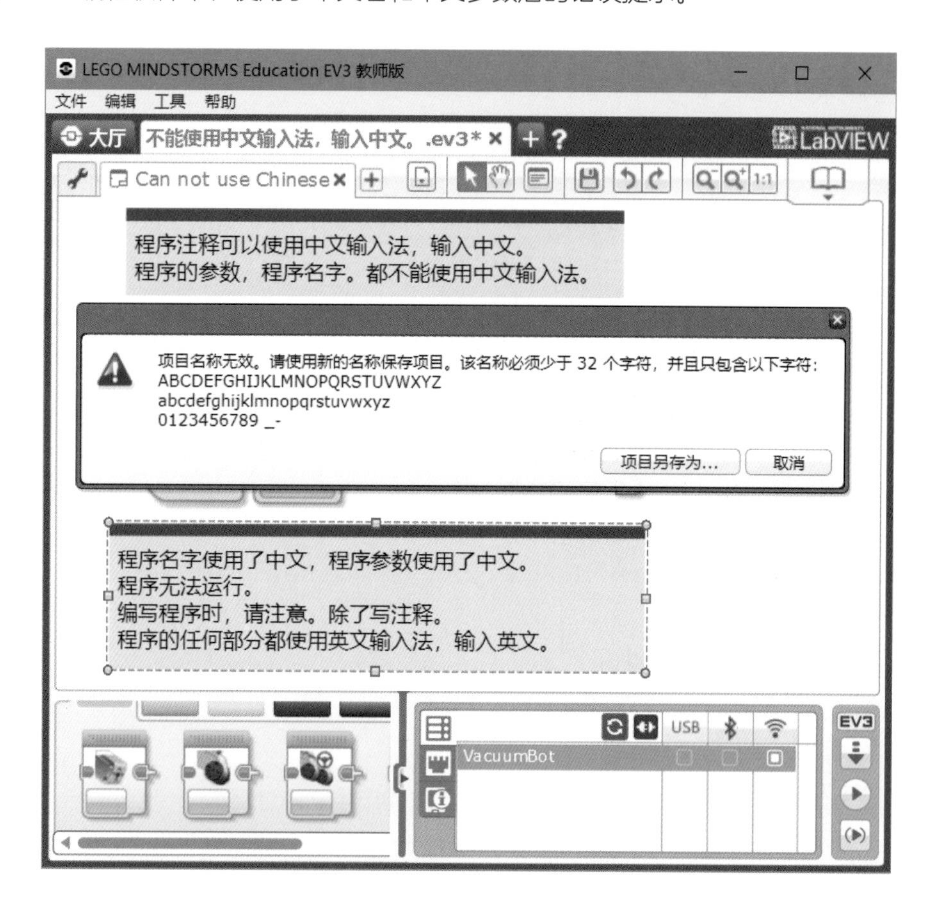

EV3编程软件的程序注释可以使用中文输入法输入中文注释。

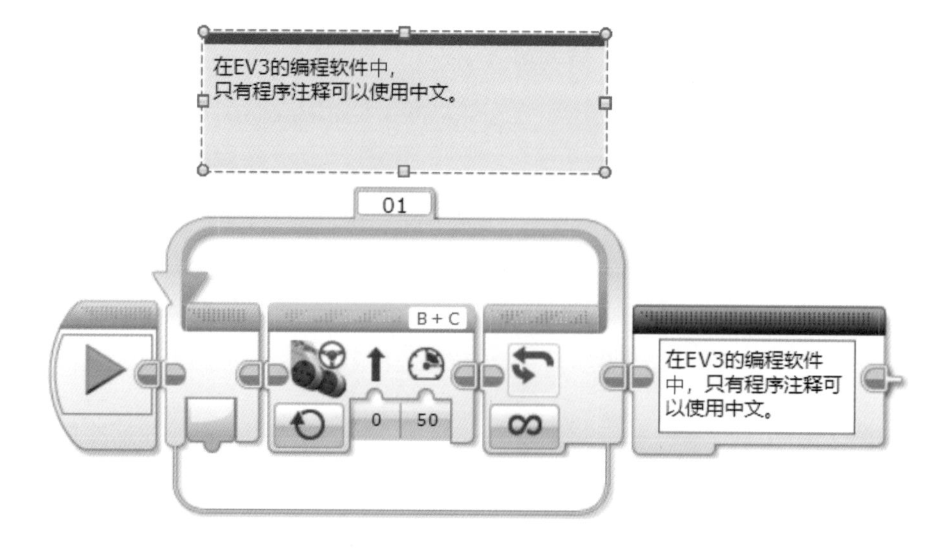

2.5 一个人也可以做好

使用三种连接方式，成功连接到 EV3 编程软件上。

WiFi 连接：VRT 软件里的虚拟机器人使用的是 WiFi 连接方式。

在设置里勾选蓝牙连接。

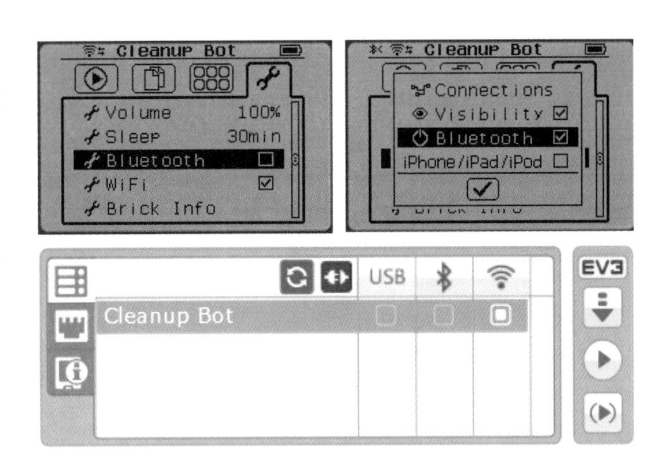

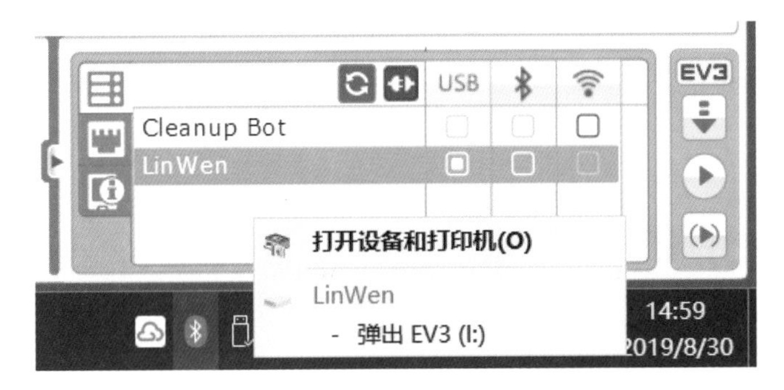

开启 EV3 程序块，用 PC 线连接到计算机。等几分钟，任务栏右下角会有 EV3 程序块硬件的提示信息，说明程序块已经成功连接到计算机上。选择 USB。

蓝牙连接：在设置里开启蓝牙连接后，刷新可用程序块，会看到蓝牙连接的点选框是可以选择的。点选后，会提示输入连接密码。按照程序的默认操作就可以了。

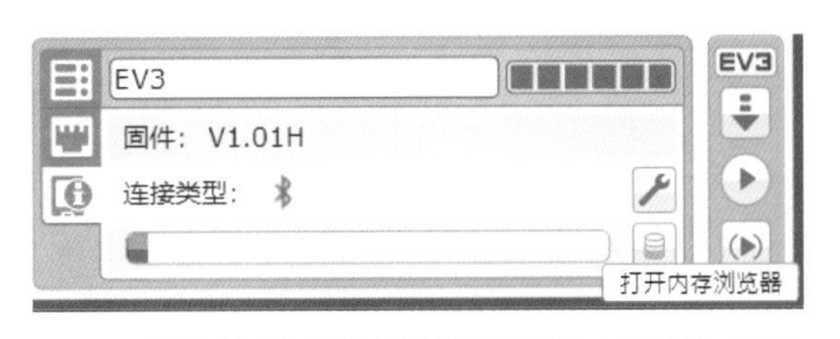

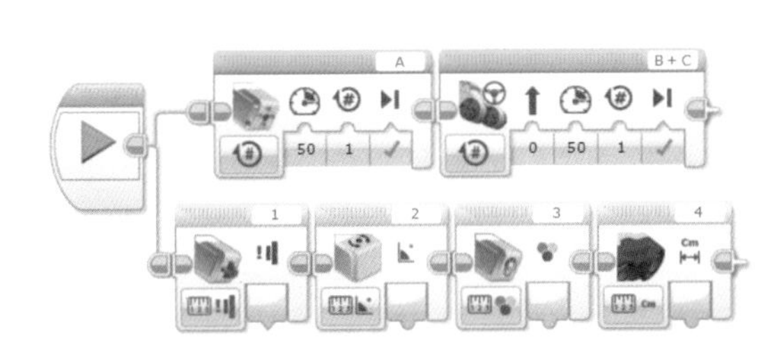

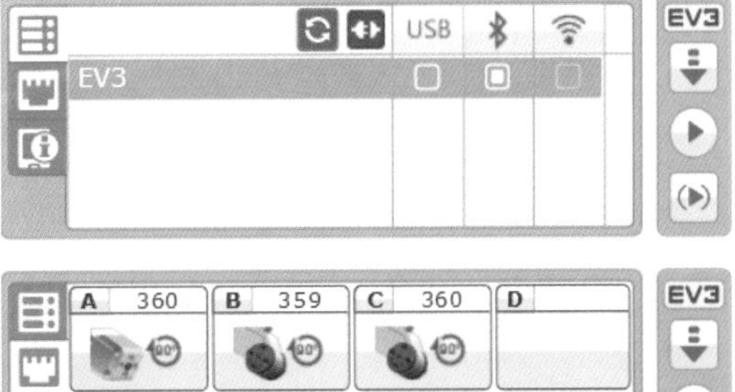

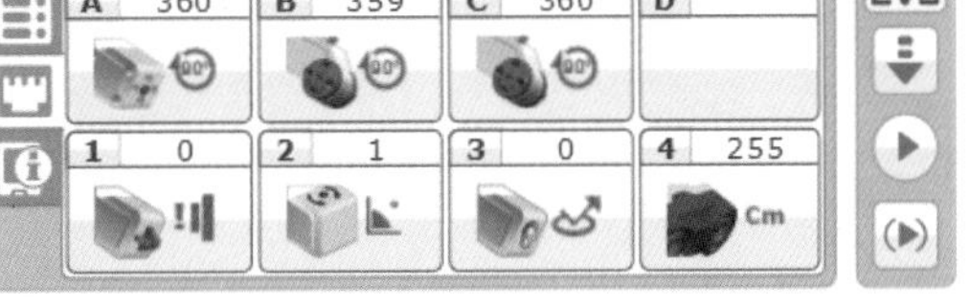

端口查看：传感器和电机在 EV3 编程软件中是有默认端口的。如上图所示。

认识 EV3 编程模块

在上一章，我们熟悉了头脑风暴 EV3 编程软件的界面，知道了使用快捷键，让操作更简单，以及不能使用中文输入法给程序命名。本章将讲解编程模块。按照头脑风暴 EV3 编程软件的设定，分组讲解每组编程模块的功能。通过学习程序案例掌握编程方法。

这是一个计算在 6 秒内按了多少次程序块中间按钮的程序。

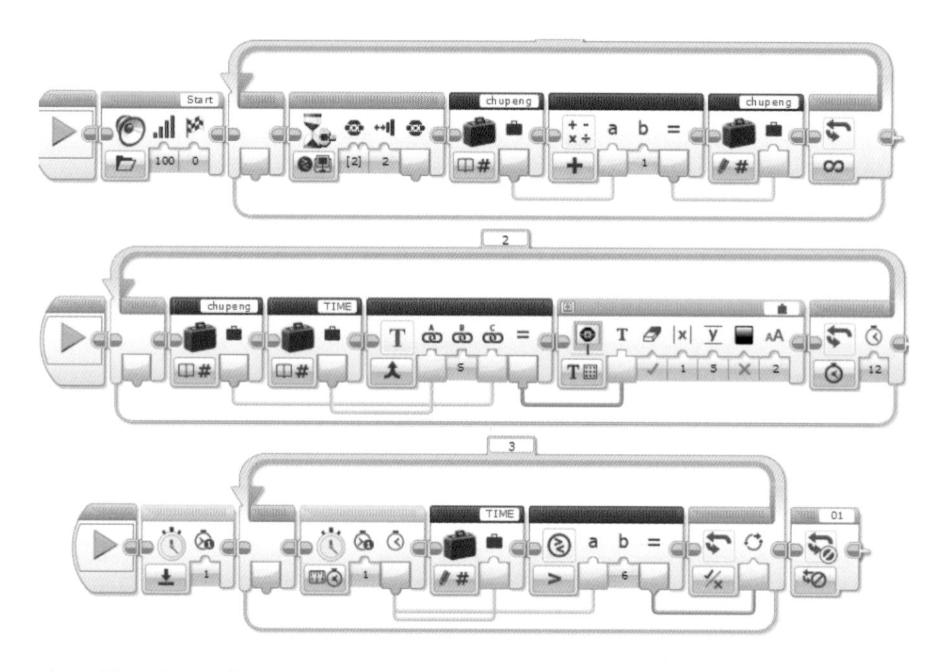

如果想看懂和编写这样的程序，需要认识和理解每一个编程模块的功能。只有亲手编写程序，才能更好、更快地学会。

6.007S 36

6.022S 28

分别计算了两次 6 秒内按程序块中间按钮的次数。

看谁的手速快

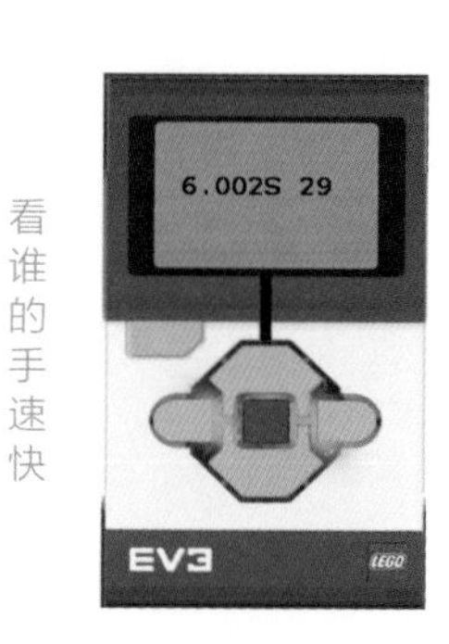

3.1 认识 EV3 编程模块组

把鼠标指针放到模块上，会显示中文提示。

动作模块

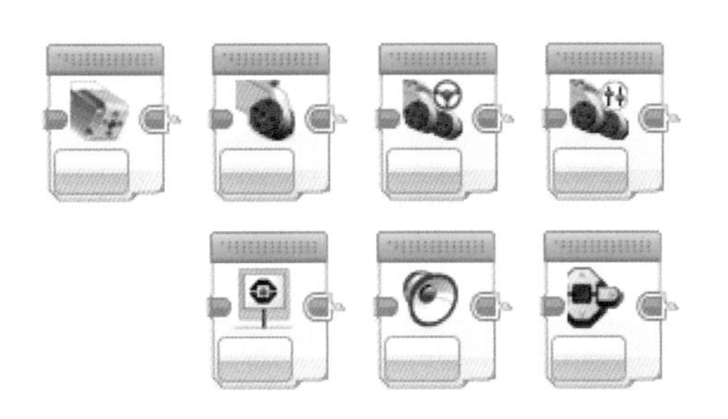

绿色的动作模块组里有中型电机、大型电机、移动转向、移动槽、显示、声音、程序块状态灯模块。动作模块控制 EV3 的电机、屏幕显示、声音、程序块状态灯颜色的变化。

动作模块是 EV3 的输出端口。

流程控制模块

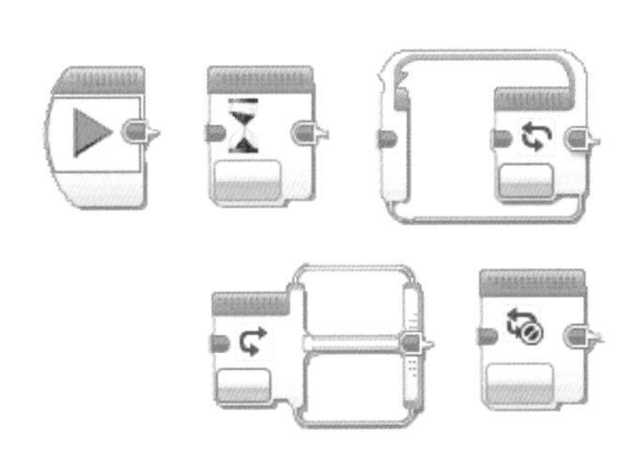

橙色的流程控制模块组里有开始、等待、循环、切换、循环中断。它是控制整个程序的流程。开始模块是整个程序的开始，类似于遥控器的播放按钮。切换必须放在循环里，等待可以阻塞程序的运行，达到等待条件后，程序继续执行。

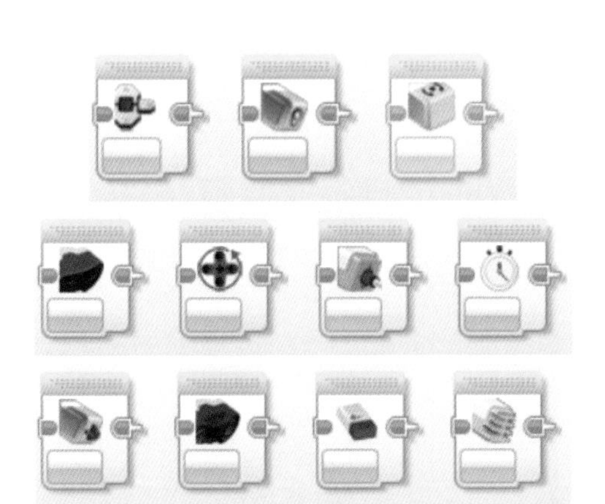

黄色的传感器模块组里有程序块按钮、颜色、陀螺仪、红外线、电机旋转、触碰、声音传感器、计时器、温度传感器、能量计。传感器模块组是 EV3 的输入端口。

数据操作模块

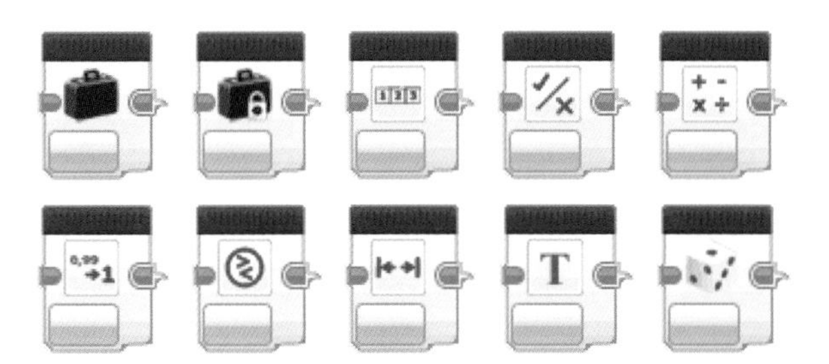

红色的数据操作模块组里有变量、常量、阵列（数组、排列）、逻辑运算、数学运算、比较范围、文本合并、随机模块。

高级模块

高级模块用于管理文件、蓝牙连接等。

只有PC/Mac的编程软件具备此功能，平板电脑的EV3 Programmer应用程序无此功能。

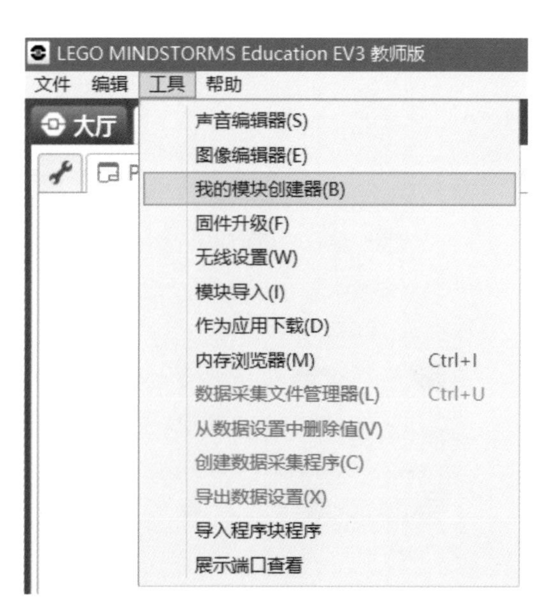

我的模块创建器

用鼠标选中要制作成我的模块的源程序。单击菜单 > 工具 > 我的模块创建器，创建我的模块。

单击按钮添加或编辑参数。

3.2 动作模块组

3.2.1 中型电机与大型电机

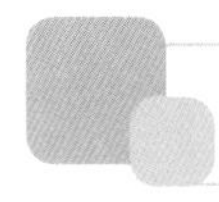

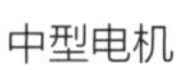

中型电机

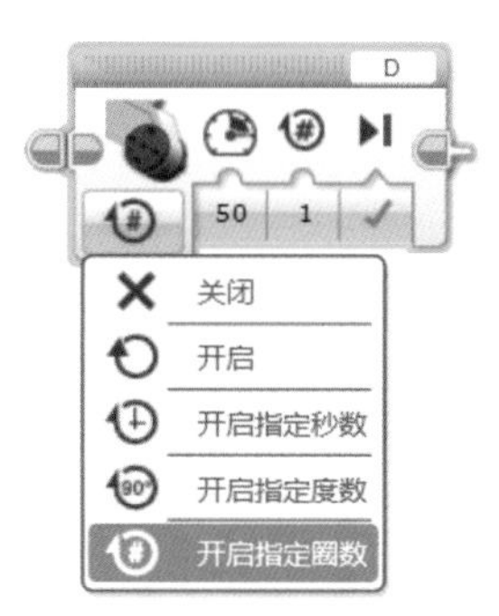

大型电机

下拉菜单拉开后，有五种操作状态：

“关闭”可以让电机强制停车，1 圈 =360°（电机自转 360°）。

“开启”就是控制电机的功率，功率有正负之分，分别控制前 / 后行走。

“开启指定秒数”是对运行时间的控制，如果前方有障碍挡住了行进线路，卡住轮子到了指定时间，这个程序块就执行完成了。

“开启指定度数”是控制最后是否制动，区别在于制动会停得较快，也会锁住电机刹车。不制动（EV3 编程软件中将其称为惯性滑行）停得较缓慢。

“开启指定圈数”用于指定圈数和度数，电机必须运转到指定的圈数和度数。

3.2.2 移动转向

移动转向

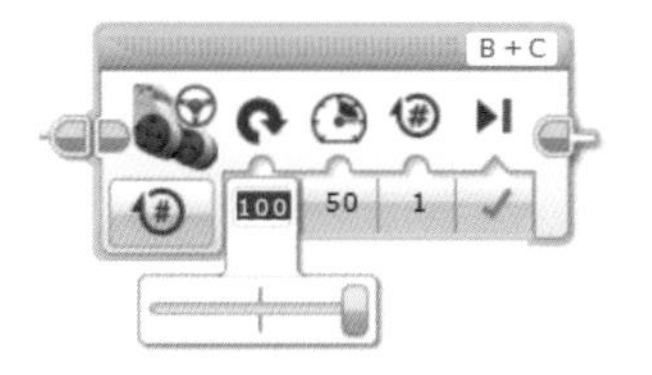

注意：转向是控制转弯角度的，角度接近 100 可用来调头。转弯的度数是移动转向模块给电机的两个轮子分配的转动度数，并不是整个 EV3 机器人需要转动的角度。

圈数是电机旋转的次数。度数是电机旋转的度数。时间是电机运行的时间。电机正功率向前，负功率向后。

3.2.3 移动槽、显示

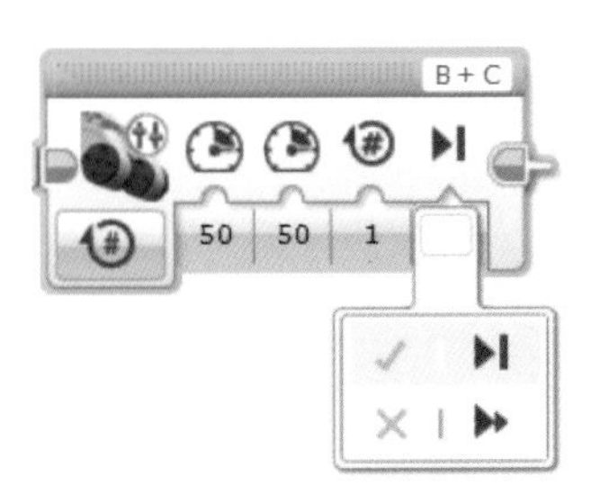

移动槽

相当于把两个大型电机拼在一起。

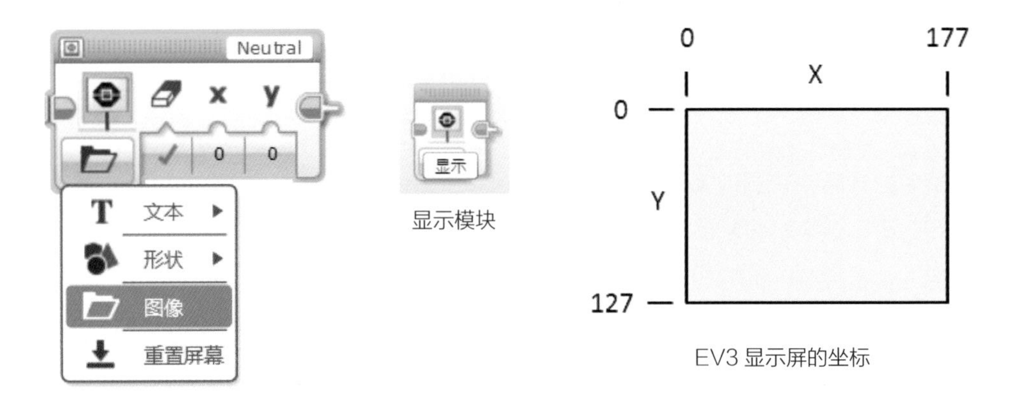

显示模块

EV3显示屏的坐标

许多显示模块使用X和Y坐标指定要绘制项目的位置。坐标指定EV3程序块显示屏上的像素位置。位置(0, 0)处于显示屏左上角，如右上图所示。

显示屏宽178像素，高128像素。X坐标值范围从显示屏左侧的0到右侧的177。Y坐标值范围从顶部的0到底部的127。

擦除屏幕的意思是显示新的内容前，擦去旧的，系统默认擦除屏幕。

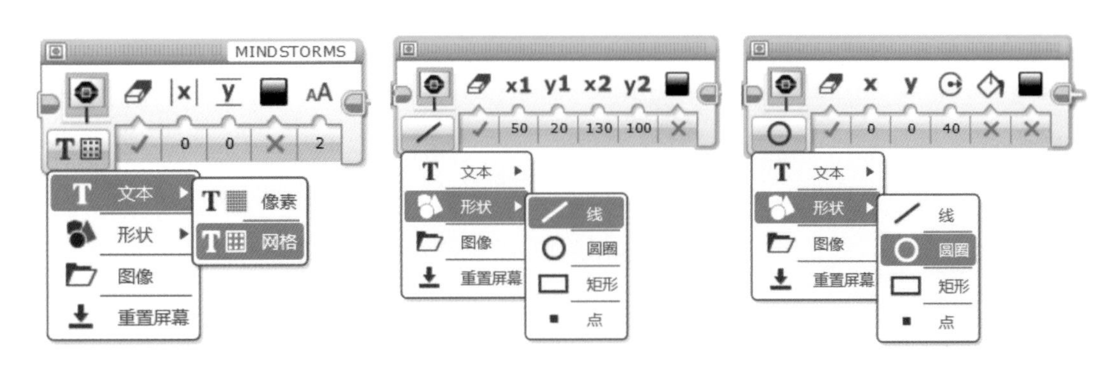

3.2.4　声音模块、程序块状态灯

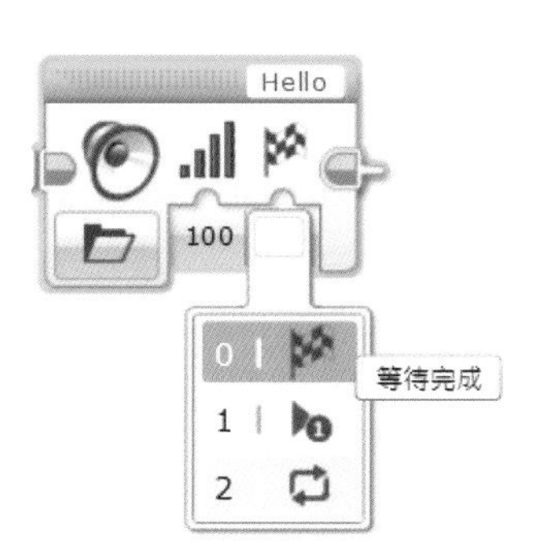

声音模块

这里最右侧下拉框的等待完成是可以阻塞程序运行的。

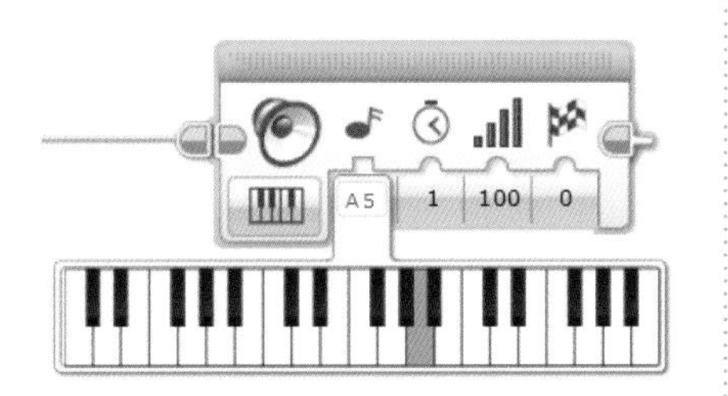

声音模块与播放音符。

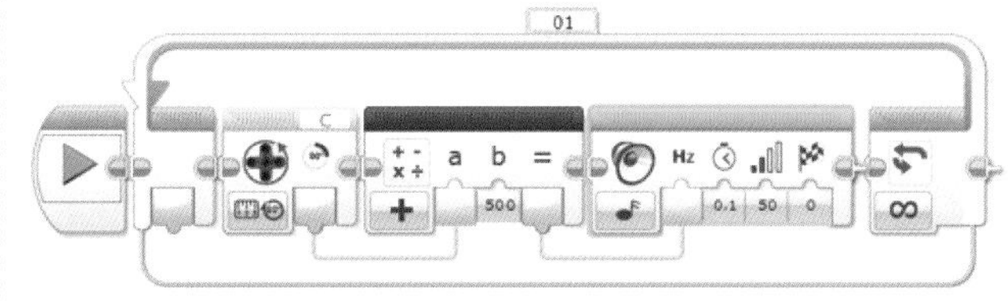

此程序会基于电机旋转传感器的位置，使音调频率发生变化。在手动转动电机时，音调会更改。

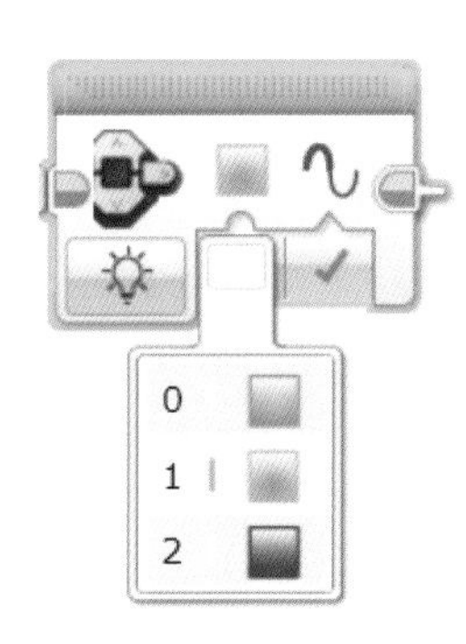

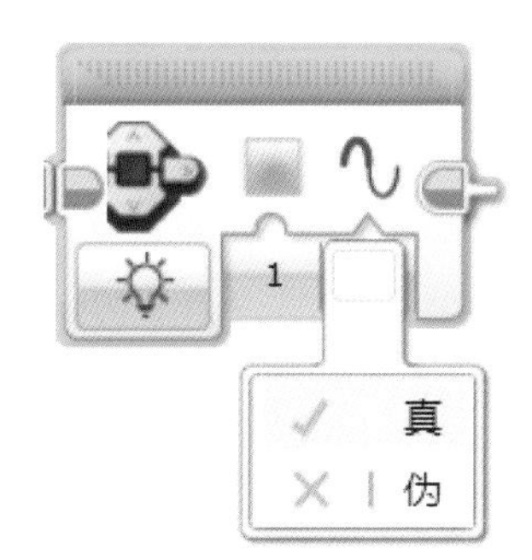

程序块状态灯

它可以控制 EV3 程序块的灯亮不亮，以及亮灯的颜色，闪不闪烁。

3.3 流程控制模块组

3.3.1 开始

开始模块 

程序可以具有多个序列，多个开始模块，多任务。

单击开始模块上的绿色箭头会编译整个程序并将其下载到 EV3 程序块，但是只有所选序列会运行。

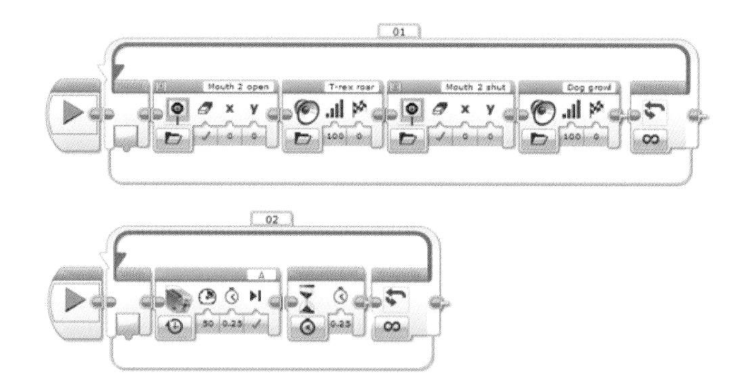

此程序使用了两个流程，每个流程有不同的功能，并同时运行。在第一个流程中，一个循环使 EV3 程序块在两个声音和两个图像之间交替。

在第二个流程中，一个中型电机在运行 0.25 秒与停止 0.25 秒之间交替。

如果单击上面程序中任一开始模块上的绿色按钮，则可以看到程序中的该序列执行的操作。在从 EV3 程序块运行整个程序时，可以看到两个序列同时进行。

第二个序列中的等待模块只会使第二个序列等待时间经过。第一个序列不受影响，会保持运行。

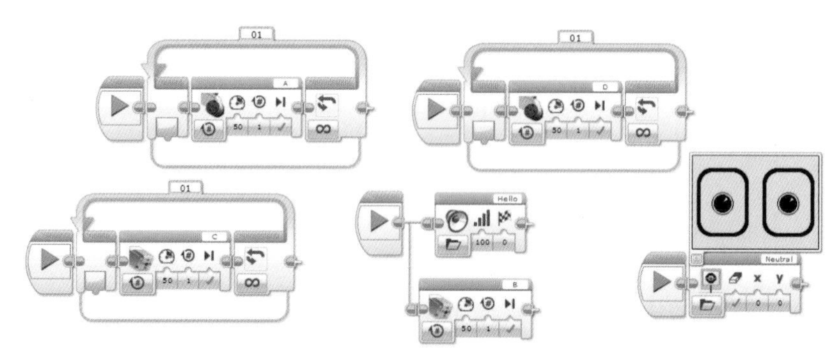

3.3.2　等待

等待模块有两类用法：

第一种是等某个时间再进行（阻塞程序的运行，比如等待一秒后，再执行下一个模块）。

第二种就是结合传感器数值做出逻辑判断，最右侧多数输出的是逻辑的真或伪，不是具体数值，这点必须注意。

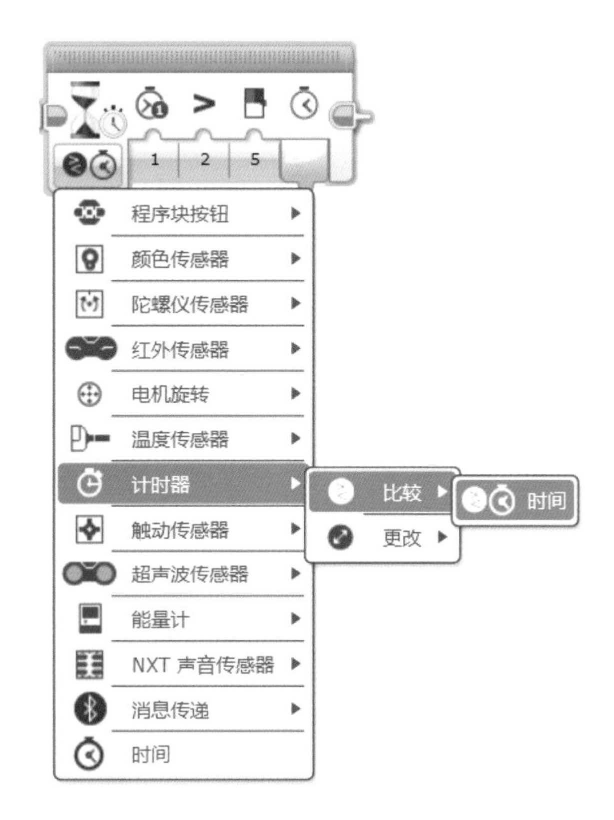

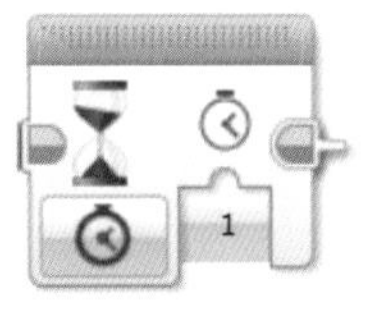

等待模块

31313 配的那个测距离的传感器叫作红外传感器。

特别注意：后面的黄色传感器组也有比较真实的测量值与设定值输出逻辑关系的功能，差别在于是否阻塞程序的运行。

3.3.3 循环、循环中断

循环模块

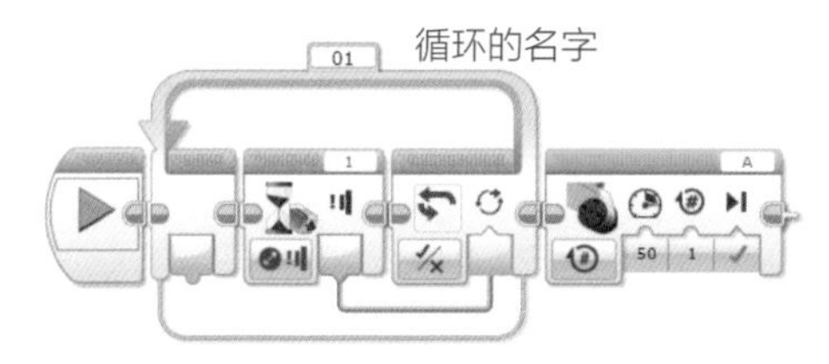

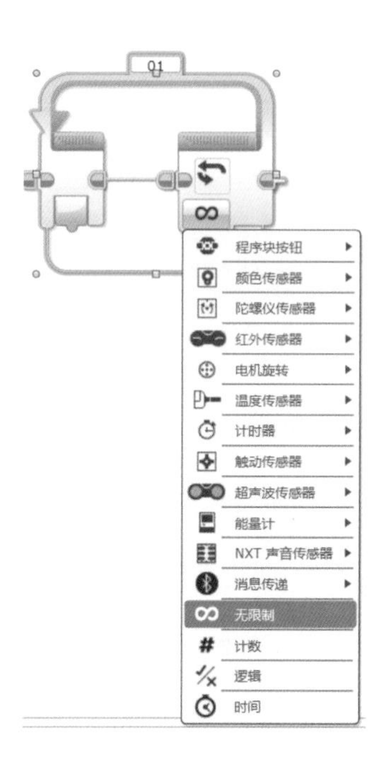

循环模块内部的模块会按照设定重复执行，到了时间和计数就自动退出。

逻辑退出：假如事先设定逻辑判定为真时退出，连线接入判定口（最右侧的那个）后如果输出真，则退出；反之亦然。传感器退出则是通过设定一个预定数值，传感器达到（或没达到）该数值时自动退出。

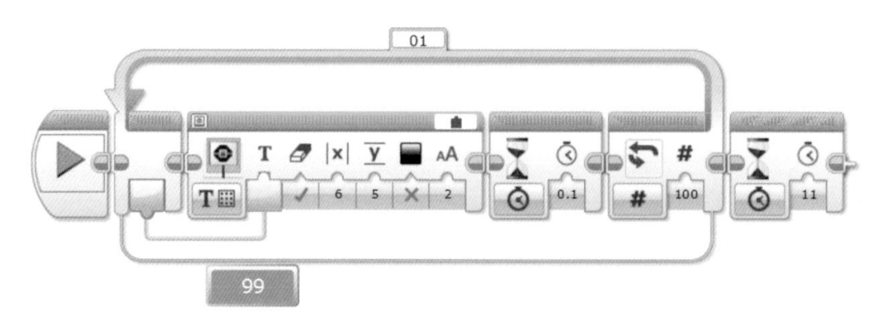

“循环索引”输出。实现 EV3 主机屏幕中间显示 0~99 的数字，显示间隔为 0.1 秒。

3.3.4　切换

切换模块

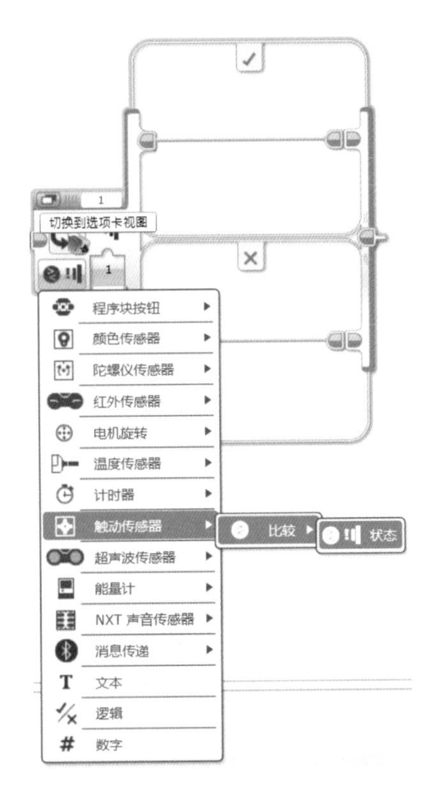

在选择了传感器控制之后，如果现实情况与设定情况相符，则执行上部程序，反之执行下部程序。

如果选择逻辑、文本、数字来判断，必须输入对应的逻辑、文本、数字。数字就是数字是几，就执行几组程序，同时也可设定默认值。

切换模块有两种视图：选项卡视图、平面视图。

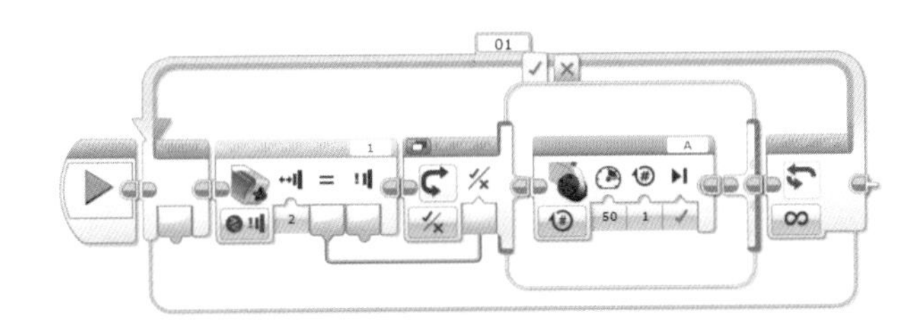

按下触碰传感器，逻辑为真，大型电机转一圈。

3.4 传感器模块组

这组的特点是模块可以输出逻辑判断，也可以输出数据，通常不阻塞程序。超声波传感器的测量范围是3~255厘米。颜色传感器测量物体时的距离为一个乐高单位。

计时器输出的是一个以秒为单位且精确到小数点后三位的数值。使用计时器输入可选择计时器编号。EV3程序块具有8个计时器，因此可以一起对多达8个不同的事件进行计时。

需要注意的是：计时器、陀螺仪传感器都需要在程序开始时重置。

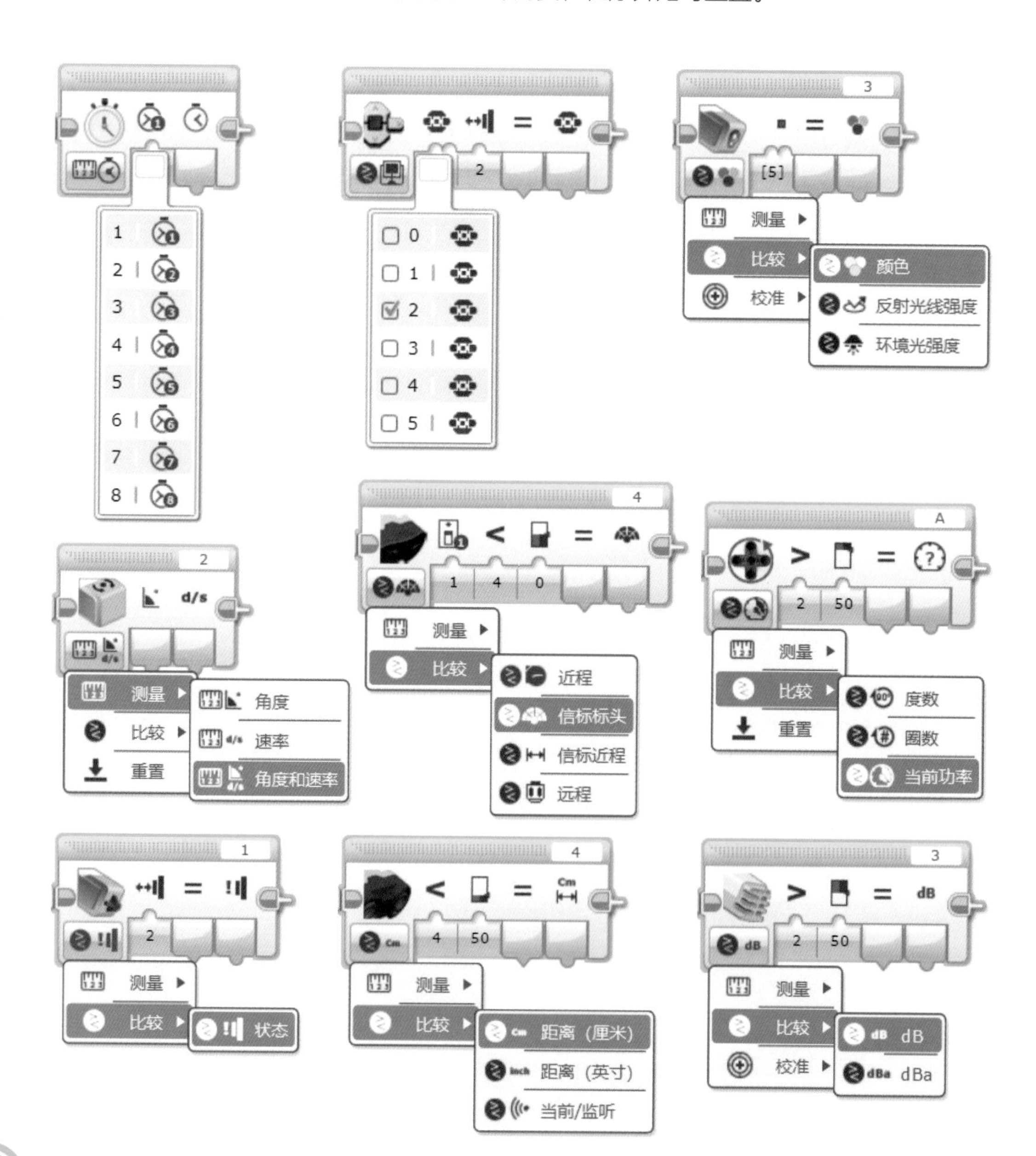

3.5 数据操作模块组

3.5.1 变量

使用前单击右上角可以新建变量。使用变量模块可以更好地管理数据变化，例如触碰传感器被按了几次，从右下角的数据出（入）口可以输出或输入数据，数据也可以在一开始时直接写入。变量有很多种类型，包括：文本、数字、逻辑、数组。

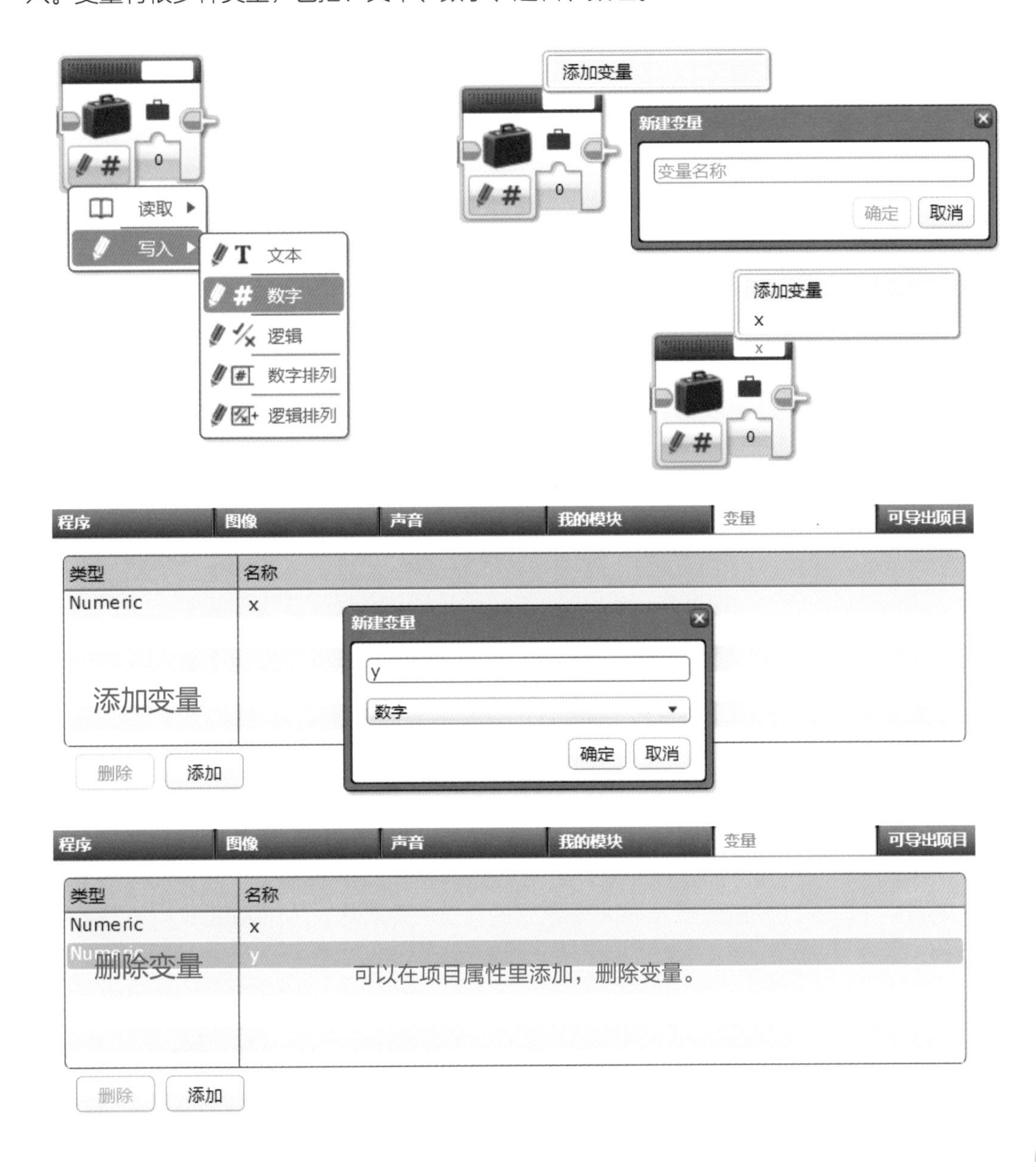

3.5.2 画图程序

使用变量、程序块按钮、触碰传感器实现的画图程序如下。

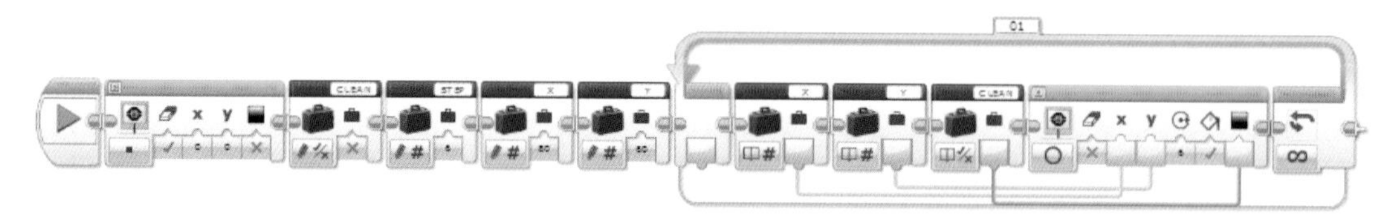

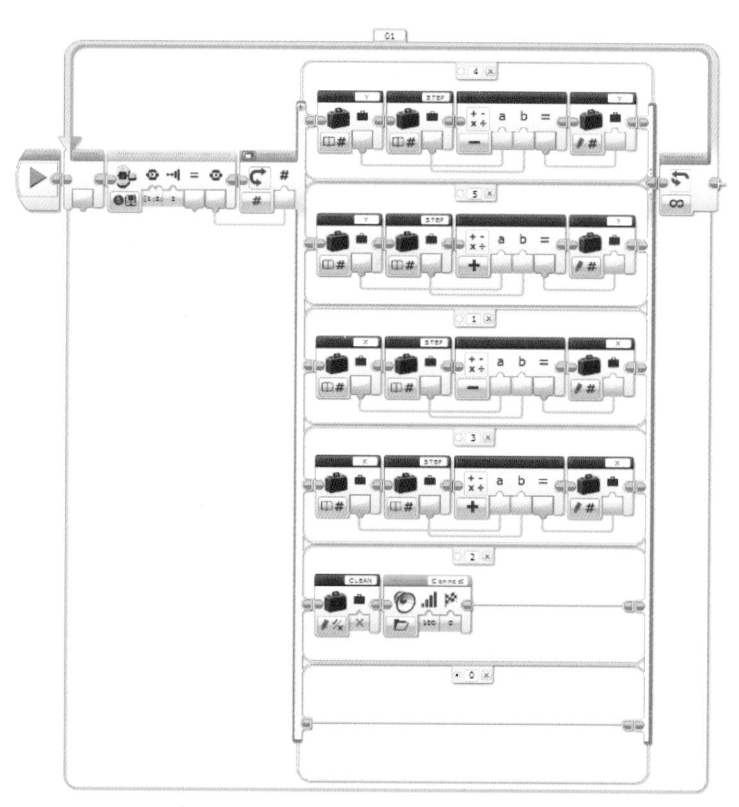

画图程序在EV3屏幕上写的6字。

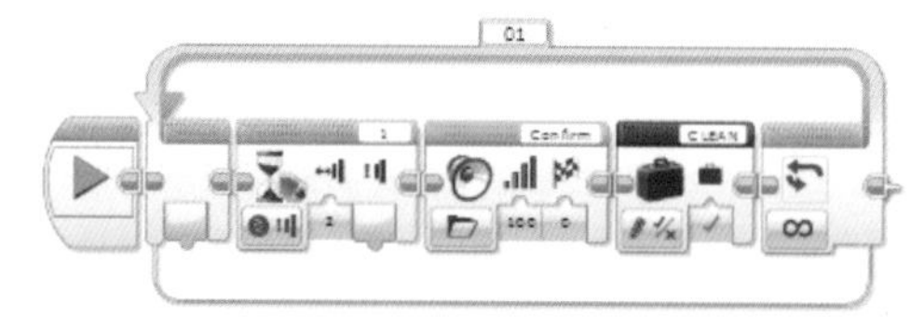

书中所配的资源中有EV3源程序。

用点清屏，设定逻辑变量CLEAN（设置颜色：白色为擦除，黑色为划线），设定变量STEP步长。

设定X的初始坐标为80，Y的初始坐标为60，位置大约在EV3屏幕的中间。把数值给第二个显示模块。用程序块按钮控制圆点的移动，实现画图功能。用触碰按钮改变CLEAN变量为真（白色擦除）。

3.5.3　常量、阵列运算

此程序使用常量模块为三个不同的移动转向模块提供“功率”输入。通过在常量模块中更改单个值，所有三个移动转向模块都会获得更新的功率级别。

常量模块

常量模块允许输入在程序中几个不同位置使用的值。如果更改常量值，则使用常量的所有位置都会获得更新的值。

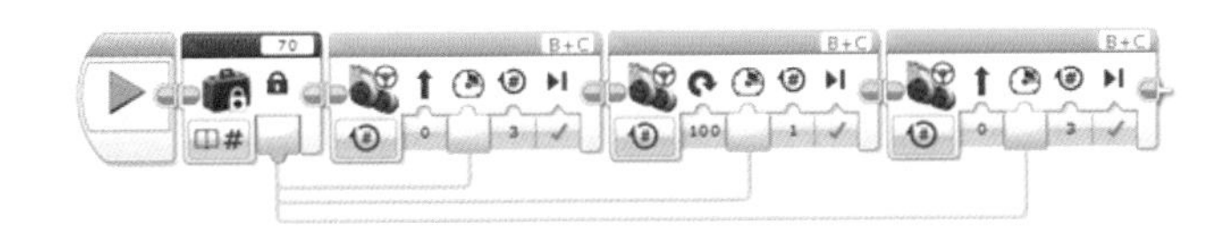

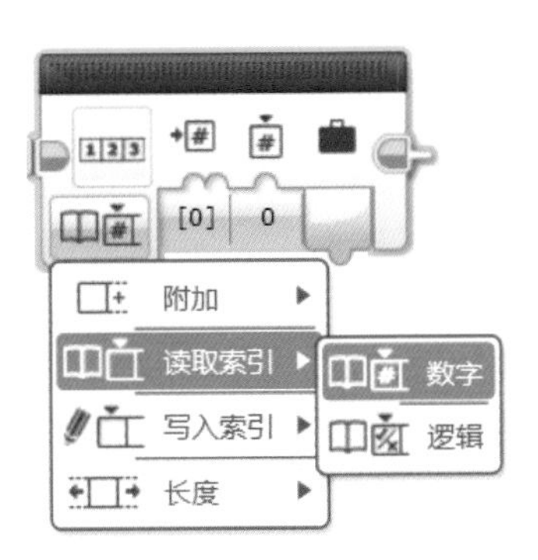

阵列运算（数组）模块

阵列运算模块对数字排列和逻辑排列数据类型执行运算。可以创建排列、添加元素、读取和写入单个元素，以及获取排列的长度。

5 种数据线类型，5 种数据线。

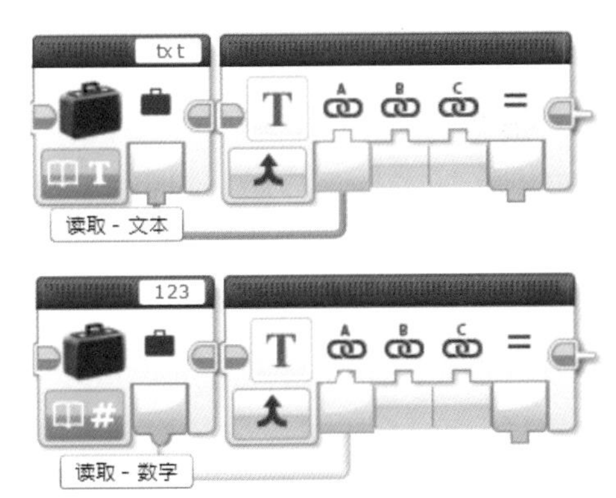

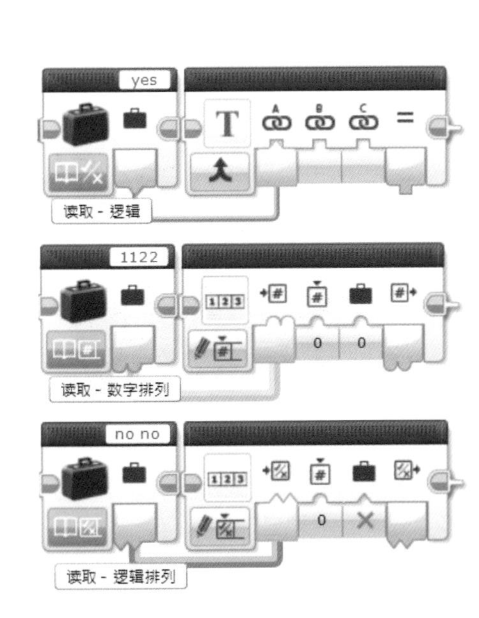

3.5.4 阵列实例程序

使用 EV3 程序块内存中存储的多个值（阵列）驱动基座。

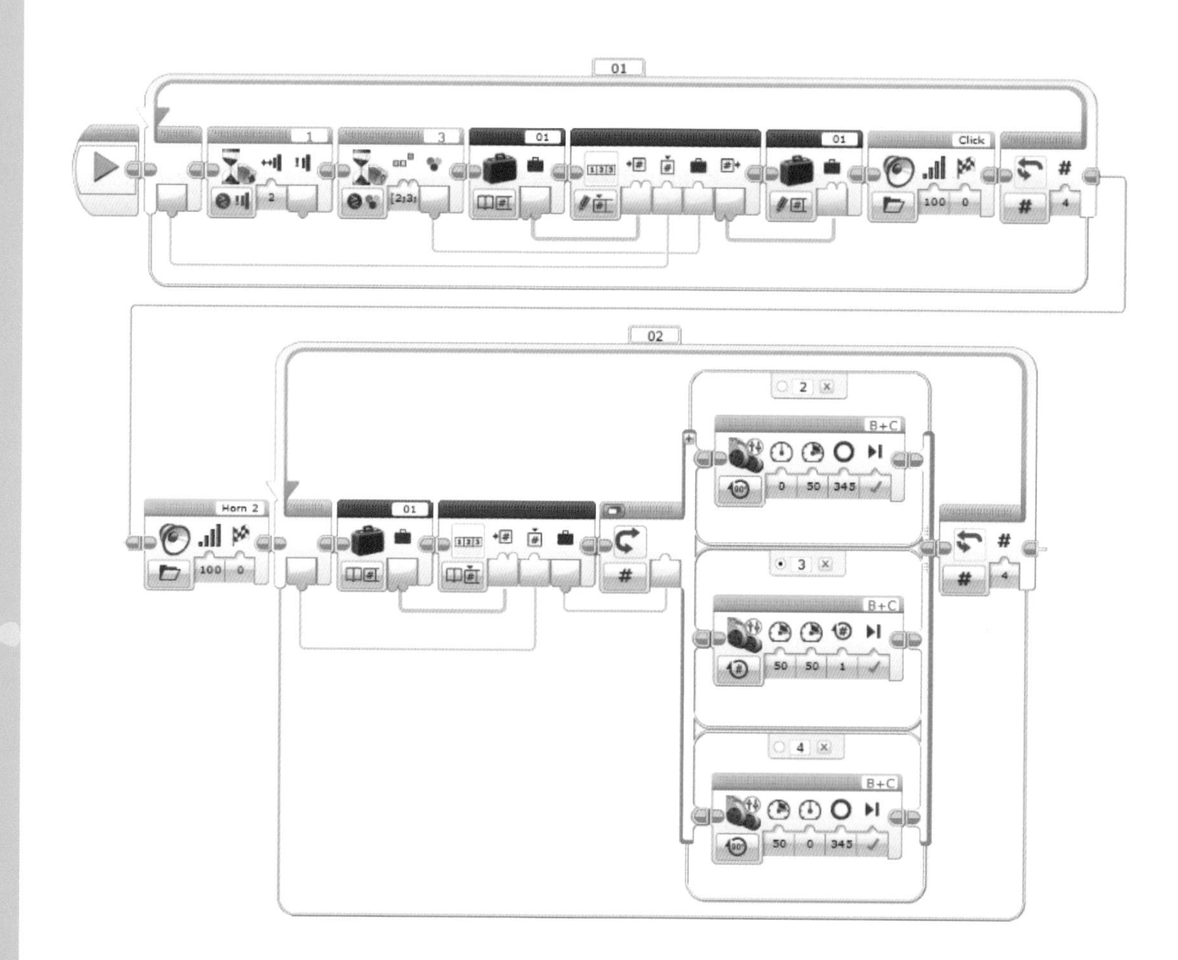

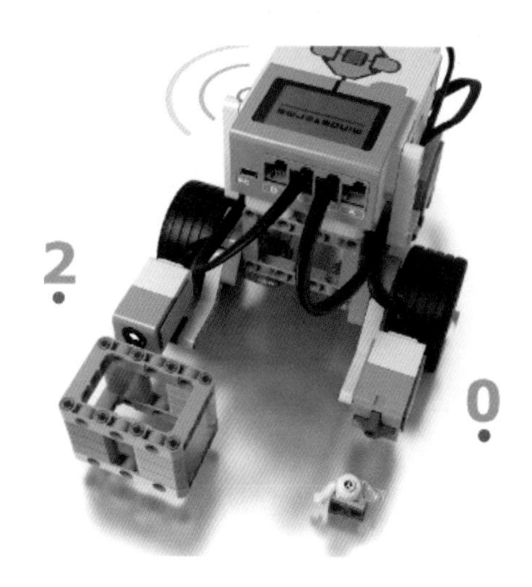

为机器人编写程序，通过识别不同的颜色，选择不同的运动轨迹，通过触动激活机器人运动。

3.5.5 逻辑运算

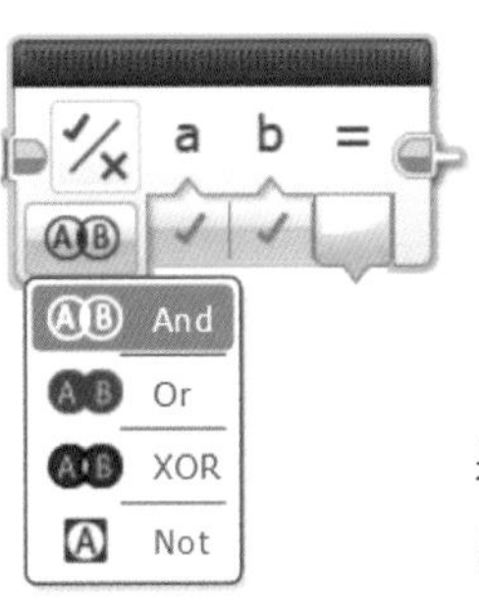

逻辑运算模块

逻辑运算模块是对其输入的数值进行逻辑运算，然后输出结果。逻辑运算采用为“真”或“伪”的输入，生成“真 / 伪”输出。可用的逻辑运算有 AND、OR、XOR 和 NOT。

模式	使用的输入	结果
AND	A，B	如果 A 和 B 都为“真”，则为“真”，否则为“伪”
OR	A，B	如果 A 或 B 中任意一个（或同时）为“真”，则为“真”， 如果 A 和 B 都为“伪”，则为“伪”
XOR	A，B	如果 A 和 B 中只有一个为“真”，则为“真”， 如果 A 和 B 都为“真”，则为“伪”， 如果 A 和 B 都为“伪”，则为“伪”
NOT	A	如果 A 为“伪”，则为“真”， 如果 A 为“真”，则为“伪”

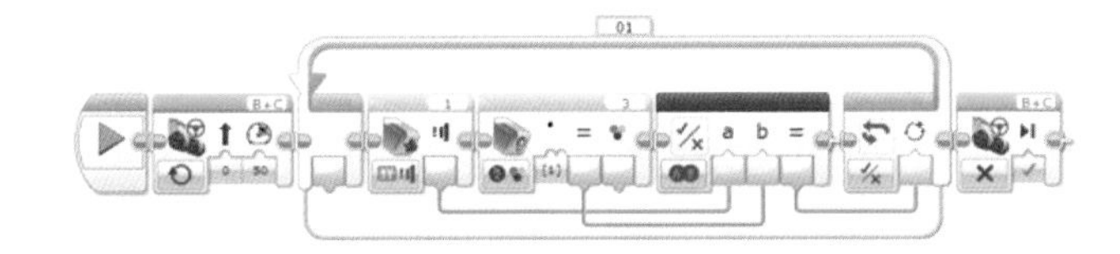

此程序使机器人向前驱动，直至触发了触动传感器或颜色传感器从而检测到黑色。它使用逻辑 OR 模式将两个传感器模块的输出合并为单个“真”或“伪”结果。“真”结果告知循环结束，然后机器人停止。

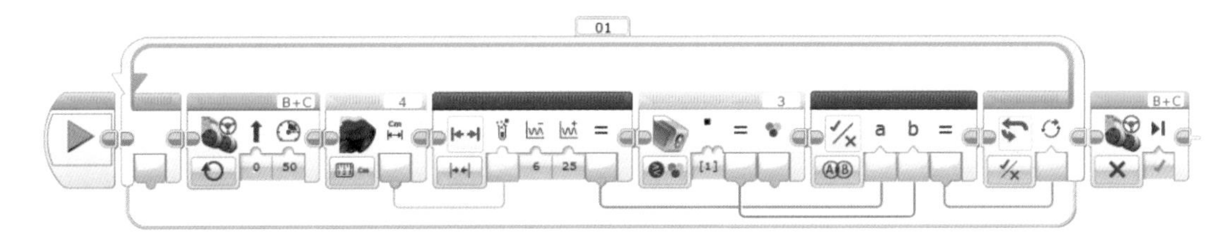

直行，当超声波传感器检测的距离为 6~25 厘米，颜色传感器检测到黑色。都为真，退出循环，电机制动。

3.5.6 数学运算

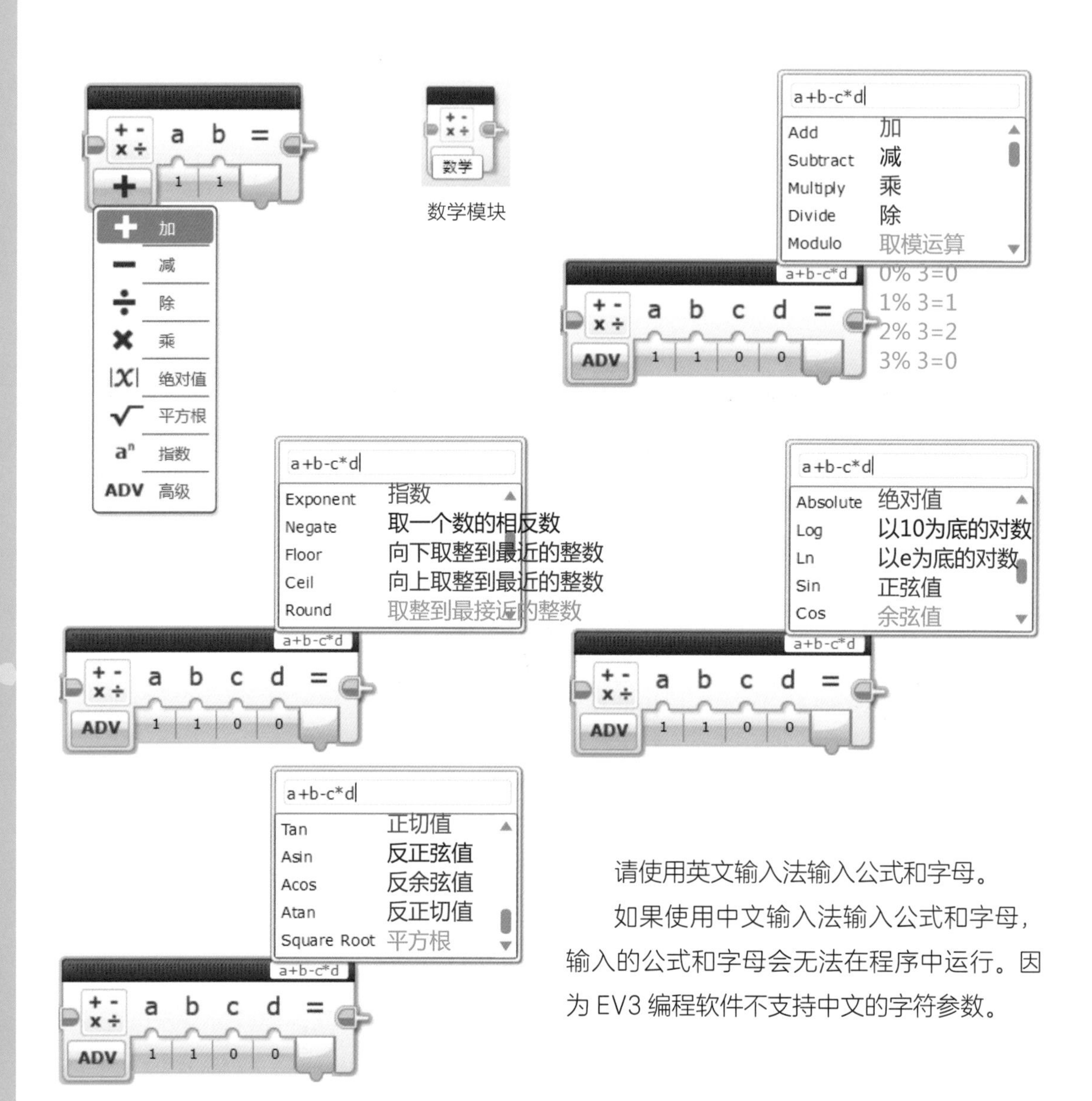

请使用英文输入法输入公式和字母。

如果使用中文输入法输入公式和字母，输入的公式和字母会无法在程序中运行。因为EV3编程软件不支持中文的字符参数。

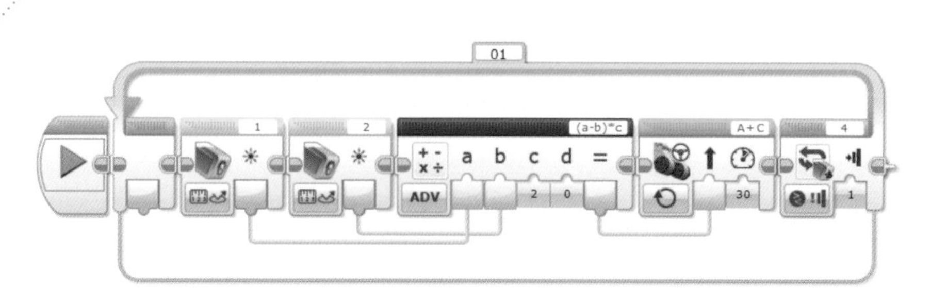

比例巡线使用了数学模块的高级模式。

3.5.7　舍入

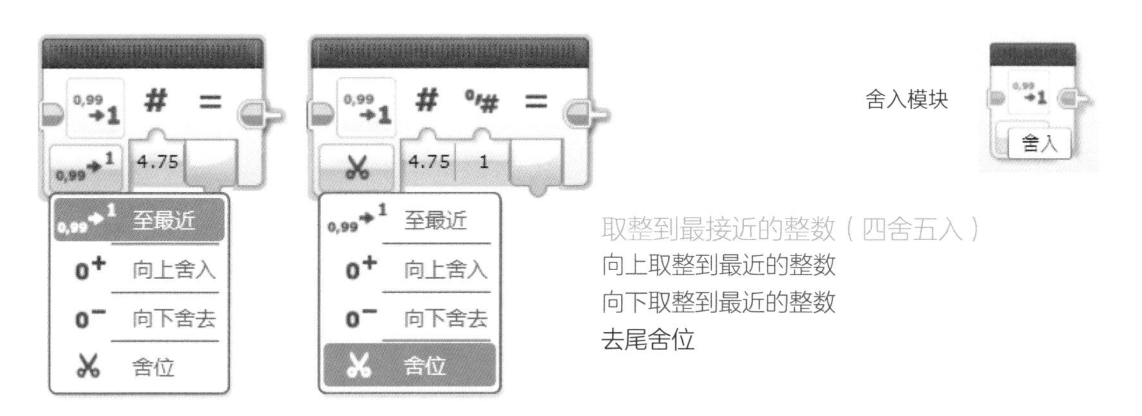

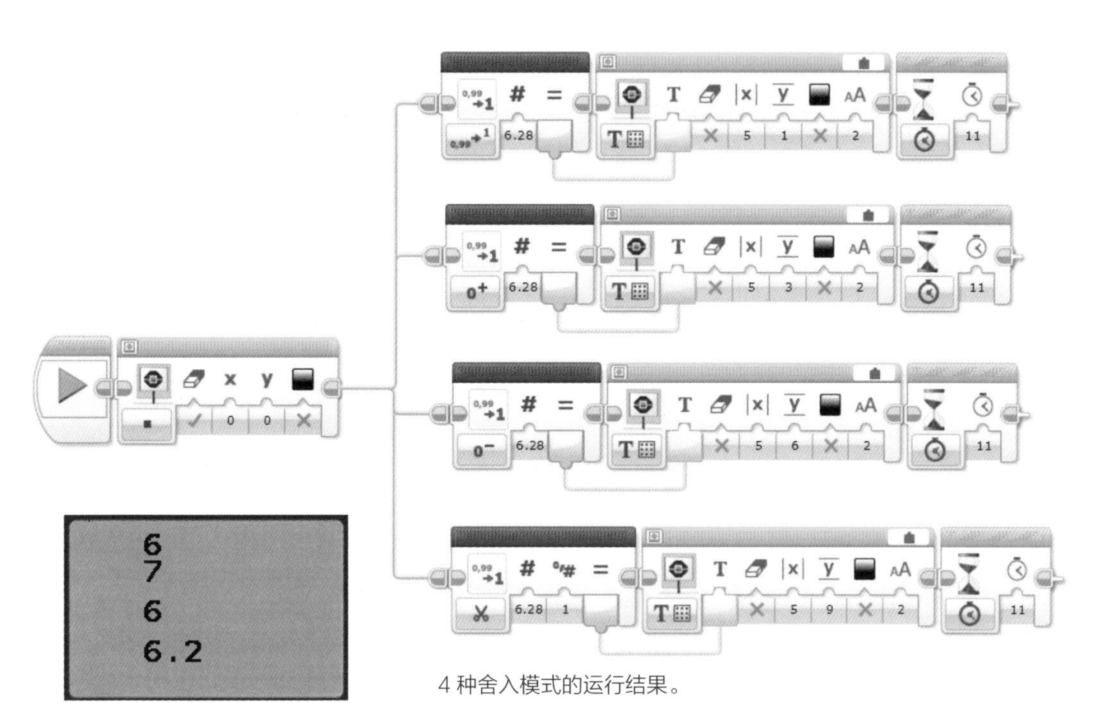

4 种舍入模式的运行结果。

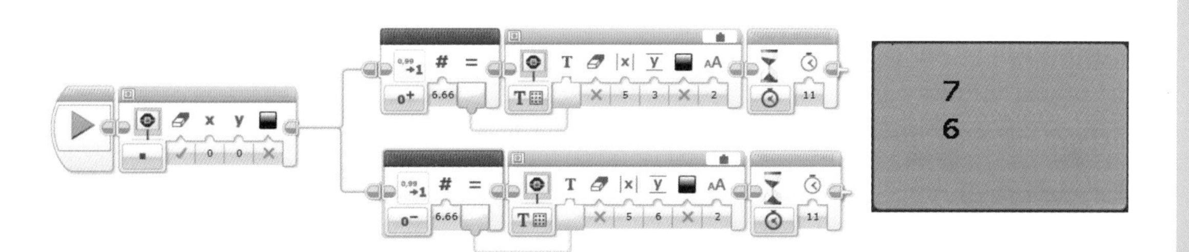

6.66 的向上舍入和向下舍入的运行结果。

3.5.8 比较

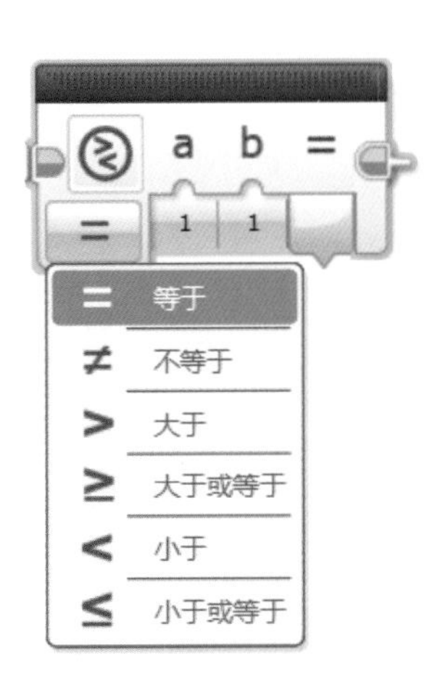

比较模块

判断 a（选项卡中所选内容）、b 是否与实际情况相同，相同为真，不同为伪。

模式	使用的输入	输出结果
= 等于	A，B	如果 A = B，则为“真”，否则为“伪”
≠ 不等于	A，B	如果 A ≠ B，则为“真”，否则为“伪”
> 大于	A，B	如果 A > B，则为“真”，否则为“伪”
< 小于	A，B	如果 A < B，则为“真”，否则为“伪”
≥ 大于或等于	A，B	如果 A ≥ B，则为“真”，否则为“伪”
≤ 小于或等于	A，B	如果 A ≤ B，则为“真”，否则为“伪”

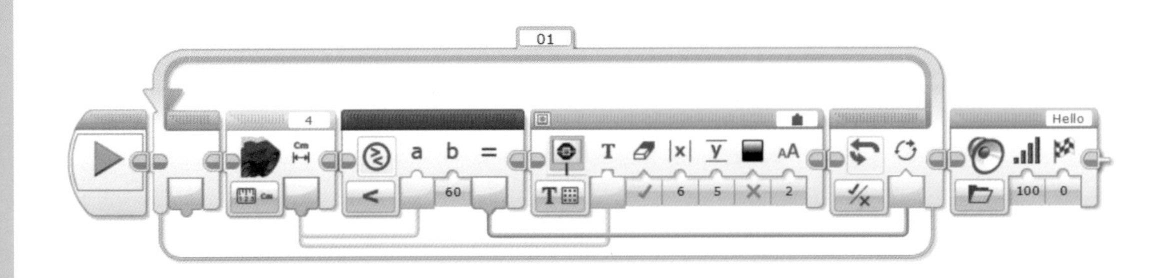

开始后，进入循环。在 EV3 屏幕上实时显示超声波传感器测量的距离。当距离小于 60 厘米时，退出循环。说 Hello。

3.5.9 范围

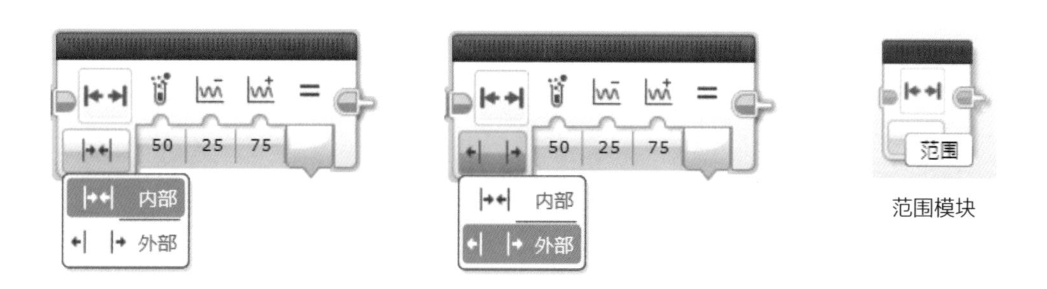

范围模块

填好下限（例：0）和上限（例：10）后，选择内部是将测试值在 0-10 间判定为真，外部是将测试值在 0-10 间判定为伪，反之也生效。

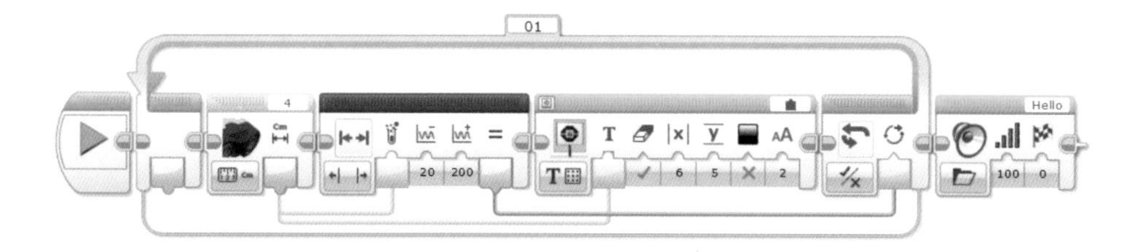

超声波传感器测量的距离显示在 EV3 屏幕上，如果数值在 20~200 之外，则退出循环说 Hello。

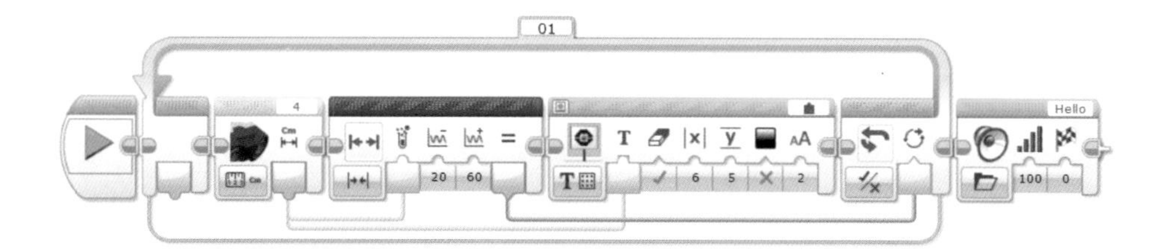

超声波传感器测量的距离显示在 EV3 屏幕上，如果数值在 20~60 之内，则退出循环说 Hello。

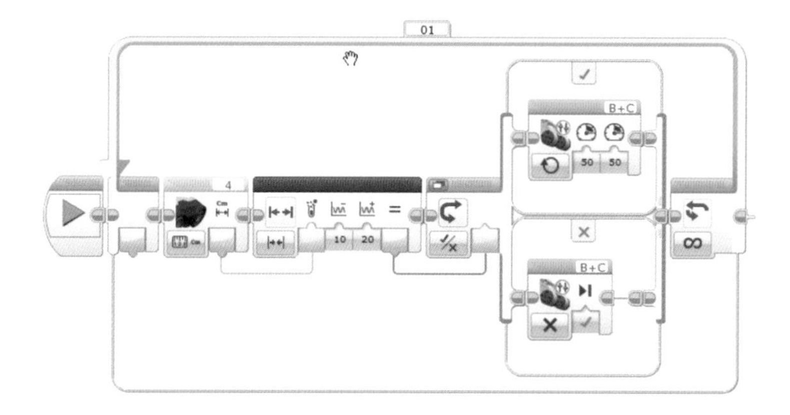

超声波传感器测量的距离值在 10~20 之内，基础车向前直走，否则制动。

3.5.10 文本

文本模块可以将多达三个文本字符串合并为一个文本字符串。

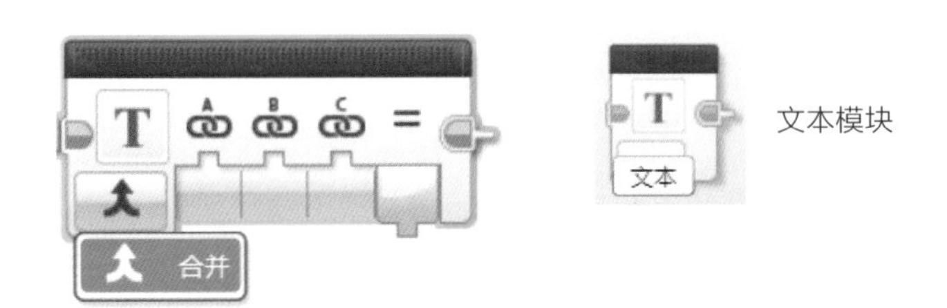

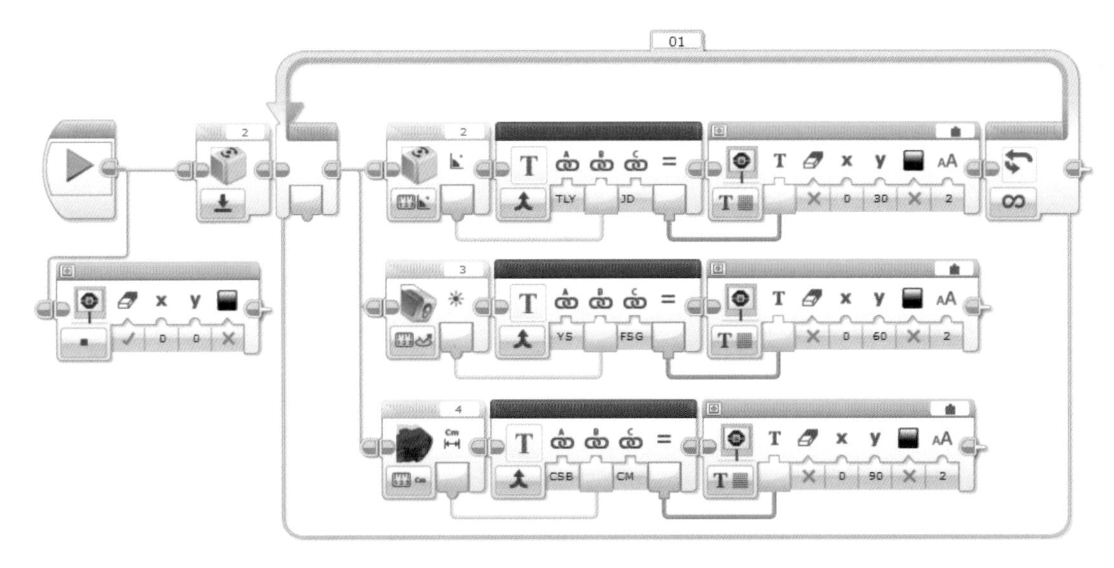

使用文本合并，在 EV3 屏幕上同时显示陀螺仪传感器测量的角度，超声波传感器测量的距离，颜色传感器测量的反射光线强度。

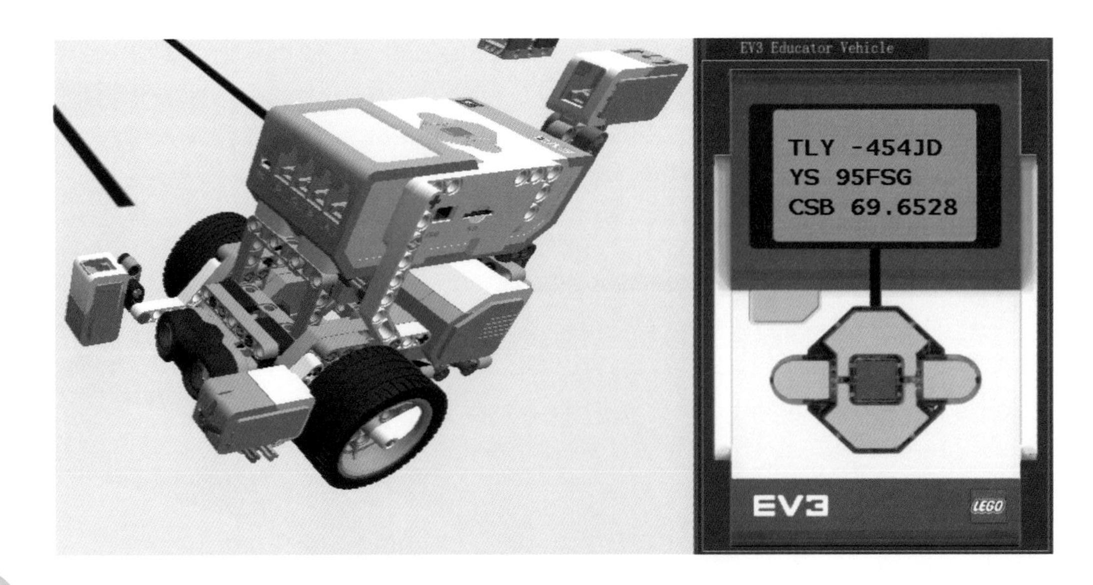

3.5.11　随机

随机模块可以输出随机数字或逻辑值。可以使用随机模块的结果，使机器人从不同的动作中随机进行选择。

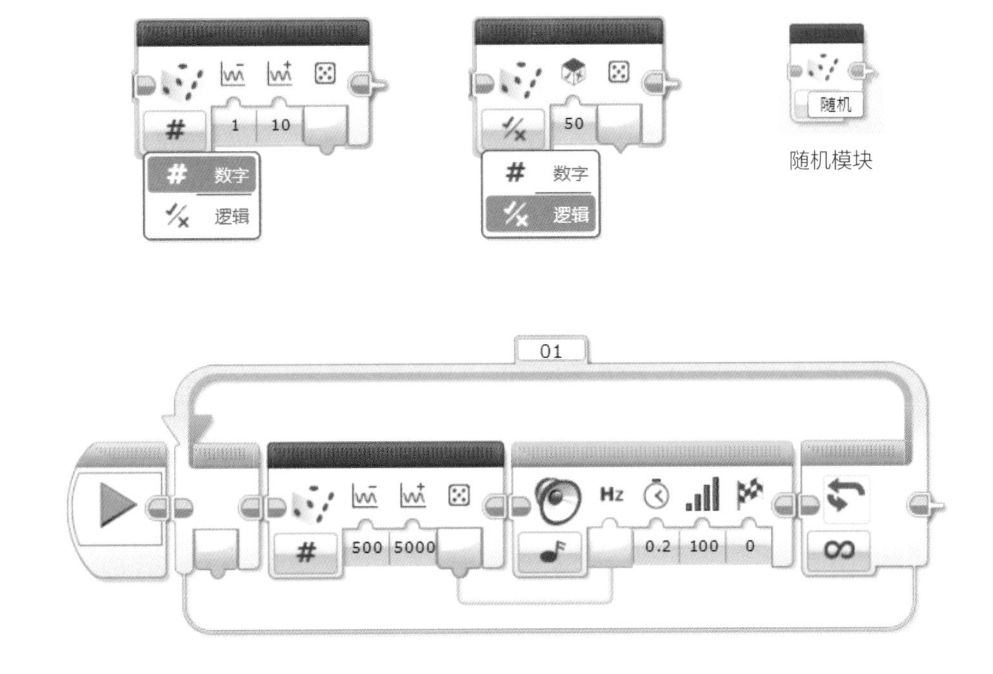

此程序在 500 至 5000 Hz 的范围内生成一系列连续的随机频率。

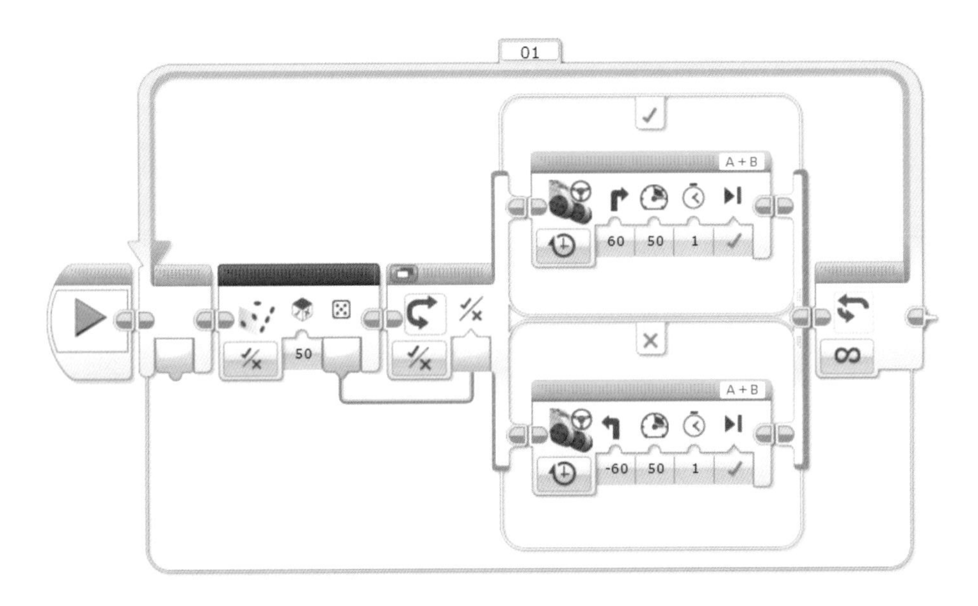

此程序使机器人随机选择向左转和向右转（各为 50）。

3.6 高级模块组件

3.6.1 文件读写

文件读写模块

文件读写模块使您可以对 EV3 程序块上的文件读取和写入数据。

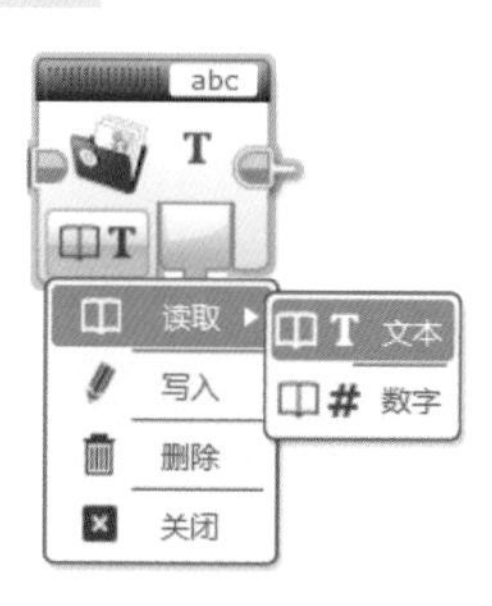

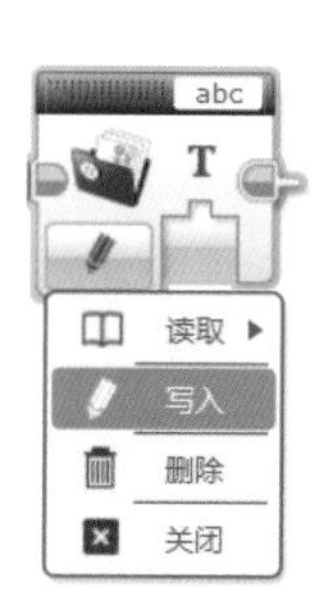

写入的新数据都会按顺序排在原数据的后面，文件中的数据只能按顺序从第一个数据读取。文件关闭前请进行保存。

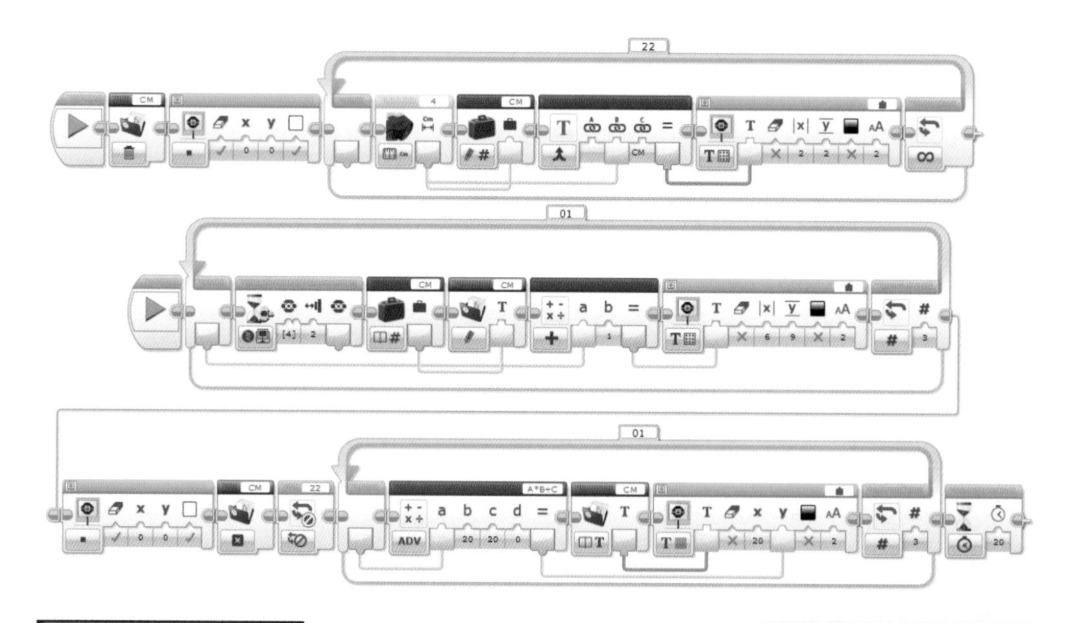

88.8633CM

2

超声波测量三次距离，把三个数值写入文件读写。读出三个数值并显示在 EV3 屏幕上。

9.7914
118.1836
90.6224

3.6.2 信息传递

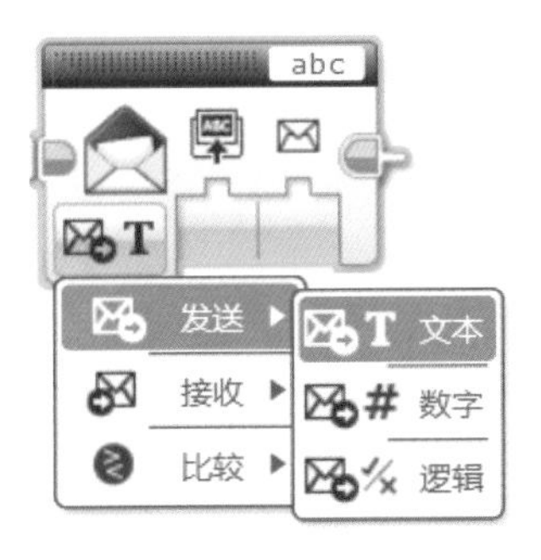

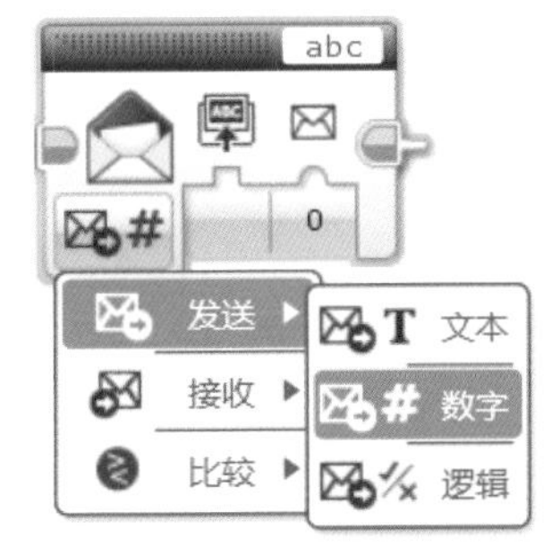

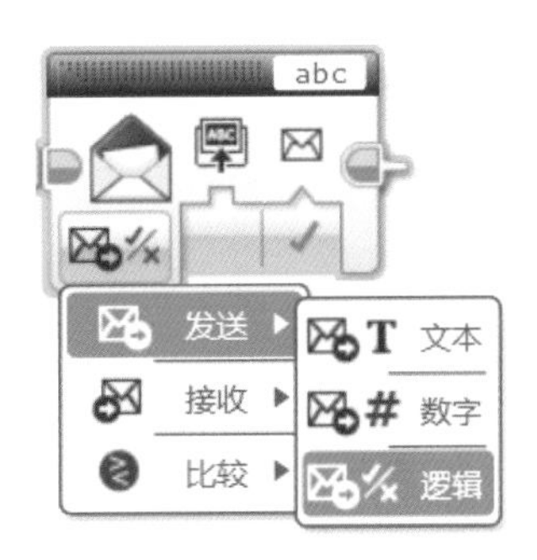

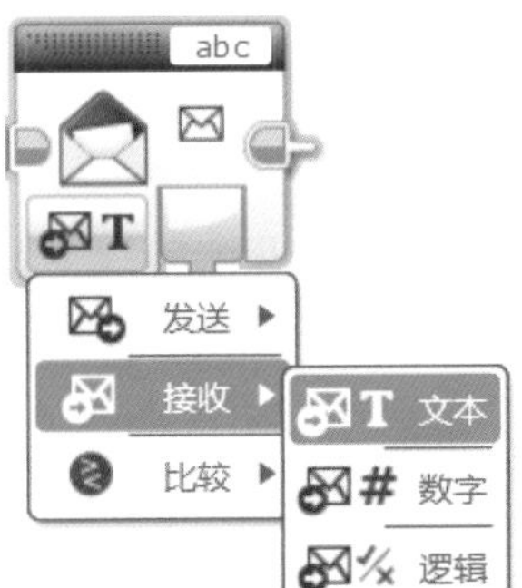

消息传递模块

消息传递模块用于在 EV3 程序块之间发送蓝牙消息。要发送或接收消息，必须先通过程序块蓝牙菜单或通过蓝牙连接模块连接 EV3 程序块。

用蓝牙连接好两个程序块，把发送程序、接收程序分别下载到对应的程序块里。就可以用一个 EV3 程序块遥控另一个 EV3 程序块了。

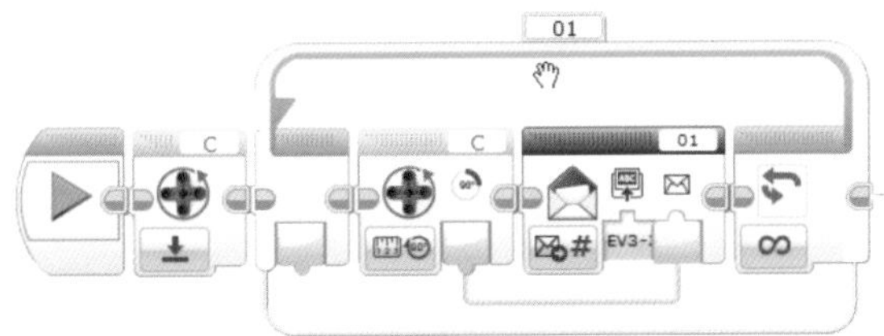

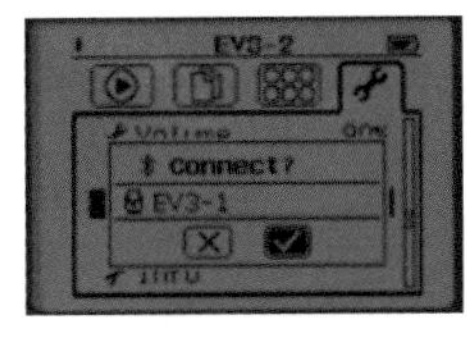

针对两个程序块选择“设置”选项卡，并打开“蓝牙”菜单。

互相搜索到对应程序块后，选择蓝牙连接。

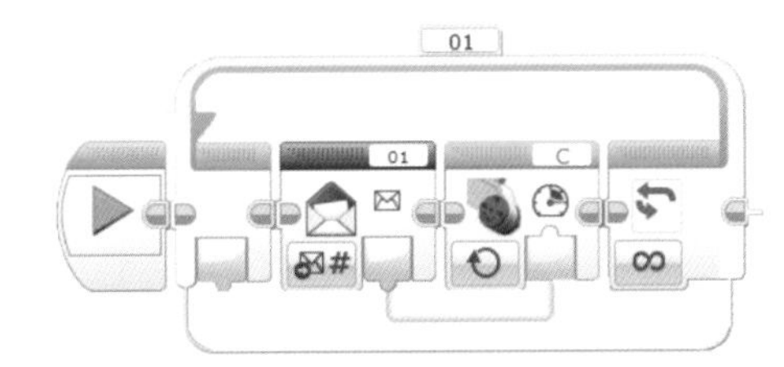

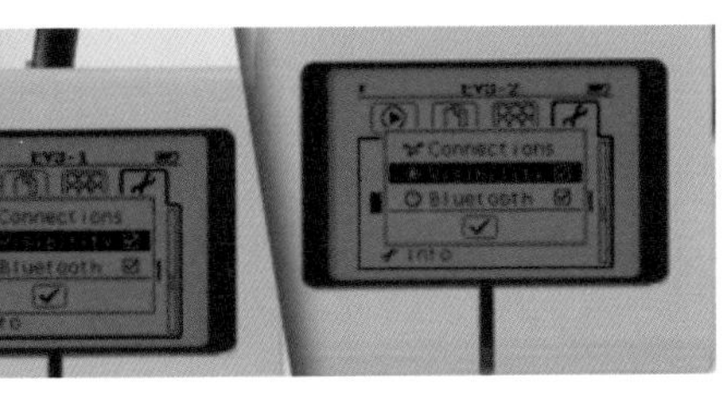

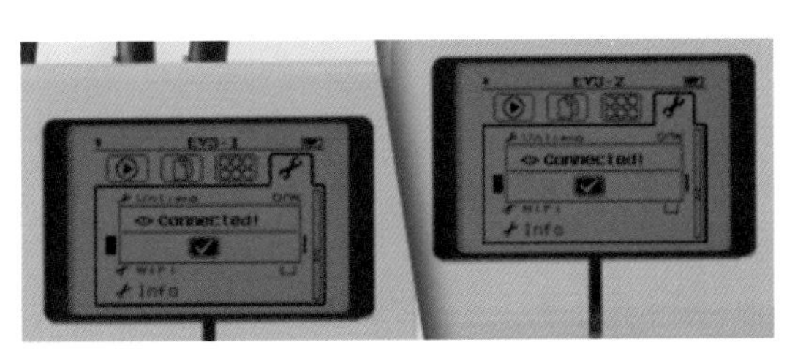

3.6.3 蓝牙连接

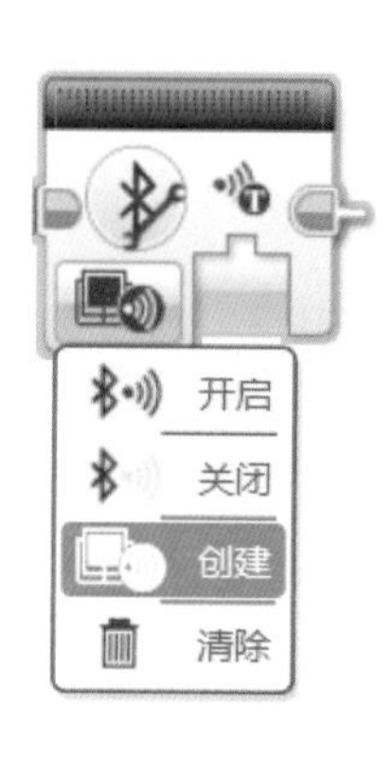

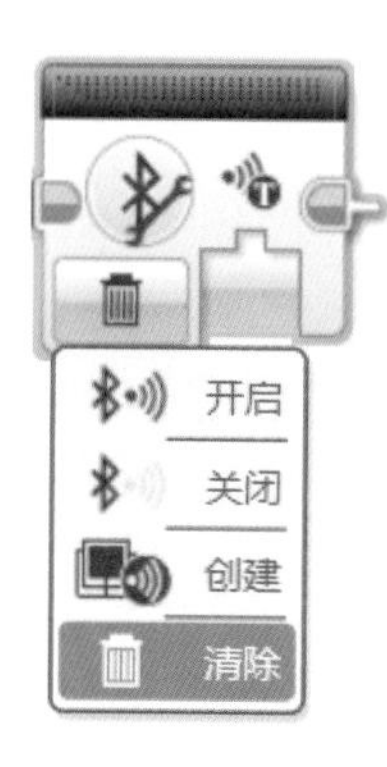

使用蓝牙连接模块的前提条件是：对应的程序块必须打开蓝牙，在蓝牙搜索列表里互相都有蓝牙连接的历史记录（就是程序块之间互相都成功建立过蓝牙连接）。如果没有蓝牙连接的历史记录，蓝牙连接模块有可能会失败，导致程序错误。

一个主 EV3 程序块可以连接到多达 7 个从 EV3 程序块。主 EV3 程序块可以向每个从 EV3 程序块发送消息。但是从 EV3 程序块只能将消息发送回主 EV3 程序块。从 EV3 程序块不能直接向其他从 EV3 程序块发送消息。

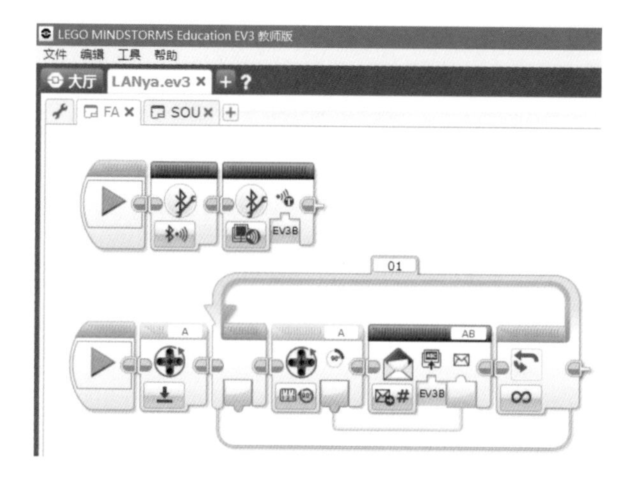

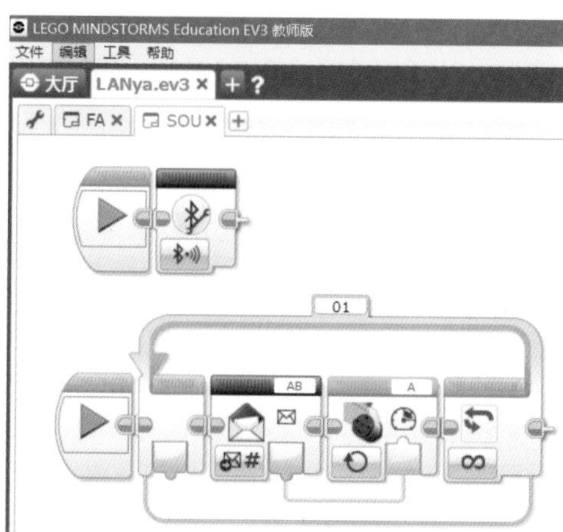

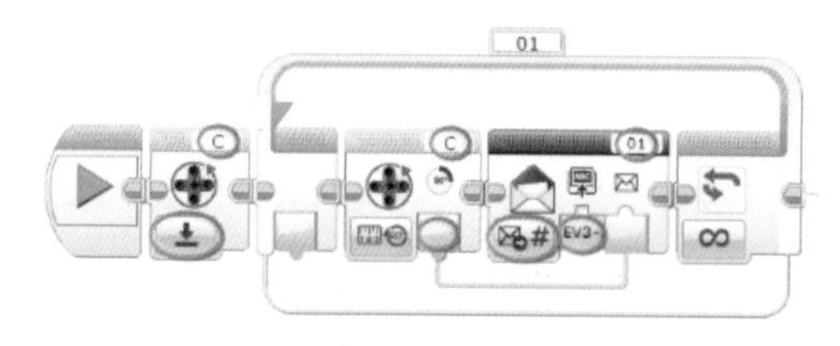

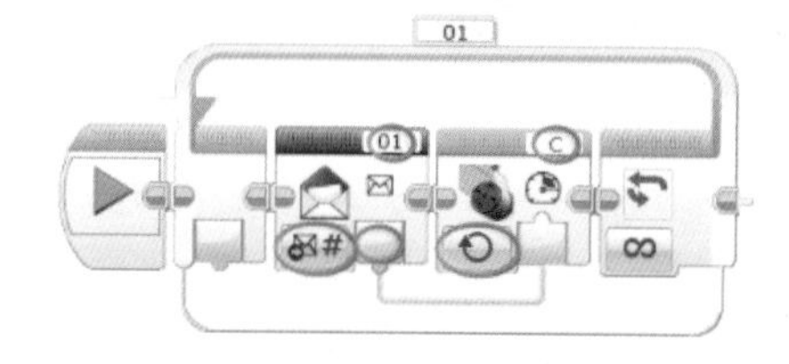

建立蓝牙连接的时候，请注意程序块的名字要写正确。消息传递模块的程序块名字要写正确。对应到正确的程序块和消息接收模块。

3.6.4 未校准电机

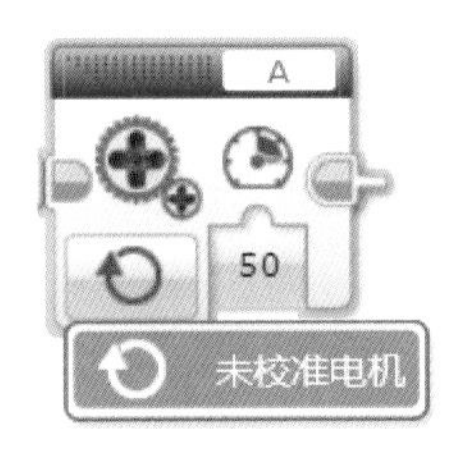

未校准电机模块

与常规中型电机模块和大型电机模块不同，未调整电机模块不包括自动电机控制。这表示不会包括任何针对电机功率的自动调整。

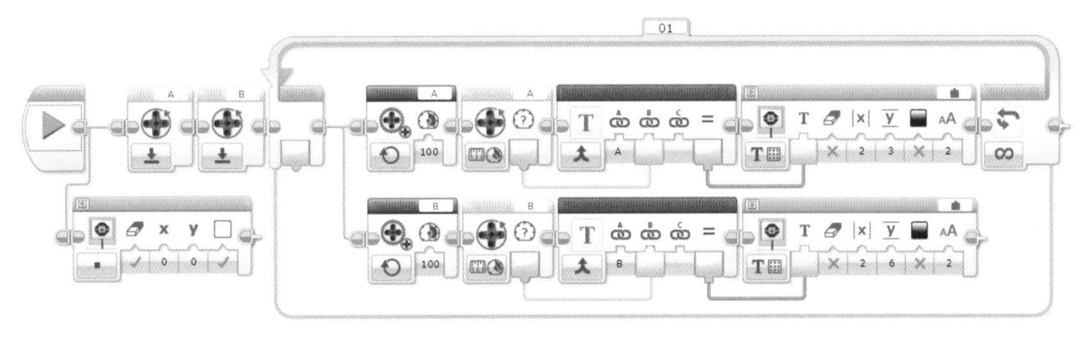

这是实时显示 A，B 电机功率的程序。

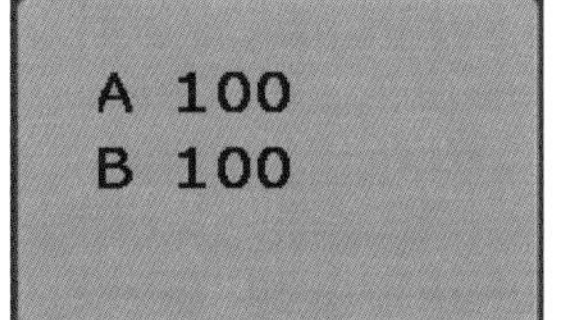

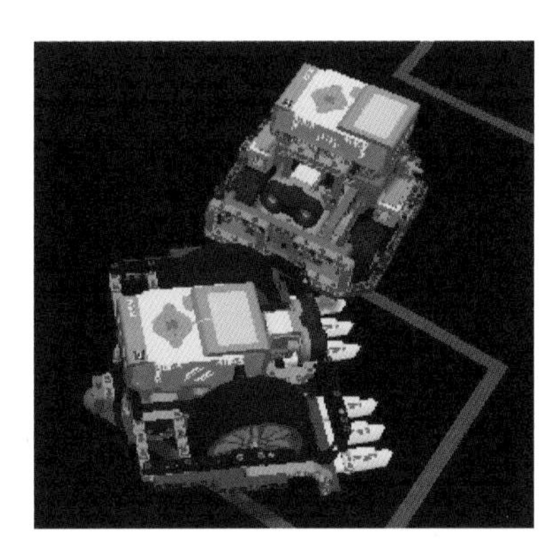

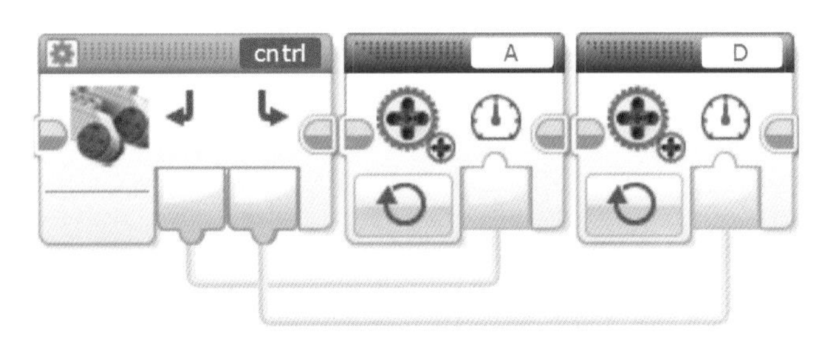

这是官方平衡小子的大型电机控制程序，使用了未校准电机模块控制平衡。

3.6.5 电机反转、停止

反转电机模块

反转电机模块会更改电机的旋转方向。在反转电机方向时，通常使电机顺时针转动的编程模块会改为使电机逆时针转动。

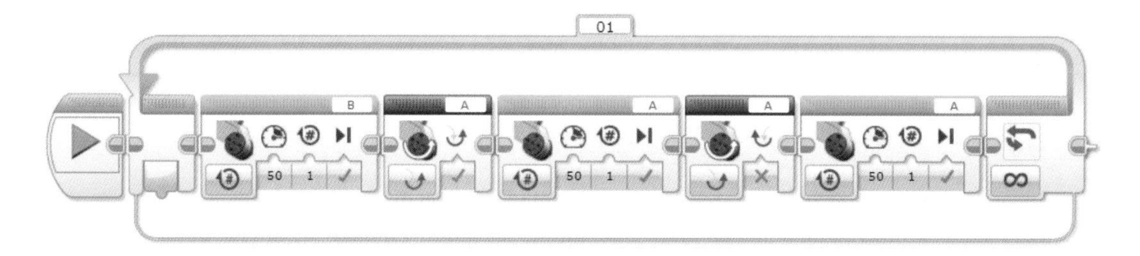

B 电机正转 1 圈，A 电机反转 1 圈，A 电机正转一圈，循环。

停止模块

停止模块会立即终止所有编程模块序列并结束程序。

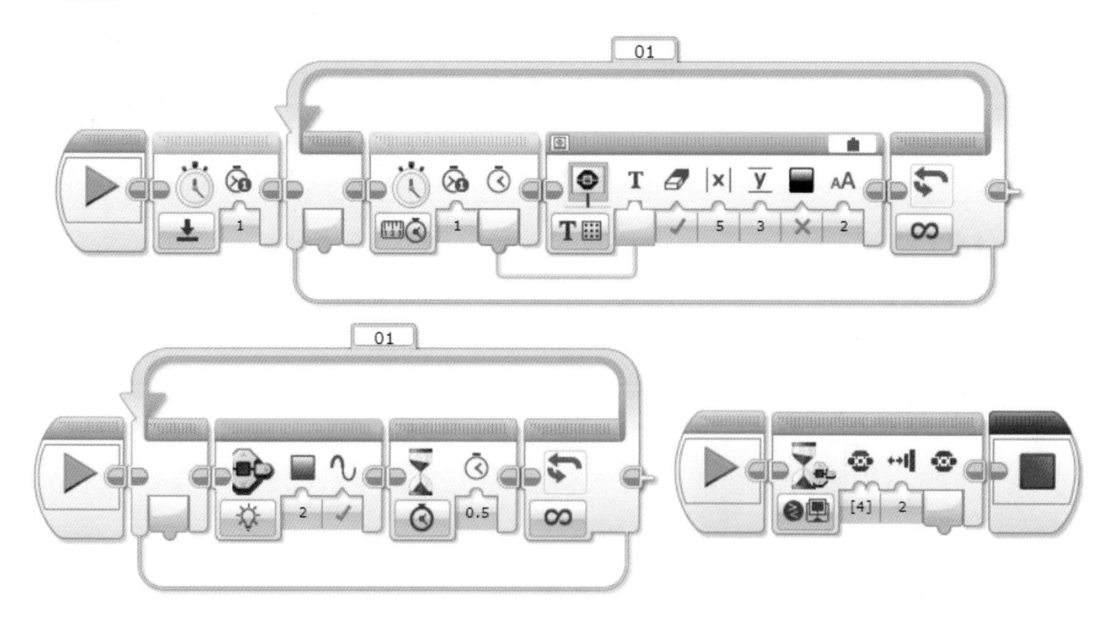

在 EV3 屏幕中间显示计时器的数值，程序块的红灯闪烁。按下程序块按钮 (上)，停止运行整个程序。

3.6.6　数据日志、原始传感器值

在 EV3 屏幕上同时显示端口 1、2、3、4 的传感器原始数值，并使用数据日志模块保存到 EV3 程序块里，生成一个记录文件 MyData。

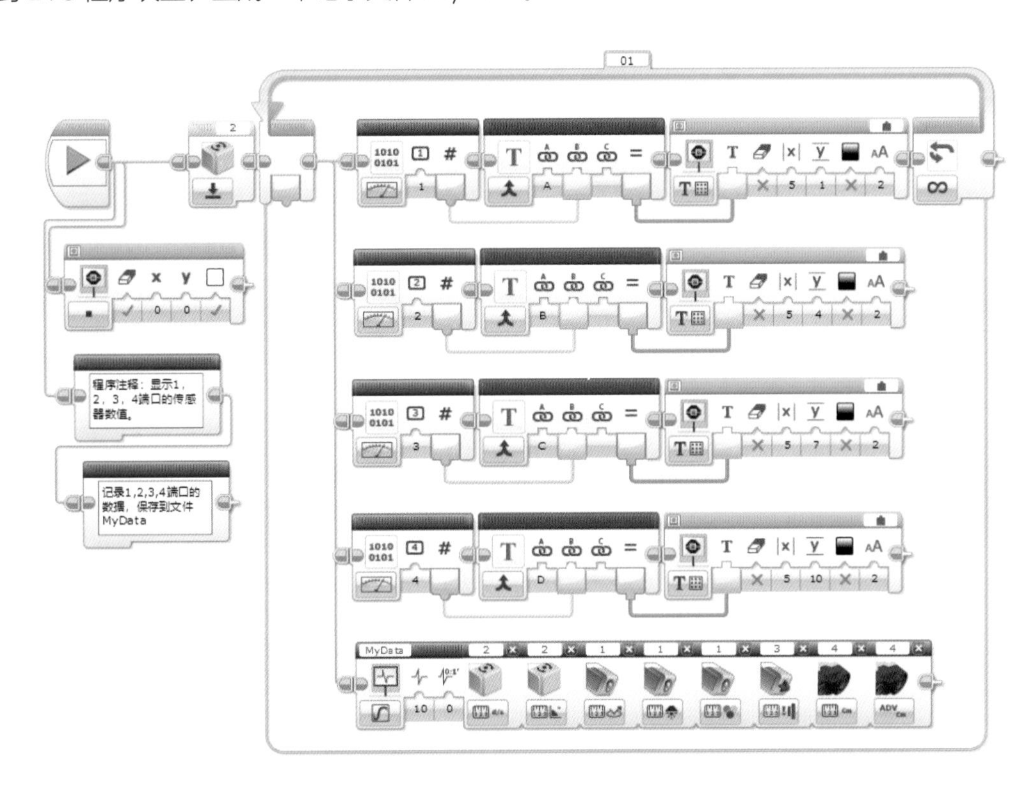

数据日志模块

数据日志模块用于收集和保存来自传感器的数据。

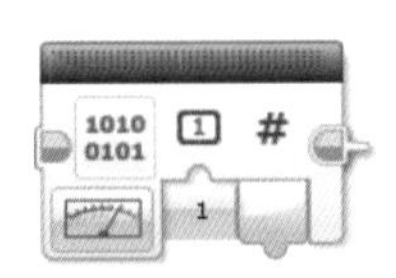

原始传感器值模块

原始传感器值模块输出未处理的传感器读数，这是处于范围 0 到 4095 中的值。原始传感器值模块只有一种模式。

3.6.7　注释

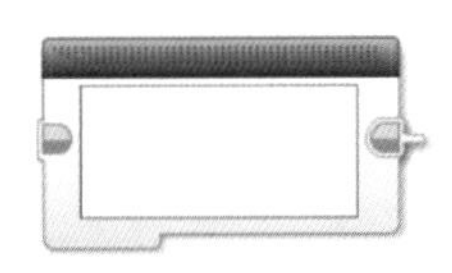

注释模块

可使用注释模块在程序中写注释。该模块并非编程模块，也就是说没有任何可编程操作与其关联。该模块通常用于对后续的模块以及预期的操作进行解释。

3.6.9 数据线

使用多任务驱动小车，并播放声音。

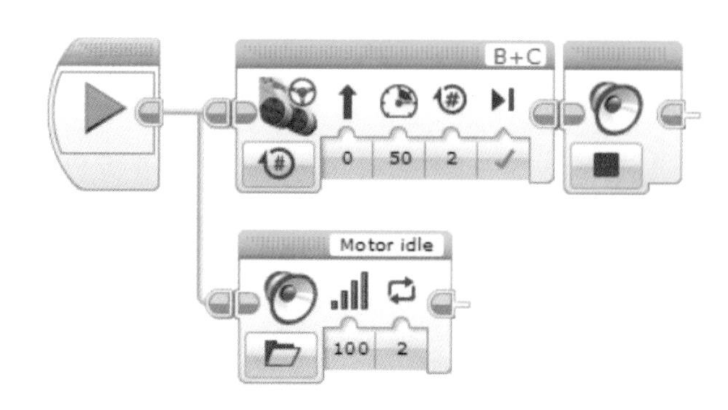

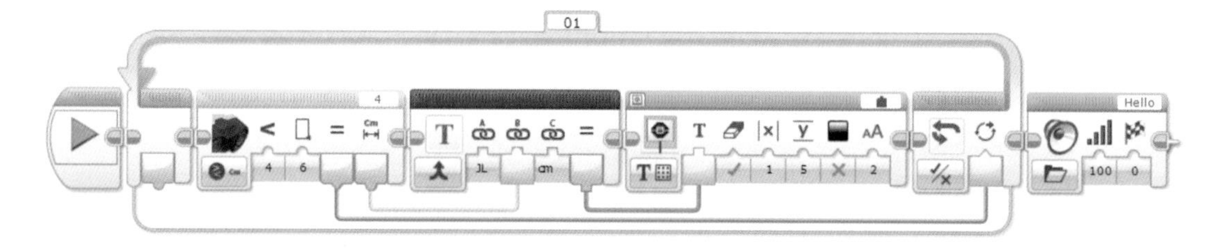

数据线：实时显示超声波测量的距离。当距离小于 6 厘米时退出循环，播放 Hello。

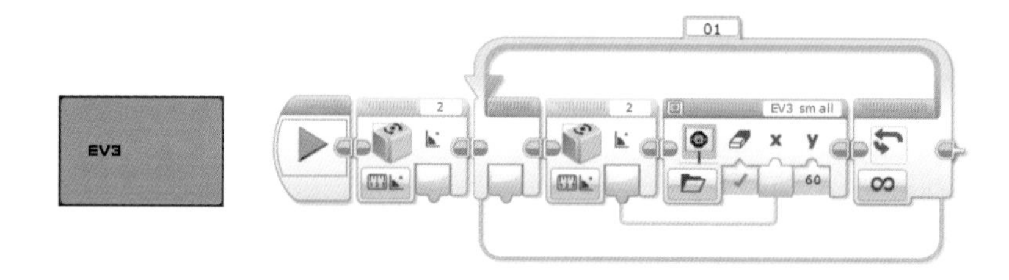

使用陀螺仪的角度值，实时控制 EV3 文字在屏幕上左右移动。

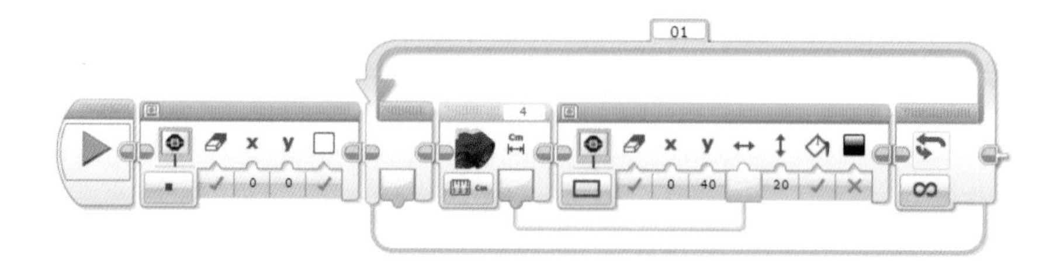

超声波传感器检测的距离值，实时改变矩形的长度。

3.7 一个人也可以做好

陀螺仪走正方形的程序，角度值实时显示在 EV3 屏幕上。

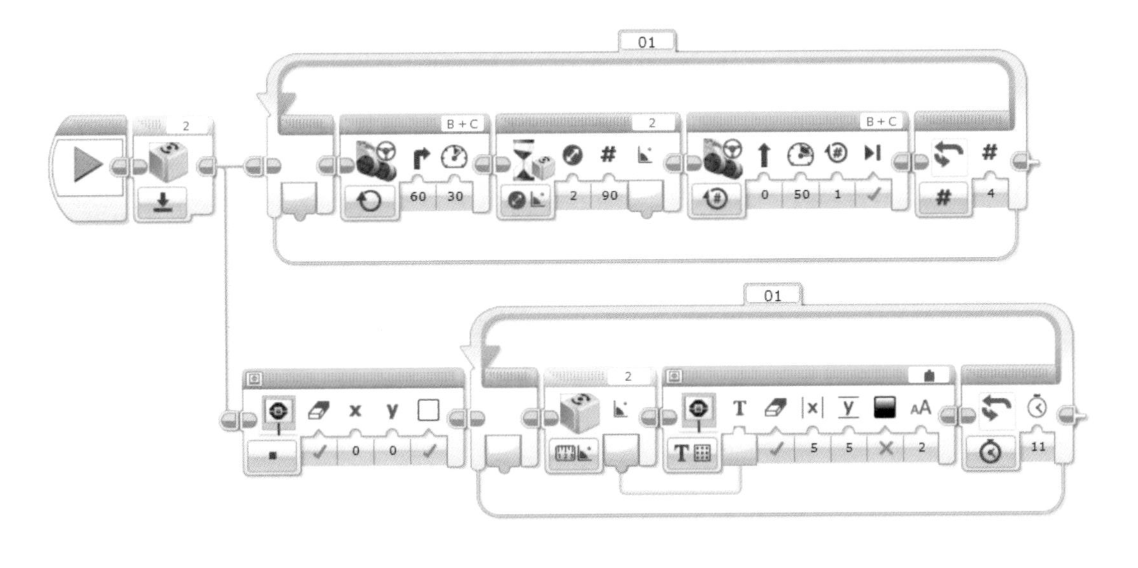

使用大型电机、中型电机，调节声音模块的频率、持续时间、音量。

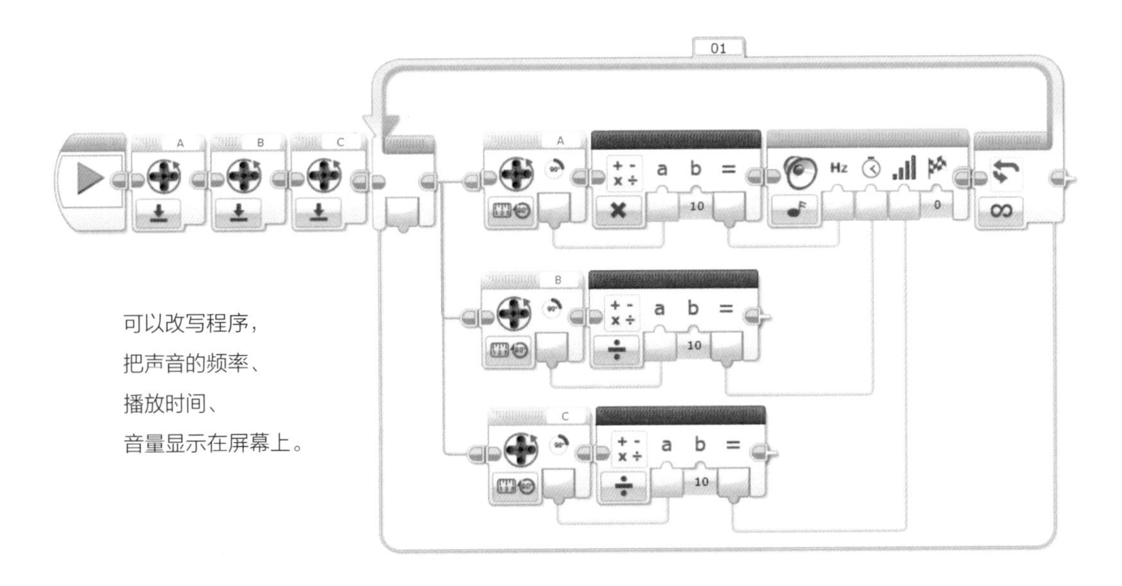

可以改写程序，
把声音的频率、
播放时间、
音量显示在屏幕上。

本章的内容比较多，也是学习乐高 EV3 机器人编程的重点、难点。第 4 章将学习如何搭建乐高 EV3 机器人模型、制作乐高 EV3 机器人模型步骤图。

EV3 建模软件

上一章学习了编程模块后本章将学习 EV3 数字建模软件、制作乐高 EV3 模型步骤图。在计算机中实现乐高 EV3 模型制作。

认识 LDD 软件图标

LEGO Digital Designer 图标

LDD 汉化版

LDD 汉化版软件界面

乐高 LDD 的欢迎界面

官方下载网址：https://www.lego.com/zh-cn/ldd/downloadLDD

汉化版汉化方法请看微信公众号：

文字的积木网址：https://mp.weixin.qq.com/s/_nA683riuUIBwI8PDjfjxw

4.1 LDD 软件使用方法

4.1.1　LDD 编辑界面

LDD 软件的模型编辑界面如下。

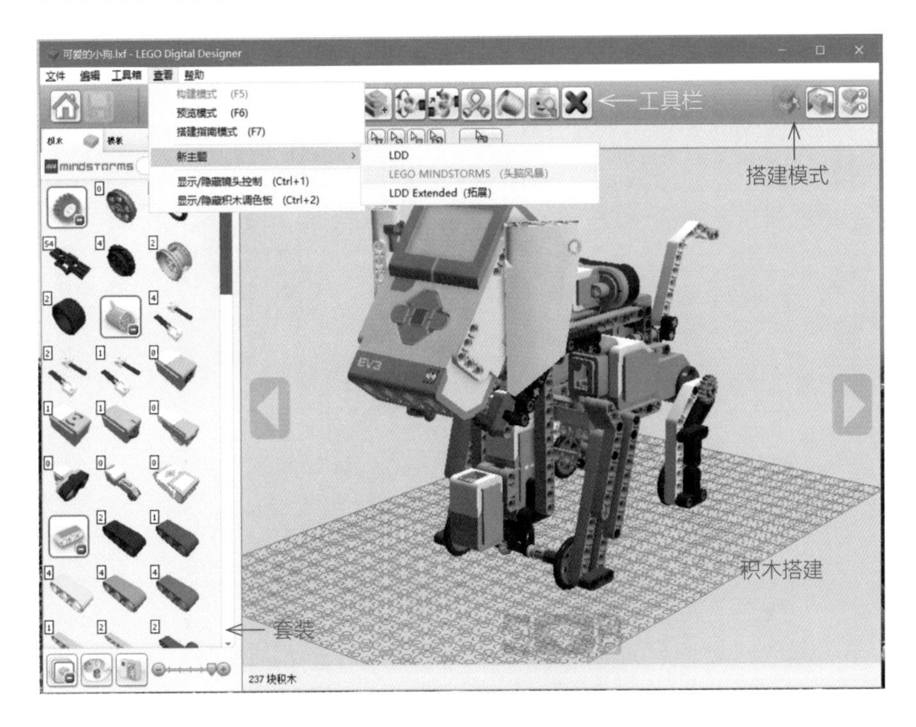

打开文件

新建文件

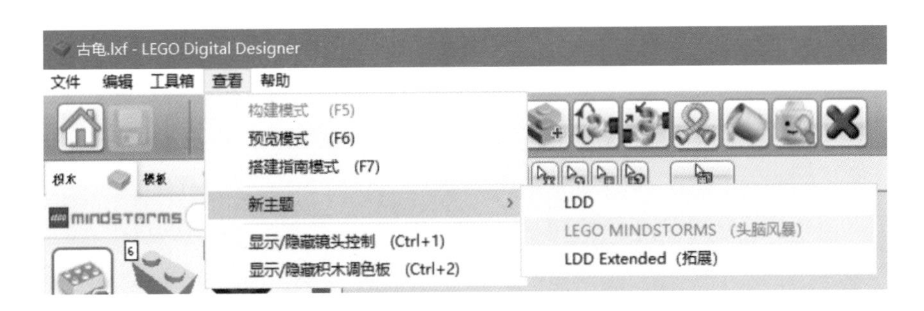

使用鼠标左键单击（查看）菜单中的新主题中的 LEGO MINDSTORMS（头脑风暴）。

4.1.2 选择 EV3 套装

单击左下角的“按方块过滤积木”，选择 EV3 套装（45544 Mindstorms Education EV3、45560 Mindstorms Education EV3 Expansion）。

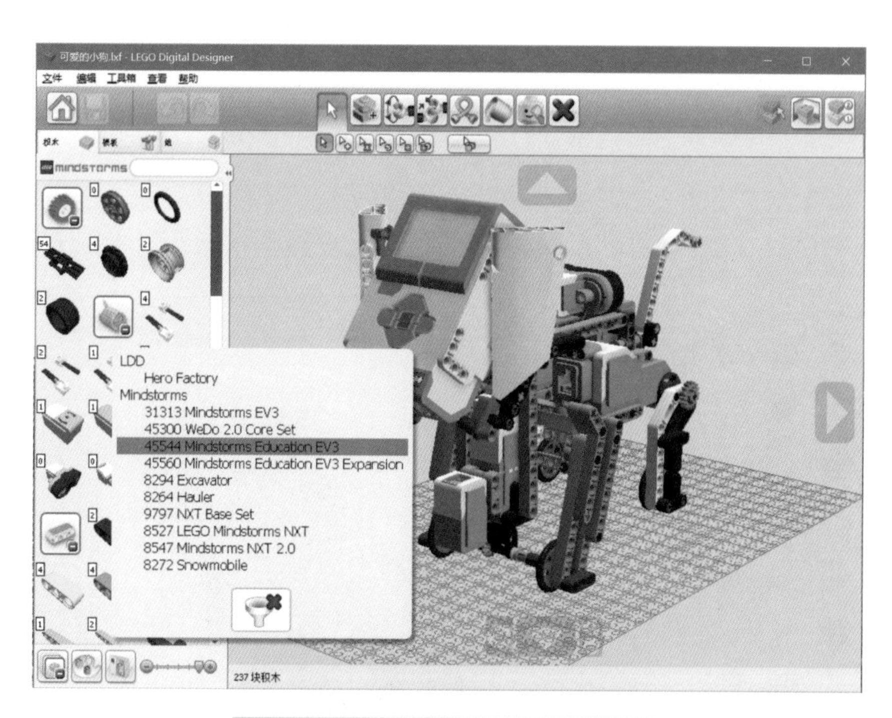

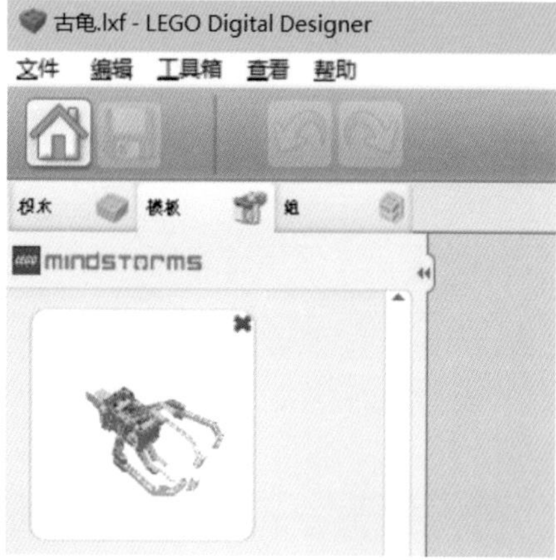

左上角是模板、组。模板是可以在不同文件中使用的零件组合。

组是把本次的模型编好一组，方便选择。

搭建工具

选择工具、快捷键（V）

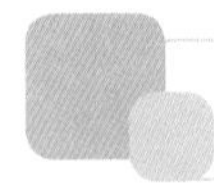

4.1.3　LDD 搭建工具

选择工具

（快捷键：V）使用选择工具可以选择场景中的单块积木。单击选择工具按钮可以展开一个包含高级选择工具的面板（使用快捷键 Shift+V 可以在不同的工具间切换）。

高级选择工具

单击选择工具，以显示高级选择面板。高级选择工具可以让您方便地选择多个积木，并可以基于积木的颜色、形状，或是连接特性进行选择。

克隆工具

（快捷键：C）克隆工具可以在场景中复制积木。

油漆工具

（快捷键：B）使用油漆工具可以更换场景中积木的颜色或材质。

绞链工具

（快捷键 H）使用绞链工具以旋转那些带有绞链，或是连在单个销钉上的积木。

绞链对齐工具

（快捷键：Shift+H）使用绞链对齐工具来自动连接两个分离的连接点。

显示分组 / 隐藏分组

在工具栏中显示或隐藏该组中的积木。

LDD 有三种运行模式：

1. 搭建模式　　2. 观察模式　　3. 搭建指南模式

在应用程序的右上角有一个工具条，可以方便地在三种模式之间转换。

绞链转轮

允许用户拖动环形中间的指针以旋转积木，并每隔 45° 有一个磁力按钮。

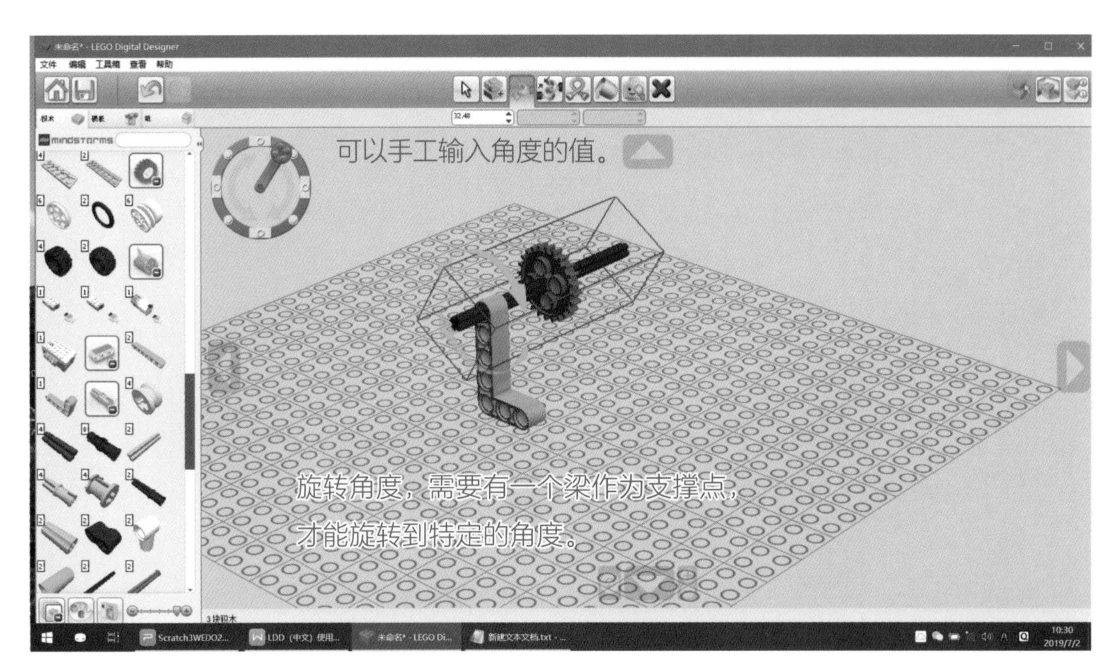

鼠标控制

在积木上单击鼠标左键可以选择该积木。

在积木上单击鼠标左键并拖曳，可以在场景中移动积木。单击并保持按下鼠标右键，可以旋转场景的摄像头视图。可以使用鼠标滚轮来实现视图的缩放。

按乐高套装进行过滤

根据颜色查找积木

搭建指南模式

生成 HTML 搭建指南

屏幕截图　爆炸模型　改变背景

4.1.4 快捷键

搭建工具快捷键如下：

选择工具 V

切换选择工具 Shift+V

绞链工具 H

绞链对齐工具 Shift+H

克隆工具 C

油漆工具 B

隐藏工具 L

删除工具 D

组合工具快捷键如下：

创建组合 Ctrl+G

模板快捷键如下：

创建模板 Ctrl+Alt+G

导入模型	Ctrl+I
导出模型	Ctrl+E
另存为	Shift+Ctrl+S
退出	Ctrl+Q 或 Alt+F4
剪切	Ctrl+X
复制	Ctrl+C
粘贴	Ctrl+V
删除	Delete Key
全选	Ctrl+A
帮助	F1 Key
这是什么？	F2 Key
关于	F3 Key
参数	Ctrl+6
显示 / 隐藏积木工具箱	Ctrl+1
显示 / 隐藏工具工具箱	Ctrl+2
显示 / 隐藏浏览器窗口	Ctrl+3

Shift+ 鼠标左键：平移模型

鼠标中键：放大、缩小模型

按住鼠标右键移动鼠标：查看模型的不同方向角度。

选择模型后，可以复制和粘贴选中的模型。

LDD 自动生成的搭建步骤图都是随机的步骤。

可以使用 STUD IO 制作步骤图，也可以使用 STUD IO 渲染模型。

4.2 Studio 软件介绍

下面是关于 Studio 软件的相关介绍。

可以打开或导入所有支持的文件类型（.io / .lxf / .ldr）。

导入会将文件作为子模型插入，但打开它时将按原样打开文件。

STUDIO 软件与 LDD 软件的下载网址请看微信公众号：文字的积木。

Studio 软件图标

4.3 Studio 软件使用方法

4.3.1 控制相机

控制相机	Windows 快捷键
旋转相机	+拖动鼠标
平移相机	+拖动鼠标 Space + +拖动鼠标
放大/缩小相机	滚轮向上/向下

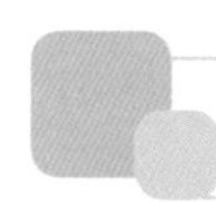

4.3.2 导入套装

导入乐高套装的方法如下。

Custom Palettes
10558-1
10804-1
10805-1
10812-1
10827-1
10833-1
10847-1
17101-1
Choose a way to add new palette...
Create an empty palette
Import an official LEGO set
Import a wanted list xml

输入正确的乐高套装编号。

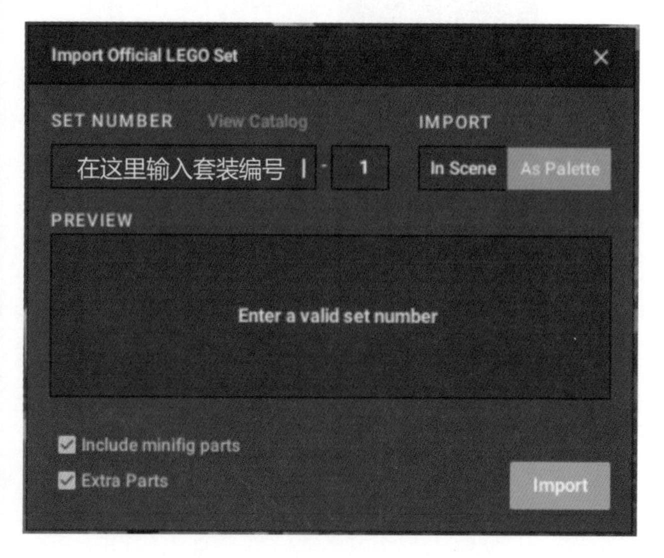

4.3.3　导入 EV3 套装

输入正确的乐高 EV3 套装编号 45544。

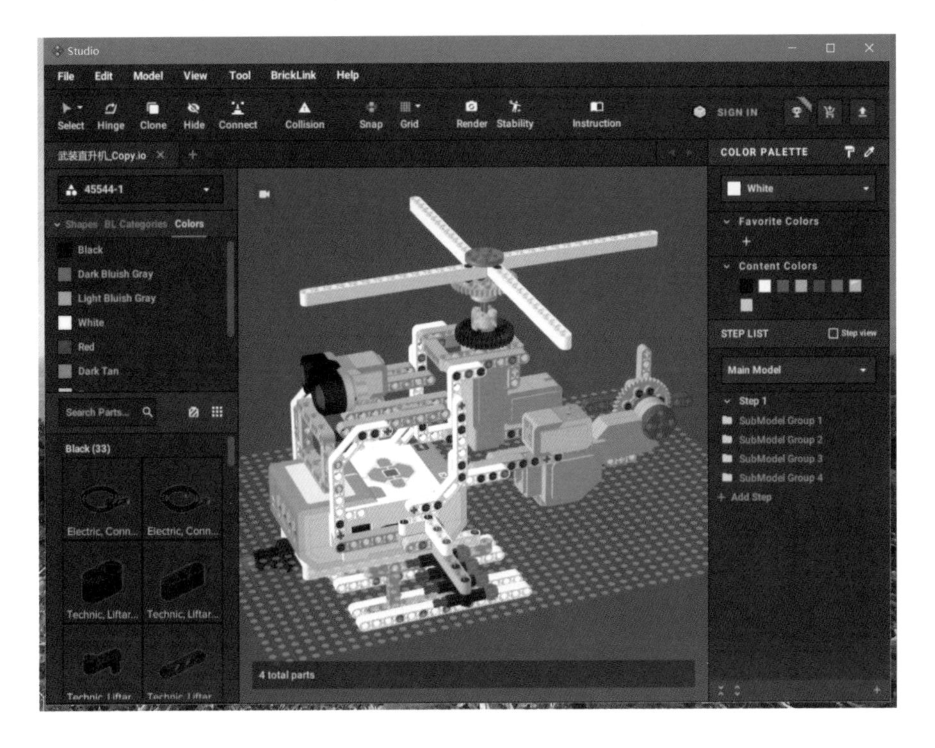

输入套装时，必须联网获取套装零件列表的文件。

按 Tab 键，显示和隐藏零件列表。

零件列表有三种分类：Shapes BL Categories Colors 。

4.3.4 渲染模型、制作步骤图

渲染模型

制作步骤图

选择设置如下：

背景颜色

选择渲染的背景颜色

灯光位置

选择灯光的位置

透明

使背景透明

图像尺寸

选择最终图像尺寸

渲染质量

选择渲染的质量

另存为

选择保存渲染的位置

控制渲染中的模型与控制编辑模型时的相机一样。

注意选择灯光的设置，不同的灯光，渲染出来的模型不一样。

背景透明和不透明都可以关闭和显示阴影。

4.3.5　步骤编辑器

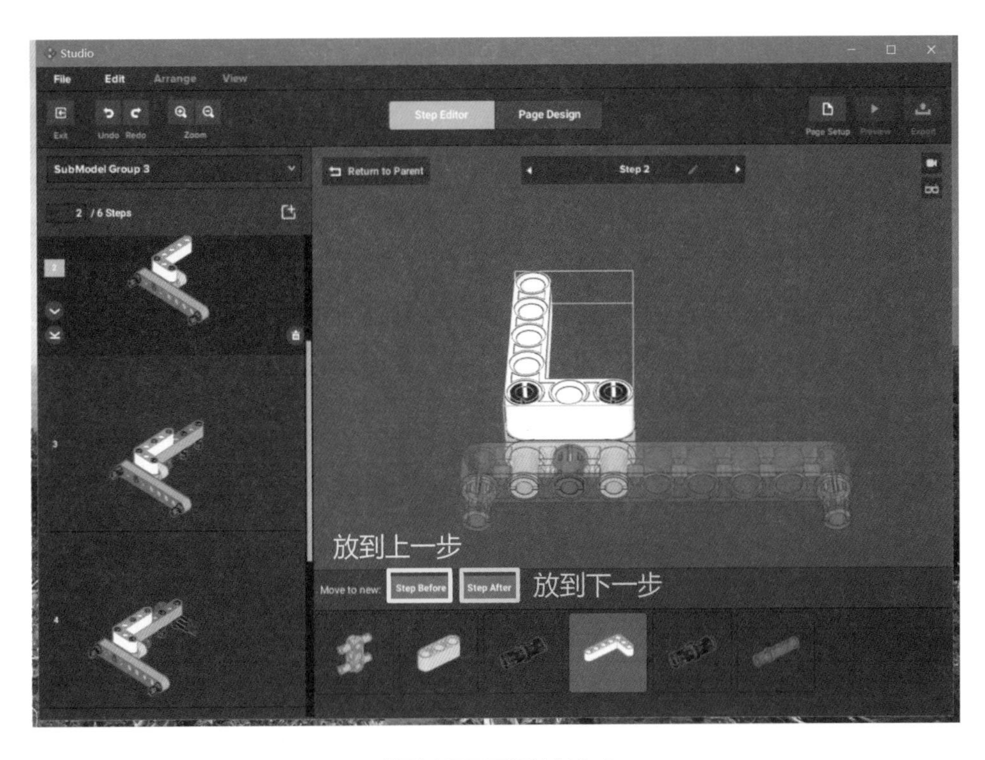

模型步骤页面设计制作 1

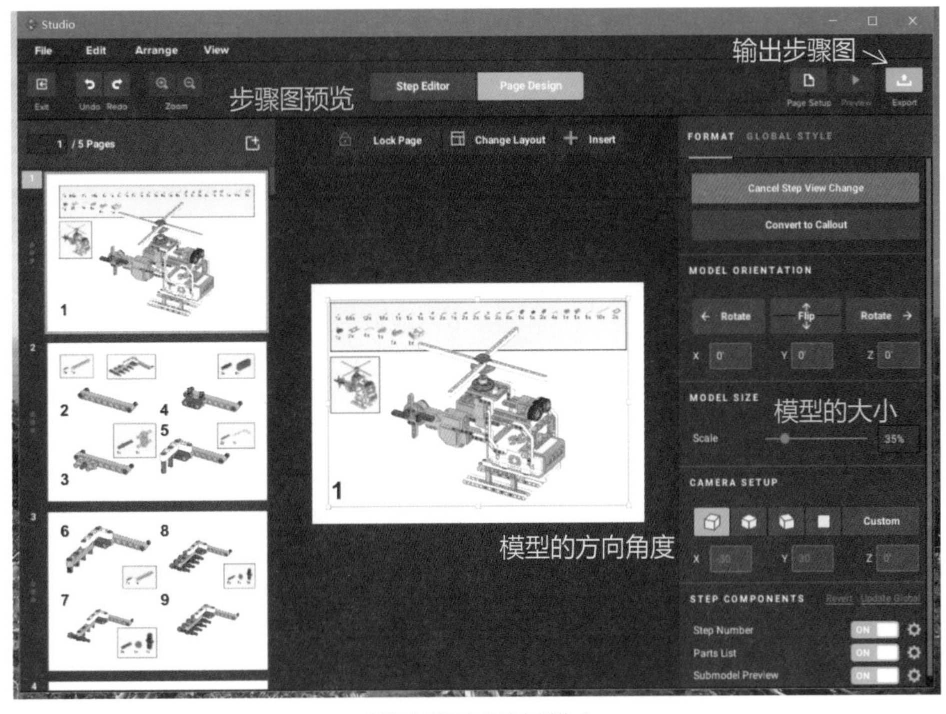

模型步骤页面设计制作 2

4.4 一个人也可以做好

用LDD搭建一个EV3简易计算器模型。

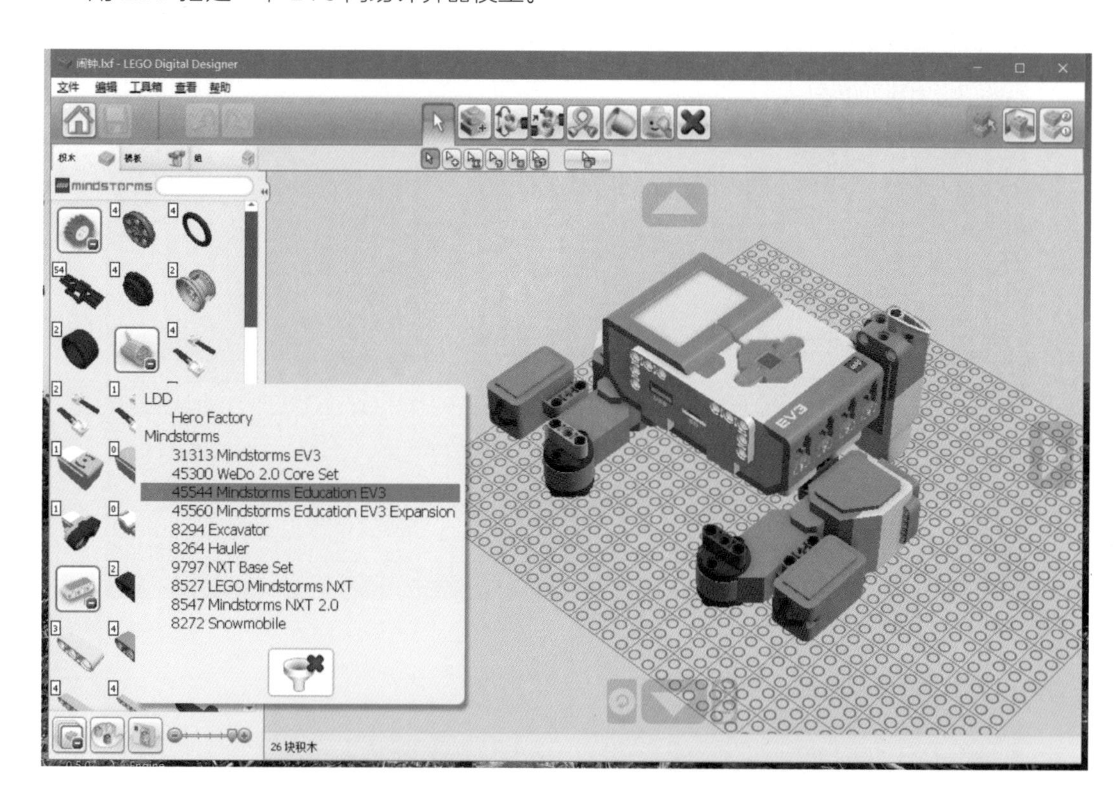

使用搭建指南模式和预览模式查看EV3简易计算器模型。

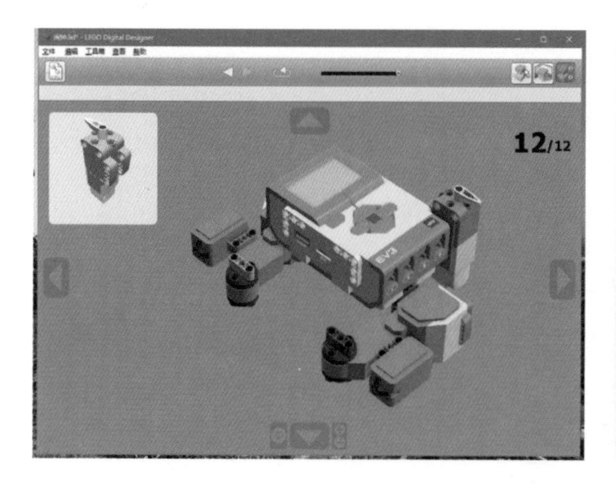

导入 LDD（EV3 简易计算器）模型到 STUD IO。

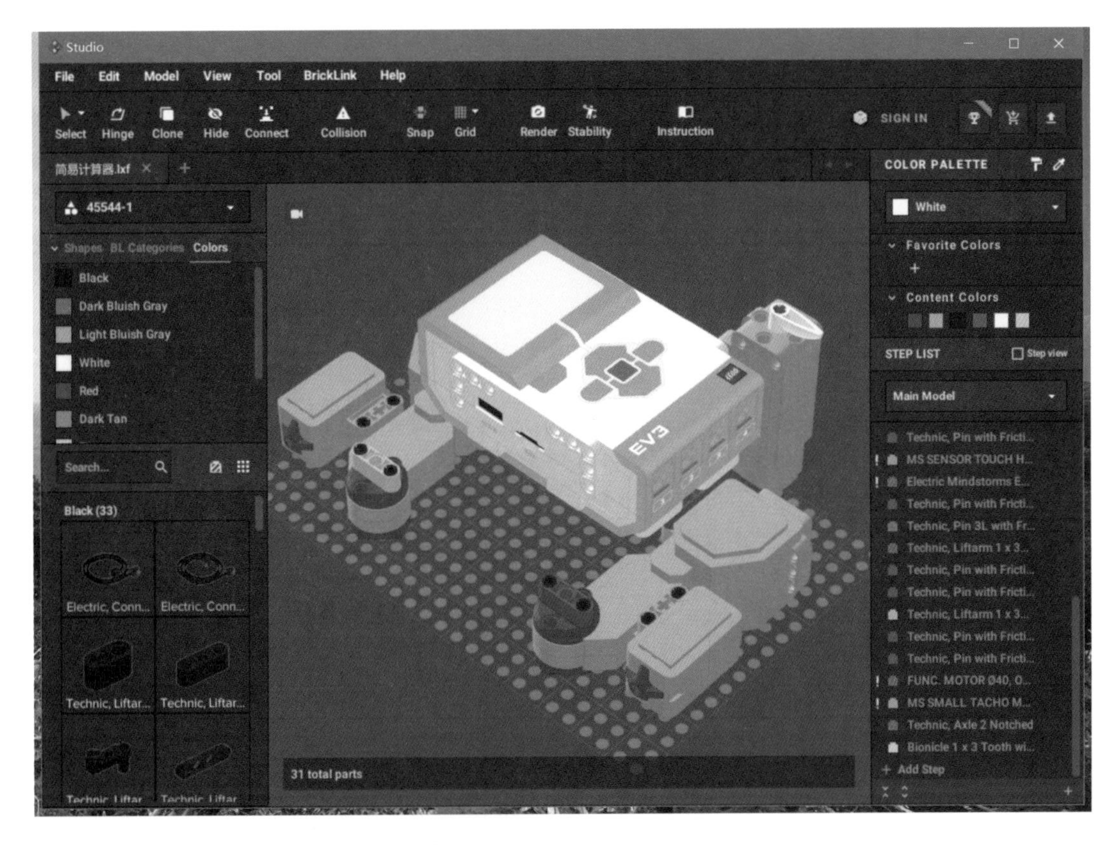

调整细节，并渲染出来后，制作详细的步骤图。输出为 PDF 格式的文件。

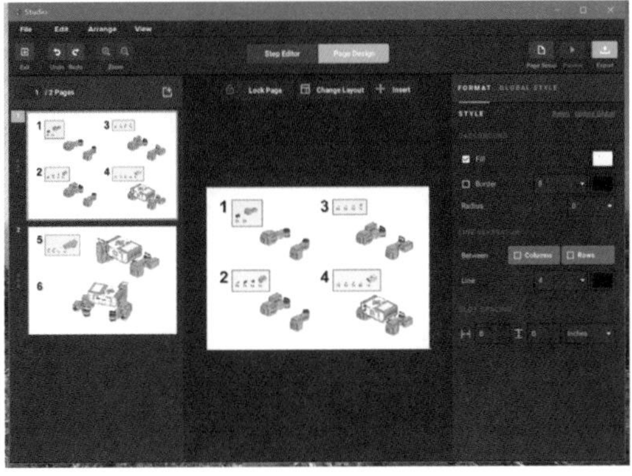

学习了第 4 章的数字建模后，掌握好数字建模的方法，可以在计算机中制作出任何乐高 EV3 模型，而不受乐高零件数量的限制。当然，如果要把虚拟建模做成真的乐高 EV3 模型，还是需要遵循搭建规则，符合套装零件的数量。第 5 章将讲解虚拟机器人软件，让我们制作的乐高 EV3 机器人在计算机中动起来。

VRT、Scratch 3.0 与 EV3 编程

使用第 4 章的建模技术制作好乐高 EV3 模型，并把模型载入到 VRT 虚拟机器人软件里，可以让机器人模型动起来，进行比赛或游戏。第 5 章将学习怎样让机器人模型在计算机中动起来，怎样在计算机中编写和调试虚拟机器人程序。然后再学习 Scratch 3.0 与乐高 EV3 的编程知识。

VRT 软件图标

Virtual Robotics Toolkit 虚拟机器人软件界面。

5.1 VRT 软件介绍

Virtual Robotics Toolkit（VRT）虚拟机器人，相扑机器人对战。

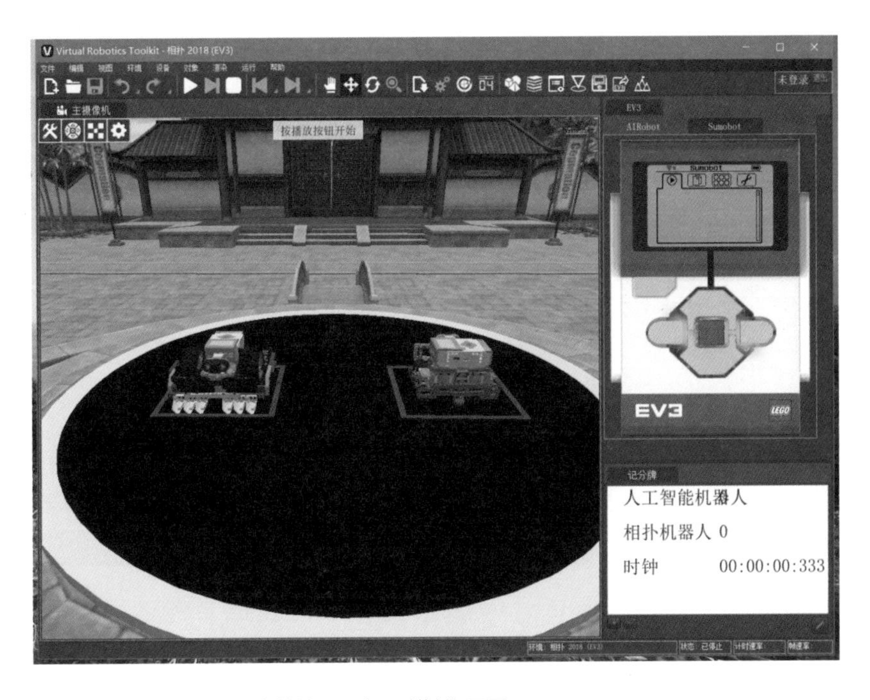

Virtual Robotics Toolkit 虚拟机器人，模拟项目。

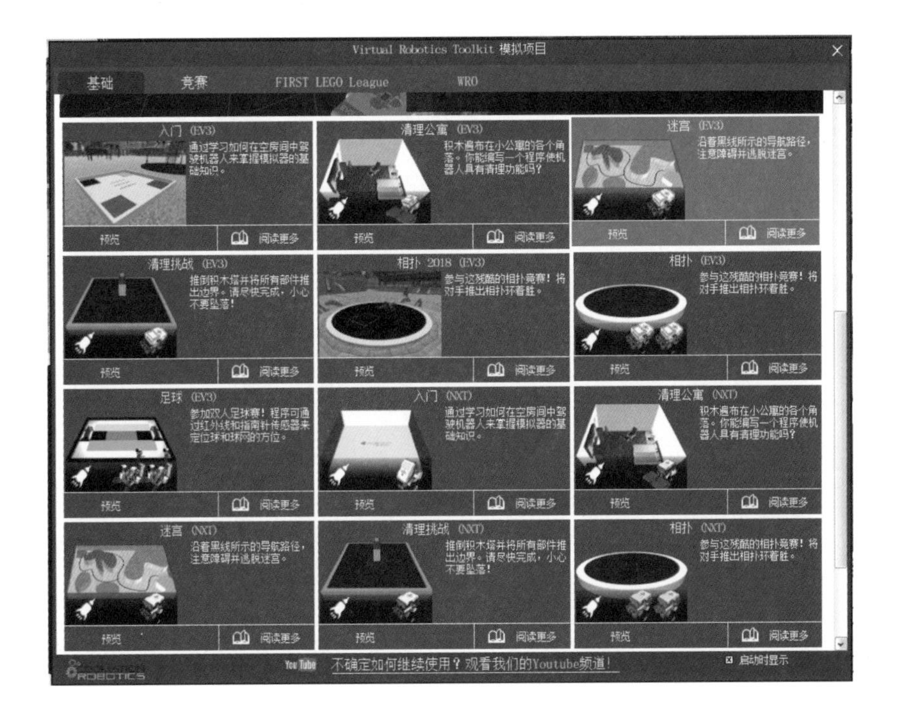

Virtual Robotics Toolkit 虚拟机器人，模拟 FLL 比赛地图。

Virtual Robotics Toolkit 虚拟机器人，模拟 WRO 比赛地图。

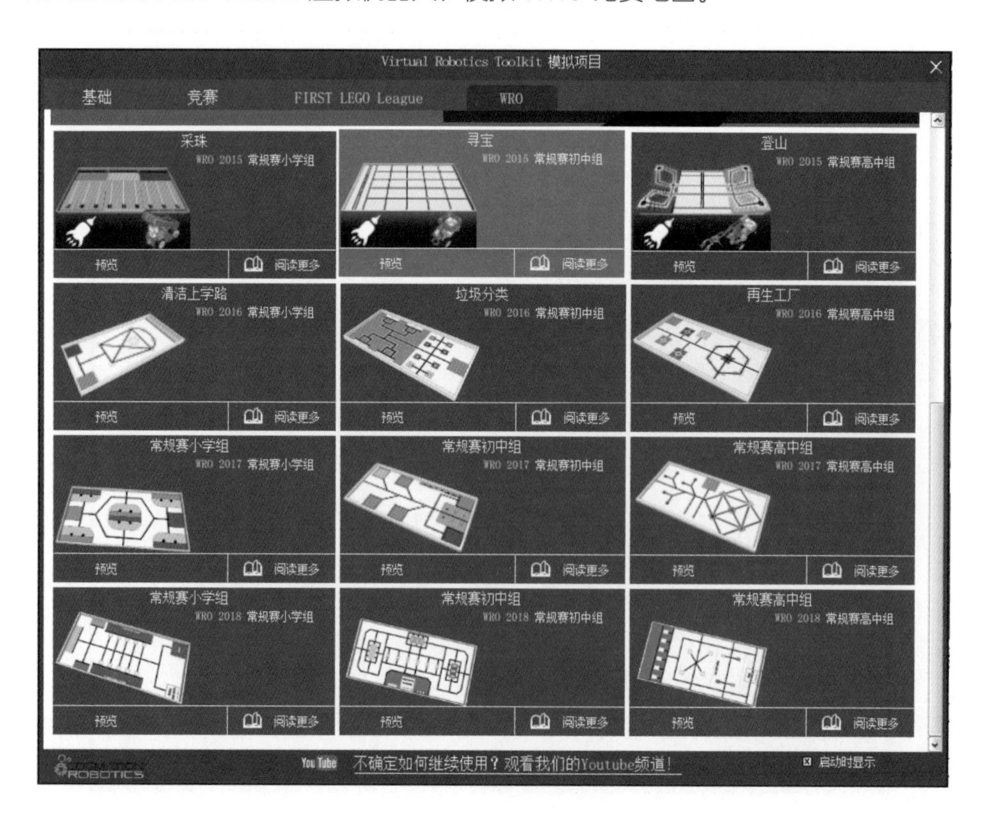

5.2 VRT 使用方法

下面是 VRT 软件的使用方法详解。

5.2.1　VRT 使用方法介绍

VRT 软件菜单如下：

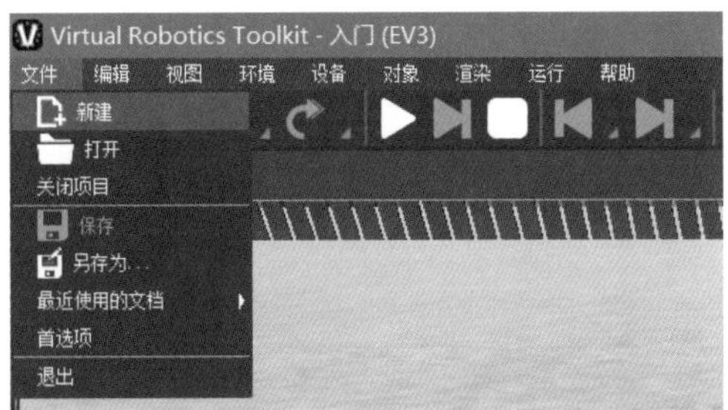

启动 VRT 虚拟机器人软件。

可以看到 VRT 模拟项目的欢迎界面。

可以选择需要的模拟项目，使用鼠标左键单击，打开项目。按照软件提示，进行操作即可。

也可以单击文件菜单，新建一个模拟项目。VRT 软件对计算机硬件配置要求比较高。

5.2.2 附件管理

使用鼠标左键选中 VRT 里的基础车，点选菜单：对象中的 EV3 Educator Vehicle 附件管理。

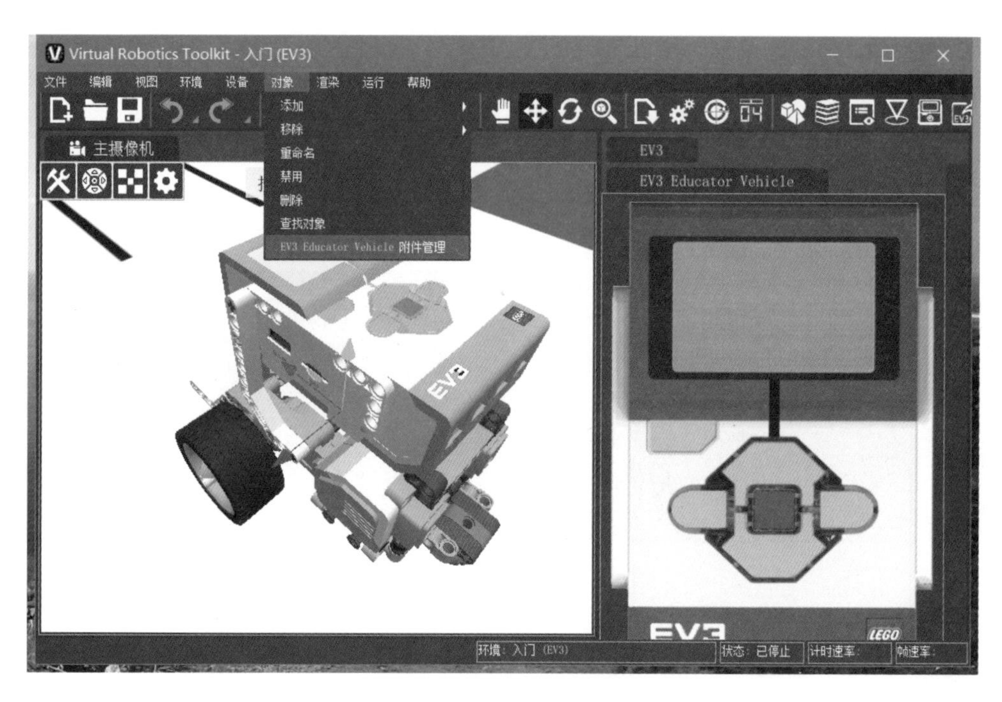

点选“超声波传感器”中的“前面”中的“添加”按钮。

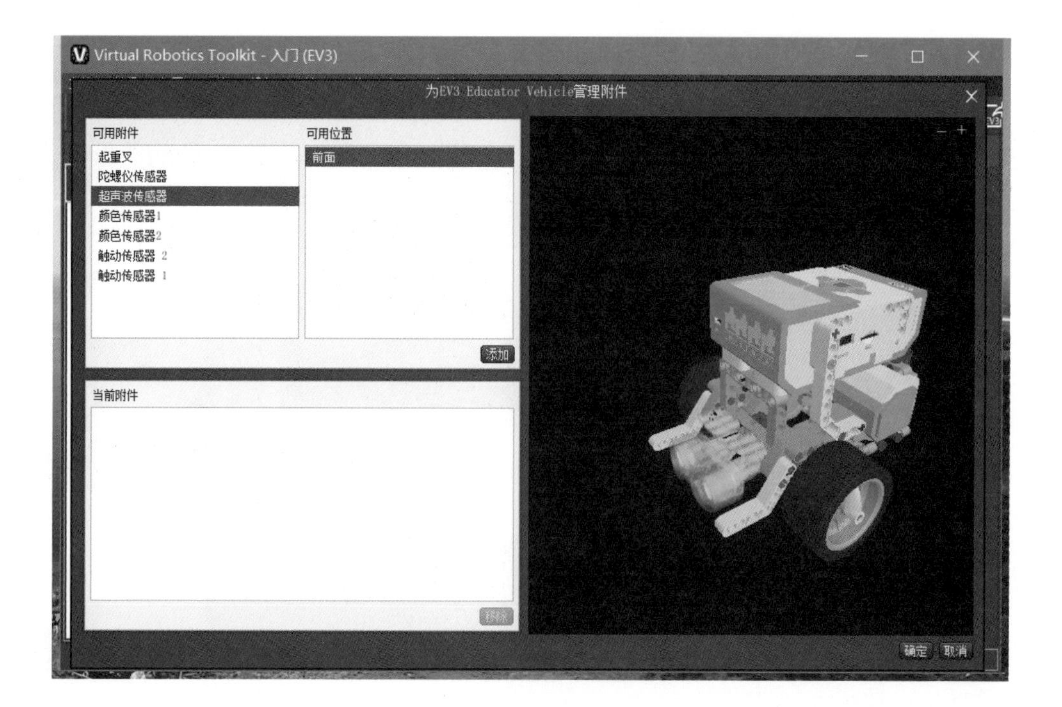

可以添加颜色传感器、陀螺仪传感器、触碰传感器到基础车上。

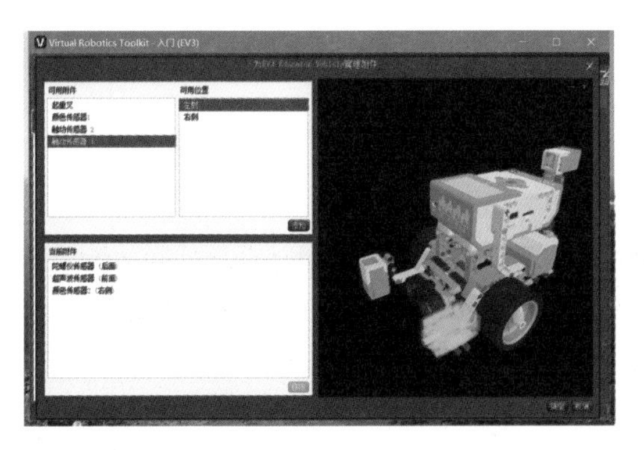

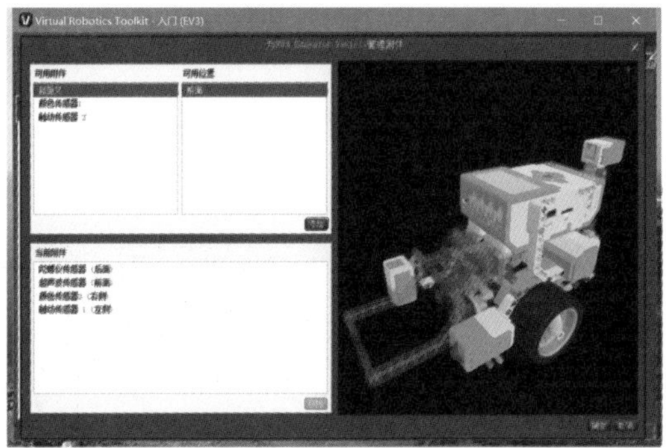

选中需要移除的附件，单击移除按钮。可以把传感器从基础车上卸下来。

基础车上的触碰传感器是绿色，表示触碰传感器可以添加在这个位置。

基础车上的起重叉是红色，表示这个位置跟别的附件有冲突，或者已经被其他附件占用。现在不能把起重叉添加在这个位置上（因为先添加了超声波和颜色传感器，再添加起重叉，会与前两个有冲突。可以先移除超声波和颜色传感器，再添加起重叉，然后添加超声波和颜色传感器）。

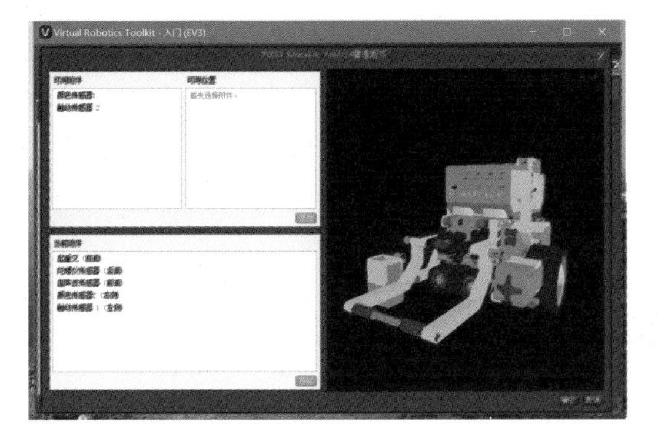

添加了起重叉

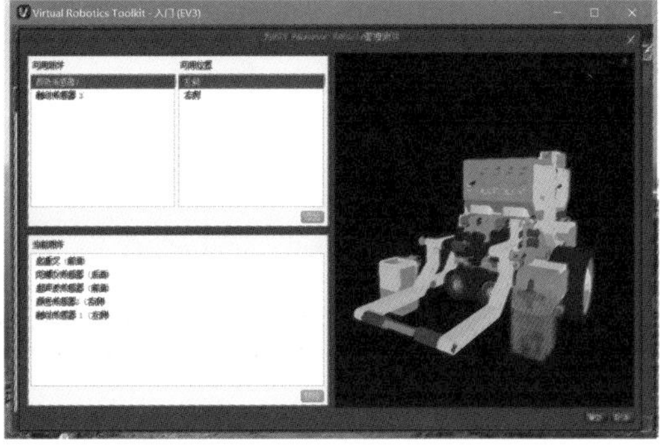

第二个颜色传感器无法添加在红色位置

单击右下角的“确定”按钮，可以完成附件的添加管理。

如果想放弃添加的附件，可以单击右下角的取消按钮。

或者直接单击左上角的“关闭”按钮。

5.2.3　导入模型

VRT虚拟机器人可以导入三种文件格式：ldr，dat，mpd。

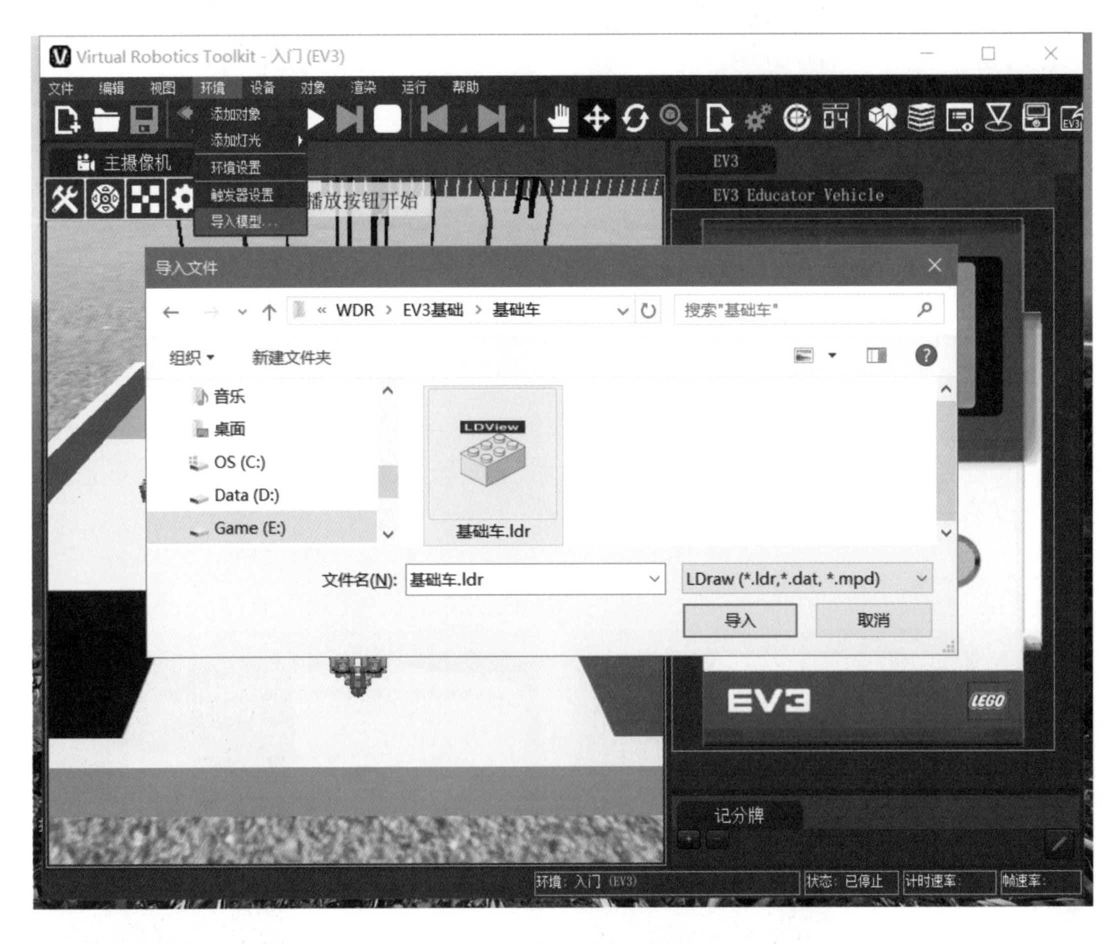

导入模型后，需要设置模型上的传感器端口和电机端口。

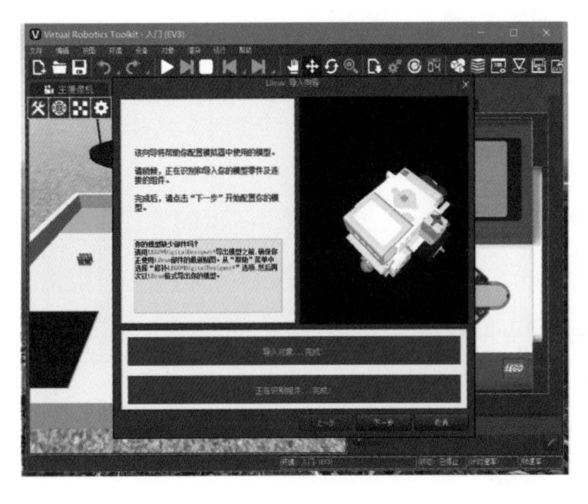

5.2.4　按键控制

设置按键控制模型的方式。选择左轮为 WASD，右轮为 WASD。

右边是导入的模型，可以使用键盘上的 W、A、S、D 键，控制模型的前后左右移动。

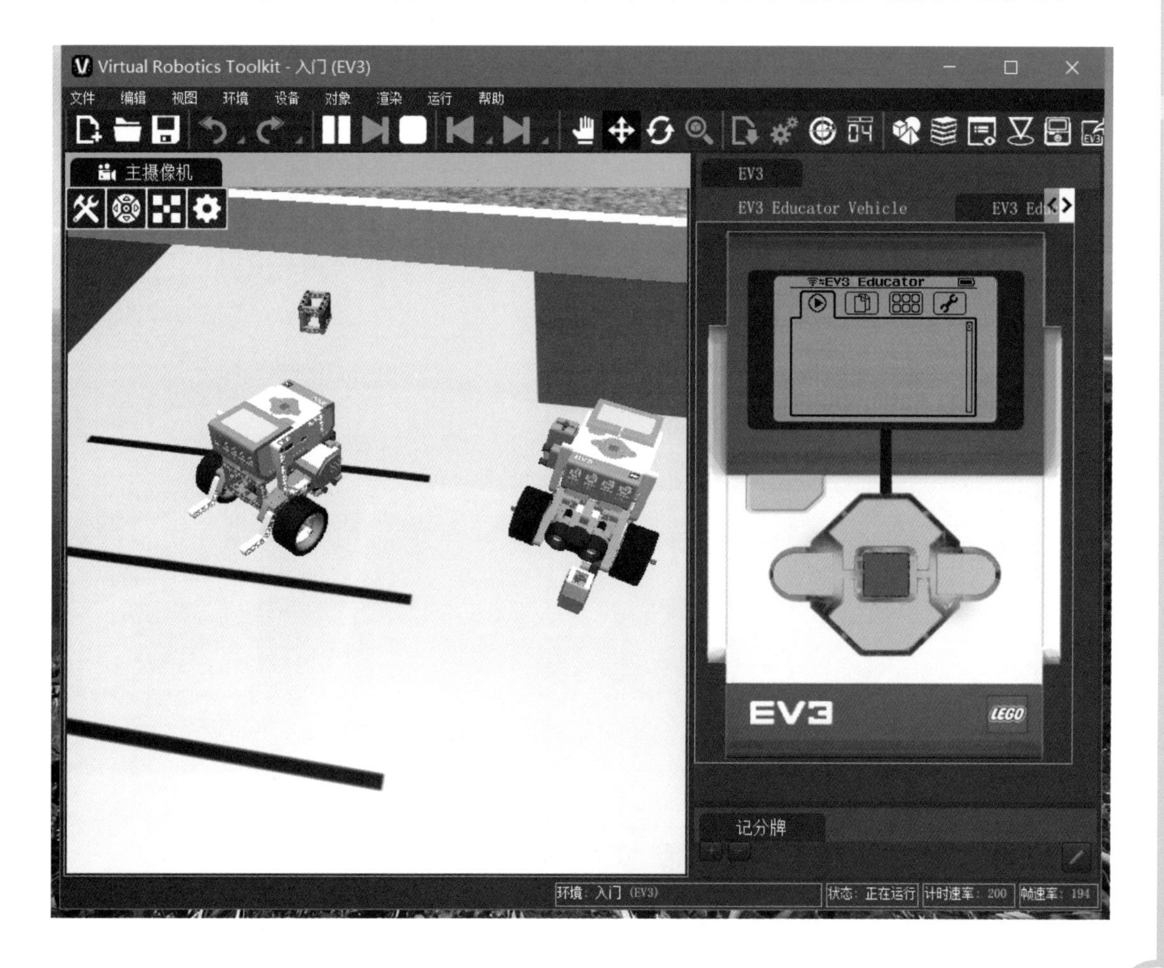

5.2.5 WiFi 连接

使用鼠标左键单击 EV3 程序块的中键，启动 EV3 程序块。

在 EV3 编程软件中，选择 VRT 虚拟机器人的名字，点选 WiFi 连接。

可以连接到 VRT 里的虚拟机器人。下载编写好的程序，之后就可以在 VRT 虚拟机器人的程序块中运行，执行 EV3 程序。控制 VRT 虚拟机器人软件中的 EV3 模型做出 EV3 程序中编写好的各种动作。模拟现实中的运行效果。

5.2.6 巡线程序

在 EV3 编程软件中编写一个巡线程序。

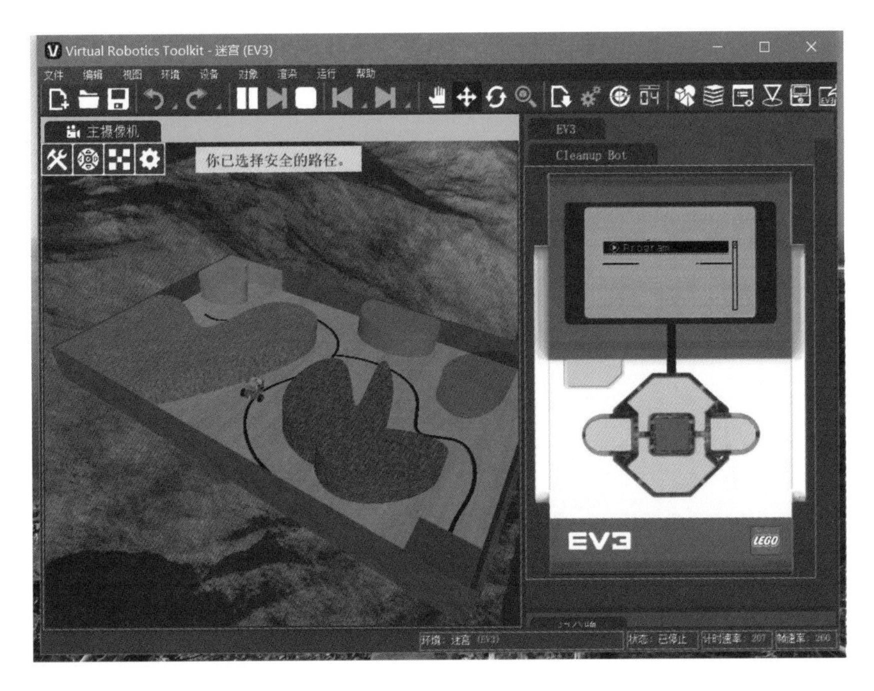

可以先用 W、A、S、D 键控制巡线车测量黑线和地面的反射光线强度。

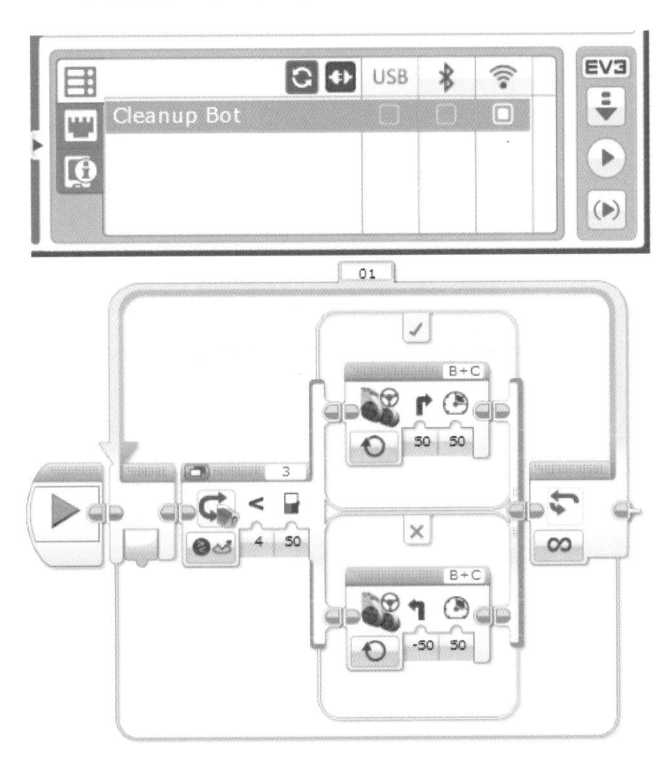

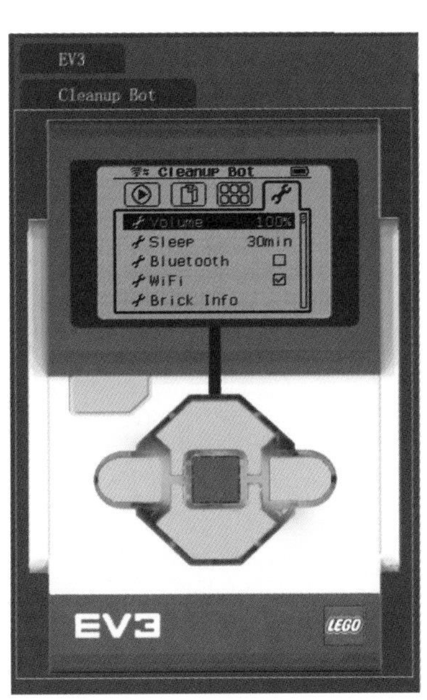

使用 WiFi 连接 VRT 虚拟机器人，下载并运行巡线程序。

5.3 Scratch 3.0 连接 EV3

5.3.1 下载 Scratch Link

Scratch Link 下载页面：https://scratch.mit.edu/ev3

解压缩 windows.zip 文件

解压缩的 ScratchLinkSetup.msi 安装文件

5.3.2　安装 Scratch Link

解压缩的 ScratchLinkSetup.msi 安装文件如下。

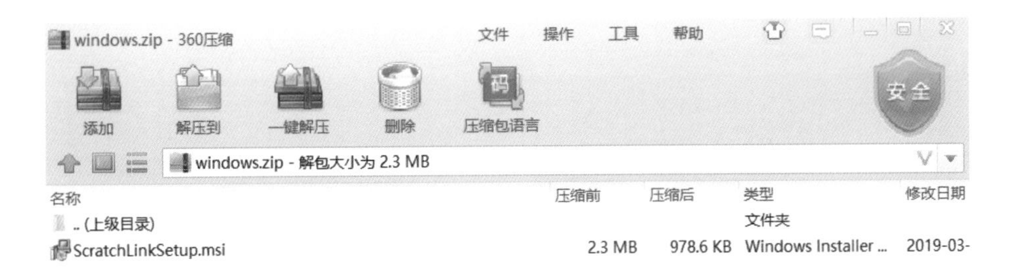

运行 ScratchLinkSetup.msi 安装文件，直接单击“Next”按钮，安装 Scratch Link。

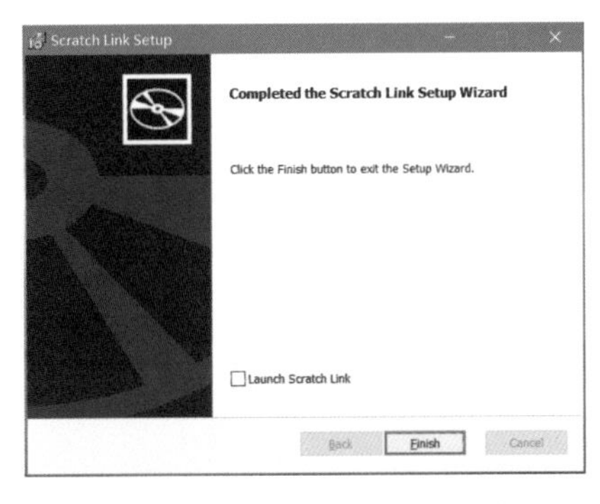

Scratch Link 会很快完成安装，最后单击“Finish”按钮完成安装。

在开始菜单中找到 Scratch Link 图标，并双击。

您会在系统任务栏右下角看到 Scratch Link 的任务栏图标。

使用鼠标右键单击任务栏上的 Scratch Link 图标，可以查看 Scratch Link 的版本。单击 Exit 可以退出 Scratch Link。

5.3.3 软件下载网址

软件下载网址如下：

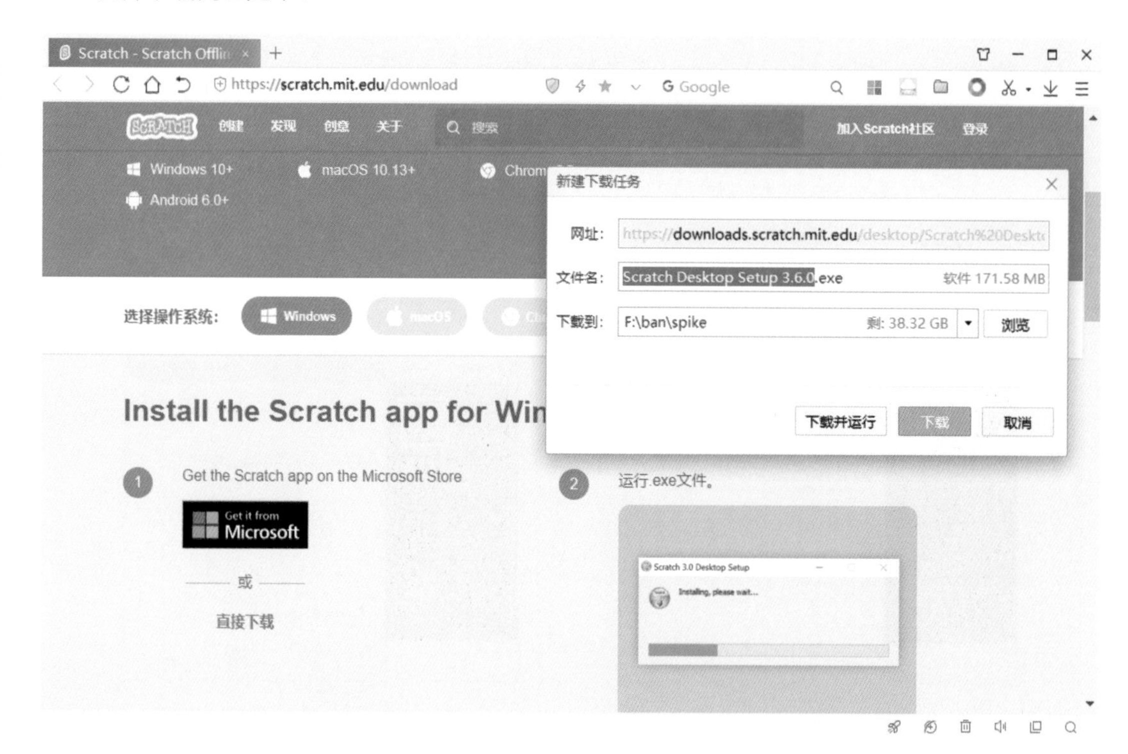

安装 Scratch 桌面编辑器后，无须联网即可编辑项目。该版本支持 Windows 和 macOS。

Scratch 3.0 已翻译成 40 种以上的语言，在超过 150 个国家中使用。

直接运行下载好的 Scratch Desktop Setup 3.6.0.exe 文件。
Scratch 3.0 会提示您选择默认（所有用户），安装到你的电脑上。

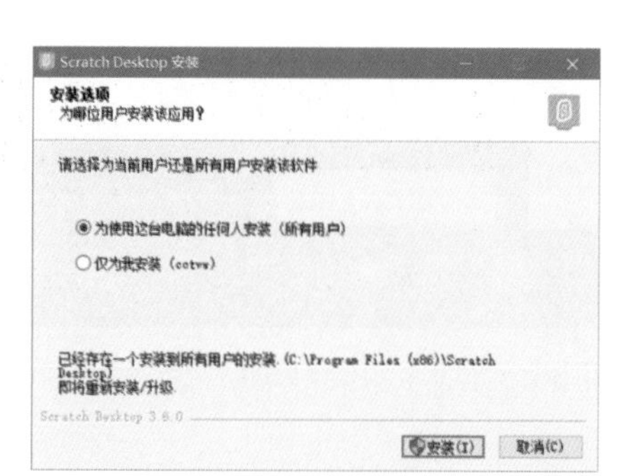

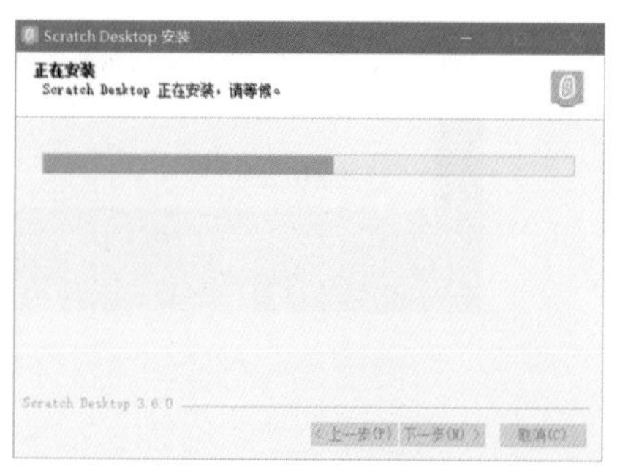

5.3.4　Scratch 连接 EV3

Scratch 3.0 连接乐高 EV3 程序块。

入门

将EV3连接到Scratch

1：连接好互联网

2：运行 Scratch Link

3：打开 Scratch 3.0 软件

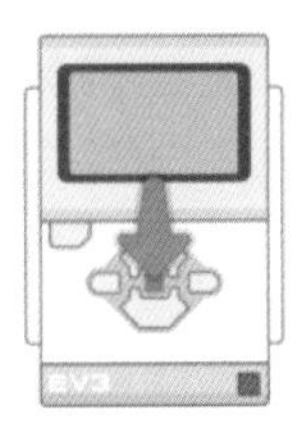

打开EV3并按住中间的按钮不放。

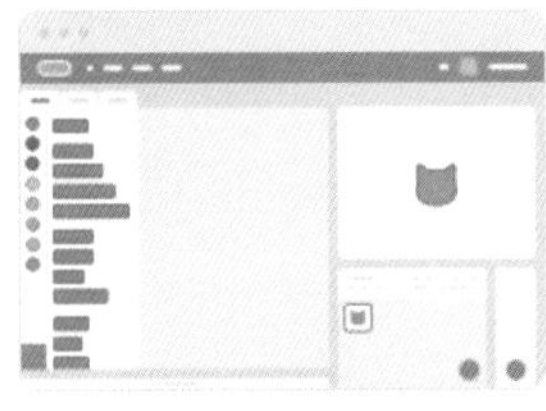

使用Scratch编辑器。

3

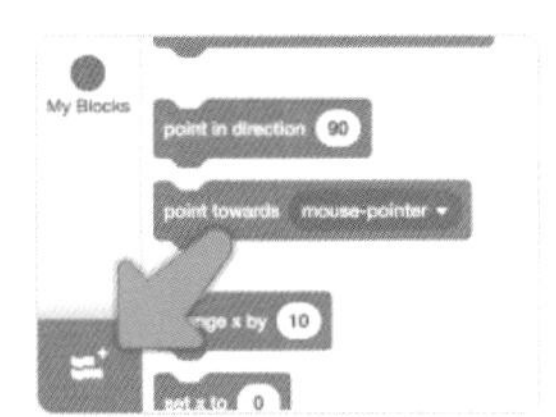

添加EV3扩展。

第一次连接EV3?

在 Scratch 中单击连接按钮后，你需要把它和计算机进行配对：

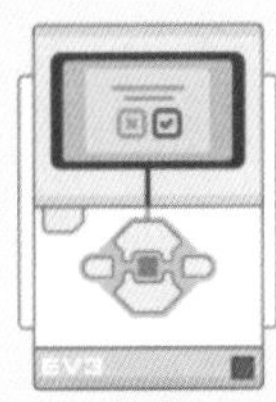

接受连接。

接受口令。

等待设备就绪。

Scratch Link 必须在连接互联网的状态下，才能成功连接 EV3 程序块。

Scratch 3.0 的下载网址是：https://scratch.mit.edu/download

Scratch 3.0 的详细教程可以查看《乐高机器人——Scratch 与 WeDo 编程基础实战应用》

5.3.5 Scratch 扩展 EV3

打开 Scratch 3.0 左下角的“添加扩展”。

找到 EV3 的扩展图标，单击 EV3 扩展图标，把 EV3 加入到 Scratch 3.0 的编程模块里。

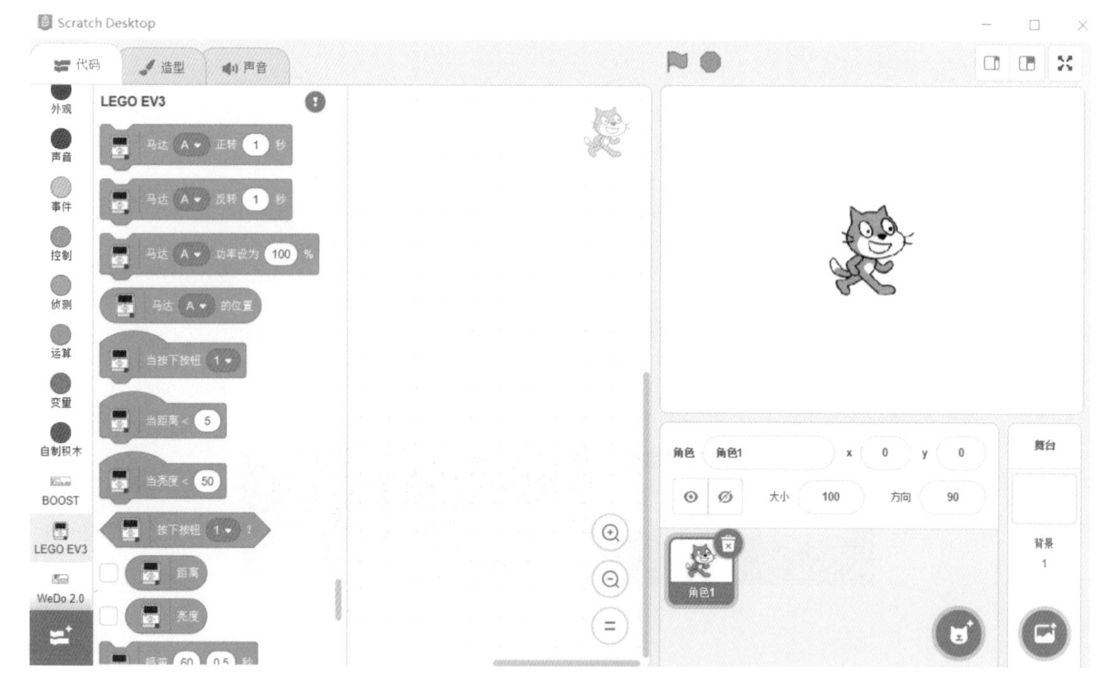

Scratch 3.0 可以单独连接乐高 WeDo 2.0，EV3，BOOST。
Scratch 3.0 也可以同时连接乐高 WeDo 2.0，EV3，BOOST。
让乐高 WeDo 2.0，EV3，BOOST 实现相互控制。

5.3.6　Scratch 连接界面

单击黄色的 感叹号，连接 EV3。

在 EV3 连接列表里找到 EV3 程序块名字。

单击“连接”按钮，进入连接页面。

如果没有找到 EV3 程序块名字，可以刷新页面。

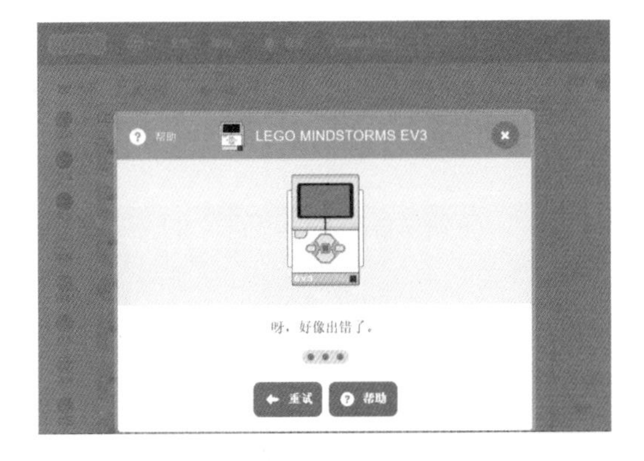

EV3 的连接是很容易出现错误的。尝试多连接几次。可以先在“蓝牙”里配对好需要连接的 EV3 程序块。

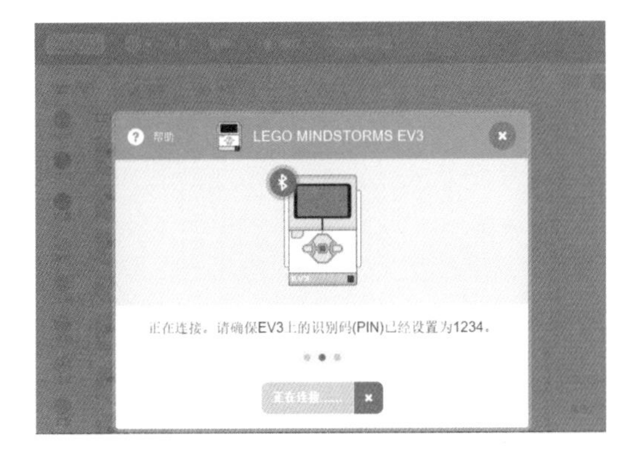

尝试多次连接后，在 EV3 程序块中确认输入识别码：1234。不要更改识别码（PIN）。

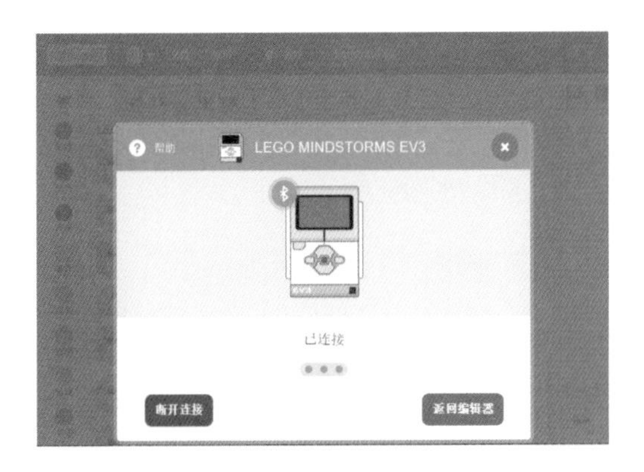

当 EV3 程序块成功连接上 Scratch 3.0，会显示“断开连接”和“返回编辑器”。

返回编辑器后，EV3 模块的右上角会显示绿色的 （勾），连接成功。

5.3.7 蓝牙设置

如果连接不成功，可能是因为EV3和Windows 10系统的蓝牙没有配对好。

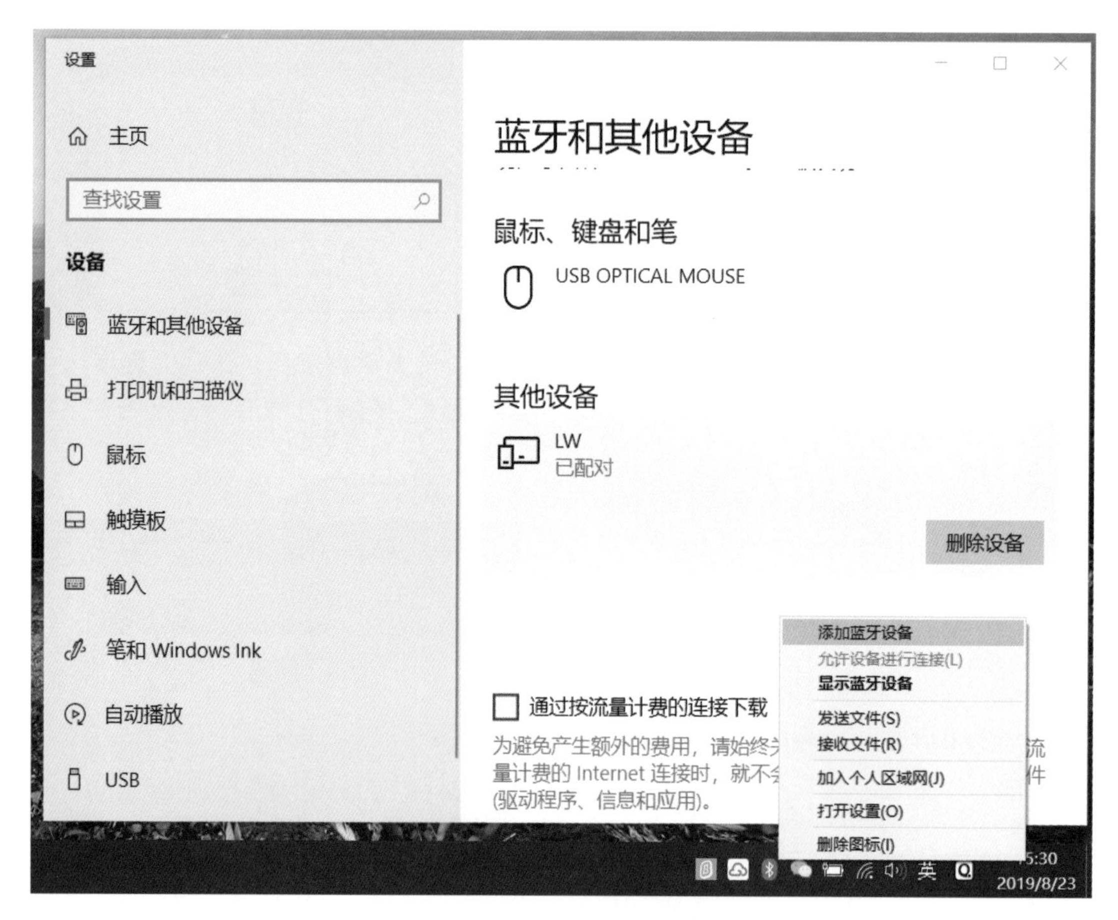

进入系统的设置 > 设备 > 蓝牙和其他设备选项，开启系统蓝牙，并配对好。

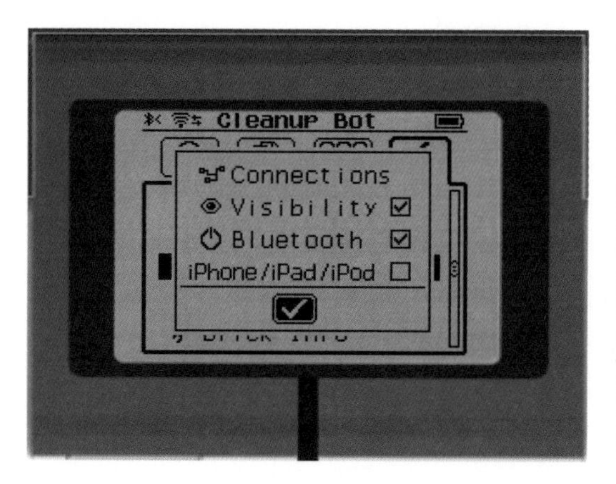

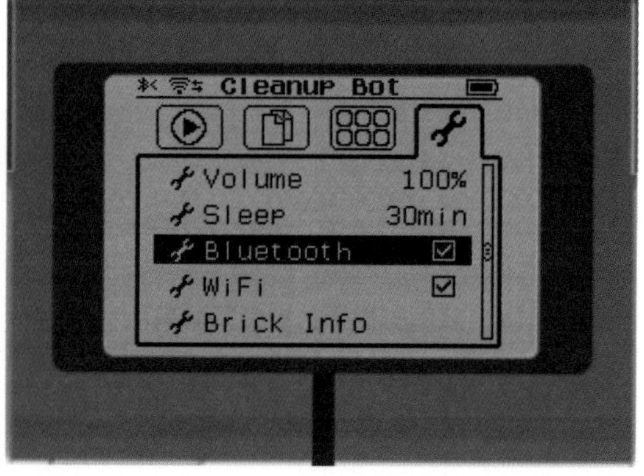

进入EV3程序块的设置页面，在蓝牙设置里开启蓝牙。

5.4 Scratch 3.0 里的 EV3 模块

当需要使用 EV3 扩展编程模块时，在 Scratch 3.0 的左下角找到“添加扩展”。

在 Scratch 3.0 的左下角找到添加扩展

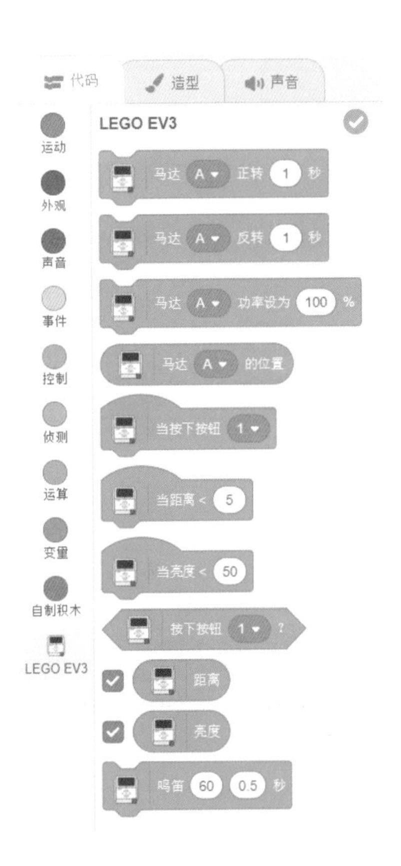

在扩展里面找到 EV3 的图标，对准它双击鼠标左键，确认使用 EV3 扩展。

EV3 扩展里包括：电机（马达）控制、传感器模块、事件、声音。

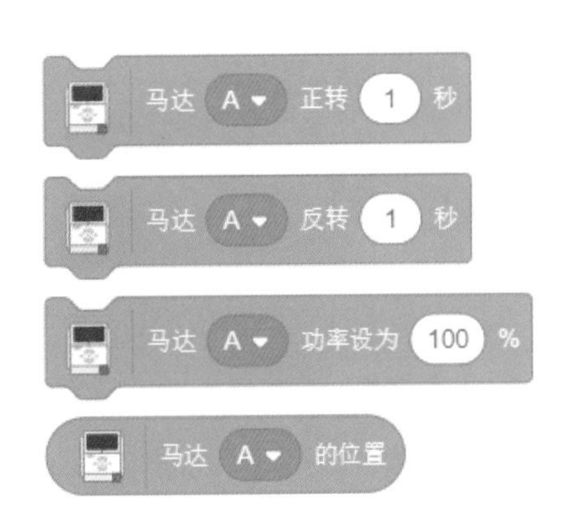

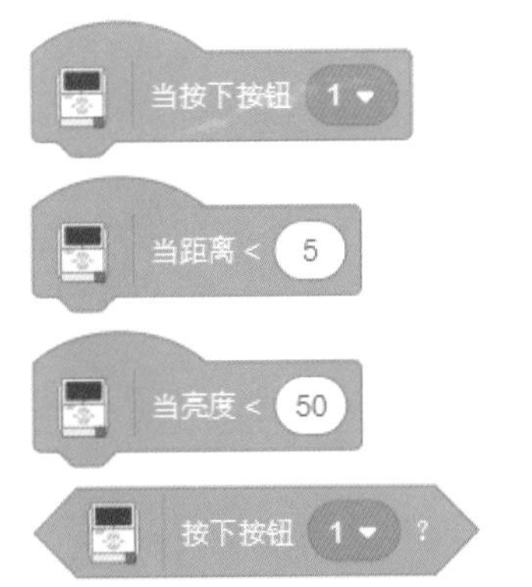

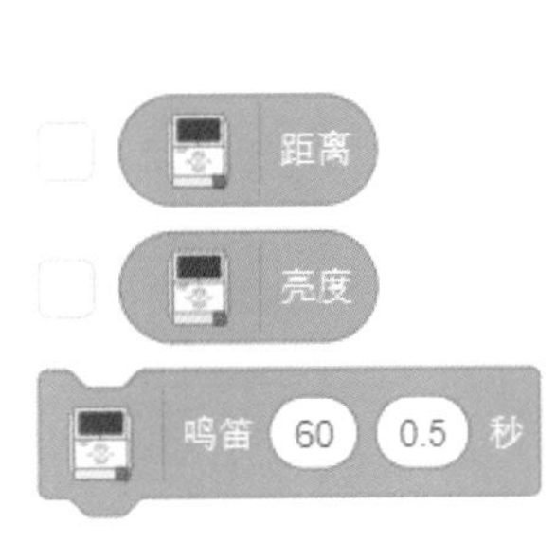

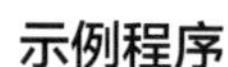

示例程序

使用 Scratch 3.0 和 EV3 编写一个互动猫小程序。

当 EV3 的超声波传感器检测到距离小于 20 厘米时，小猫在舞台上来回走动。

当 EV3 的超声波传感器检测到距离大于 20 厘米时，小猫停止走动。

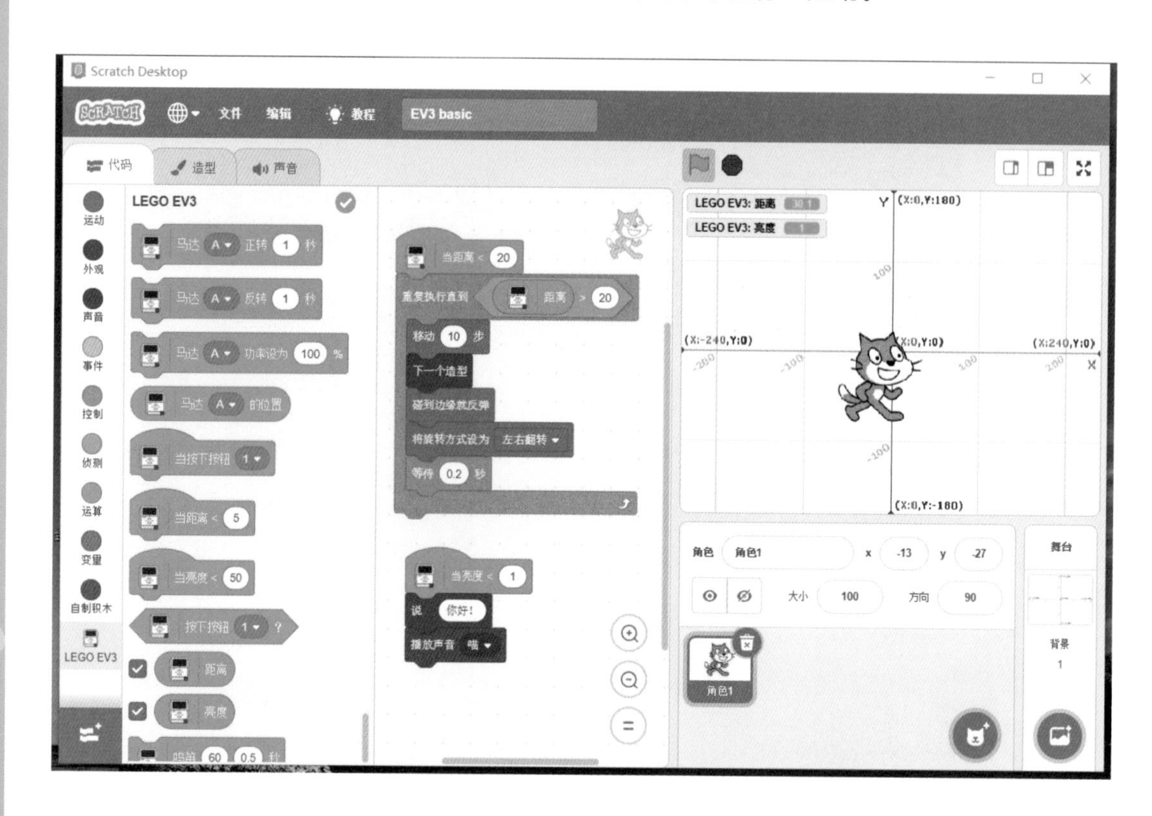

当 EV3 的颜色传感器检测到亮度小于 1 时，小猫说：你好，并发出叫声。

勾选距离和亮度后，在舞台上会显示效果。

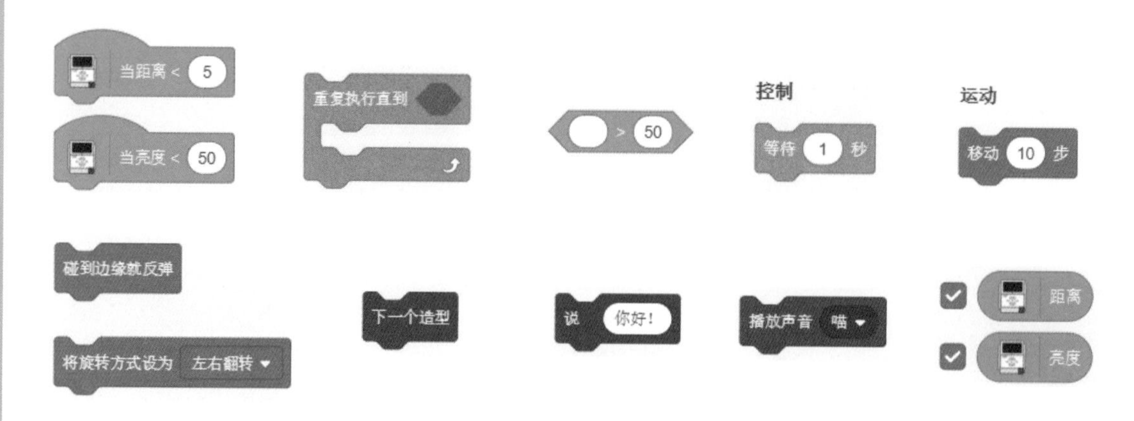

5.5 一个人也可以做好

编写红方、蓝方相扑程序，并下载到 VRT 虚拟机器人里。

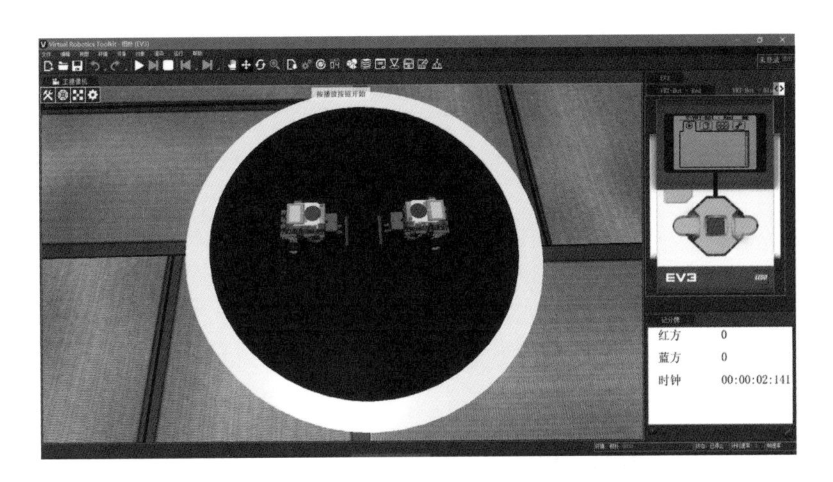

编写一个比例巡线程序，并下载到 VRT 里。运行程序，测试巡线效果。

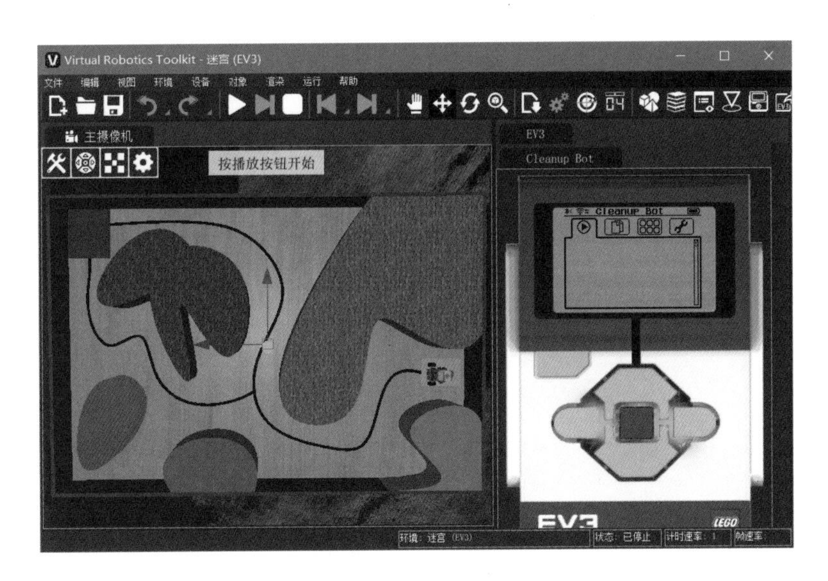

相信同学们肯定会喜欢第 4 章和第 5 章的内容，因为作者在教学实践中发现，学生最喜欢的就是在 VRT 虚拟机器人里玩相扑比赛了，也很喜欢在 LDD 里搭建模型。比如两个同学使用键盘，控制 VRT 里的相扑车，把对方的相扑车推下圆盘。作者的学生也会把他们在 LDD 里制作的虚拟模型分享给大家，并展示作品。同学们也可以把自己的作品分享给亲朋好友，展示一下你的机器人技术。第 6 章将讲解乐高教育最新版的编程软件 EV3 Scratch，在乐高机器人课程里学习 Scratch 编程知识。

EV3 Scratch 家庭版与教育版

第 5 章学习的 VRT 虚拟机器人软件，现在只支持头脑风暴 EV3 编程软件。Scratch 3.0 是麻省理工学院的官方版本，扩展里支持乐高 EV3 硬件。因为 Scratch 3.0 扩展里的乐高 EV3 编程模块功能太少，所以乐高教育在 Scratch 3.0 的基础上定制了乐高 EV3 Scratch，其完全支持乐高 EV3 硬件。乐高 EV3 Scratch 有教育版和家庭版。现在 EV3 Scratch 家庭版有中文版。

EV3 Scratch 家庭版图标

EV3 Scratch 教育版图标

乐高教育在 2020 年更新了乐高 EV3 的 Scratch 版编程软件，并分为家庭版和教育版。EV3 Scratch 1.3 家庭版有中文版。EV3 Scratch 家庭版 1.3 版本和教育版 1.0 版本只能运行在苹果电脑上。乐高教育的最新硬件 Spike 也使用的是 Spike Scratch 编程软件。乐高教育的硬件都更新了 Scratch 专用的编程软件。现在我们就开始学习 EV3 Scratch 的编程知识吧！

EV3 Scratch 1.3 家庭版和 EV3 Scratch 1.0 教育版编程软件的编程模块是通用的，家庭版有教育版的编程模块，只是官方的搭建图不同。

EV3 Scratch 1.3 家庭版开始界面
（中文版）

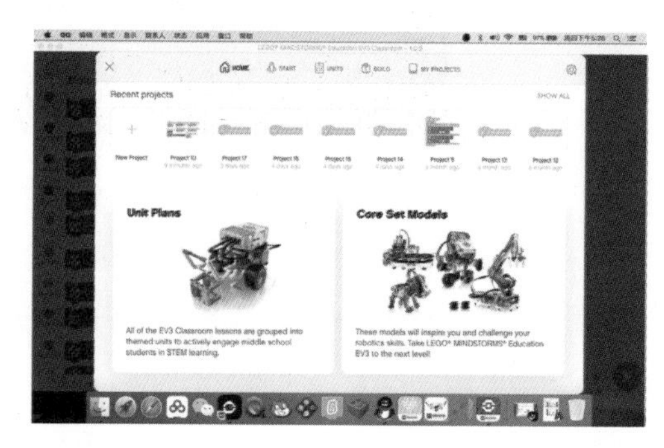

EV3 Scratch 1.0 教育版编程界面
（英文版）

6.1　安装 EV3 Scratch

下面是 EV3 Scratch 软件安装的详细介绍。

6.1.1　家庭版下载网址

EV3 Scratch 1.3 家庭版编程软件下载网址：

https://www.lego.com/en-us/themes/mindstorms/downloads

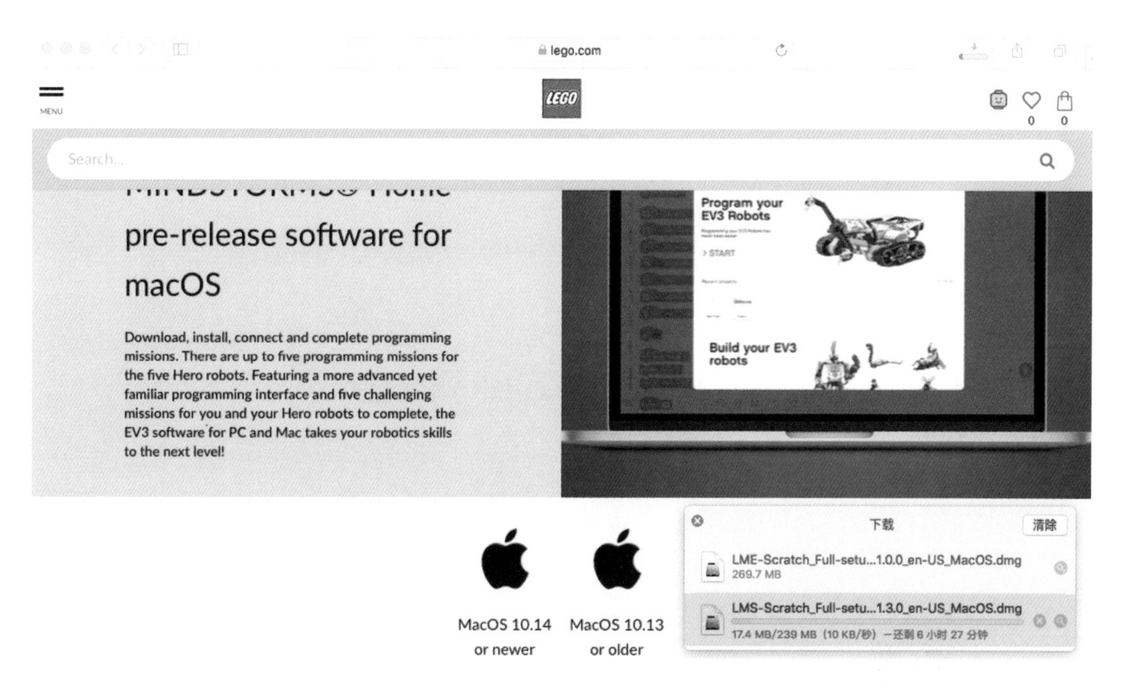

EV3 Scratch 1.0 教育版编程软件下载网址：

https://education.lego.com/zh-cn/downloads/mindstorms-ev3/software

已经下载好的 EV3 Scratch 桌面软件图标：

家庭版 EV3 Scratch 1.3 中文版

教育版 EV3 Scratch 1.0 英文版

6.1.2 下载和安装

教育版 EV3 Scratch 1.0 编程软件可以在乐高教育网站下载：

Downloads | Mindstorm × Software ×
https://education.lego
探索发现 资源下载 咨询采购
Mac OS English (United States)
新建下载任务
网址： https://le-www-live-s.legocdn.com/downloads/LME-Scratch/L
文件名： LME-Scratch_Full-setup_1.0.0_en-US_MacOS.dmg 257.23 MB
下载到： F:\ban\spike 剩：38.32 GB 浏览
下载并打开 下载 取消

使用鼠标左键双击下载好的苹果版安装文件，会出现安装界面。

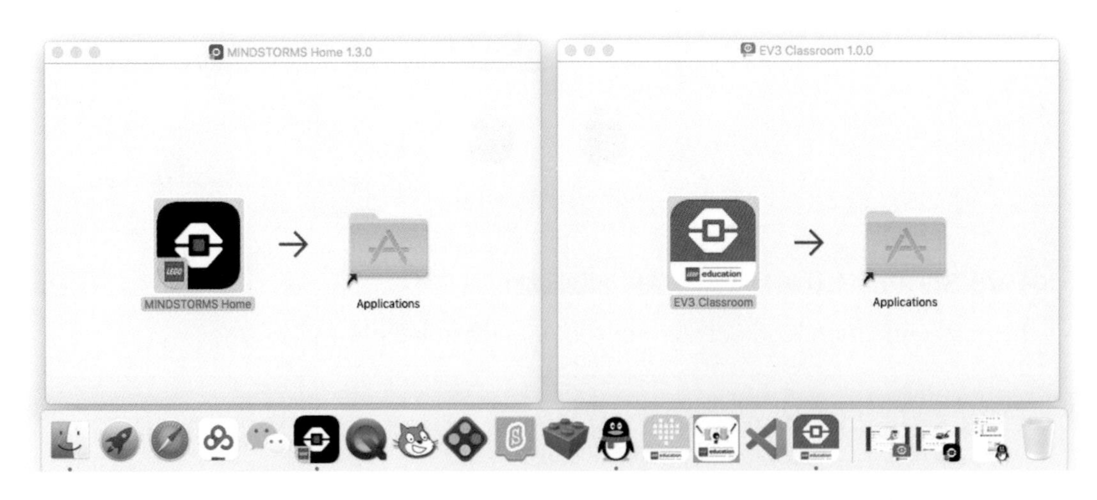

使用鼠标左键直接双击家庭版和教育版的图标，就可以安装和运行编程软件。

6.1.3　连接 EV3 程序块

EV3 Scratch 家庭版、教育版连接 EV3 程序块有两种连接方式。

USB 数据线连接

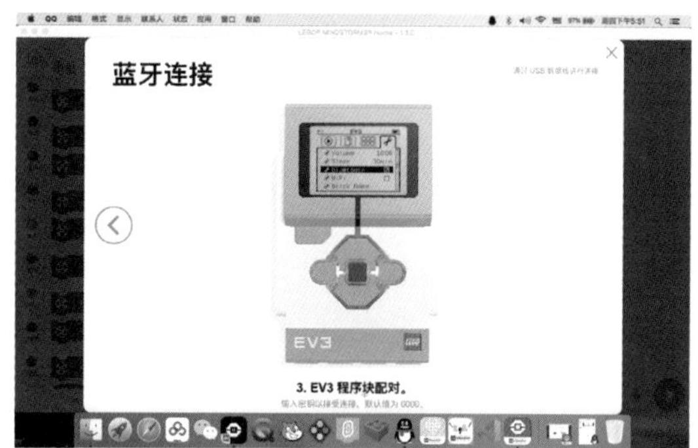

蓝牙连接

没有连接 EV3 程序块　　　　成功连接 EV3 程序块，显示电机和传感器信息

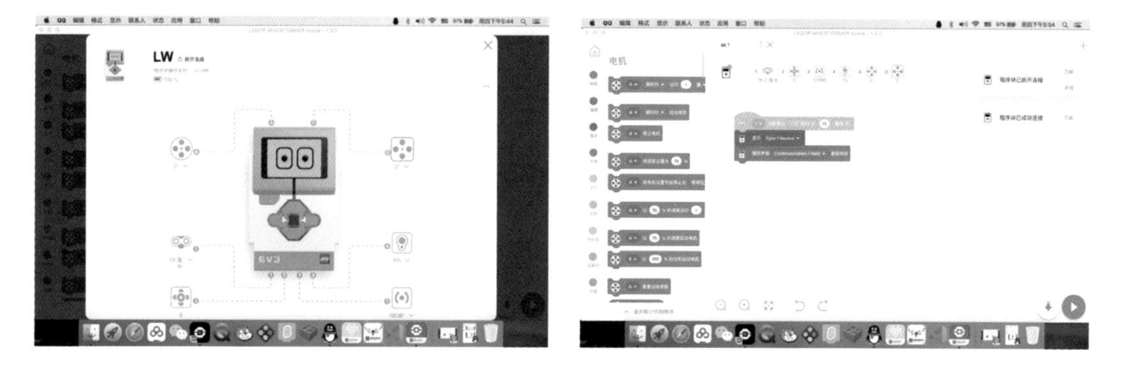

EV3 程序块连接界面：可以更改 EV3 程序块的名字，也可以更改传感器和电机的模式。

6.2 编程模块

下面将介绍各种编程模块。

6.2.1 EV3 Scratch界面

EV3 Scratch家庭版、教育版软件界面截图如下。

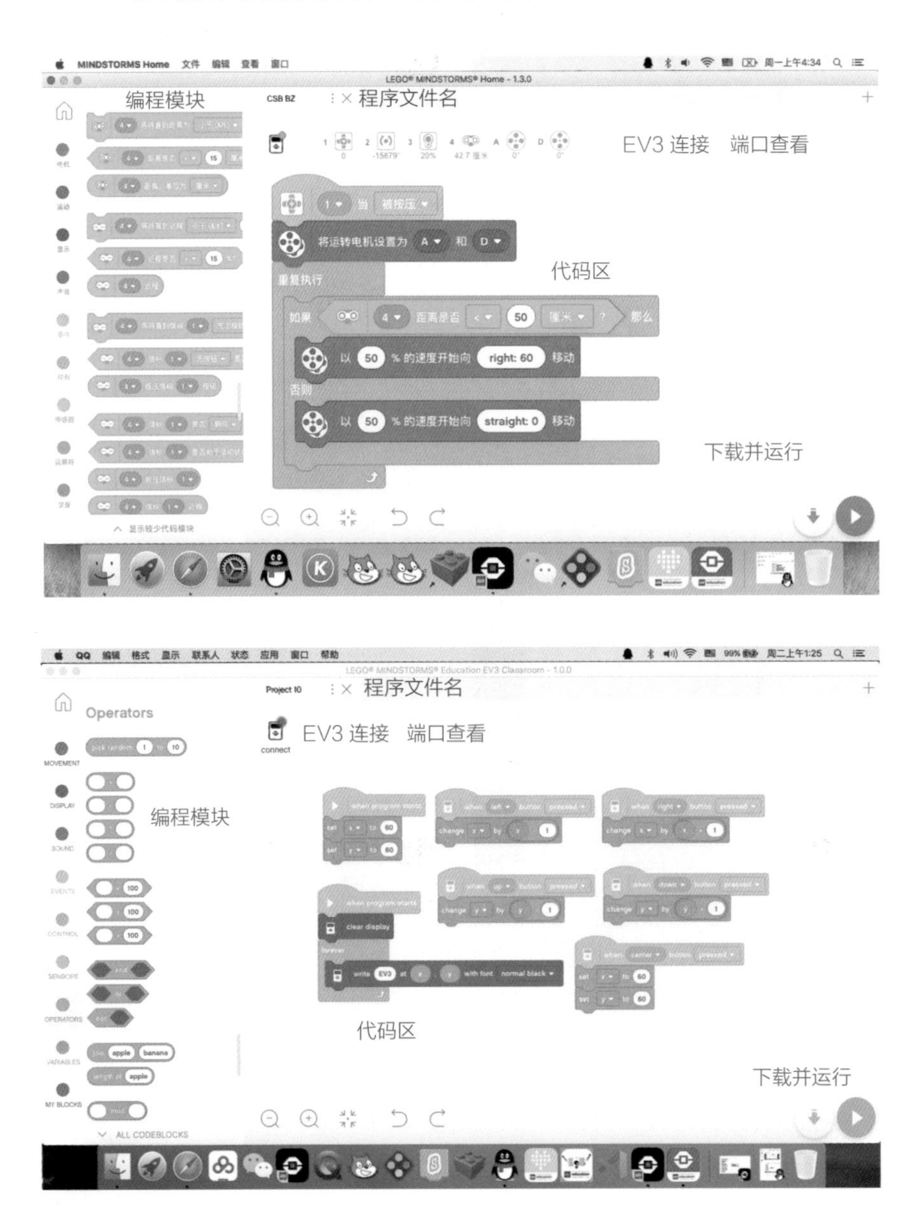

6.2.2　电机

电机模块组有中型电机、大型电机、电机旋转模块的功能。

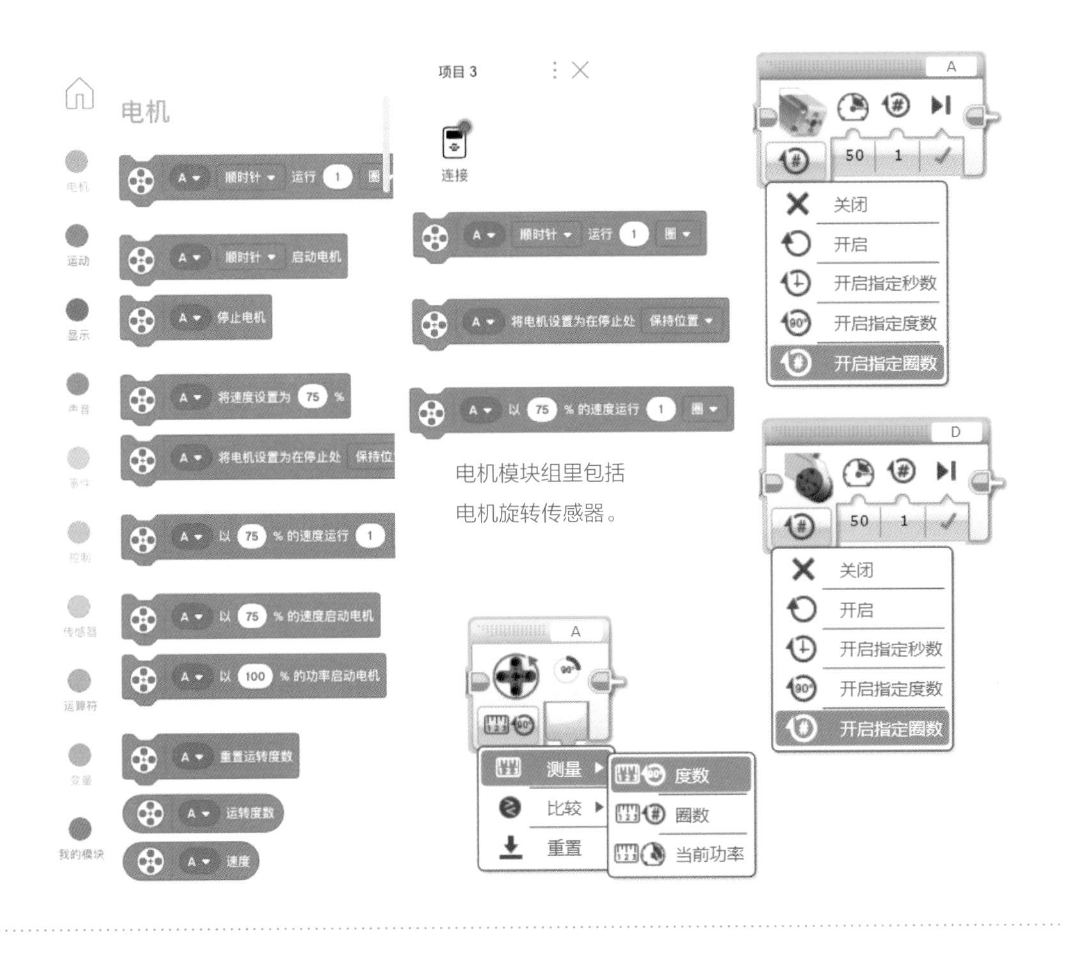

电机模块组里包括电机旋转传感器。

使用端口 A 电机的度数控制警笛声的音量大小。转动端口 A 电机来控制音量大小。

6.2.3 运动

运动模块组有移动转向、移动槽模块的功能。

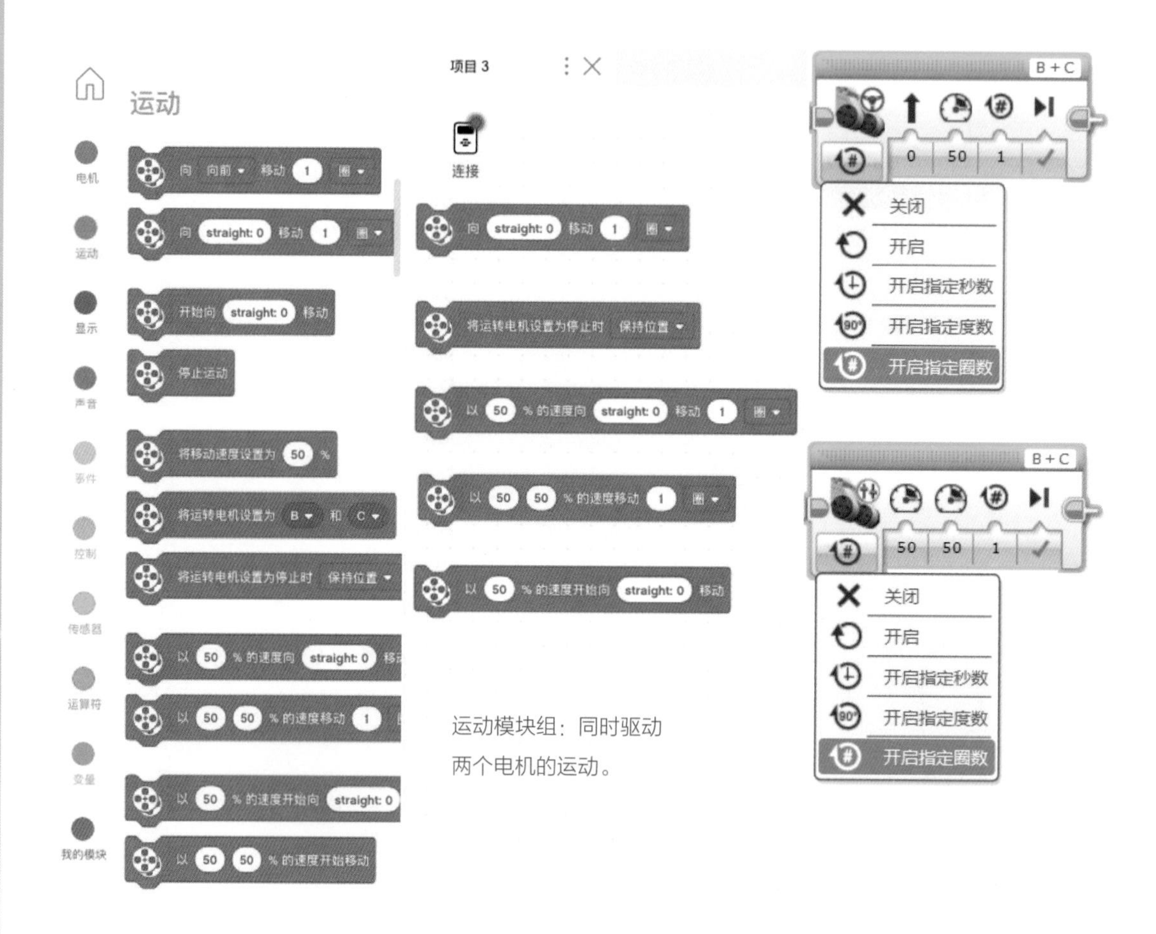

运动模块组：同时驱动两个电机的运动。

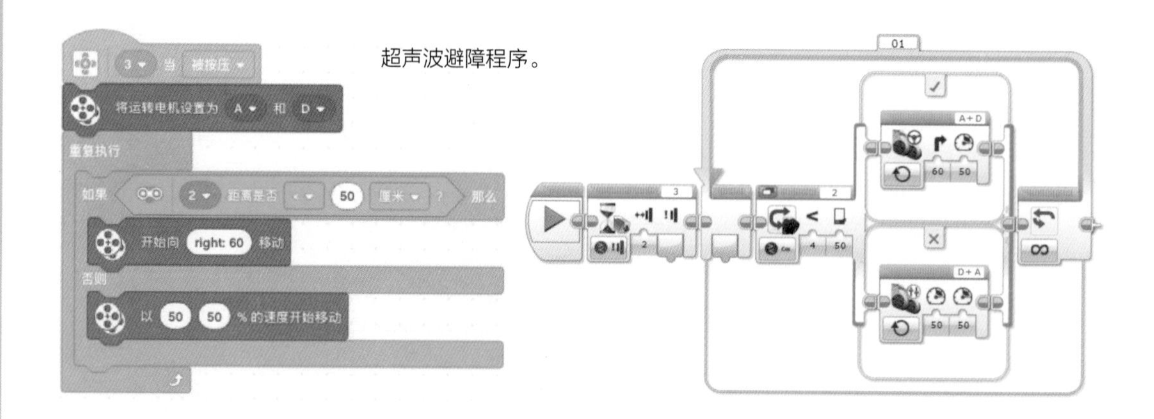

超声波避障程序。

6.2.4　显示

显示模块组有显示、文本、程序块状态灯模块的功能。

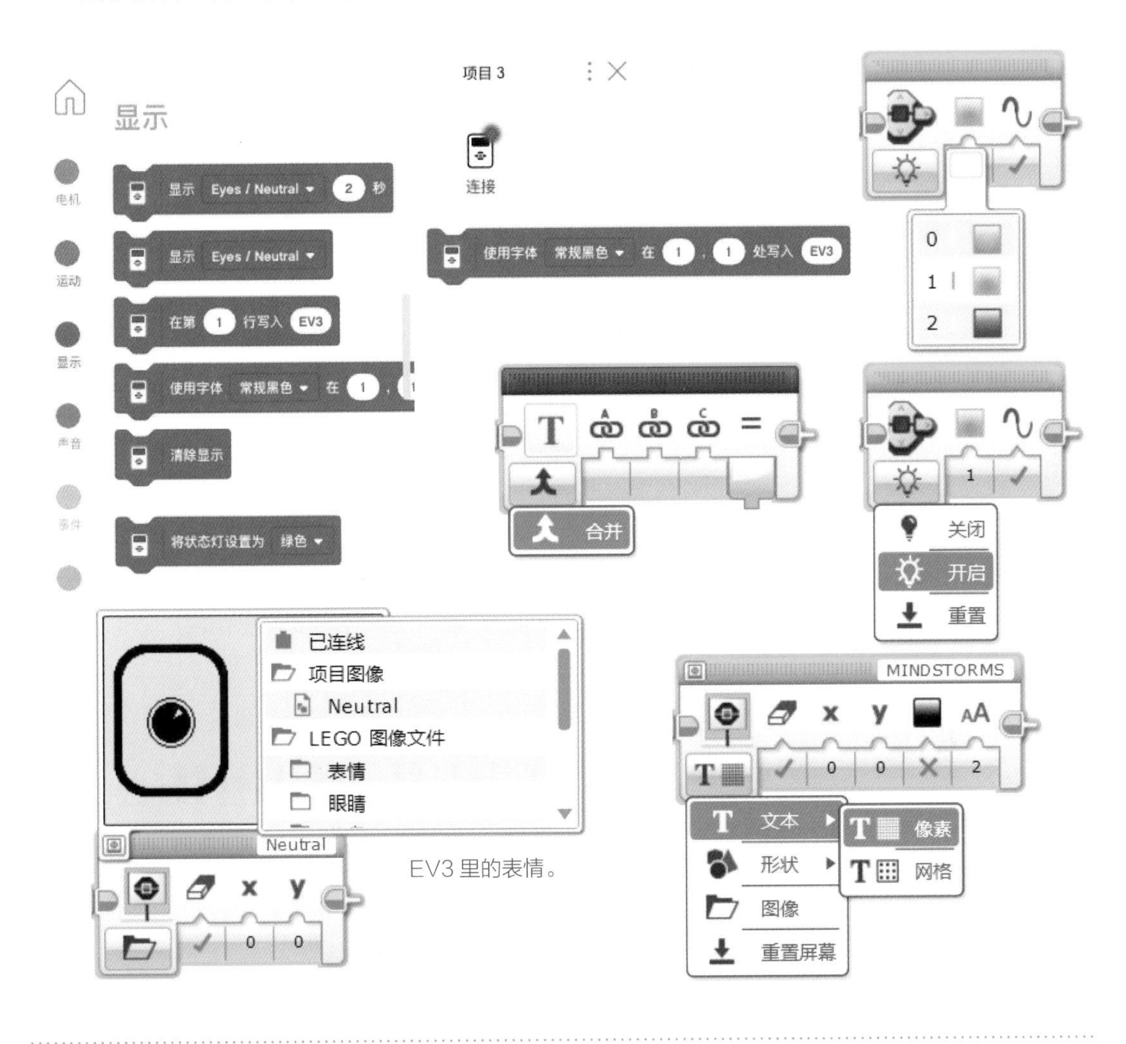

EV3 里的表情。

按程序块按钮上、下、左、右、中键，显示眼睛的上、下、左、右、中对应图像。

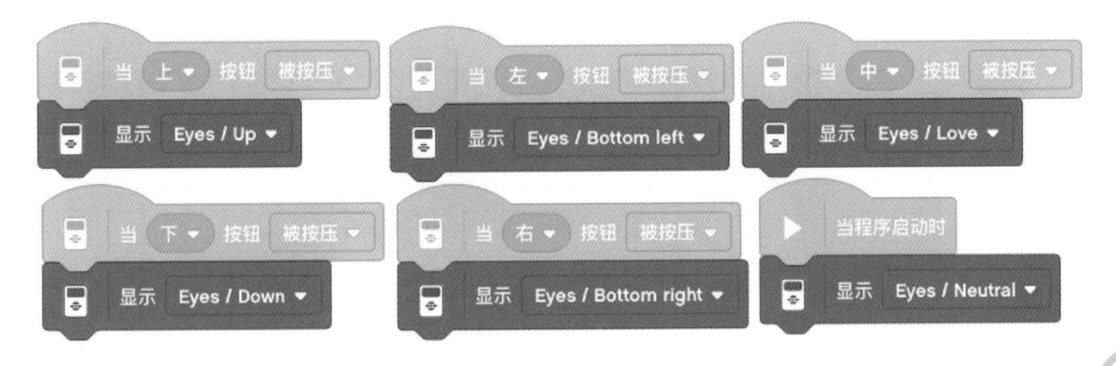

6.2.5 声音

声音模块组有播放文件、播放音符的功能。

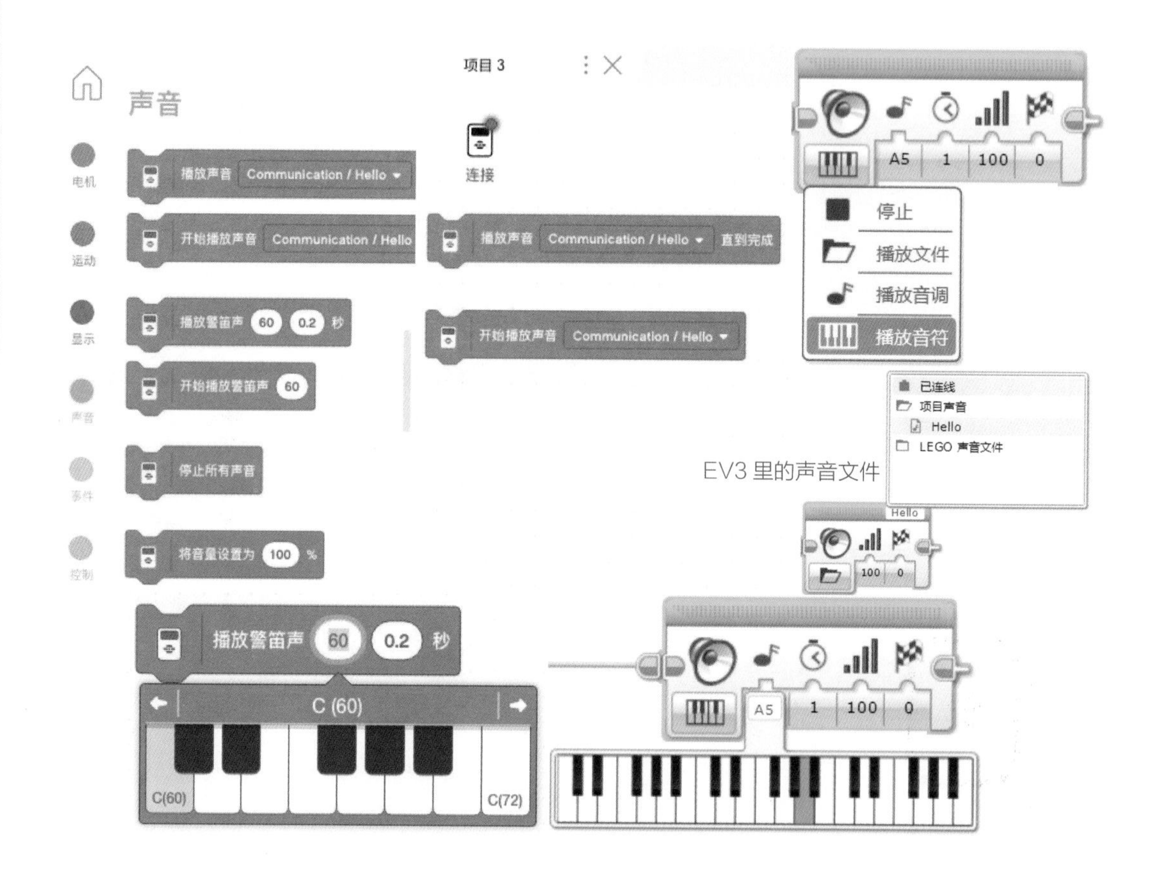

超声波吉他：使用超声波传感器检测的数值作为对应的播放音符。

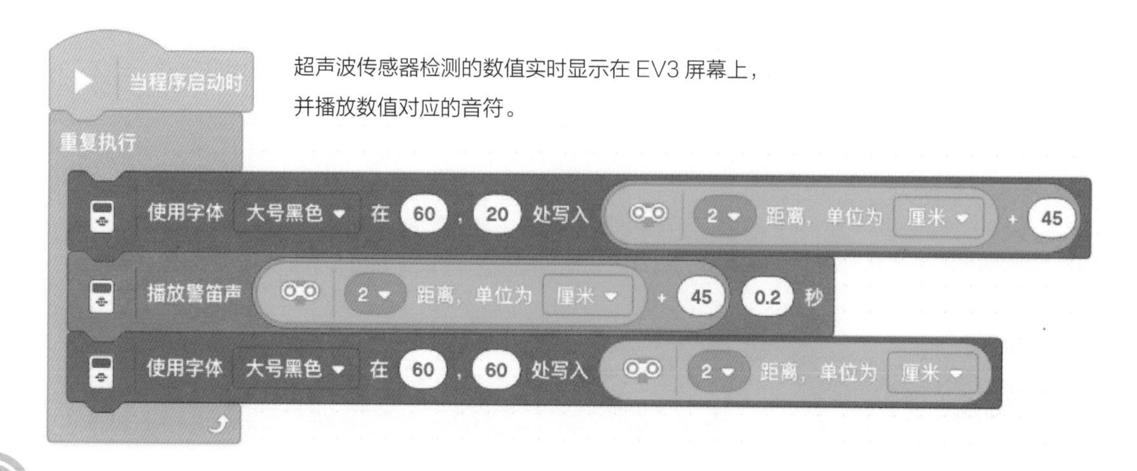

6.2.6　事件

事件模块组有开始、等待模块的功能。

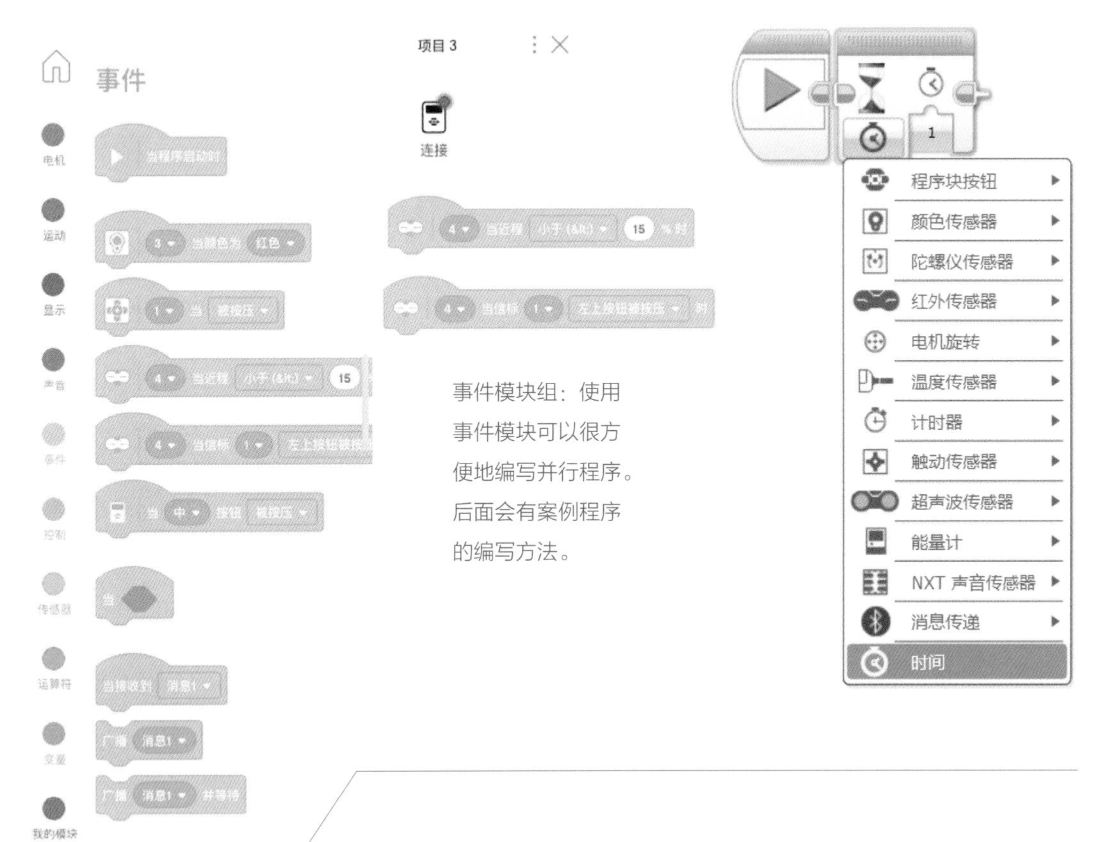

事件模块组：使用事件模块可以很方便地编写并行程序。后面会有案例程序的编写方法。

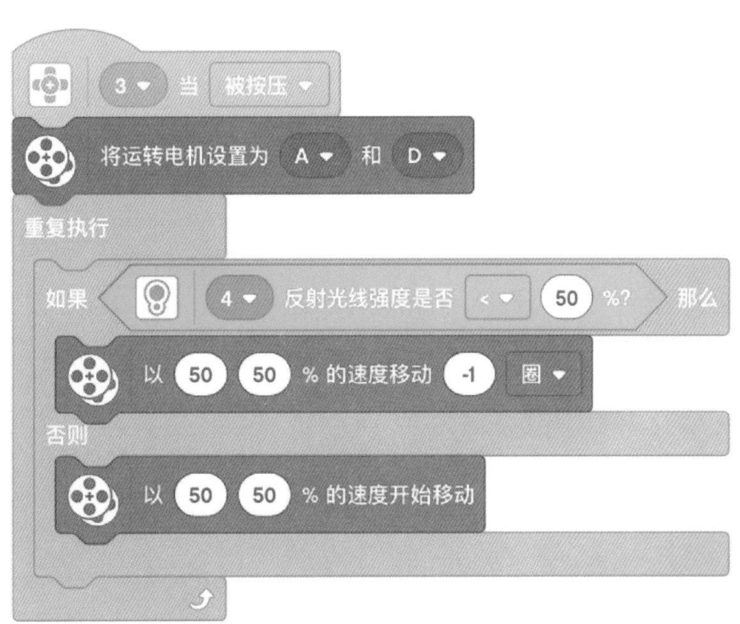

悬崖勒马程序：

当端口 3 的触碰传感器被按压时，将运转电机设置为 A 和 D。进入循环后，如果颜色传感器检测到反射光线强度小于 50%，后退一圈，否则向前直行。

6.2.7 控制

控制模块组有循环、切换、循环中断、停止程序模块功能。

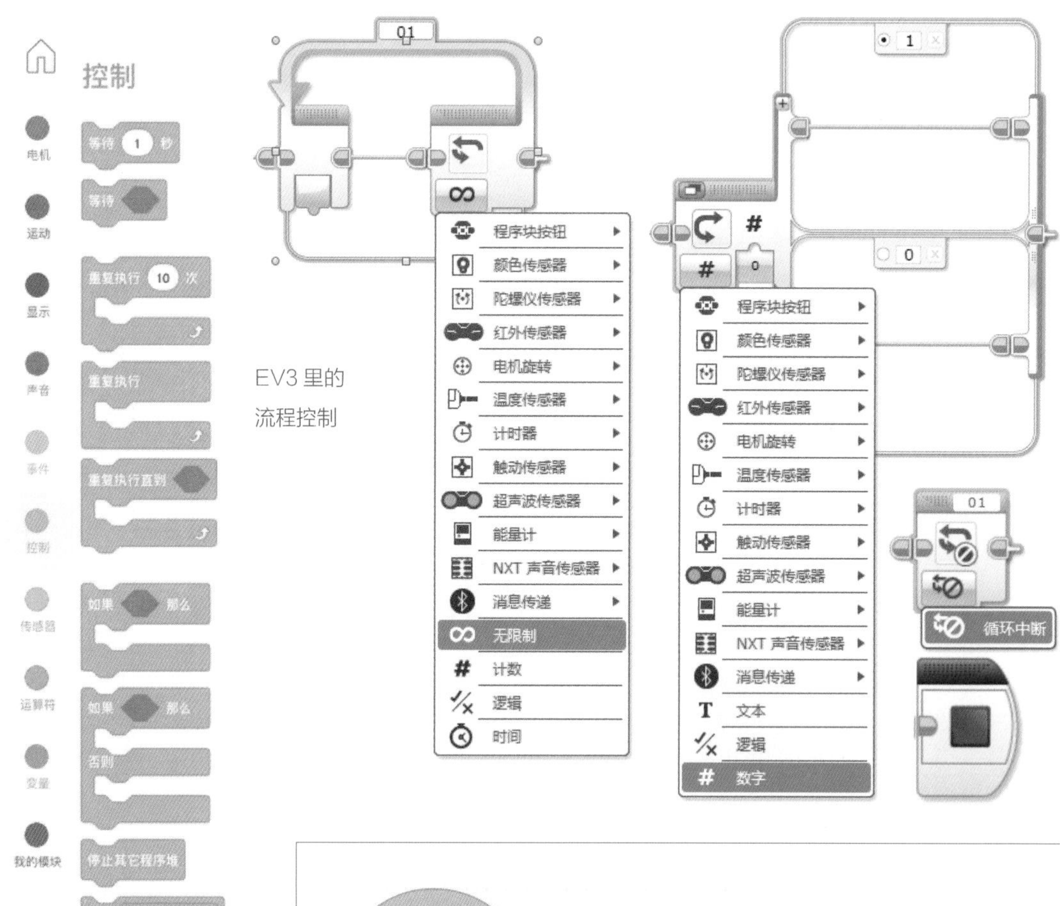

EV3 里的流程控制

巡线程序：

当端口 3 的触碰传感器被按压时，将运转电机设置为 A 和 D。进入循环后，如果端口 4 的颜色传感器检测到的反射光线强度小于 30%，电机向右转 60°。否则向左转 60°。

6.2.8　传感器 I

传感器模块组有颜色传感器、触碰传感器、超声波传感器。

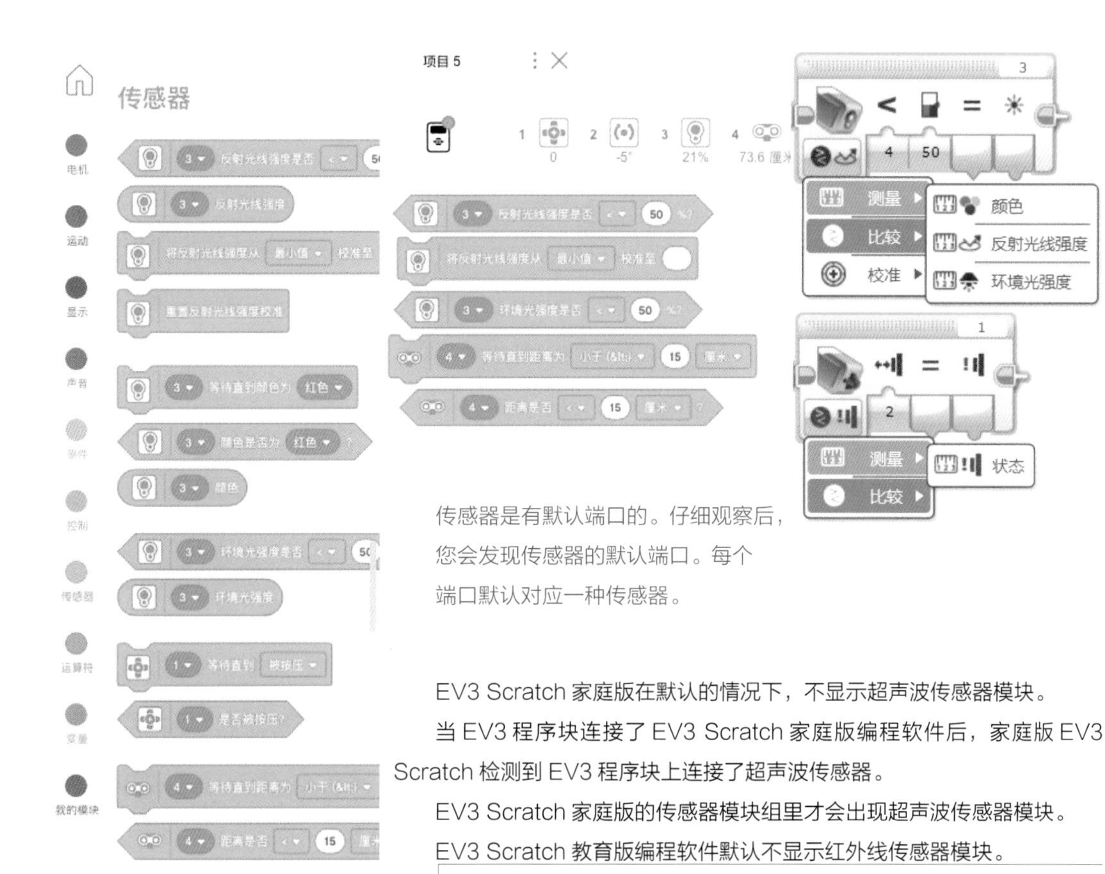

传感器是有默认端口的。仔细观察后，您会发现传感器的默认端口。每个端口默认对应一种传感器。

EV3 Scratch 家庭版在默认的情况下，不显示超声波传感器模块。

当 EV3 程序块连接了 EV3 Scratch 家庭版编程软件后，家庭版 EV3 Scratch 检测到 EV3 程序块上连接了超声波传感器。

EV3 Scratch 家庭版的传感器模块组里才会出现超声波传感器模块。

EV3 Scratch 教育版编程软件默认不显示红外线传感器模块。

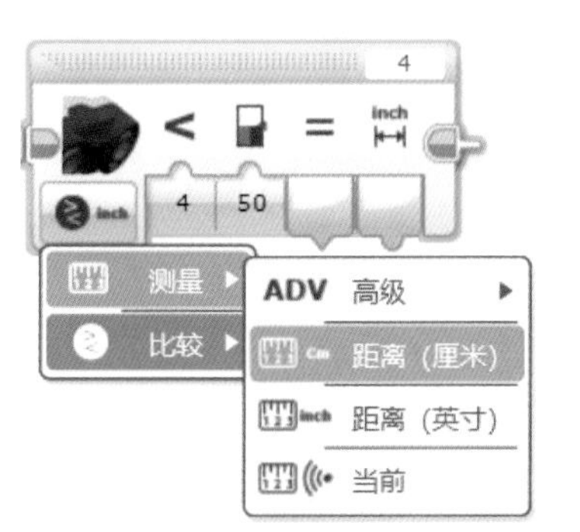

当超声波传感器检测到距离小于 15 厘米时说 Hello。

当按下 1 端口的触碰传感器时说 Start。

6.2.9 传感器2

传感器模块组有红外线传感器、陀螺仪传感器、程序块按钮。

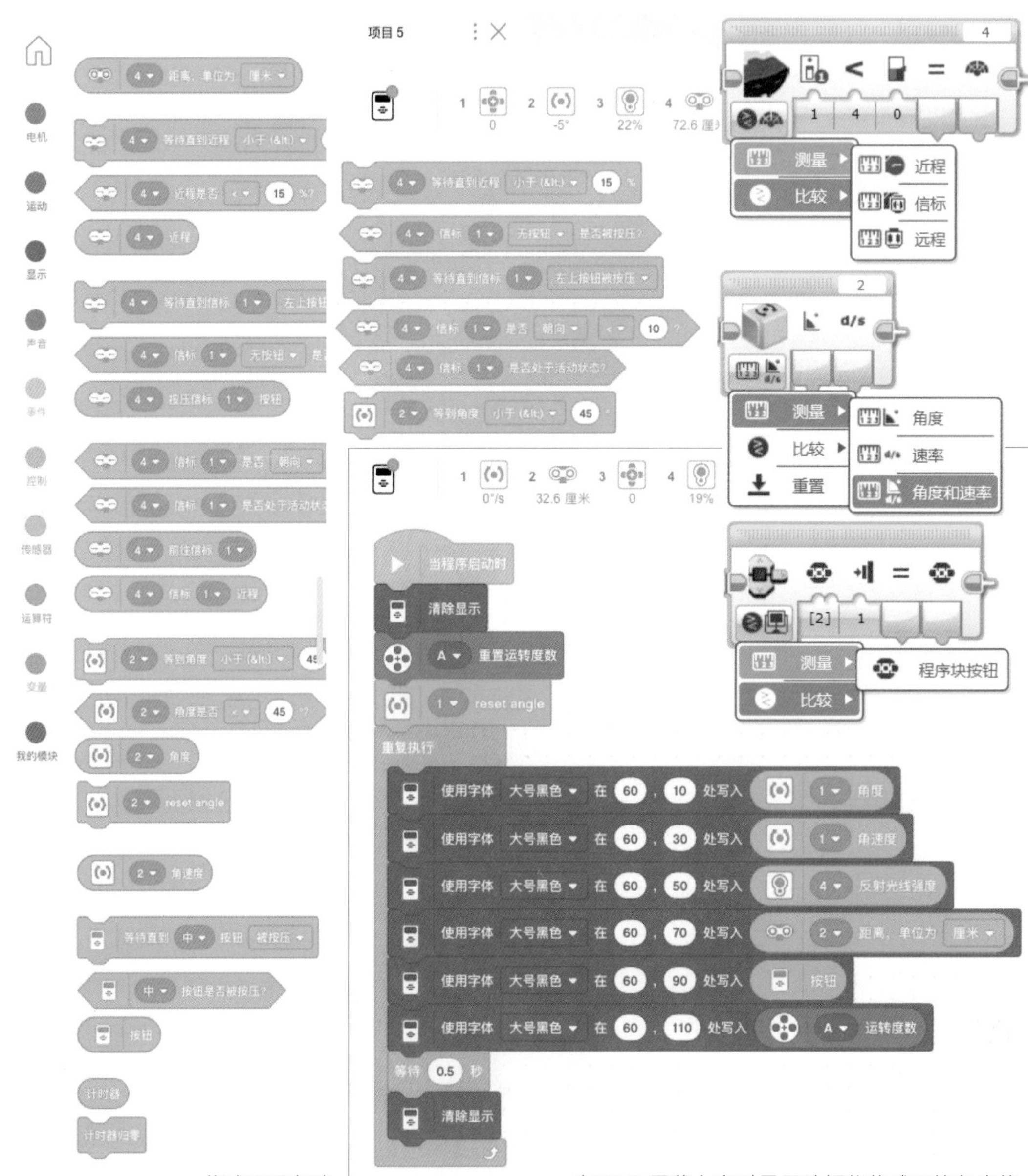

传感器是有默认端口的。仔细观察后，你会发现传感器的默认端口。每个端口默认对应一种传感器。

在EV3屏幕上实时显示陀螺仪传感器的角度值、角速度值。

在EV3屏幕上实时显示颜色传感器的反射光线强度，超声波传感器检测到的距离。

在EV3屏幕上实时显示按了哪个程序块按钮，A电机的运转度数。

6.2.10　运算符

运算符模块组有数学、比较、舍入、逻辑运算、范围、随机。

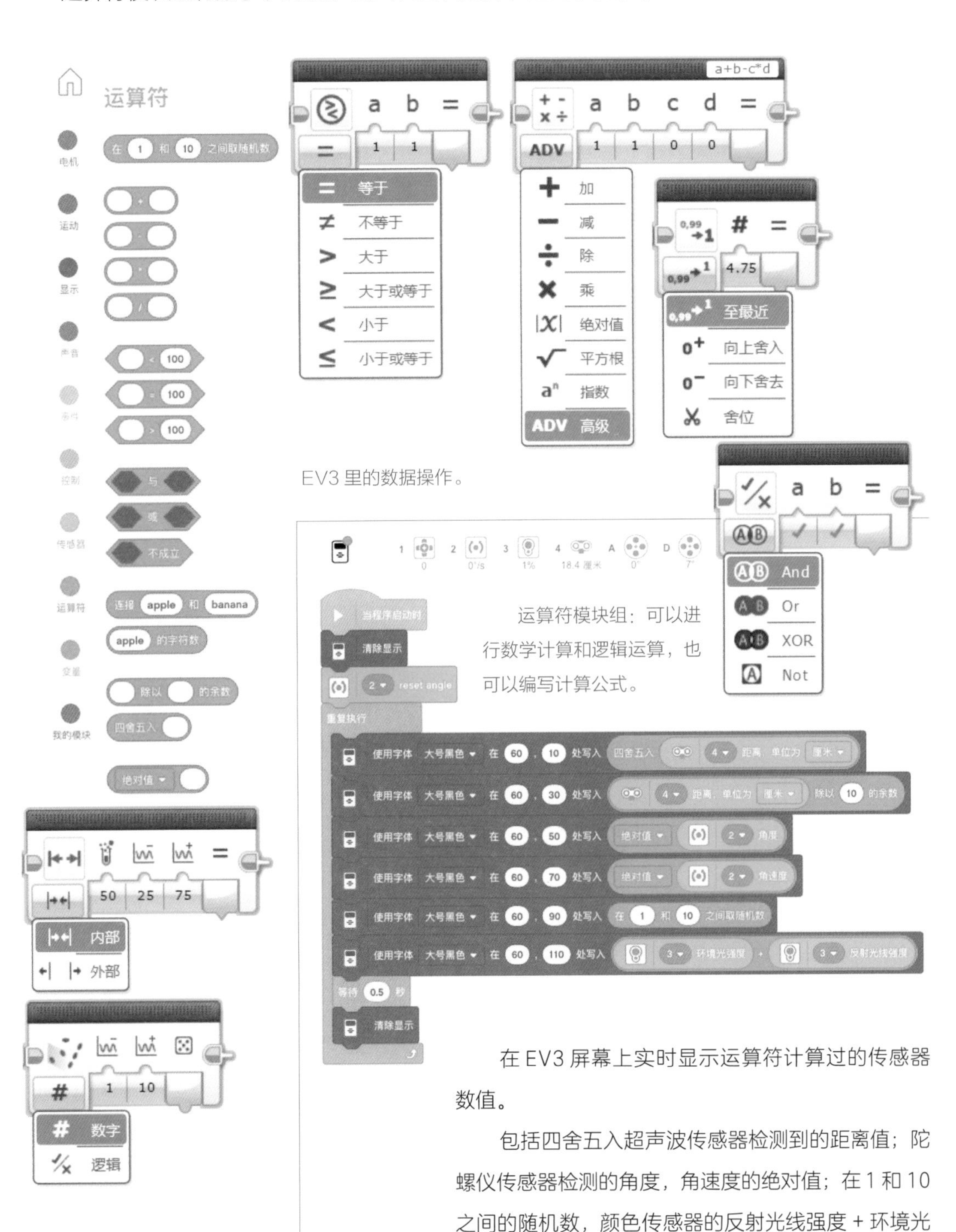

EV3 里的数据操作。

运算符模块组：可以进行数学计算和逻辑运算，也可以编写计算公式。

在 EV3 屏幕上实时显示运算符计算过的传感器数值。

包括四舍五入超声波传感器检测到的距离值；陀螺仪传感器检测的角度，角速度的绝对值；在 1 和 10 之间的随机数，颜色传感器的反射光线强度 + 环境光强度的值。

6.2.11 变量、列表与我的模块

EV3 Scratch变量、列表、我的模块功能与EV3头脑风暴是一样的。

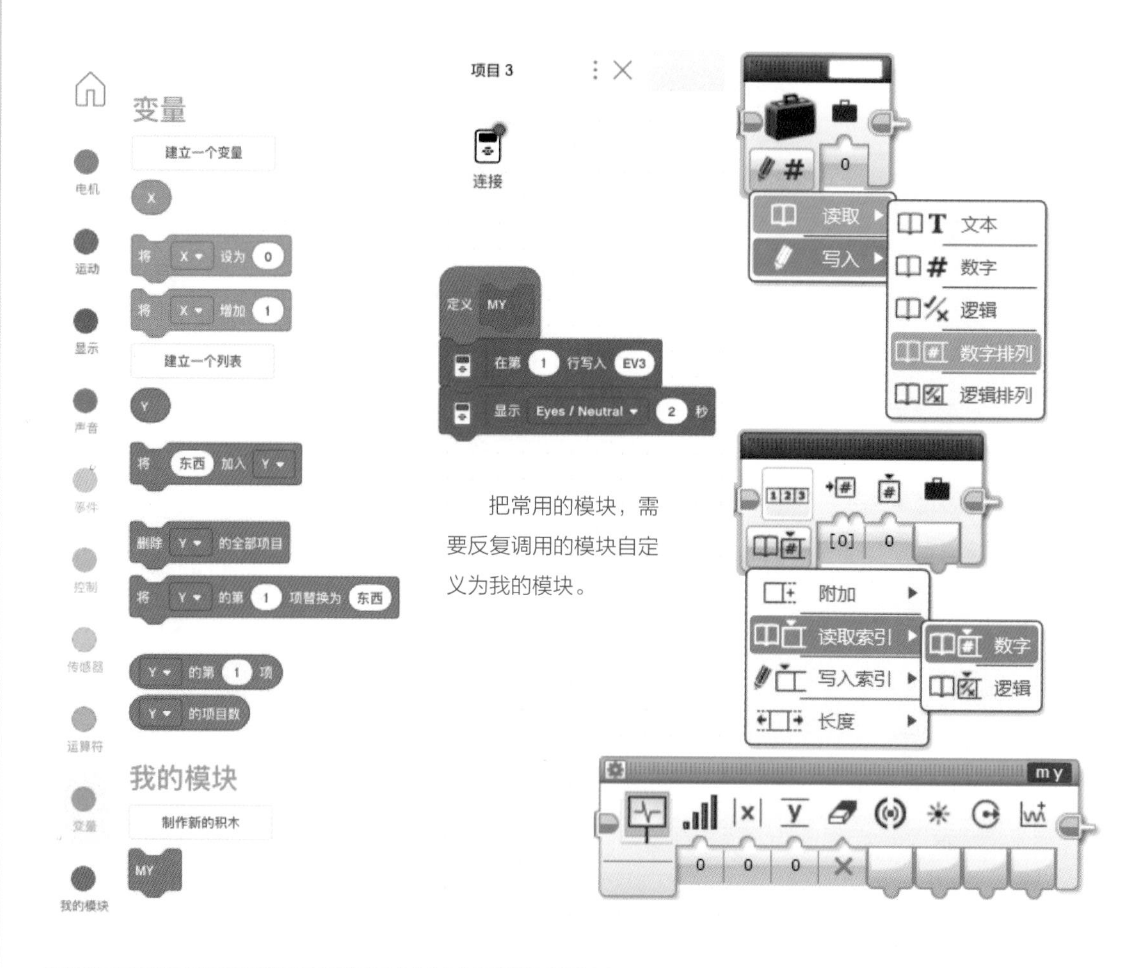

把常用的模块，需要反复调用的模块自定义为我的模块。

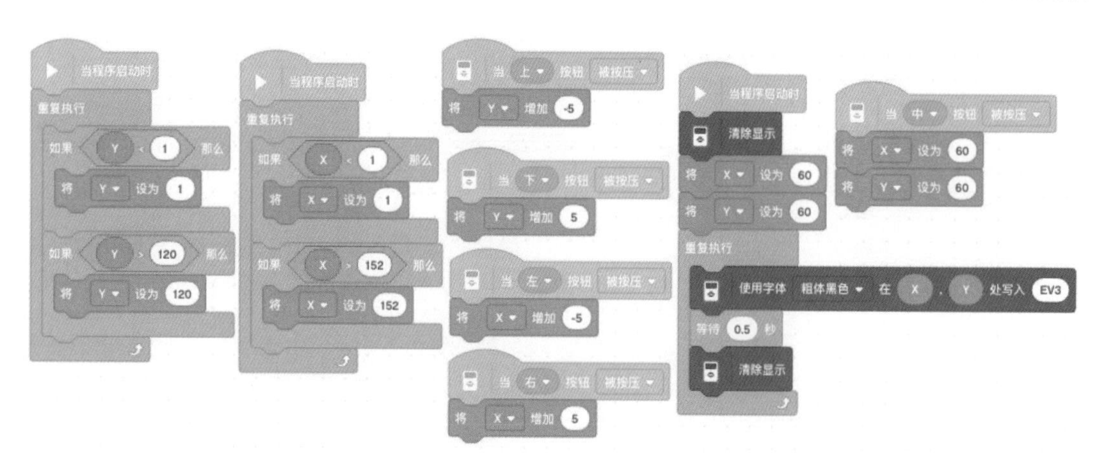

使用EV3程序块按钮的上、下、左、右、中键控制EV3文字在屏幕上移动。

6.2.12　弹文字游戏

用 EV3 Scratch 编写一个类似弹球游戏的程序。

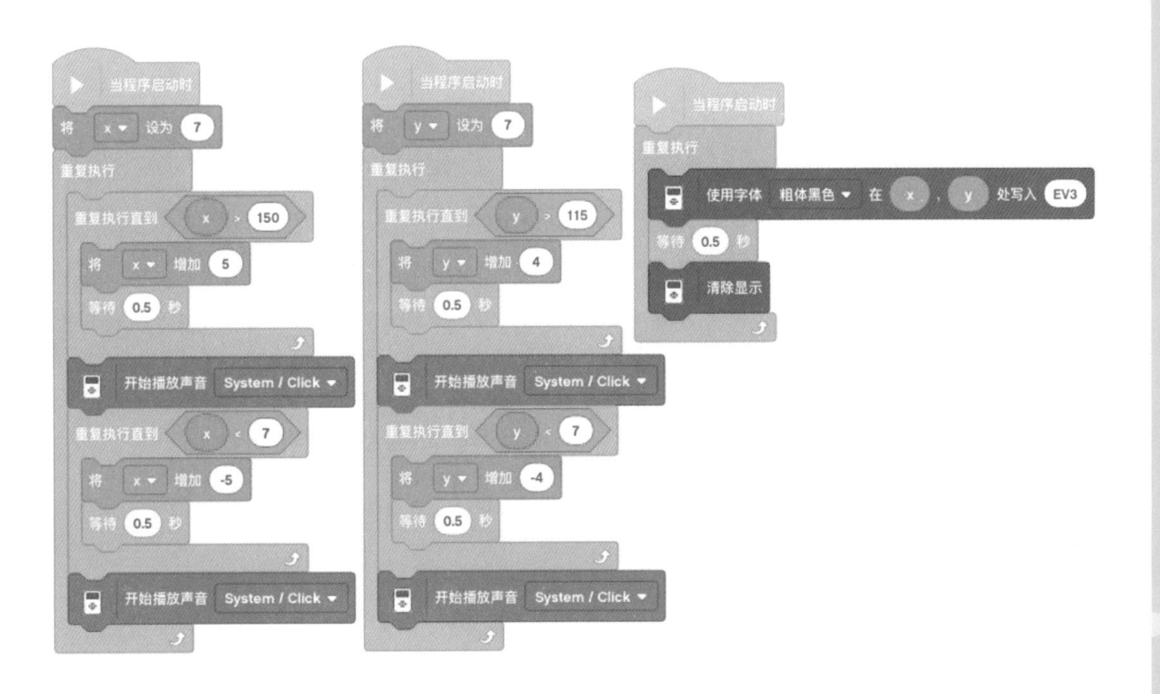

三个并行程序：

（1）用变量 x 计算 EV3 屏幕 X 的坐标（X 坐标值的范围：0–177）。

（2）用变量 y 计算 EV3 屏幕 Y 的坐标（Y 坐标值的范围：0–127）。

（3）每隔 0.5 秒在 EV3 屏幕上的 X，Y 坐标上写出 EV3 文字。

当 X 坐标增加到大于 150 时，再进入递减程序。当 X 坐标小于 7 时，进入递增。

当 Y 坐标增加到大于 115 时，再进入递减程序。当 Y 坐标小于 7 时，进入递增。

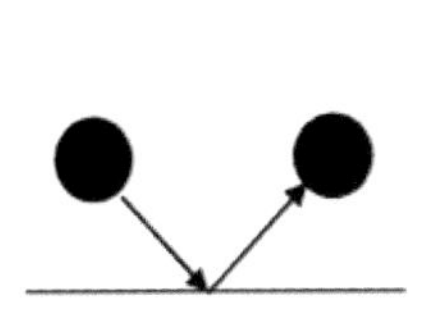

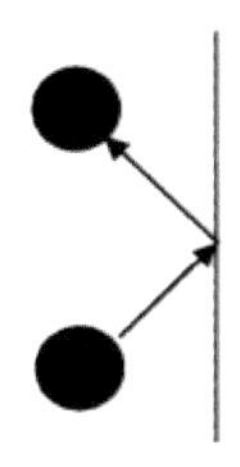

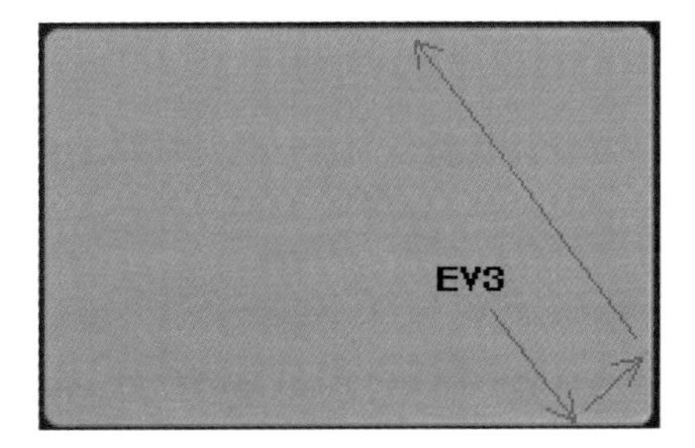

EV3 弹球程序示意图

6.3 来编程吧

以下是 EV3 Scratch 超声波避障程序。

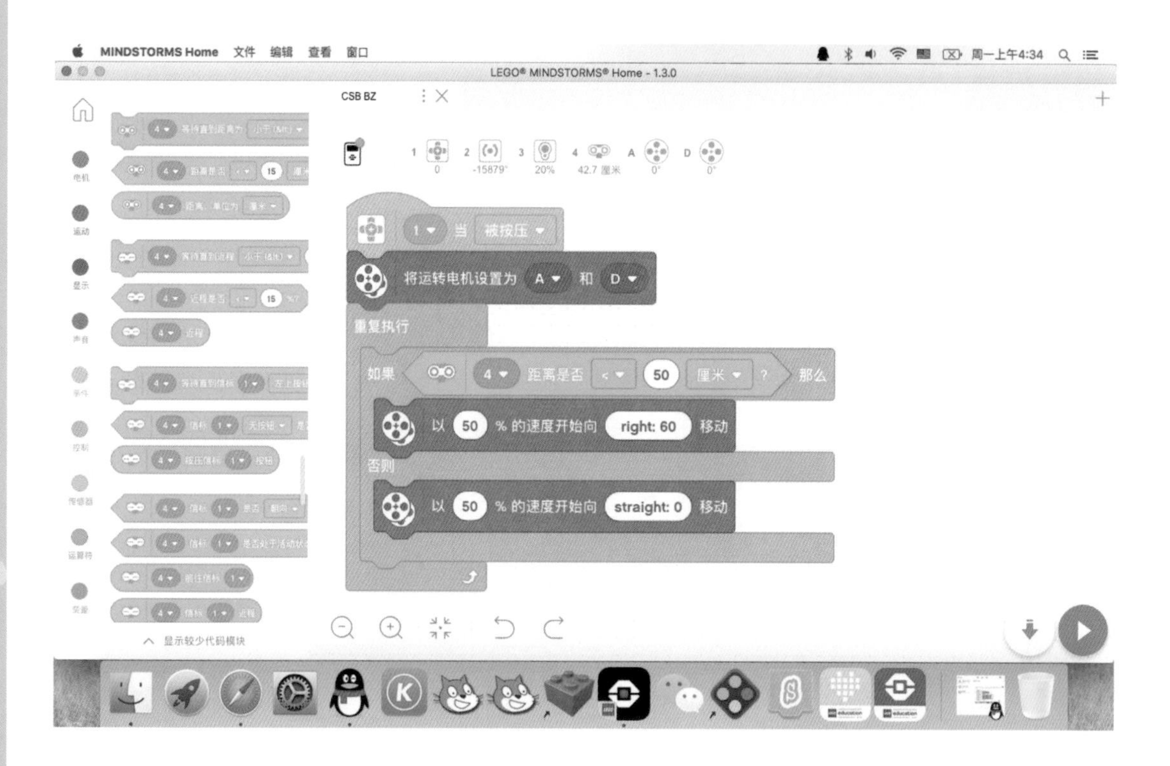

当端口 3 的触碰传感器被按压时，将运转电机设置为端口 A 和 D 的大型电机。

进入循环，如果端口 2 的超声波传感器检测距离小于 50 厘米，那么开始向右移动 60°。（这里的度数是电机的旋转度数）。

如果端口 2 的超声波传感器检测距离大于 50 厘米，那么避障车以 50% 的速度开始移动。

6.4　一个人也可以做好

用 EV3 Scratch 的列表，编写一个在 EV3 屏幕上显示 1、2、3、4、5 五个数字的程序。

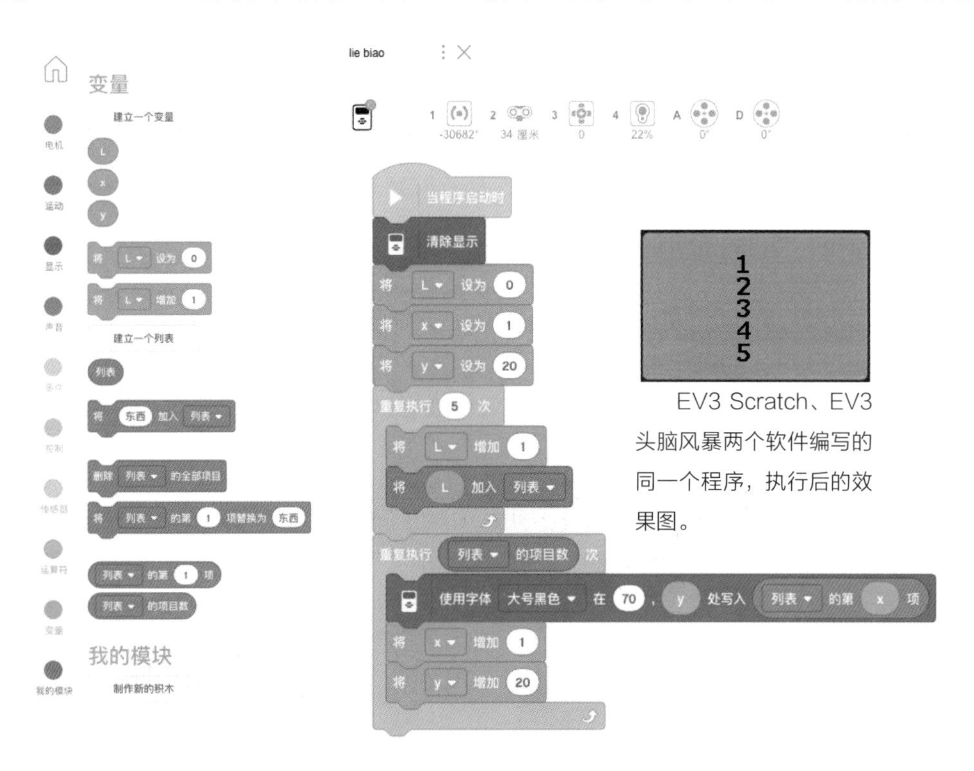

EV3 Scratch、EV3 头脑风暴两个软件编写的同一个程序，执行后的效果图。

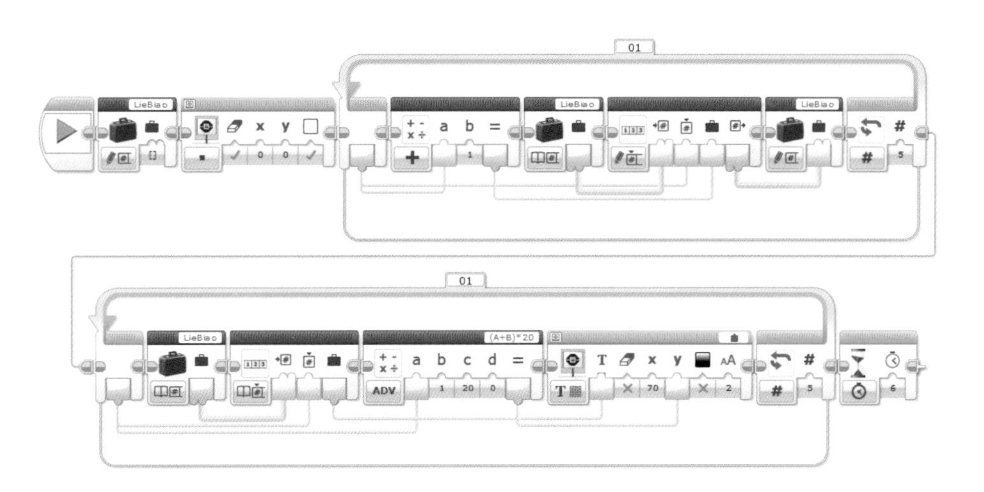

通过参照 EV3 头脑风暴编程模块学习了 EV3 Scratch 编程知识。编程逻辑与编程方法都是相通的，相互参考可以提高学习效率，做到事半功倍。我们学习了那么多编程方法后，从第 6 章开始学习乐高模型与编程软件相结合的知识，做出我们心中的软硬件互动。

俯卧撑机器人

通过学习前面 6 章的基础知识，我们认识了乐高 EV3 的主要零部件，熟悉了 EV3 头脑风暴编程软件，掌握了 EV3 编程方法等。从第 7 章开始要应用到前面 6 章的知识，先用 LDD，Studio 软件打开模型文件，查看乐高模型的机械结构。根据建模搭建出真实的乐高模型。再用 EV3 头脑风暴编程软件和 EV3 Scratch 编程软件给乐高模型编写程序，调试程序。

可以使用 EV3 教育版制作一个会做俯卧撑的机器人。

7.1 俯卧撑机器人建模图

使用两个大型电机作为手部，EV3 程序块作为身体，超声波传感器作为头部。大型电机的正负功率作为俯卧撑的上下运动（也可以设置正负角度）。

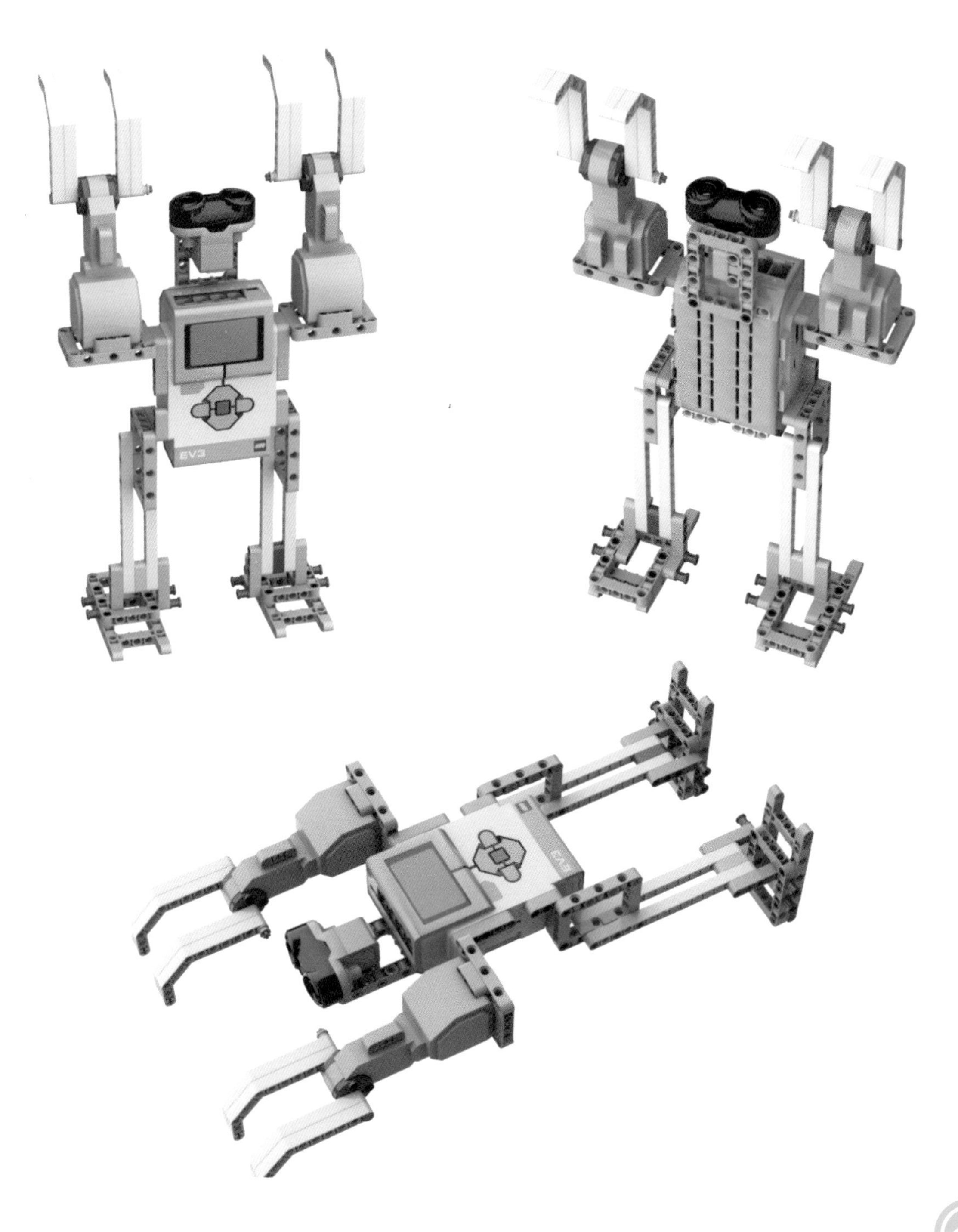

7.2 EV3俯卧撑程序

7.2.1 基础程序

俯卧撑机器人程序的编程逻辑如下：

（1）端口4超声波传感器检测到前方距离小于50厘米时，做俯卧撑动作。

（2）当距离大于50厘米时，EV3屏幕上显示笑脸表情。

（3）这是一个会偷懒的俯卧撑机器人。根据超声波传感器检测前方的距离大于50厘米，显示笑脸表情，不做俯卧撑动作；距离小于50厘米，做俯卧撑动作。

这是个有声音的程序，做俯卧撑动作时会发出声音。

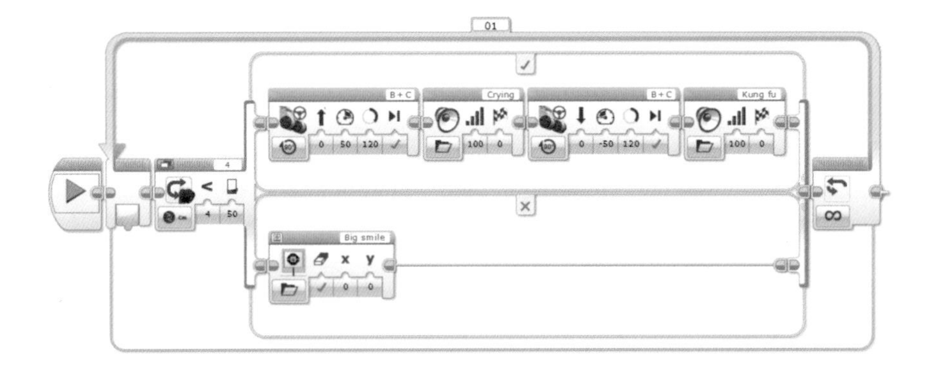

使用等待模块，做俯卧撑动作时，有节奏，也有规律。

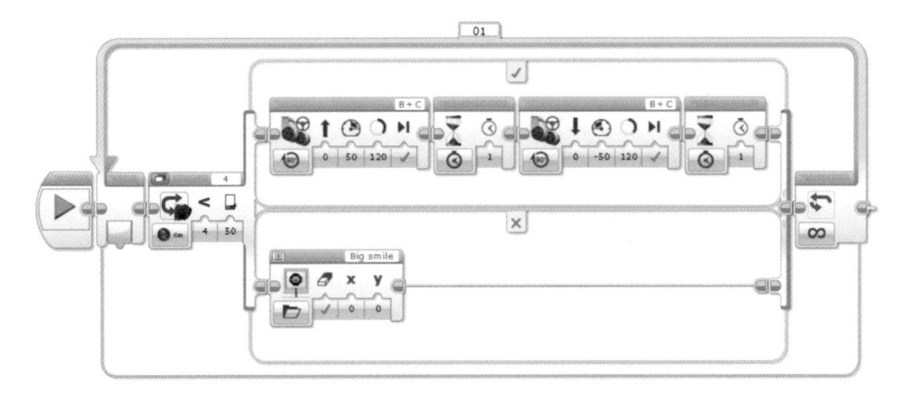

上面两个程序使用了循环、切换、移动转向模块的开启指定度数、正负功率。

7.2.2　拓展提高

以下是俯卧撑机器人编程拓展提高。

（1）在做俯卧撑动作的同时，会发出声音，并显示表情。

（2）不做俯卧撑动作的时候，显示微笑的表情。

（3）做俯卧撑动作时，显示痛苦的表情。

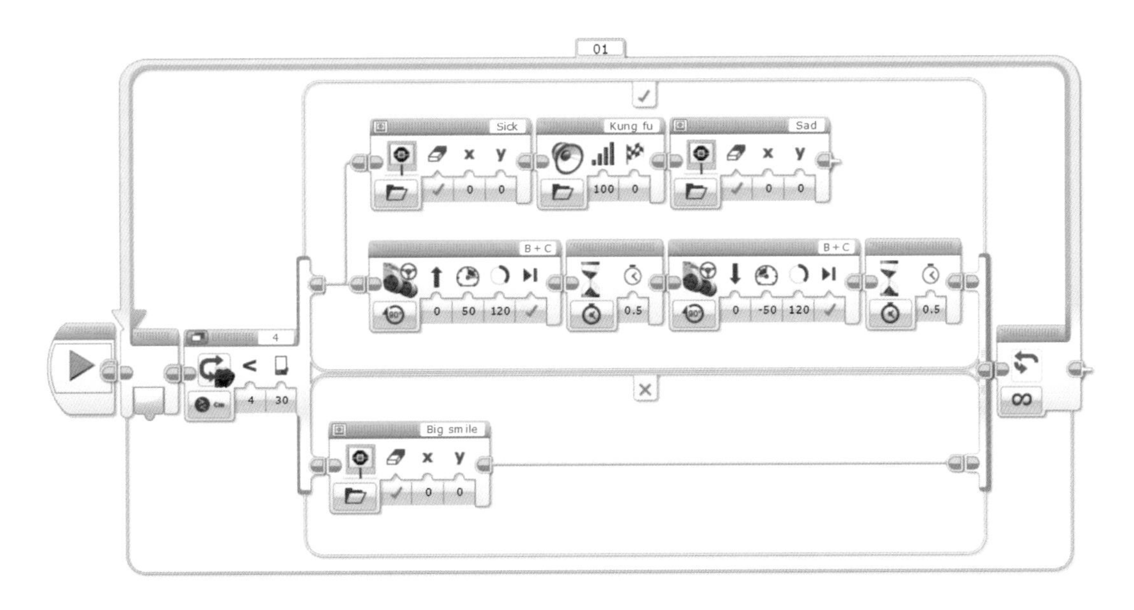

（4）可以记录做了多少个俯卧撑。

（5）并把记录的俯卧撑个数显示在 EV3 程序块屏幕中间的位置上。

7.2.3 EV3 的默认端口

EV3 头脑风暴编程软件是有默认端口的。

在没有连接 EV3 硬件的情况下，可以把每种传感器的模块拖到编程画布上。

仔细观察会发现，每一个模块都有自己的默认端口。

在编写 EV3 程序的时候，经常会出现的问题就是传感器和电机的端口错误。

错误原因有两种：

（1）不知道哪个端口是正确的。

（2）疏忽大意了，没有仔细检查端口是否正确。

不论是刚学 EV3 编程的学生，还是有经验的老师，都有可能会发生这个错误。

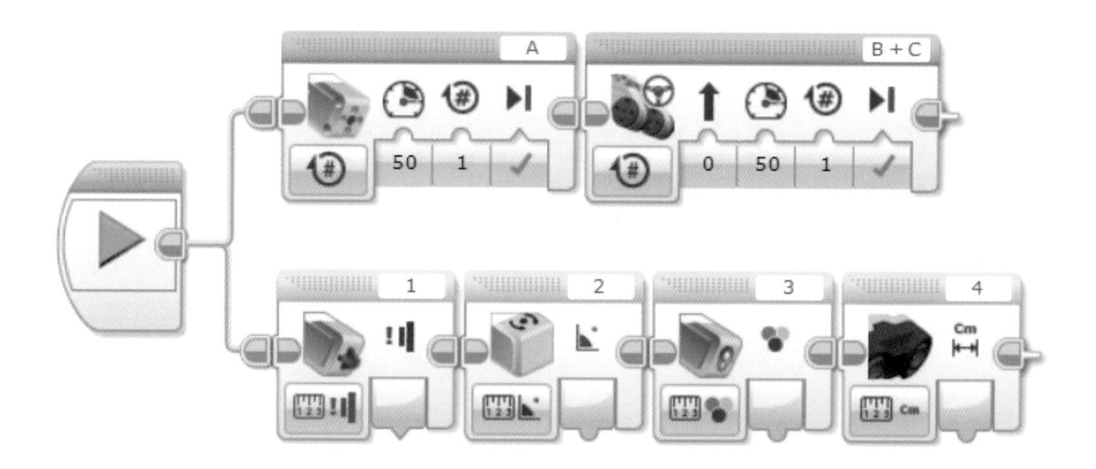

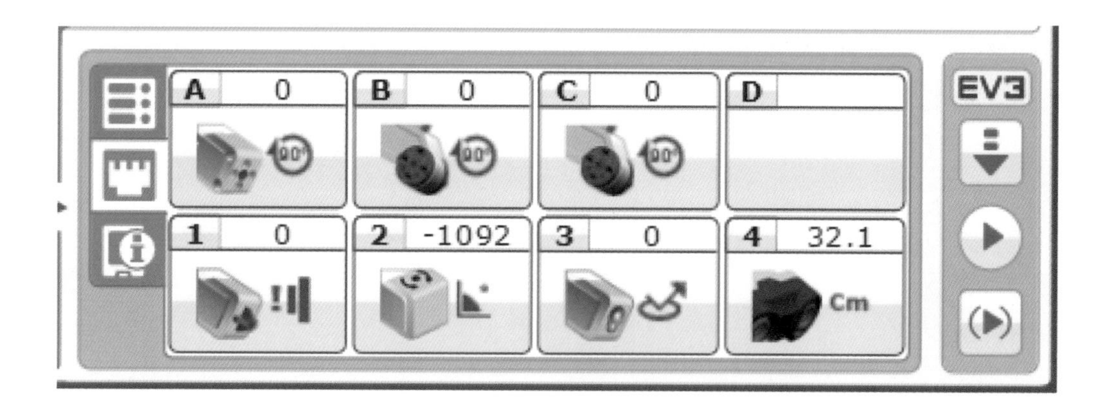

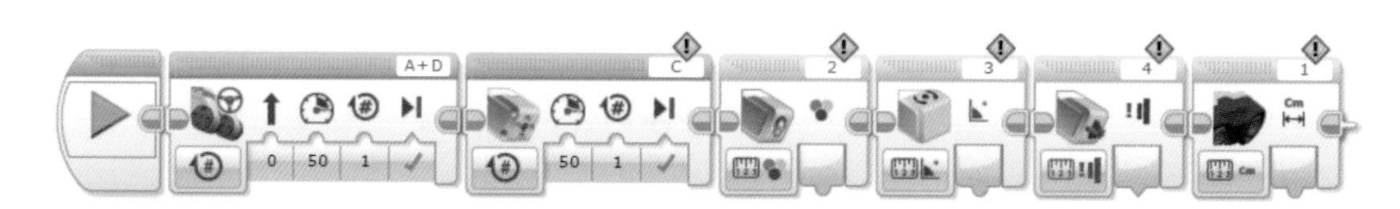

7.3 EV3 Scratch 俯卧撑程序

7.3.1 基础程序

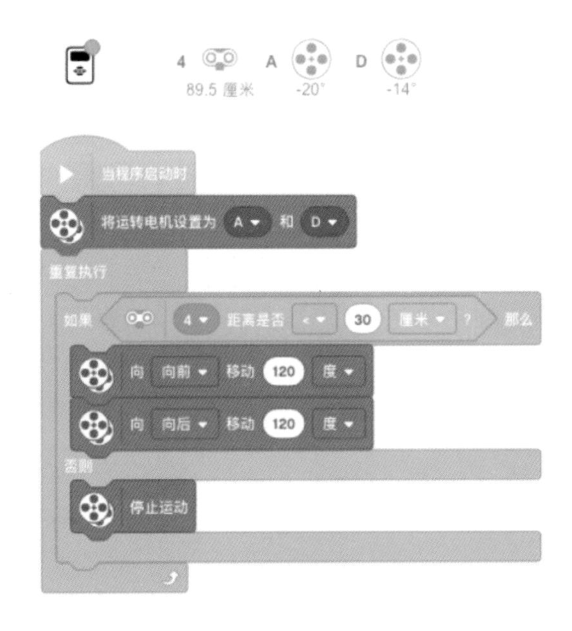

EV3 Scratch 俯卧撑基础程序：当程序启动时，将运转电机设置为 A 和 D。进入重复执行，如果端口 4 的超声波传感器检测到距离小于 30 厘米，那么做俯卧撑动作（电机向前、向后移动 120°）。否则停止运动。

这里使用了下面的控制、运动、事件、超声波传感器模块。

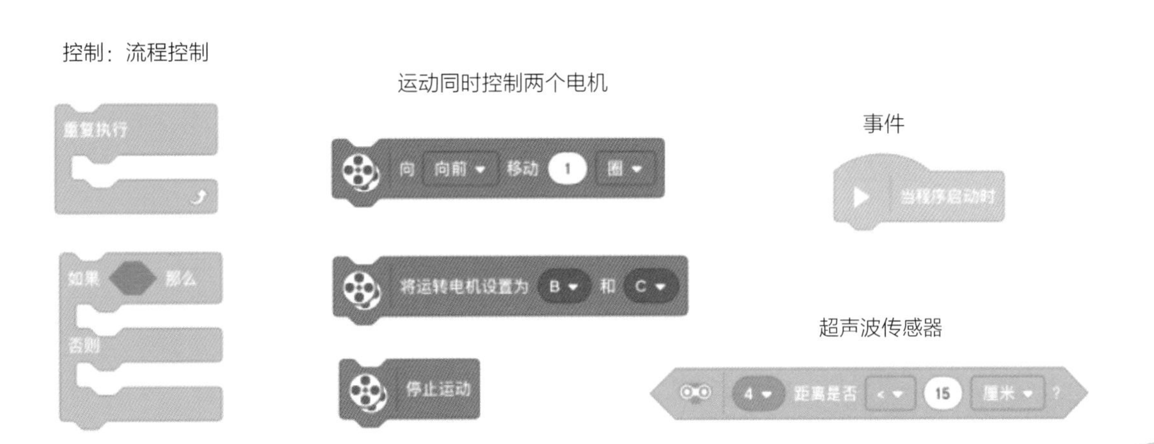

7.3.2 拓展程序

记录做俯卧撑的次数，并显示在 EV3 屏幕上，同时发出声音。

建立一个变量（俯卧撑次数），用来记录做了几个俯卧撑，并且显示在 EV3 屏幕上。

需要先清除显示，将变量（俯卧撑次数）设为 0。进入循环后，每做一次俯卧撑便发出声音（功夫），变量增加 1。设置显示的字体和 X，Y 坐标，把变量拖入显示内容里。

7.4 来编程吧

写好的 EV3 Scratch 程序可以重新命名并移动到指定的目录里。

当超声波检测到不同的距离时，改变程序块灯的颜色。

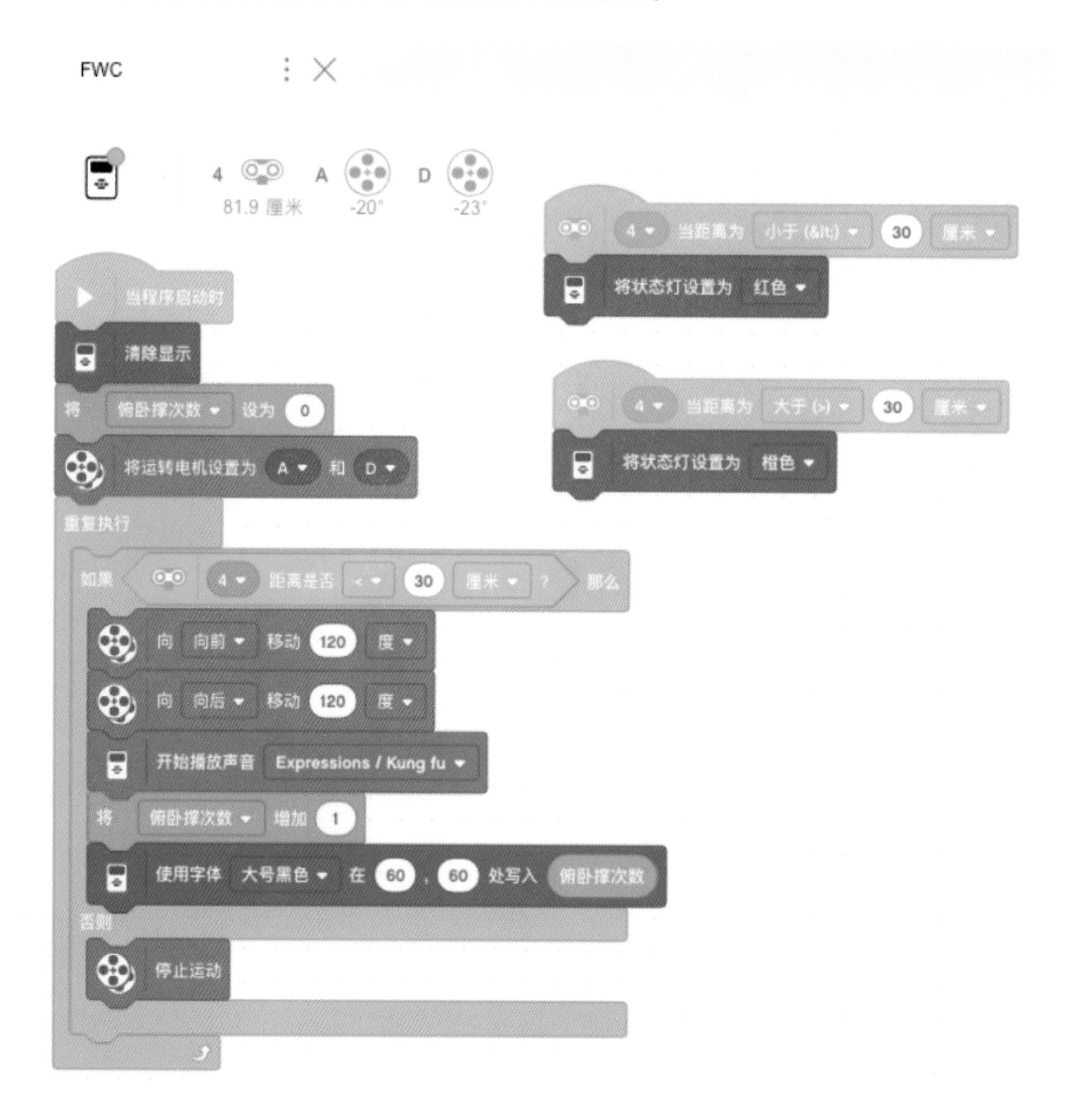

使用事件里的当超声波传感器检测到距离为小于 / 大于 30 厘米时。在显示里将状态灯设置为红色 / 橙色。

也可以使用家庭版红外线传感器完成相同的任务。

7.5 一个人也可以做好

俯卧撑机器人使用了两个大型电机和一个超声波传感器。

超声波传感器可以测量与前面的物体相隔的距离。它是通过发射高频声波并测量声波被反射回传感器时所需的时间来完成任务的。音频很高，人耳听不到。

测量的距离可以用英寸或厘米表示。您可以据此对机器人进行编程，使其在离墙壁一定距离时停下来。

使用厘米单位时，可检测到的距离范围是 3 到 255 厘米，误差为 ±1 厘米。使用英寸单位时，可检测到的距离范围是1 到99 英寸，误差为 ±0.394 英寸。范围到达 256 厘米或100 英寸意味着传感器已经检测不出前方任何物体。

传感器眼睛周围的稳定光表示传感器处于测量模式。闪烁光表示它处于存在模式。

在存在模式下，该传感器可以检测到附近正在工作的另一个超声波传感器。在侦测物体存在时，传感器检测声音信号但不发送它们。

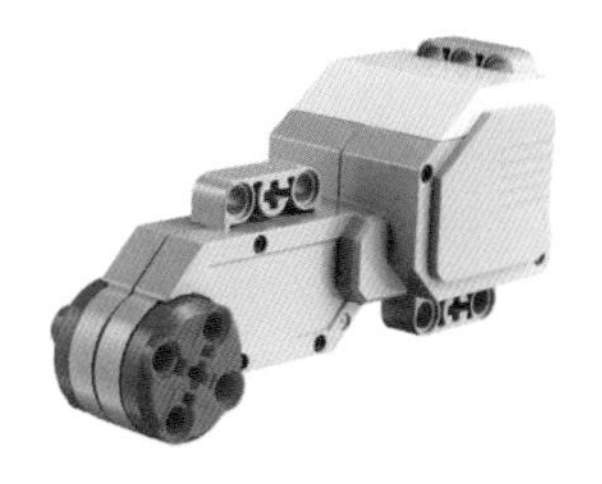

大型电机转速为 160~170 r/min，旋转扭矩为 20 N · cm，失速扭矩为 40 N · cm（大型电机转速比中型电机更慢但更强劲）。

大型电机里有电机旋转传感器。

本章讲解了俯卧撑机器人的模型和程序。在制作俯卧撑模型时，使用了大型电机和超声波传感器。编程时使用了动作模块组、流程控制模块组、传感器模块组，此外还使用了变量计数。第 8 章将学习超声波避障车，在作者原创的基础车上增加了超声波传感器，并编写了程序完成避障任务。

超声波避障车

在学习了第 7 章俯卧撑机器人的基础上，本章将制作超声波避障车和线控铲车。这两种车都是在乐高 EV3 基础车的模型上增加不同的零件、功能，并编写程序。通过制作模型、编写程序，学到更多的编程知识、编程方法，并掌握编程逻辑，学会制作思维导图等。

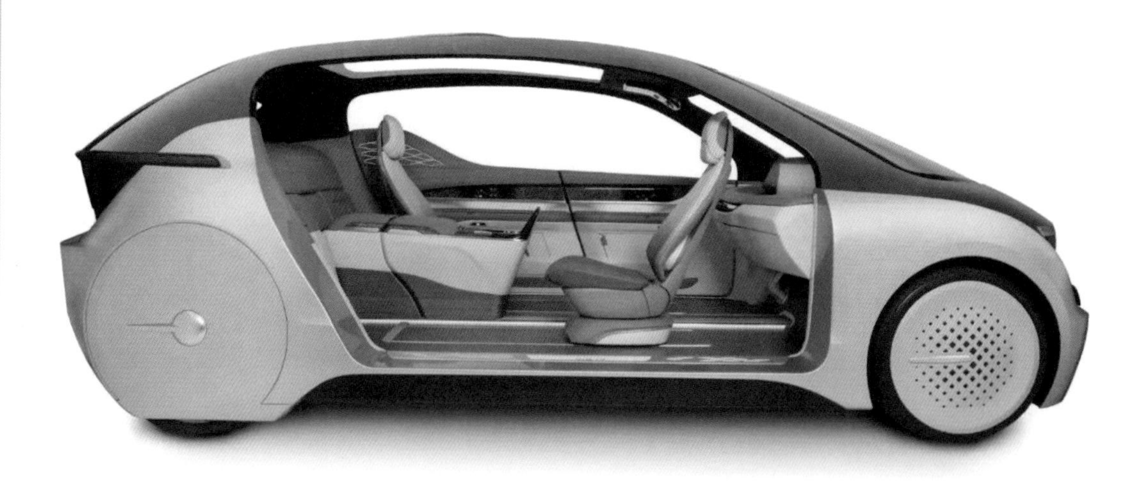

无人驾驶汽车和扫地机器人都使用了超声波避障技术。超声波传感器发现前方是否有障碍物，并躲避障碍物，同时选择正确的道路和方向。

8.1 避障车建模图

超声波避障车的结构：框架、轮子、程序块。

车为什么会转弯：车辆通过控制左右两个驱动轮的转速实现转向。驱动轮转速不同时，即使无转向轮或者转向轮不动，车身也会转动。

8.2 EV3 避障车程序图

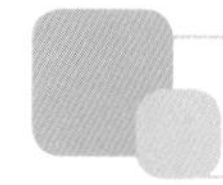

8.2.1 超声波原理

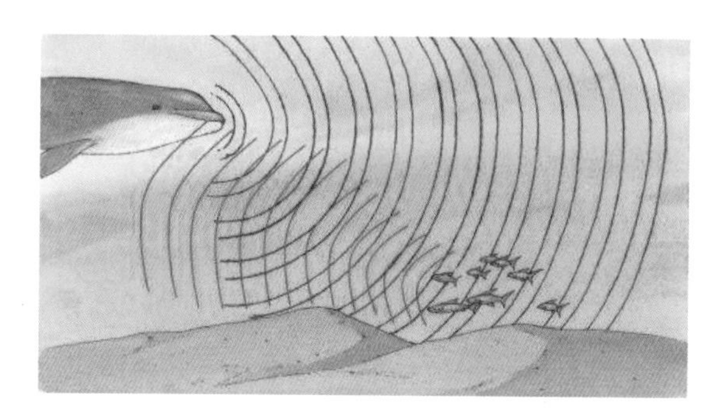

蝙蝠和海豚的超声波定位，可躲避障碍物、捕获食物、感知方向。

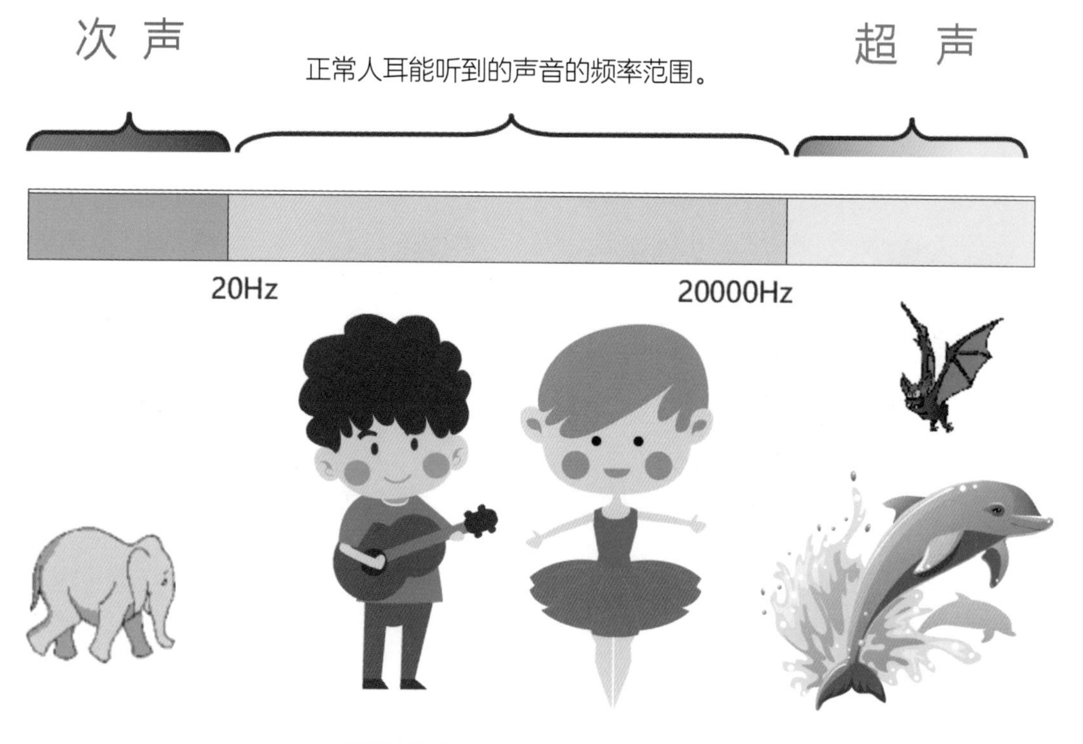

超声波是频率高于 20000Hz 的声音。

由于声音在空气中的传播速度是固定的（340 米 / 秒），我们知道从发出到接收的时间，于是前方是否有障碍物，障碍物距离超声波传感器有多远就能够计算出来了。

物体的振动产生声音。

一切发声的物体都有振动。

如果振动停止，则发声停止。真空不能传声。声音的传播需要介质，如固、液、气。

空气 15℃时声速为 340 米 / 秒

水（常温）时声速为 1500 米 / 秒

在不同介质中，声速不一样。

思考：如果超声波从发射到接收间隔了 1 秒钟，请问你距离前方的障碍物有多远呢？

9.2.2 编程逻辑思路

我们在编写程序前，首先要知道任务目标是什么，有什么功能，怎么实现每个任务目标，怎么设计这些功能。

（1）确定任务目标。

（2）确定功能。

（3）找到实现任务目标的编程方法。

（4）通过编程实现完成任务的功能。

（5）提前动脑分解好每一个任务的步骤图。

超声波避障车使用超声波传感器测量前方障碍物的距离。

当距离小于设定值时，超声波避障车转弯同时可以发出喇叭的鸣笛声。

当前方的距离大于设定值时，超声波避障车直行，并可以在 EV3 屏幕上显示表情。

控制逻辑思路图

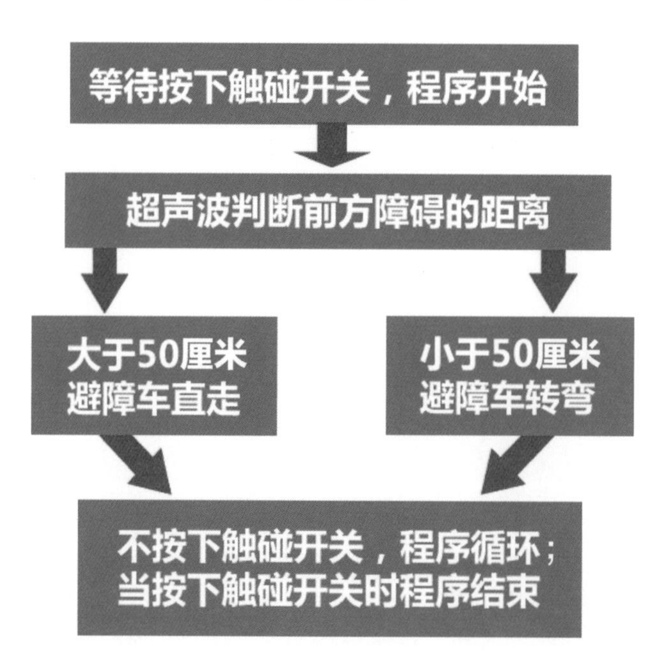

触碰传感器作为启动、停止的开关。超声波传感器判断距离，同时判断是否转弯。

8.2.3　基础程序

这是一个最简单的超声波避障程序。

单击开始，进入循环。端口 B+C 的电机以 50 功率向前直行，等待端口 4 的超声波传感器测量距离小于 50 厘米。端口 B+C 的电机以 50 功率向右转 60° 走一圈。

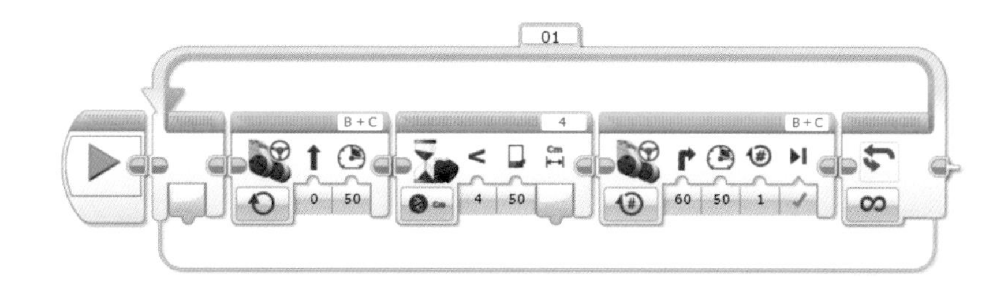

这个超声波避障车程序是比较简单的，也可以在这个程序的基础上增加显示和声音提示功能，同时丰富编程知识、增加编程的乐趣。

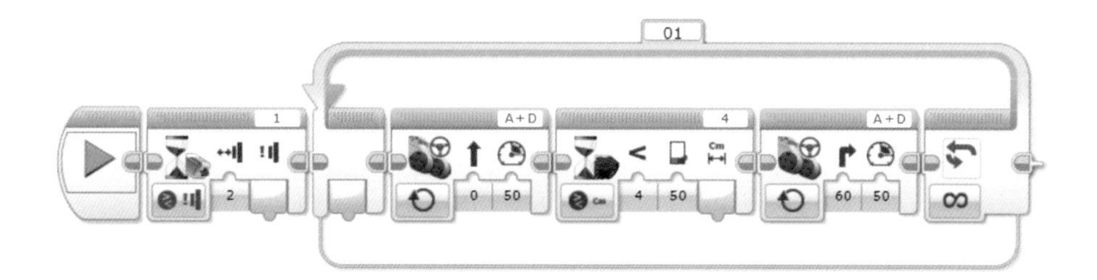

这个超声波避障程序也可以这样写：可以尝试增加声音和显示。

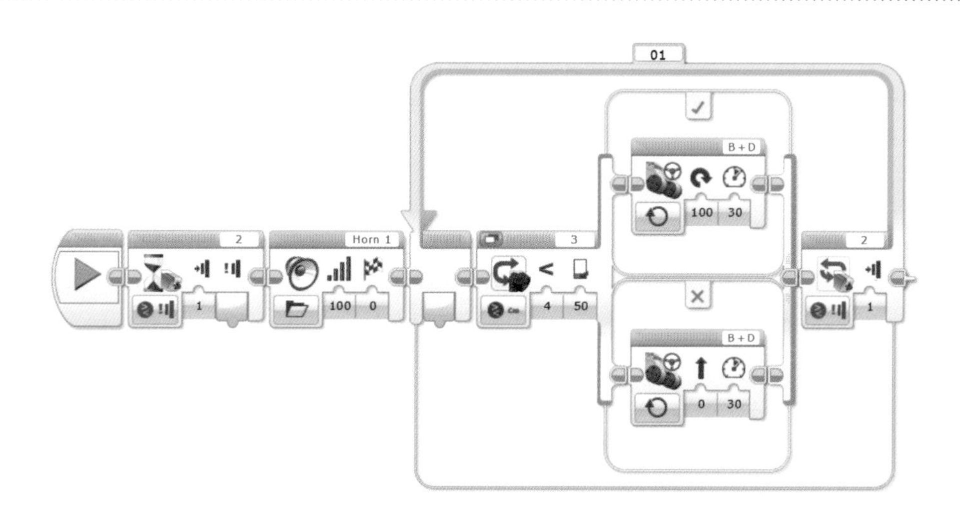

这是使用了循环和切换的超声波避障程序，增加了开始时的声音提示。

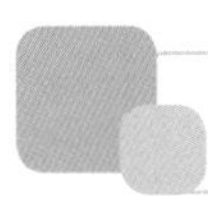

8.2.4 超声波避障车程序

这是一个有两个流程的超声波避障程序。

第一个流程：

单击开始，按触动传感器，进入循环。

当端口 4 的超声波传感器检测到距离小于 50 厘米时，端口 A+C 的大型电机以 50 功率向右转 60°。

否则端口 A+D 的大型电机向前直行。

第二个流程：

单击开始，进入循环。把端口 4 的超声波传感器检测到的距离数值给显示模块。

显示模块的文本、网格，已连线。设置显示的数值在 EV3 屏幕上的 X，Y 坐标的值为 2、5。实时清除屏幕。

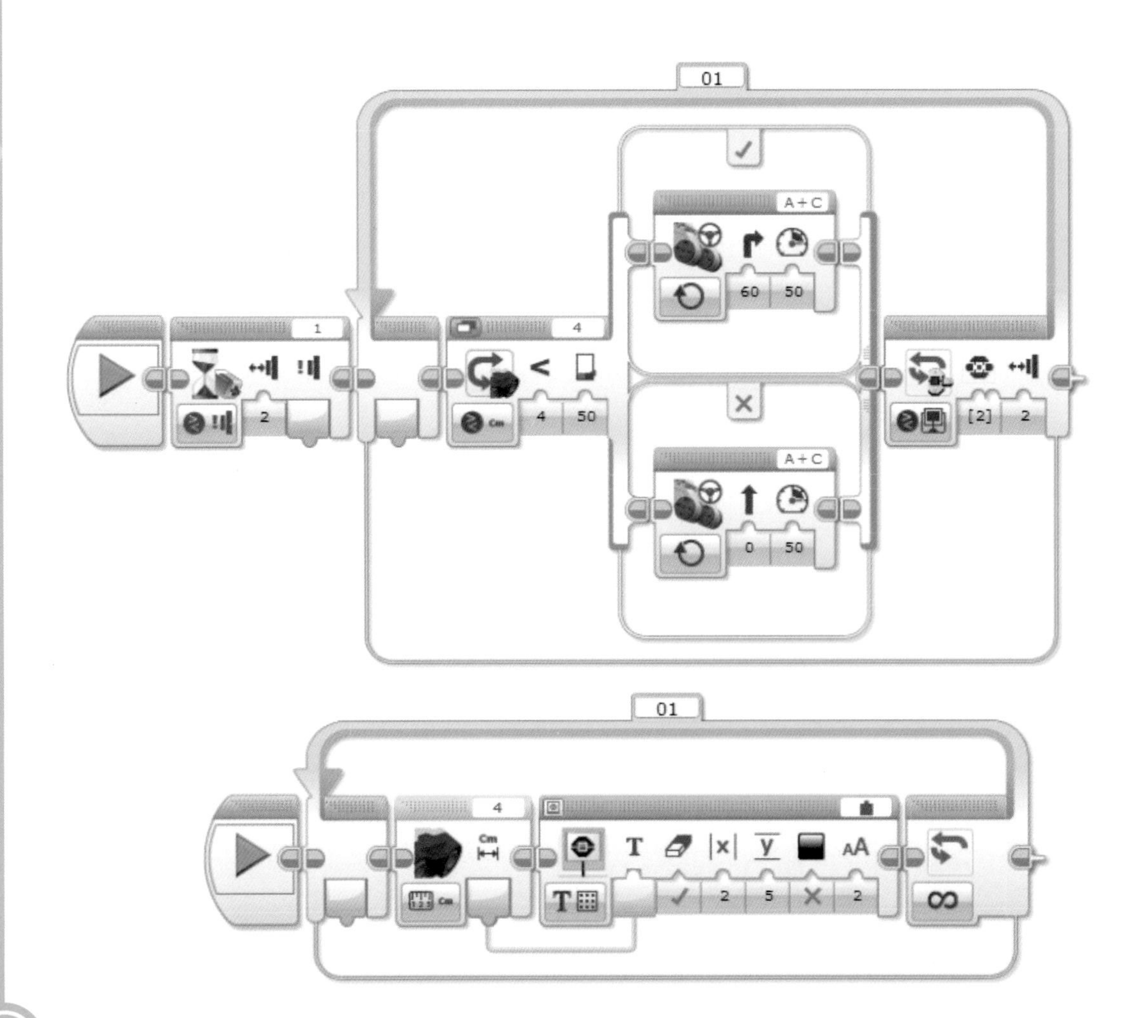

8.3 EV3 线控铲车程序

下面是 EV3 线控铲车程序的相关内容。

8.3.1 线控铲车

现在就来制作一个线控铲车。铲车模型和控制器做好后，还可以进行线控铲车对战。

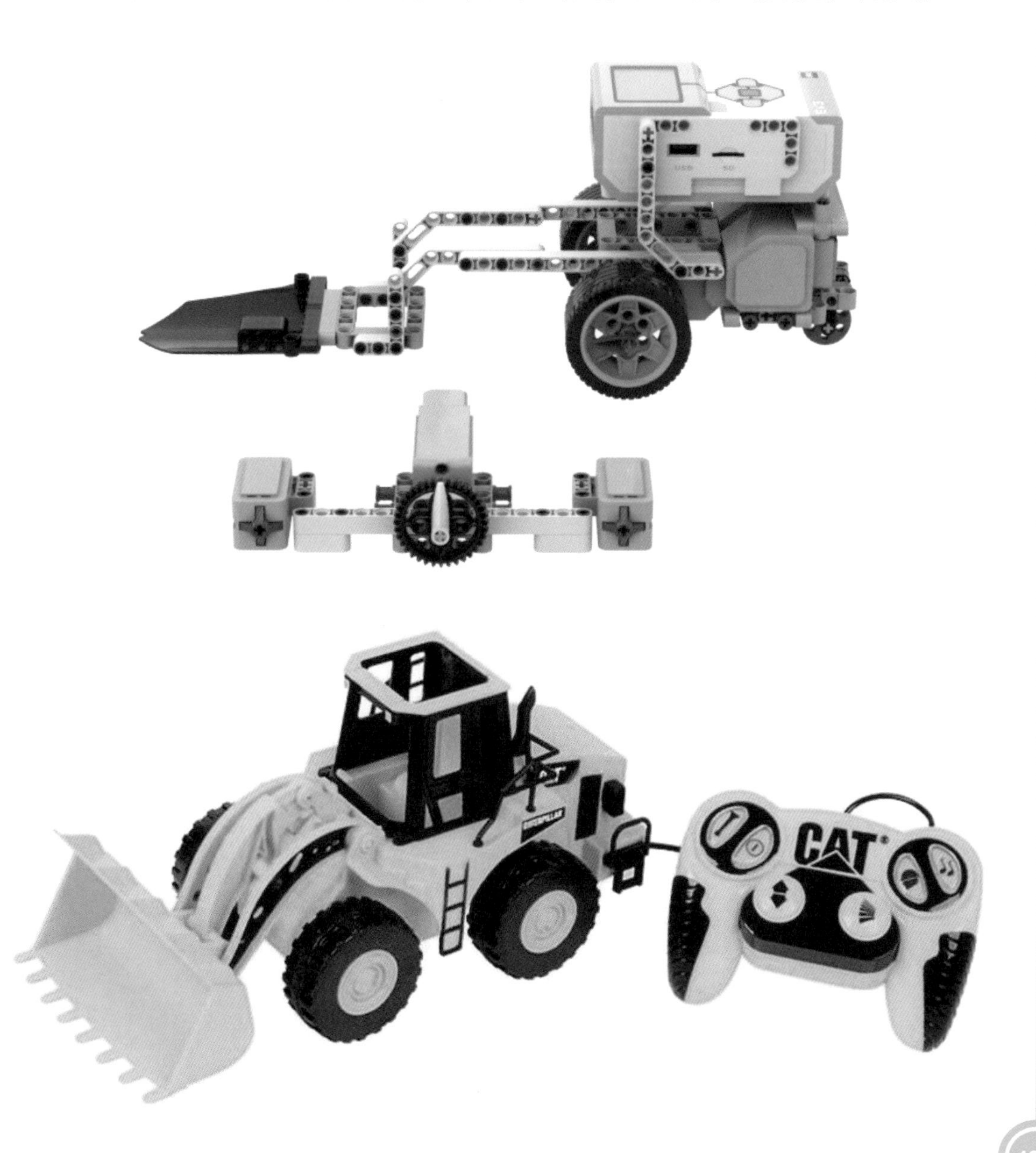

8.3.2 基础程序

线控铲车的基础控制程序如下。

线控铲车的控制程序使用了切换的嵌套。
三个切换的嵌套实现了分别按左右触碰传感器和同时按左右触碰传感器时的操作。
三个切换的嵌套是很实用的编程方法。
单击开始，进入循环。当按下端口 1 触碰传感器时，铲车以 100 功率向右转 60°。
当按下端口 4 触碰传感器时，铲车以 100 功率向左转 60°。
当同时按下端口 4、1 的两个触碰传感器时，铲车向前直行。

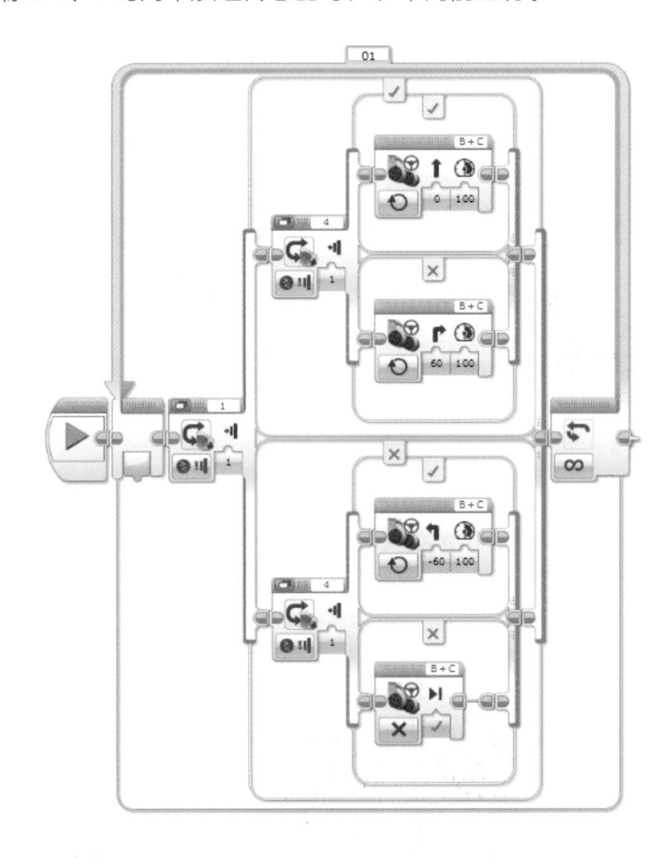

当没有按两个触碰传感器时，铲车停止移动。

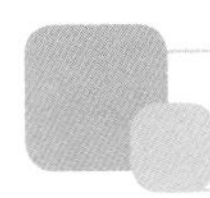

8.3.3　扩展程序

线控铲车的扩展程序如下。

这个程序有两个流程：

第一个流程与基础程序是一样的。使用了三个切换的嵌套，来实现左右触碰按钮的控制（两个大型电机的端口有变化，编程时一定要确保端口的正确。）

第二个流程：

单击开始，新建一个变量 C，重置端口 C 中型电机（电机旋转传感器）进入循环。

电机旋转传感器测量的端口 C 电机的度数值给变量 C。

在第一个流程里，把变量 C 的值作为移动转向模块的功率。

功率为正数时，线控铲车向前移动。功率为负数时，线控铲车向后移动。

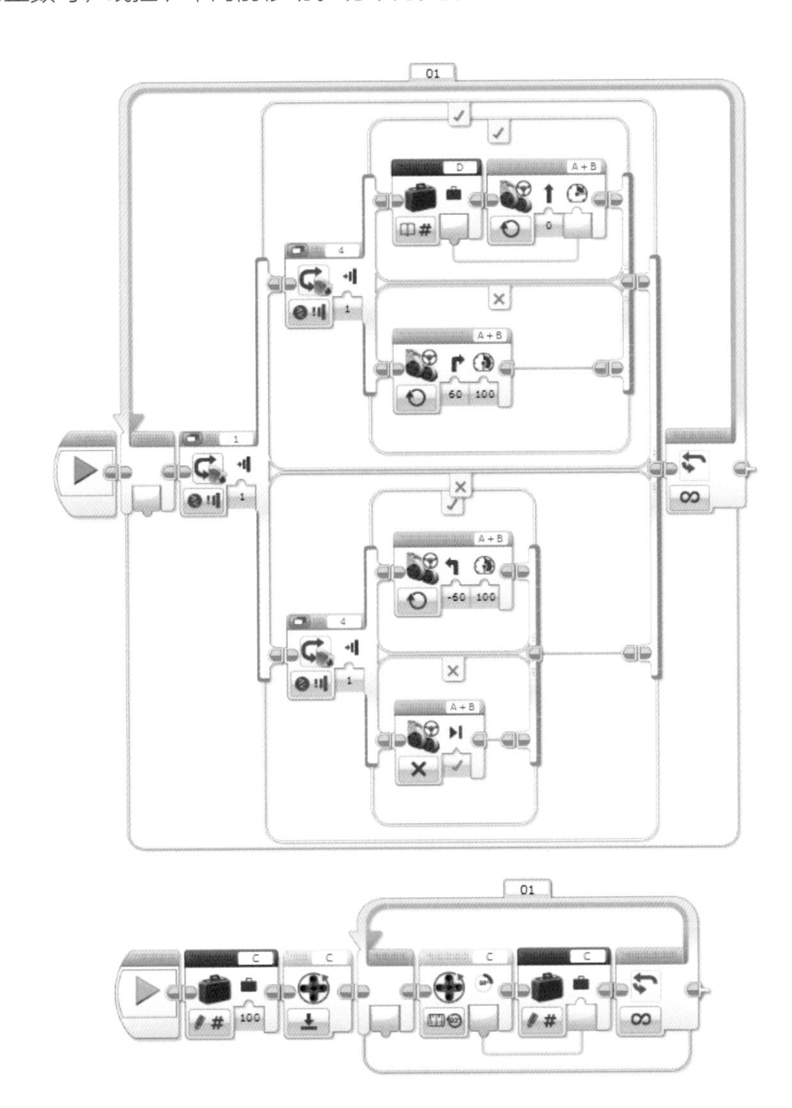

8.4 来编程吧

线控铲车扩展提高程序如下。

在前面的线控铲车程序的基础上，增加了限制功率大小在100和-100之间的功能，并且能在EV3屏幕上实时显示功率的数值。

第三个流程：

新建一个变量D，用来接收变量C的数值，用比较模块和切换模块比较和限定数值的大小。

先比较变量D的数值是否大于100，如果大于，就直接写入100数值给变量D。如果小于，直到小于-100时，直接写入数值-100给变量D。

如果不大于100也不小于-100，就持续循环，并且把变量D的数值给显示模块。

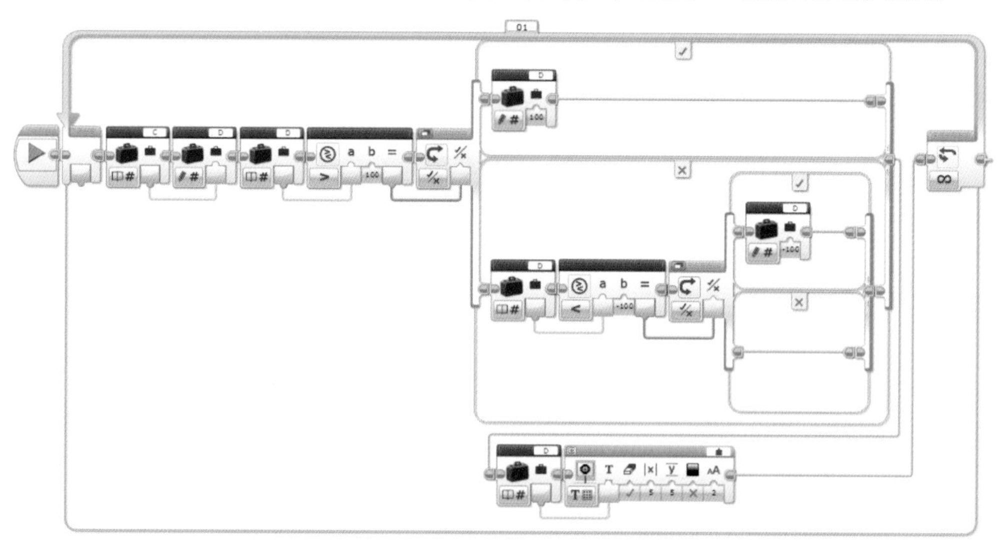

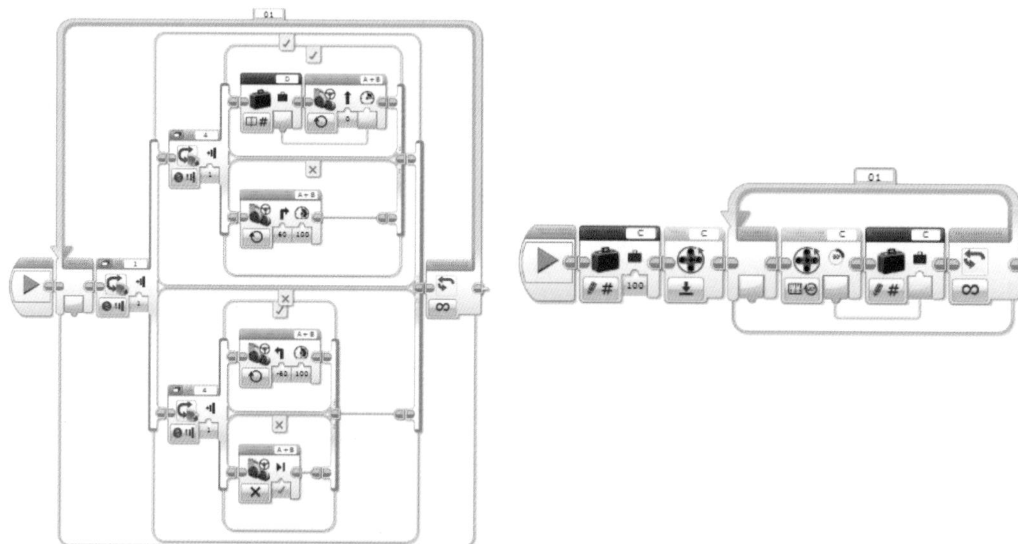

8.5 一个人也可以做好

使用 EV3 Scratch 编写一个线控铲车程序。

可以尝试理解下面的线控铲车程序，或者按照自己的想法，使用 EV3 Scratch 编写一个更有趣的线控铲车程序，增加显示和声音功能。

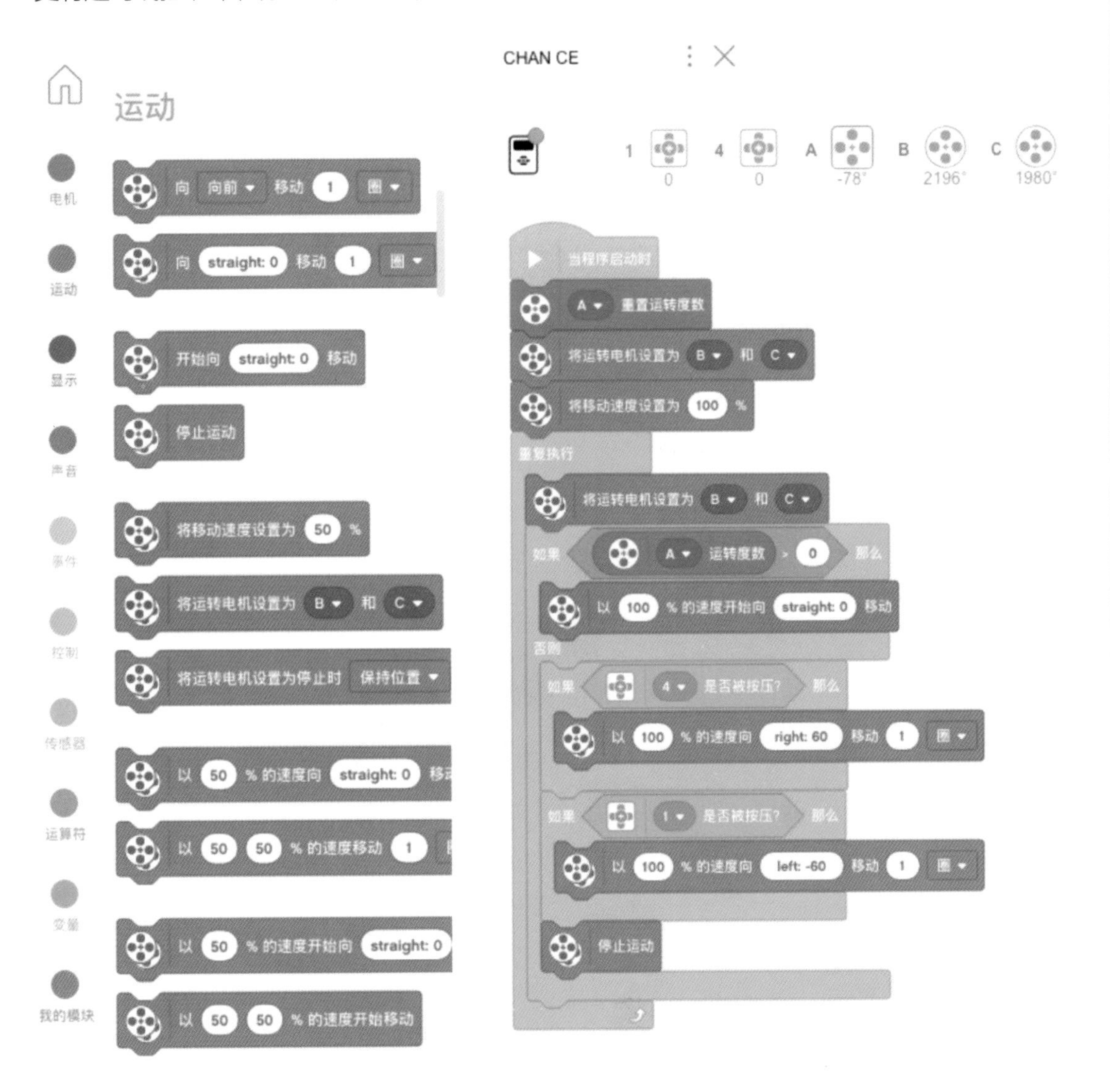

第 8 章制作了基础车，在基础车模型上增加超声波传感器就是超声波避障车。在基础车模型上增加铲子，制作控制器就是线控铲车。同时编写了避障车程序和线控铲车程序，也讲解了超声波测距的原理。第 9 章会讲解一个非常好玩的陀螺发射器的程序编写与制作。

陀螺发射器

旋转的陀螺为什么不倒，因为在陀螺旋转的时候，由于受到向心力的作用而保持了平衡。本章将编写自动发射陀螺的程序。可以制作多个陀螺，看看哪个陀螺保持的旋转时间最久。

可以用乐高 EV3 制作一个智能陀螺发射器。这里使用了二级加速，5X5=25 倍加速。加速：40 齿的大齿轮带动 8 齿的小齿轮。一级加速：40 齿 ÷8 齿 =5 倍。二级加速：5X5=25 倍。

9.1 EV3 陀螺发射器建模图

EV3 陀螺发射器可以自动发射陀螺。

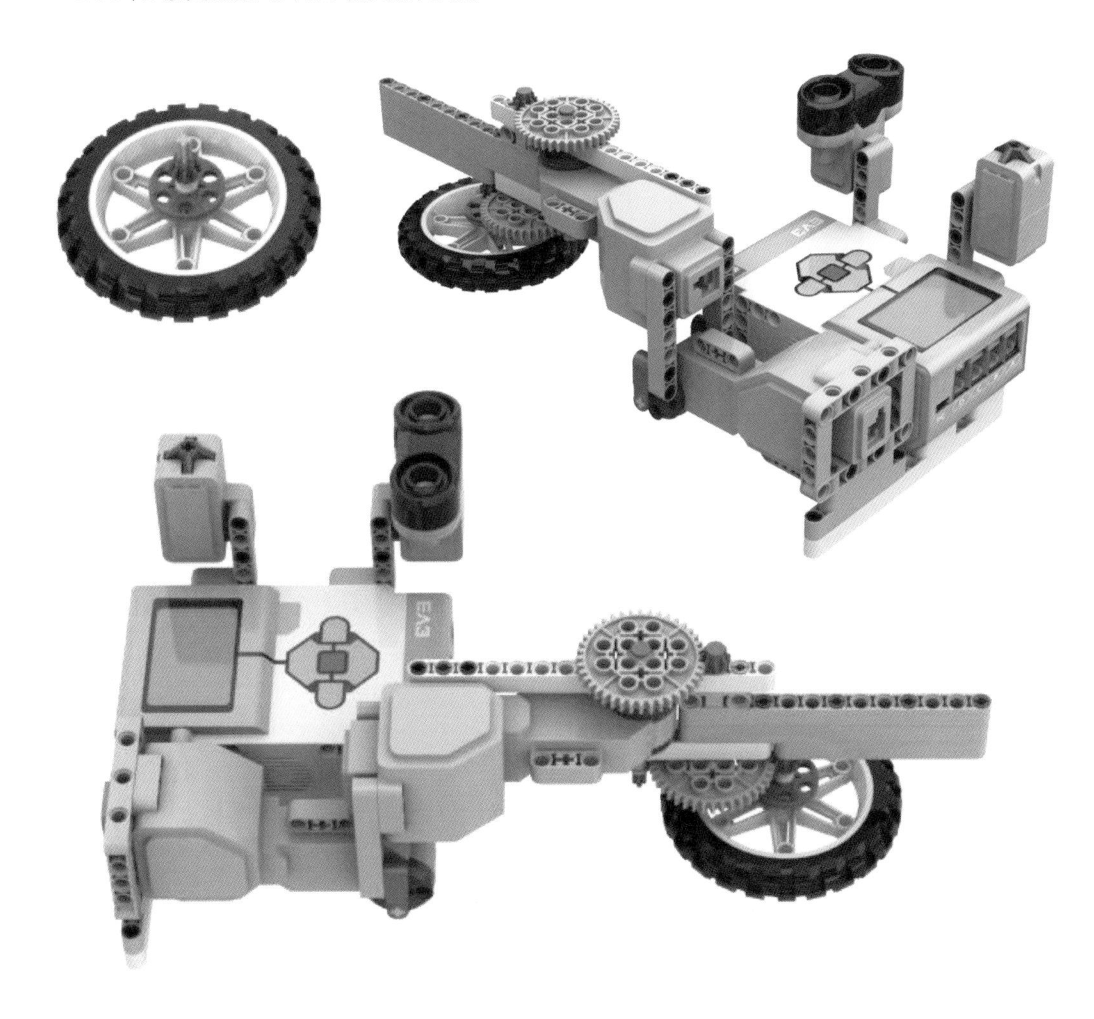

EV3 陀螺发射器使用了触碰传感器、超声波传感器。

陀螺发射器有两种启动方式：第一种启动方式是使用触碰传感器启动陀螺发射器。第二种启动方式是使用超声波传感器的当前 / 监听模式启动陀螺发射器。

编写好自动发射陀螺的程序后，EV3 陀螺发射器会根据超声波传感器监听的拍手声或说话声启动陀螺发射器自动发射陀螺。

9.2 EV3 陀螺发射器程序

下面是 EV3 陀螺发射器程序的相关内容。

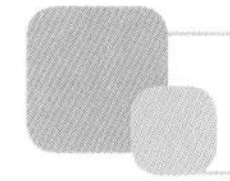

9.2.1 基础程序

陀螺发射器的程序如下。

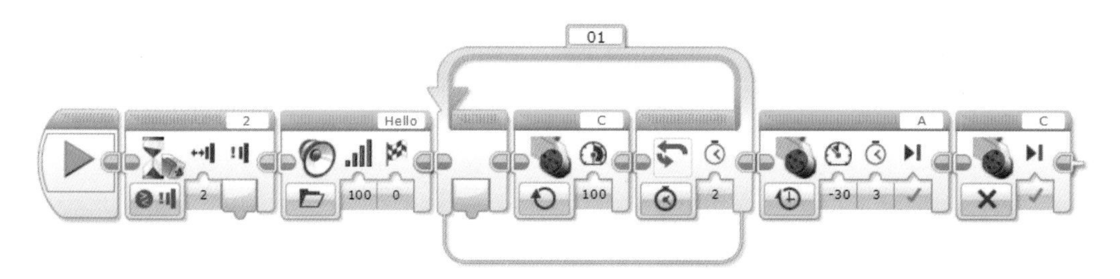

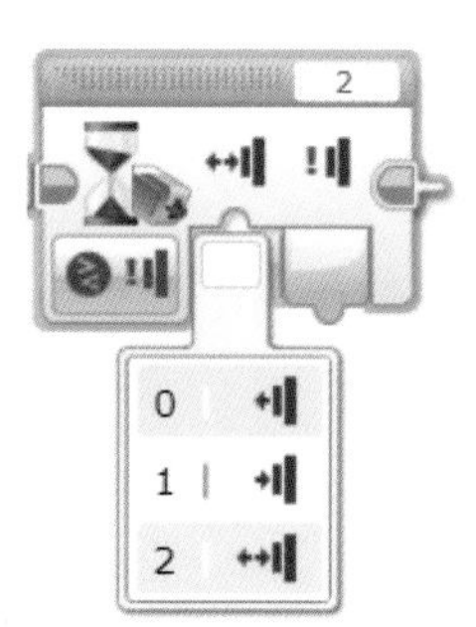

第一个流程：

单击开始，按下端口 2 的触碰传感器（状态 2 是按下并松开）。说 Hello，进入循环。端口 C 的大型电机以 100 功率持续运转 2 秒。端口 A 的大型电机以 -30 的功率持续运转 3 秒。端口 C 大型电机停止。

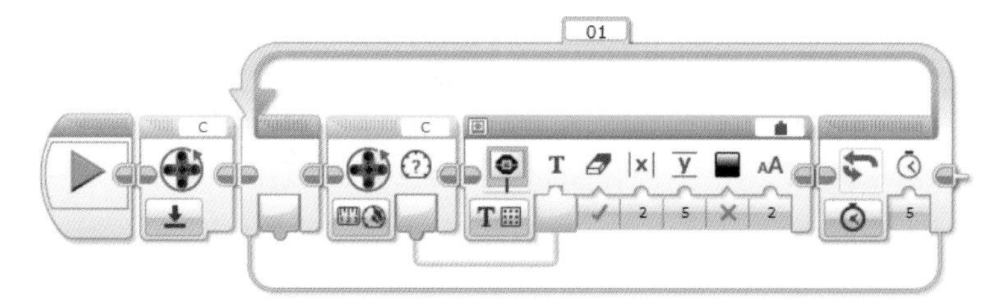

第二个流程：

程序开始时，重置端口 C 的电机旋转传感器（电机旋转和陀螺仪一样，程序开始时都必须重置，以防止记录程序上次运行留下的数值）。

进入循环，端口 C 的电机旋转传感器测量的端口 C 大型电机当前功率的值给显示模块。显示模块为文本、网格、已连线。EV3 屏幕的 X，Y 坐标为 2、5。

这个程序可以实时显示端口 C 大型电机的当前功率。

在编写程序时，给电机写入的是 100 功率，但是电机实际运转时，是达不到 100 功率的。通过这个程序可以看到端口 C 大型电机的实际运转功率。

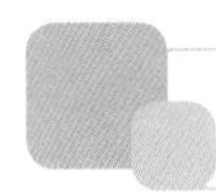

9.2.2　拓展程序

陀螺发射器拓展程序如下。

第一个流程:

单击开始，进入循环。使用端口 4 的超声波传感器 > 比较 > 当前 / 监听模式，输出逻辑值。如果端口 4 的超声波传感器监听到周围有震动（比如拍手、敲打）达到监听的数值后，逻辑判断为真，那么退出循环。

端口 C 的大型电机以 100 功率运转 2 秒后，端口 A 的大型电机以 -30 的功率运转 3 秒，端口 A，C 的电机停止。

第二个流程:

与陀螺仪的基础程序一样，实时显示端口 C 大型电机的实际运转功率。循环 5 秒后，程序结束。

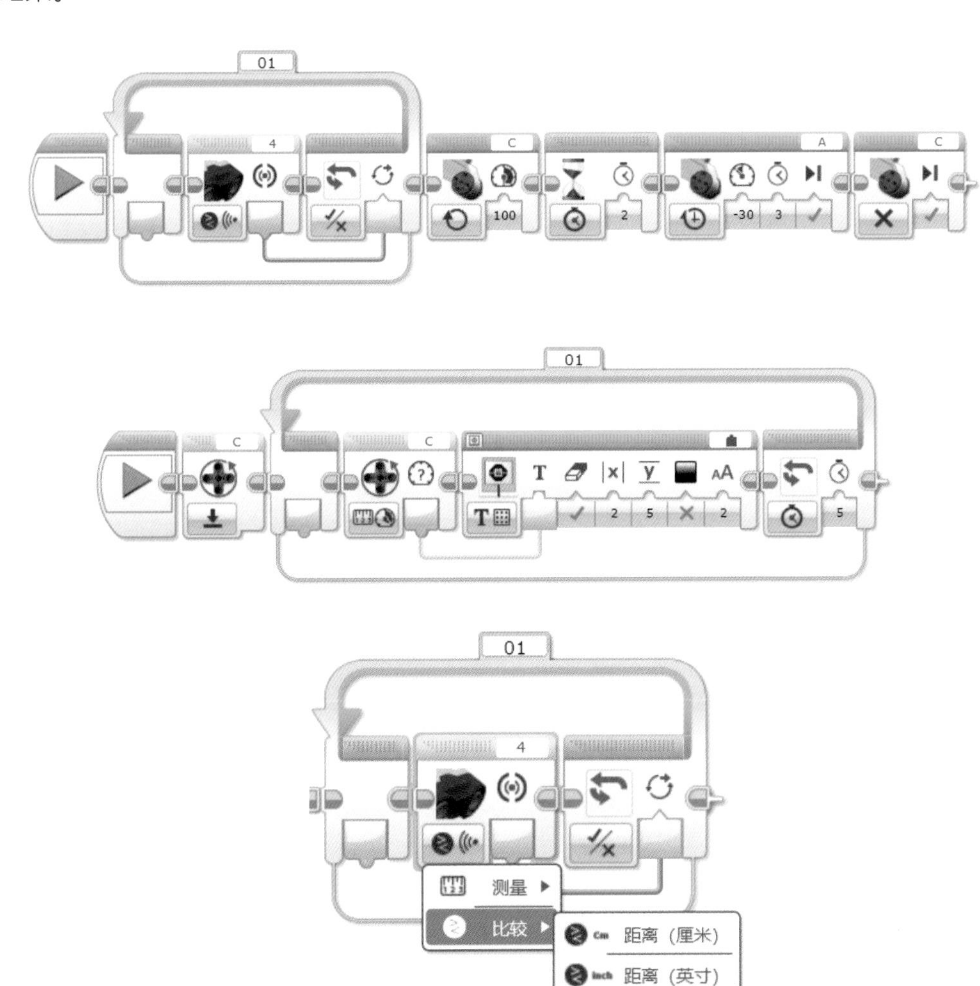

9.2.3 提高程序

超声波传感器监听模式的另一种用法如下。

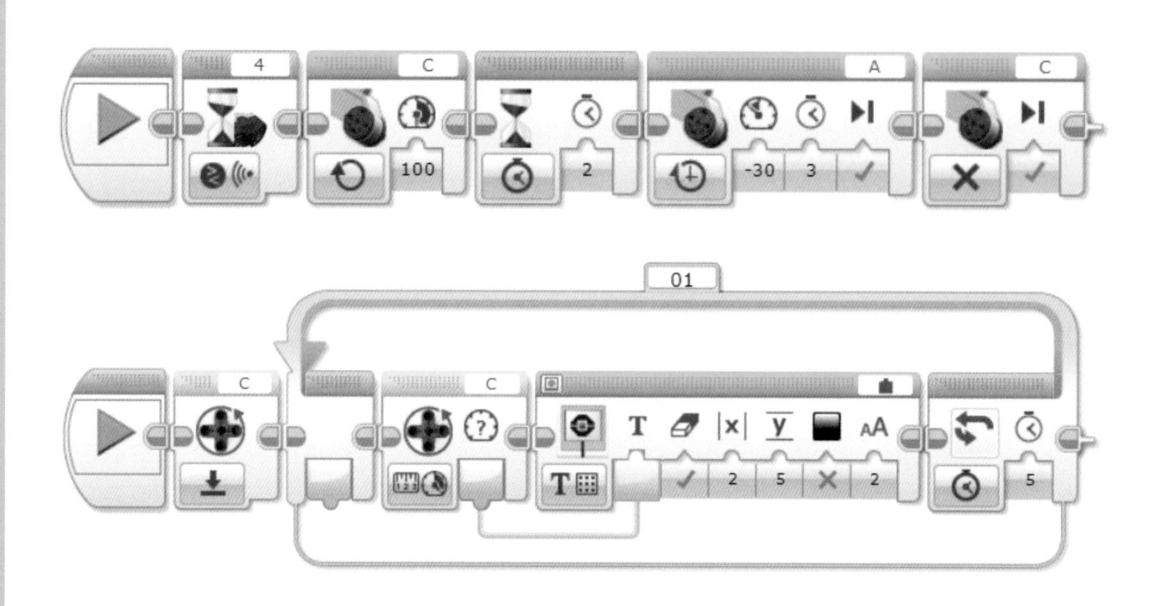

这个程序与前面两个程序不同的是使用了等待 > 超声波传感器 > 比较 > 当前 / 监听。

等待模块是流程控制模块。

等待模块可以阻塞程序的运行，当满足超声波传感器的监听条件时，才会往下继续执行程序。

在等待模块里有很多的传感器条件，我们编写程序是可以利用好等待模块的流程阻塞机制，编写出更有趣，更好玩的程序。

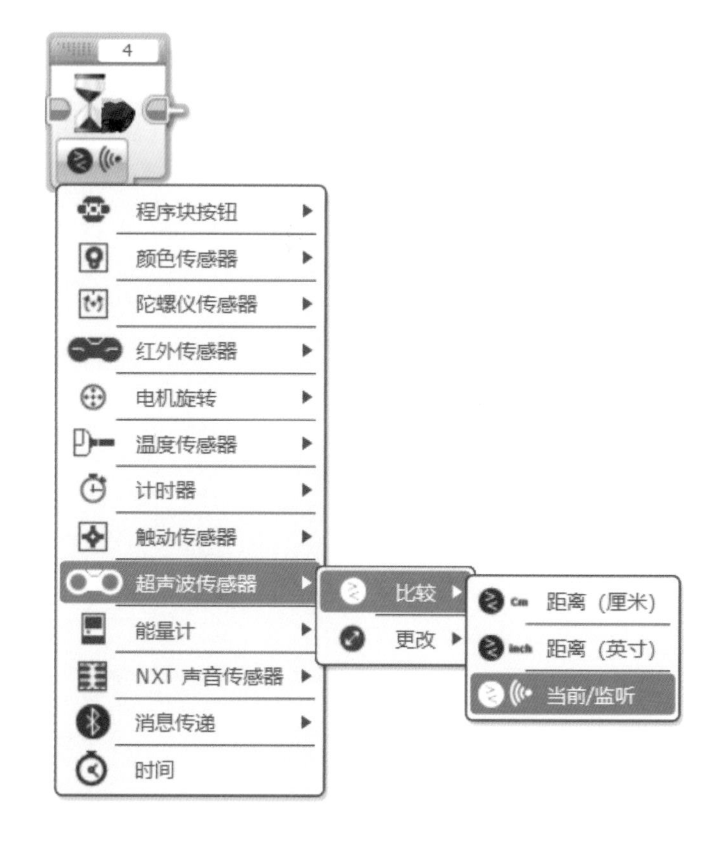

9.3 EV3 Scratch 陀螺发射器程序

下面是 EV3 Scratch 陀螺发射器程序的相关内容。

9.3.1　基础程序

陀螺发射器 EV3 Scratch 程序如下。

当端口 1 的触碰传感器被按压时，将端口 A 的大型电机速度设置为 100%。

端口 A 的大型电机顺时针运行 2 秒。将端口 D 的大型电机速度设置为 50%，端口 D 的大型电机逆时针运行 0.2 秒，停止端口 D 电机。

这是 EV3 Scratch 的陀螺发射器程序。使用了事件模块组里的当触动传感器被按压时的模块。

这是控制模块组里的停止与退出程序。

先带动陀螺转动 2 秒，抬起大型电机 0.2 秒，发射陀螺，退出程序。

9.3.2 提高程序

陀螺发射器使用了超声波传感器的开始程序。

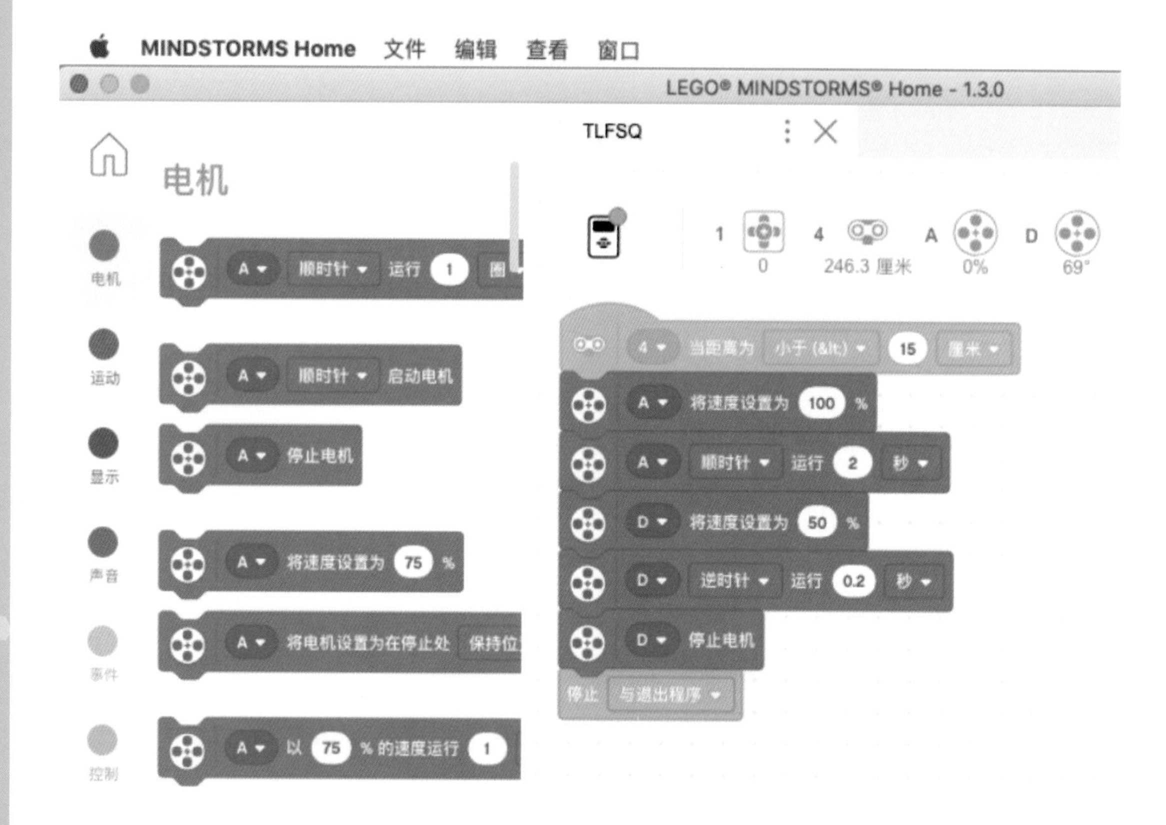

这个陀螺发射器程序和上一个程序的不同点是开始程序时用的是超声波传感器。

在事件模块组里有超声波传感器、触碰传感器、红外线传感器、陀螺仪传感器、程序块按钮、颜色传感器的开始程序事件。EV3 Scratch 事件模块组与头脑风暴 EV3 编程软件里的流程控制组的等待模块功能相似。

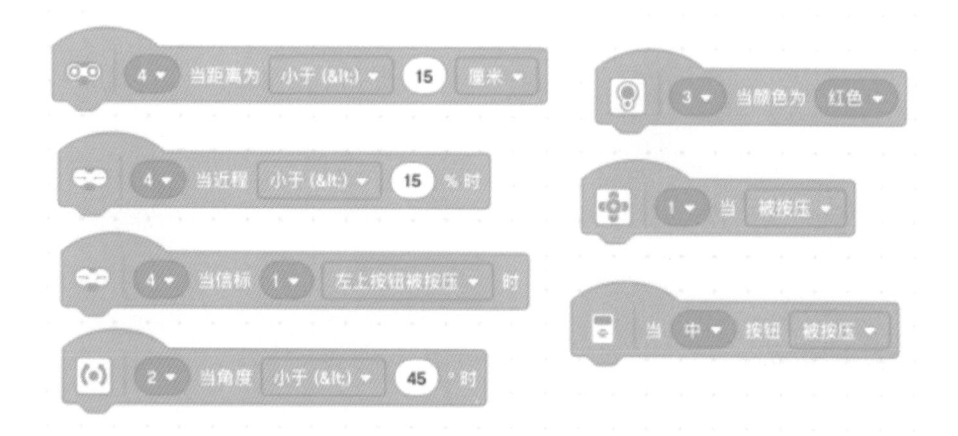

9.4 来编程吧

这个陀螺发射器程序增加了实时显示 A 电机当前速度的功能。

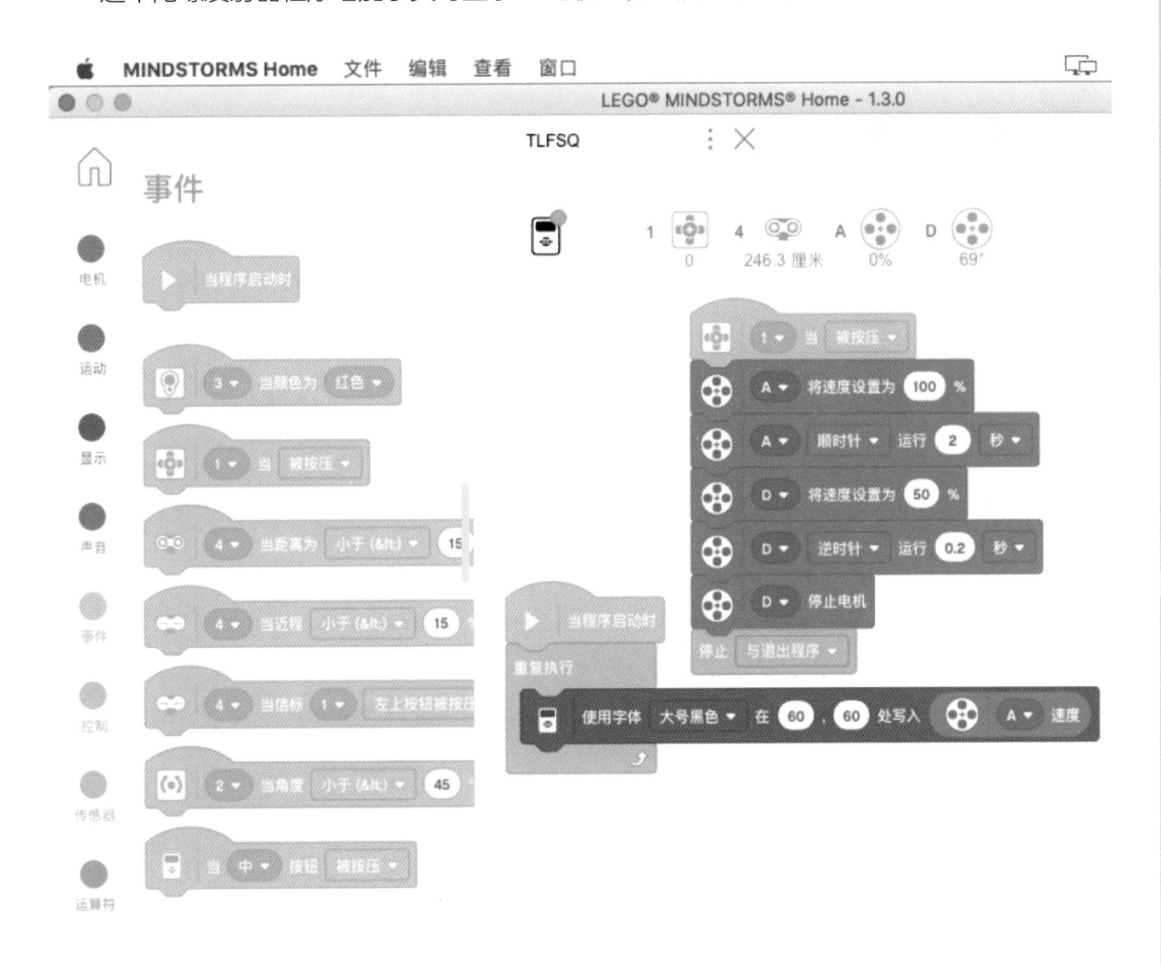

EV3 Scratch 显示模块组里的字体有多种选择。在 X，Y 坐标里写入文字。X，Y 的坐标是 EV3 屏幕的像素坐标。

在圆形的 在 1 , 1 处写入 EV3 填充区域可以拖入变量和圆形的模块。

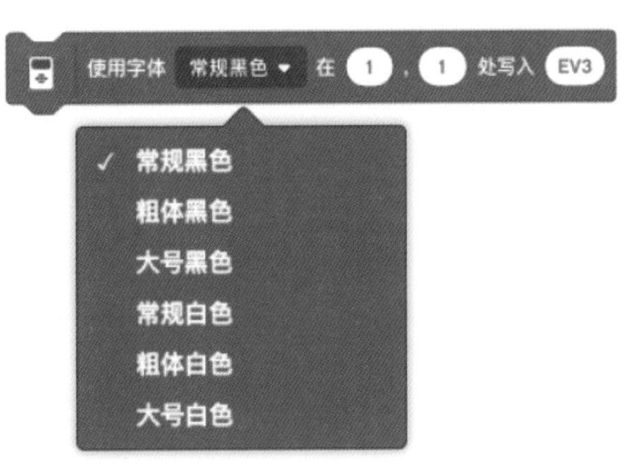

9.5 一个人也可以做好

在这个 EV3 Scratch 的基础上，增加声音提示功能。

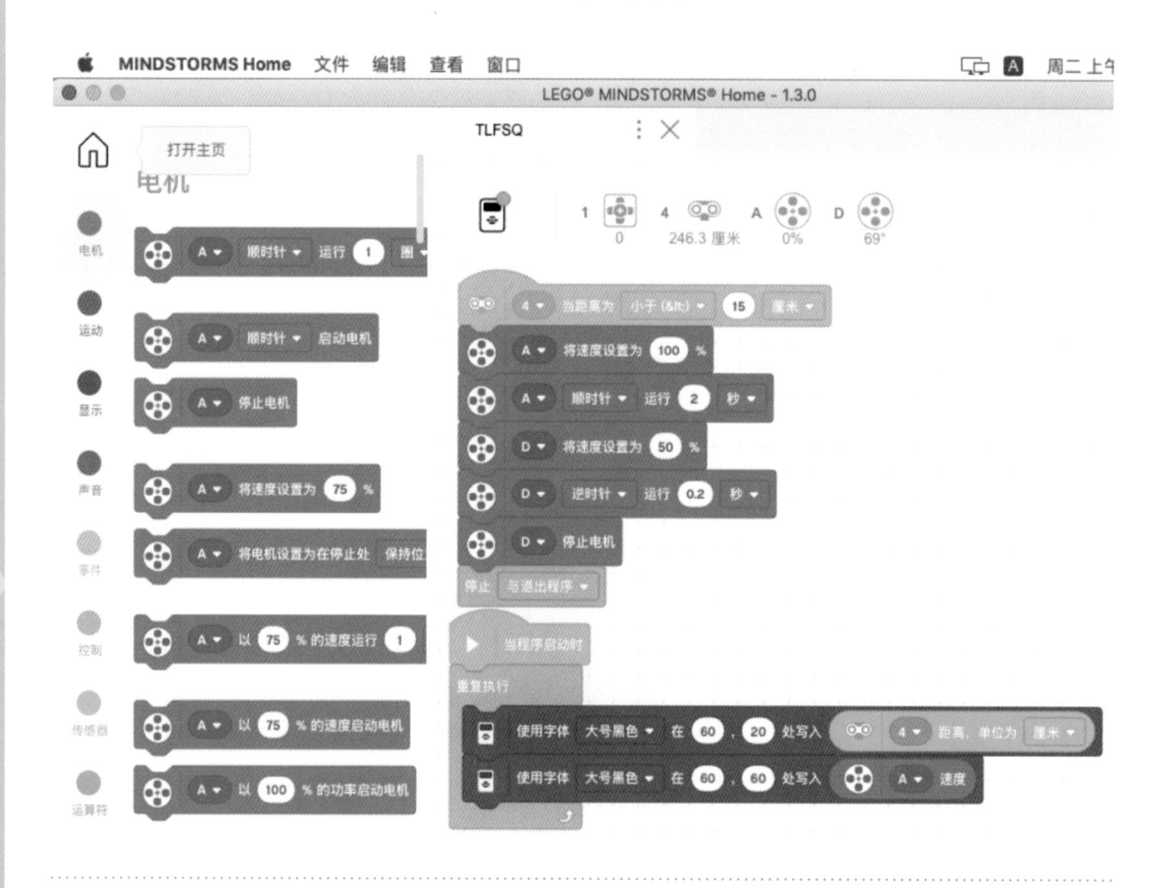

也可以使用以下模块重新写一个 EV3 Scratch 陀螺发射器程序。

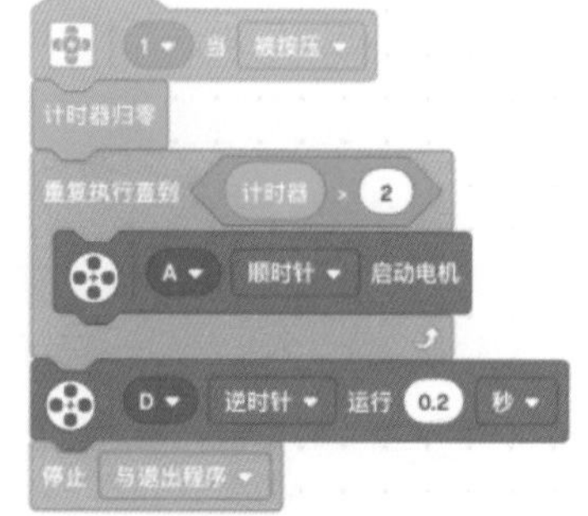

本章学到了更多的编程知识。尝试自己编写几个陀螺发射器程序，使用不同的传感器启动陀螺发射器。第 10 章会学习到蜗轮蜗杆结构在生活中的应用，编写门禁和刮水器程序，了解曲柄连杆结构。

门禁、刮水器

第 10 章的门禁使用了蜗轮蜗杆结构。蜗轮蜗杆结构有很多种搭建方法，读者可以自己创新更多的蜗轮蜗杆结构。刮水器的动力部分使用了蜗轮蜗杆结构，摆动部分使用了曲柄连杆结构。生活中有很多装置都使用了蜗轮蜗杆结构和曲柄连杆结构，比如：蜗轮蜗杆升降机、发动机。

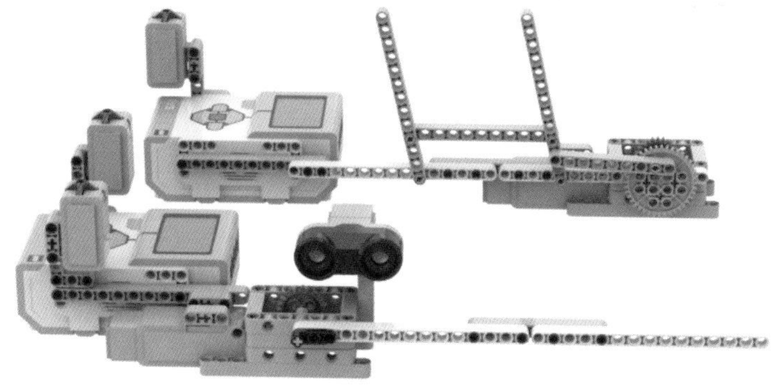

在我们生活小区的大门口、车库、公共建筑门口等都有门禁。

乐高 EV3 门禁使用的是蜗轮蜗杆原理。

下雨天和下雪天，汽车的风窗玻璃上会有积水和积雪，驾驶人会开启刮水器。刮水器就是使用了蜗轮蜗杆结构和曲柄连杆结构。

10.1 门禁、刮水器建模图

大门栏杆使用的是蜗轮蜗杆结构。

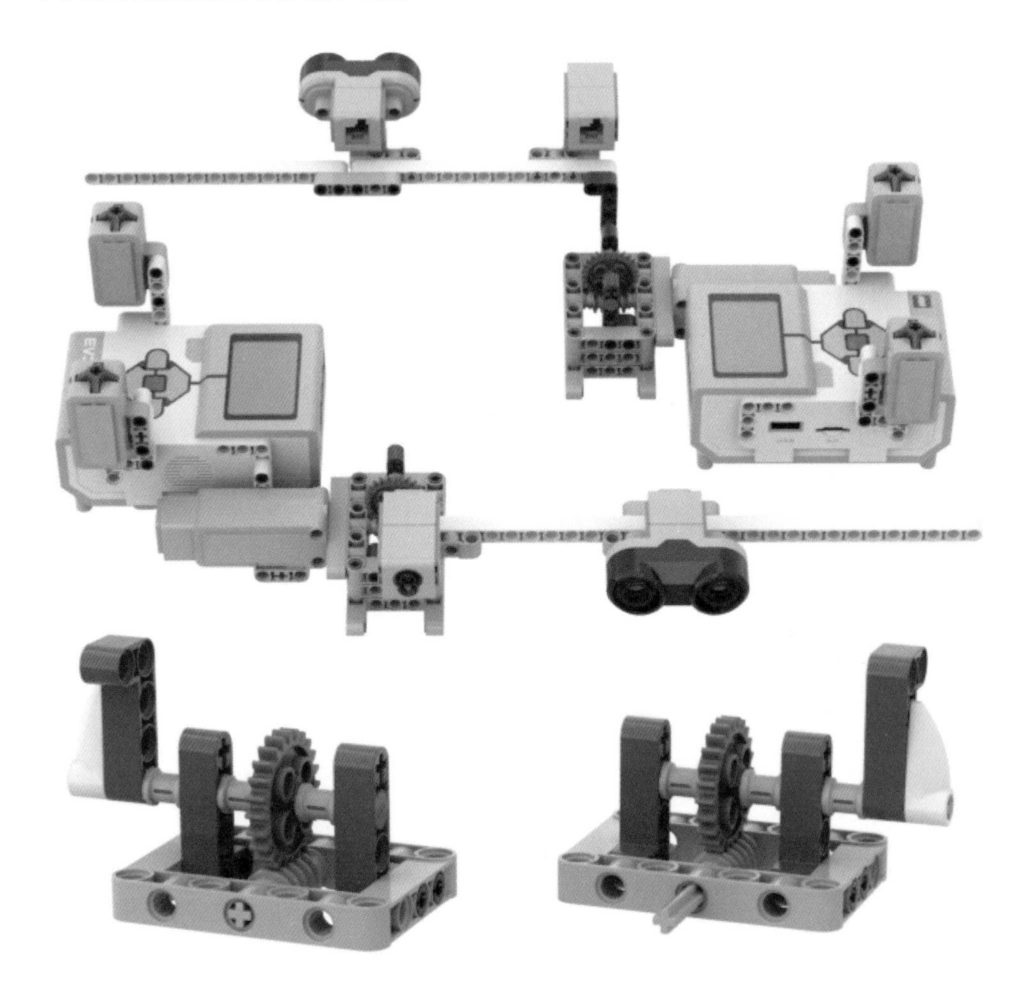

蜗轮蜗杆传动中的主动件是蜗杆。

蜗轮由于螺旋配合中的自锁效应，是无法成为主动件的，只能是从动件。

蜗轮蜗杆具有自锁性。当栏杆抬起时，不能自由掉下和升起。只能通过中型电机带动蜗轮蜗杆转动。现实中的大门栏杆使用的也是蜗轮蜗杆结构。

蜗轮蜗杆结构可以作为减速器。

只有蜗杆动蜗轮才会动，不需要另外的制动停止装置，运行也很平稳。

10.2 EV3 门禁、刮水器程序图

下面是 EV3 门禁、刮水器程序图的相关内容。

10.2.1 门禁程序

这个门禁程序有两个流程，是一个互动程序。

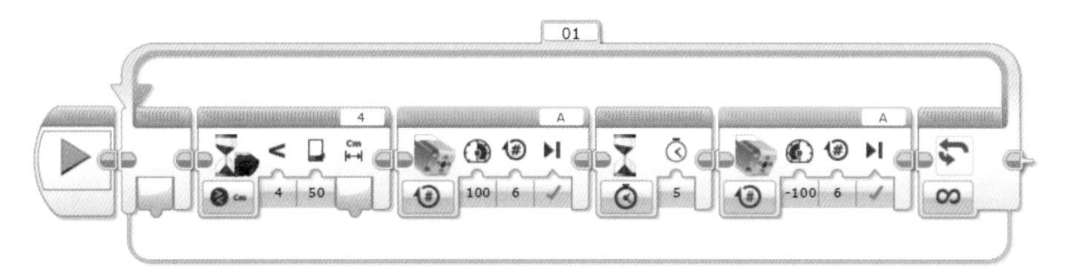

第一个流程是门禁栏杆程序，单击开始，进入循环。等待端口 4 的超声波传感器 > 比较 > 距离 > 小于 50 厘米。端口 A 的中型电机以 100 功率运转 6 圈后停止。等待 5 秒，端口 A 的中型电机以 -100 功率运转 6 圈后停止，重复循环。

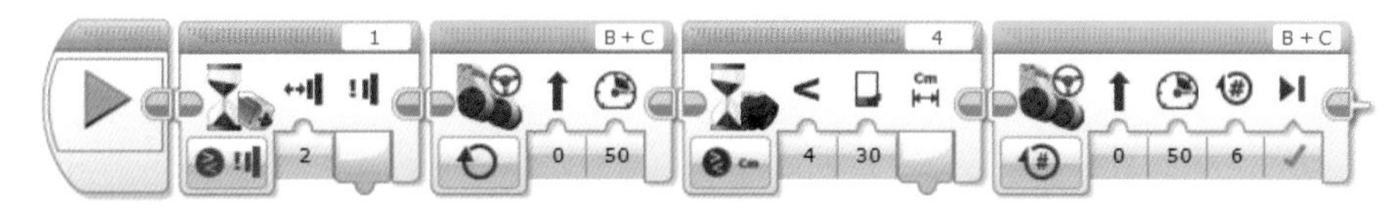

第二个流程是基础车的程序。开始等待端口 1 的触碰传感器按下并松开（状态 2）。端口 B+C 的大型电机以 50 功率直行。等待端口 4 的超声波传感器 > 比较 > 距离 > 小于 30 厘米。端口 B+C 的大型电机以 50 功率直行 6 圈后停止。

这是一个互动程序，两个流程分别下载给两个模型。第一个流程是门禁栏杆，第二个流程是基础车。

当基础车走到门禁前面的时候，门禁栏杆抬起来，等待 5 秒，基础车穿过门禁栏杆后停止。

这里使用 EV3 来模拟现实中的汽车经过门禁栏杆的情况。

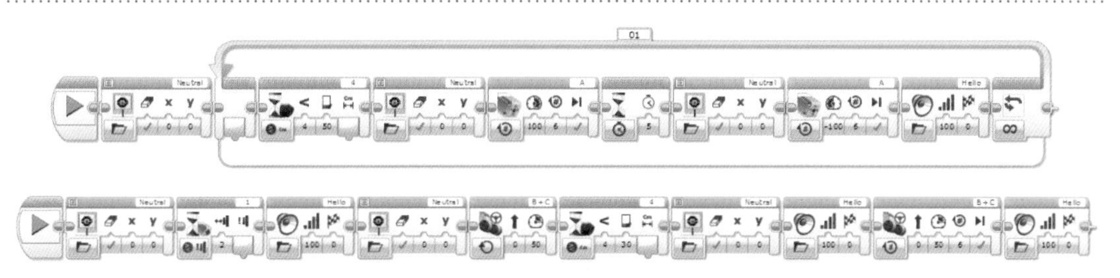

这个是增加了声音和显示功能的门禁和基础车互动程序。

10.2.2 扩展程序

通过触动传感器来控制门禁栏杆的升降。

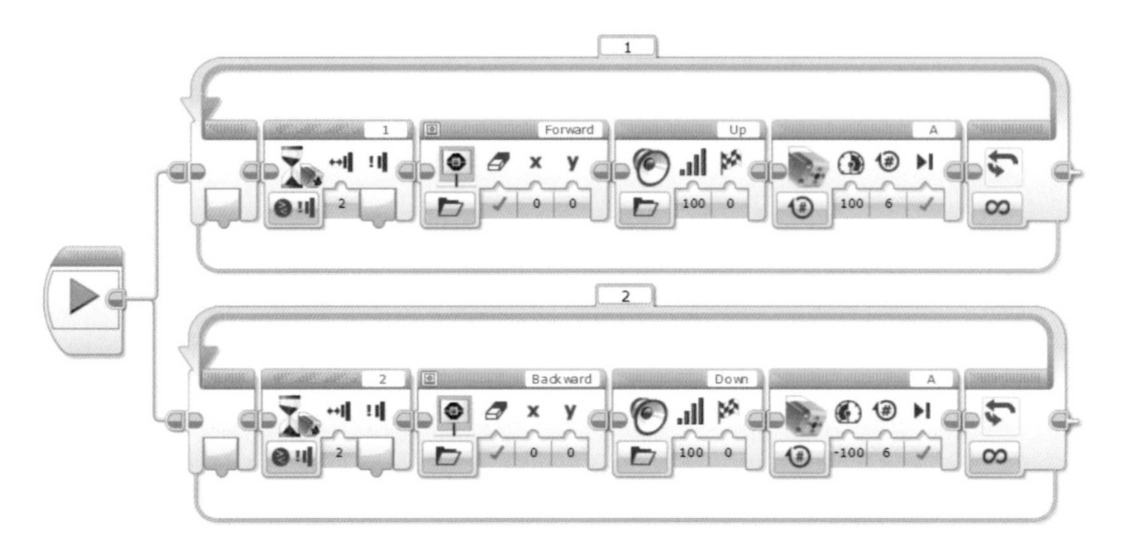

有两个流程：第一个流程是按下并松开端口 1 的触动传感器，显示向上的箭头，播放声音 Up，端口 A 的中型电机以 100 功率运转 6 圈后停止。第二个流程是按下并松开端口 2 的触动传感器，显示向下的箭头，播放声音 Down，端口 A 的中型电机以 −100 的功率运转 6 圈后停止。

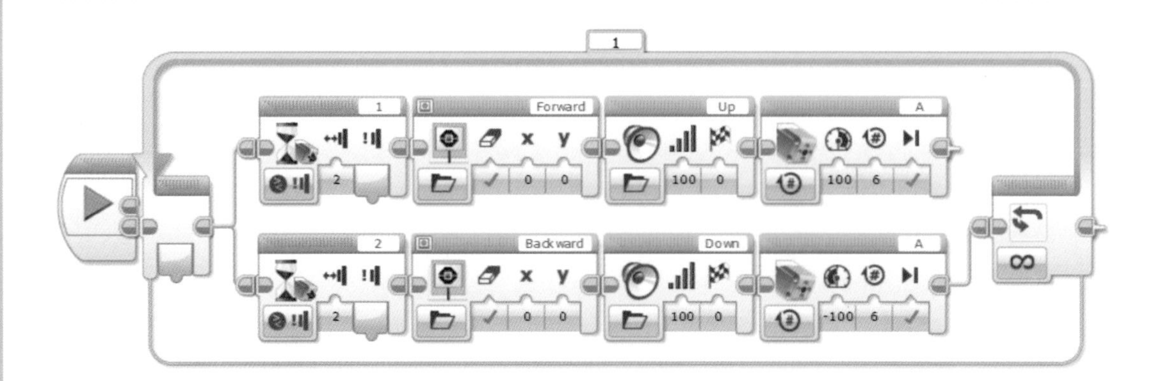

这个程序的功能是一样的。在循环内使用了两个流程控制门禁栏杆的升降。

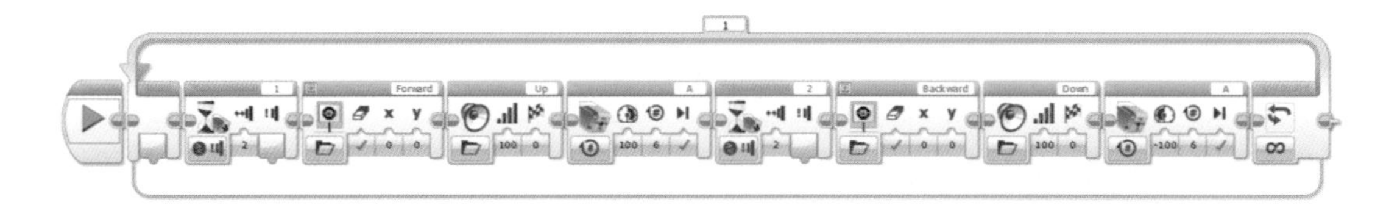

读者可以尝试理解一下这个程序，使用的是一个流程控制门禁栏杆的升降。

10.3 EV3 Scratch 门禁、刮水器程序

下面是 EV3 Scratch 门禁、刮水器程序的相关内容。

10.3.1 EV3 Scratch 门禁程序

以下是基础程序和显示、声音程序。

MEN JING

当端口 1 的触动传感器被按压后，端口 A 的中型电机顺时针运行 6 圈。

当端口 2 的触动传感器被按压后，端口 A 的中型电机逆时针运行 6 圈。

这个程序是可以循环运行的。

这里使用了两个流程，第一个流程执行时可以被第二个流程打断。

MEN JING

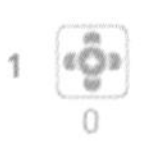

当端口 1 的触动传感器被按压后，显示 Forward 图形，开始播放声音 Up，端口 A 的中型电机顺时针运行 6 圈。

当端口 2 的触动传感器被按压后，显示 Backward 图形，开始播放声音 Down，端口 A 的中型电机逆时针运行 6 圈。

这个程序是可以循环运行的。

这里使用了两个流程，第一个流程执行时可以被第二个流程打断。

10.3.2 扩展程序

这两个程序使用了流程控制，效果会有点不一样。

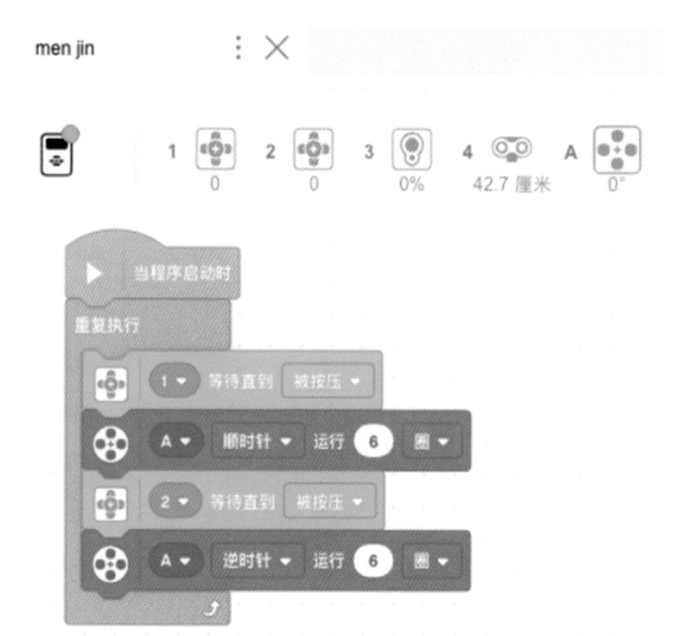

当程序启动时，进入循环。

等待直到端口1的触动传感器被按压，端口A的中型电机顺时针运行6圈。

等待直到端口2的触动传感器被按压，端口A的中型电机逆时针运行6圈。

这是按顺序执行的程序。

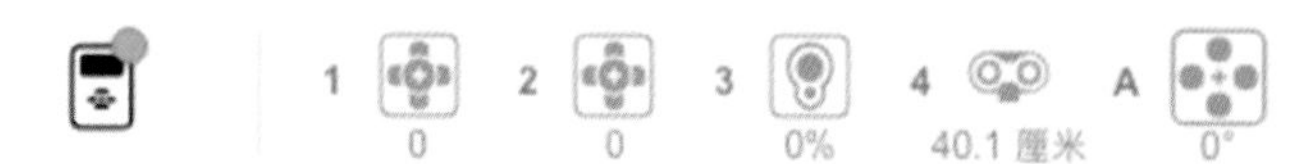

当程序启动时，进入循环。

等待直到端口1的触动传感器被按压，显示Forward图形，开始播放声音Up，端口A的中型电机顺时针运行6圈。

等待直到端口2的触动传感器被按压，显示Backward图形，开始播放声音Down，端口A的中型电机逆时针运行6圈。

这是按顺序执行的程序。

10.4　来编程吧

这是使用超声波传感器控制门禁栏杆升降的程序。

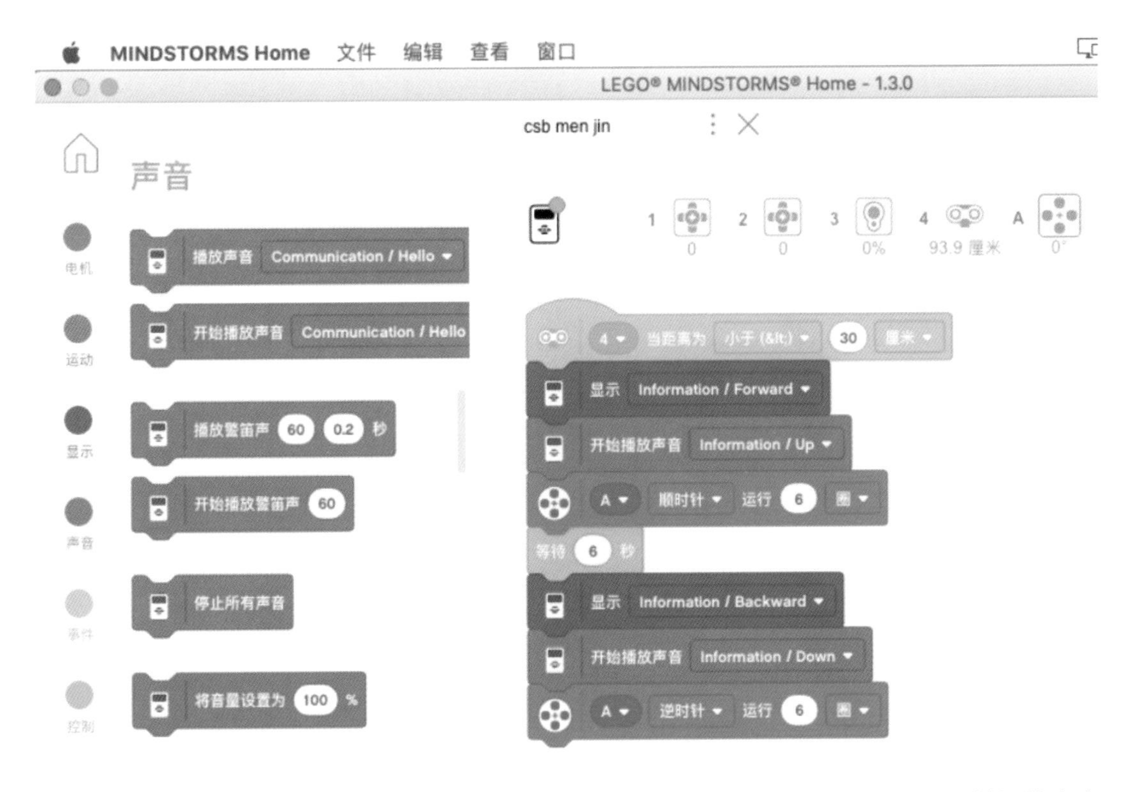

当端口 4 的超声波传感器检测到距离小于 30 厘米时，显示 Forward 图形，开始播放声音 Up，端口 A 的中型电机顺时针运行 6 圈。

等待 6 秒，显示 Backward 图形，开始播放声音 Down，端口 A 的中型电机逆时针运行 6 圈。这是按顺序执行的程序。

10.5 一个人也可以做好

可以使用 EV3 Scratch 编写下面的程序，测试执行的效果。

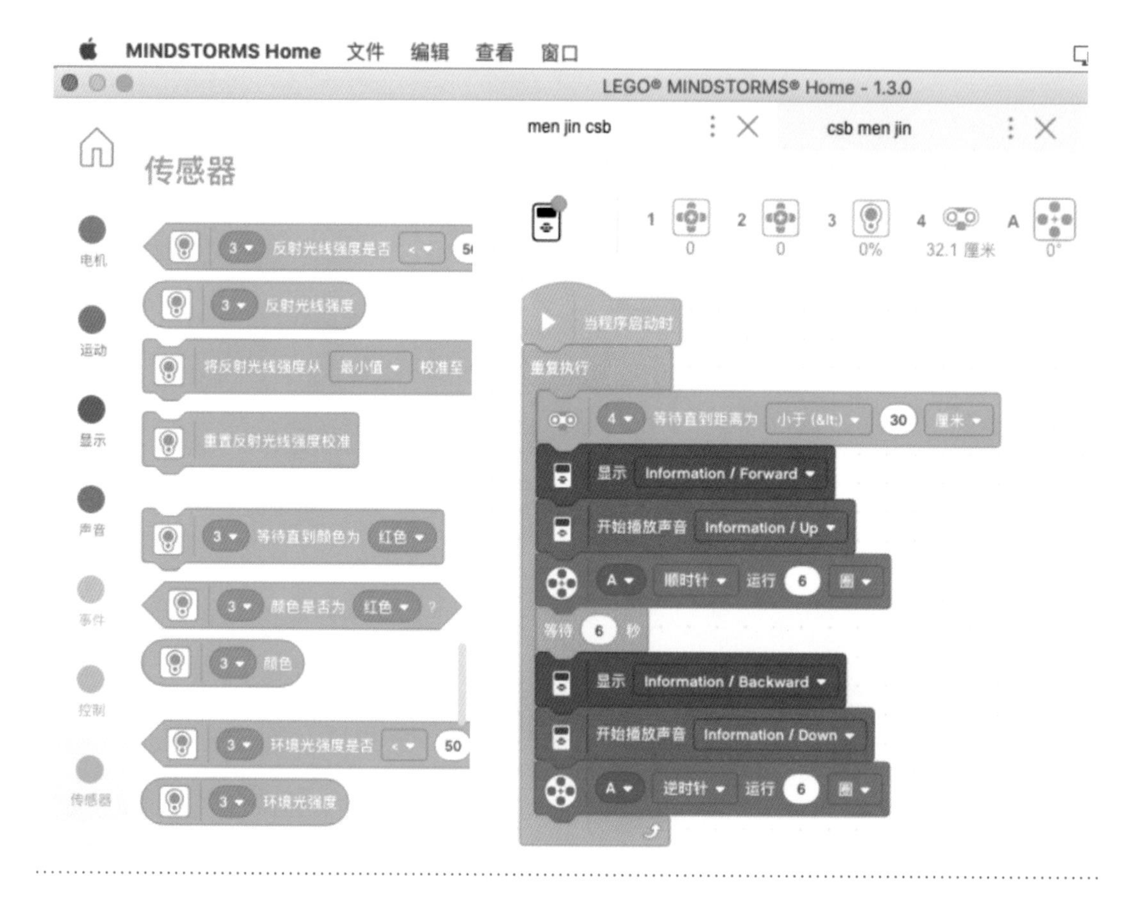

使用 EV3 头脑风暴和 EV3 Scratch 编写刮水器程序。

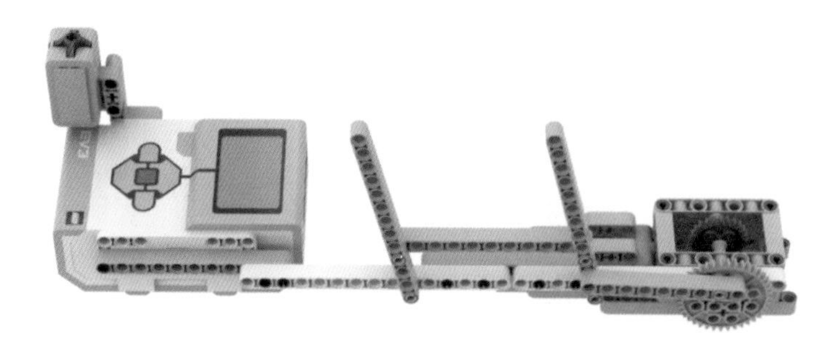

本章学习的蜗轮蜗杆结构在生活中应用得非常广泛。在接下来的第 11 章学习使用曲柄连杆结构制作一个推车机器人。曲柄连杆结构是动力部分，带动推车机器人的两只脚做前后运动，推动程序块车子做前后运动。

推车机器人

在第 10 章已经学习了蜗轮蜗杆结构，本章将学习曲柄连杆结构，并使用曲柄连杆结构制作推车机器人。值得一提的是汽车、摩托车的发动机使用的也是曲柄连杆结构。

可以前后走动，能推车的 EV3 机器人，也使用了曲柄连杆结构。

11.1 推车机器人建模图

曲柄连杆：能够将圆周运动转换为往复运动，同理，往复运动也可转换为圆周运动。

11.2 EV3 推车机器人程序图

这是一个手推车悬崖勒马程序。

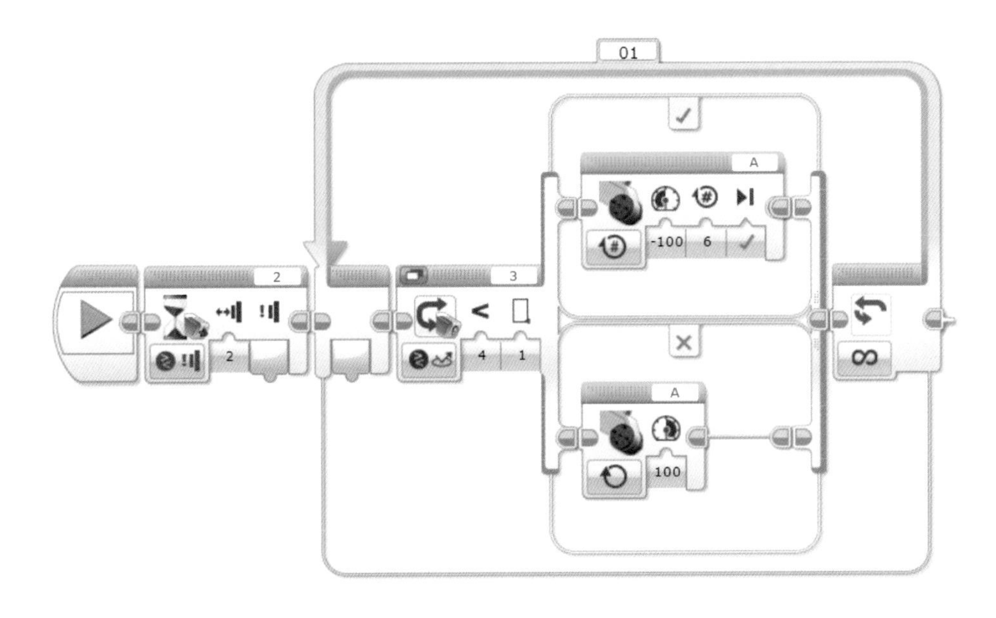

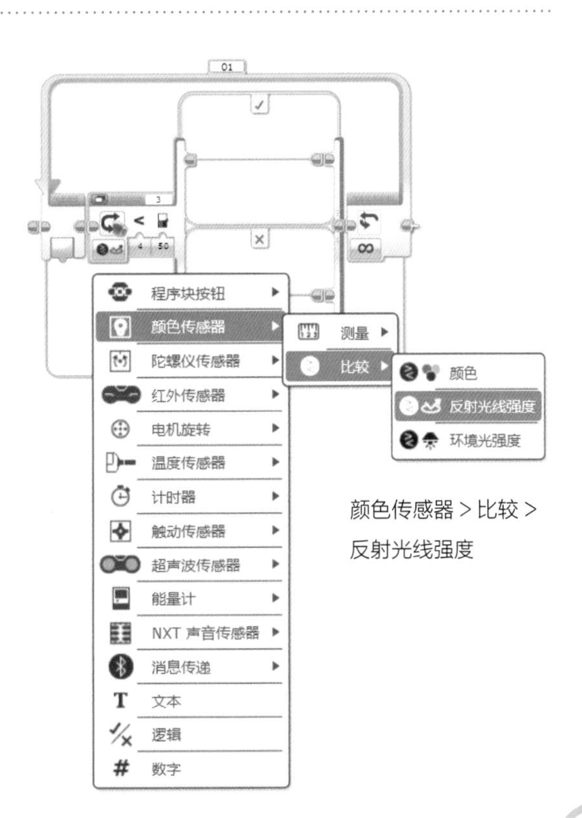

颜色传感器 > 比较 > 反射光线强度

单击开始，按下并松开端口 2 的触动传感器，进入循环。

颜色传感器切换模块。当端口 3 的颜色传感器反射光线强度小于 1 时，端口 A 的大型电机以 -100 的功率运转 6 圈后停止（就是颜色传感器发现已经到了桌子的边缘，大型电机后退 6 圈）。

否则，端口 A 的大型电机以 100 功率持续运转，推车机器人继续向前走。

以下为推车机器人悬崖勒马拓展程序，增加了超声波传感器和显示。

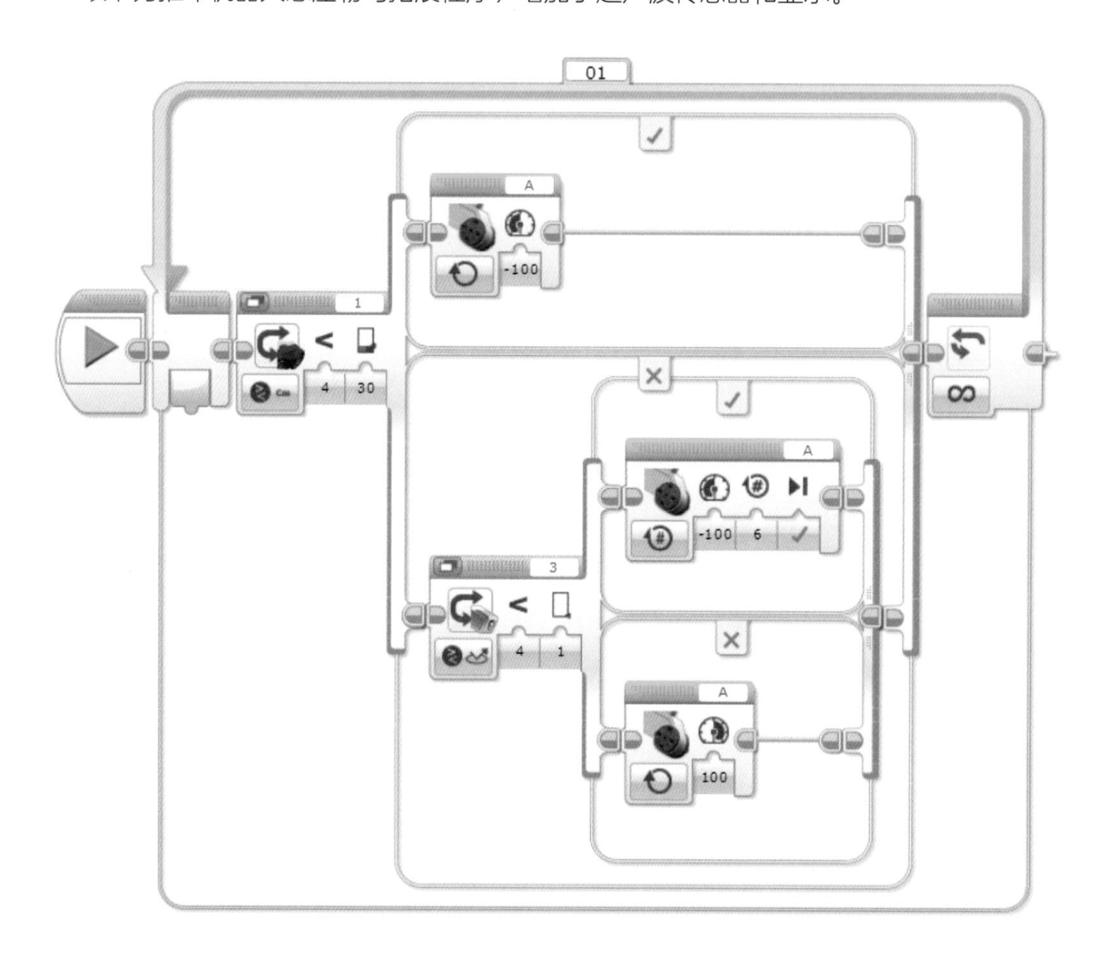

程序开始，进入循环。超声波传感器切换，当超声波传感器比较距离小于 30 厘米时。端口 A 的大型电机以 –100 功率运转（检测到有人靠近时，推车机器人向后退）。

否则，当颜色传感器比较反射光线强度小于 1 时。端口 A 大型电机以 –100 功率运转 6 圈。如果距离大于 30 厘米并且反射光线强度大于 1，那么端口 A 大型电机以 100 功率向前运转。

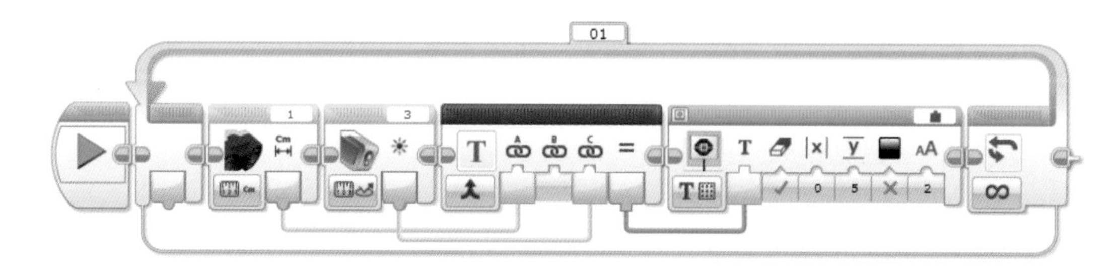

第二个流程：程序开始，进入循环。超声波传感器测量的距离和颜色传感器测量的反射光线强度数值给文本合并模块，文本合并后的两个数值同时给显示模块，文本网格已连线，X，Y 坐标 0，5，实时擦除。

11.3 EV3 Scratch 推车机器人程序

下面是 EV3 Scratch 推车机器人程序的相关内容。

11.3.1 EV3 Scratch 基础程序

以下为推车机器人 EV3 Scratch 悬崖勒马基础程序。

当程序启动时，将端口 A 的大型电机速度设置为 100% 。

进入循环，端口 A 的大型电机顺时针运转（向前走）。

等待端口 3 的颜色传感器反射光线强度小于 1% 时，端口 A 的大型电机逆时针运行 6 圈（向后退 6 圈）。

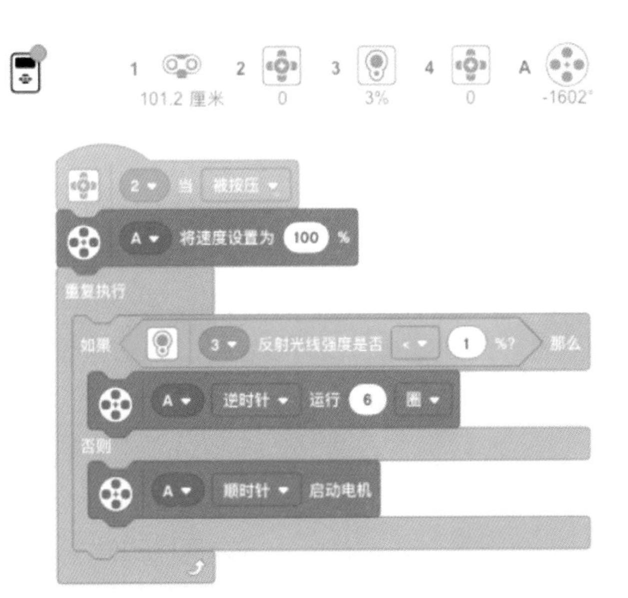

当端口 2 的触动传感器被按压时，将端口 A 的大型电机速度设置为 100%。

进入循环，如果端口 3 的颜色传感器反射光线强度小于 1%，那么端口 A 的大型电机逆时针运行 6 圈（向后退 6 圈）。

否则，端口 A 的大型电机顺时针运转（向前走）。

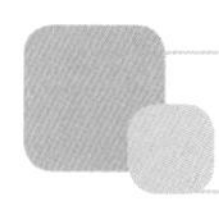

11.3.2 EV3 Scratch 拓展程序

以下为推车机器人 EV3 Scratch 悬崖勒马拓展程序。

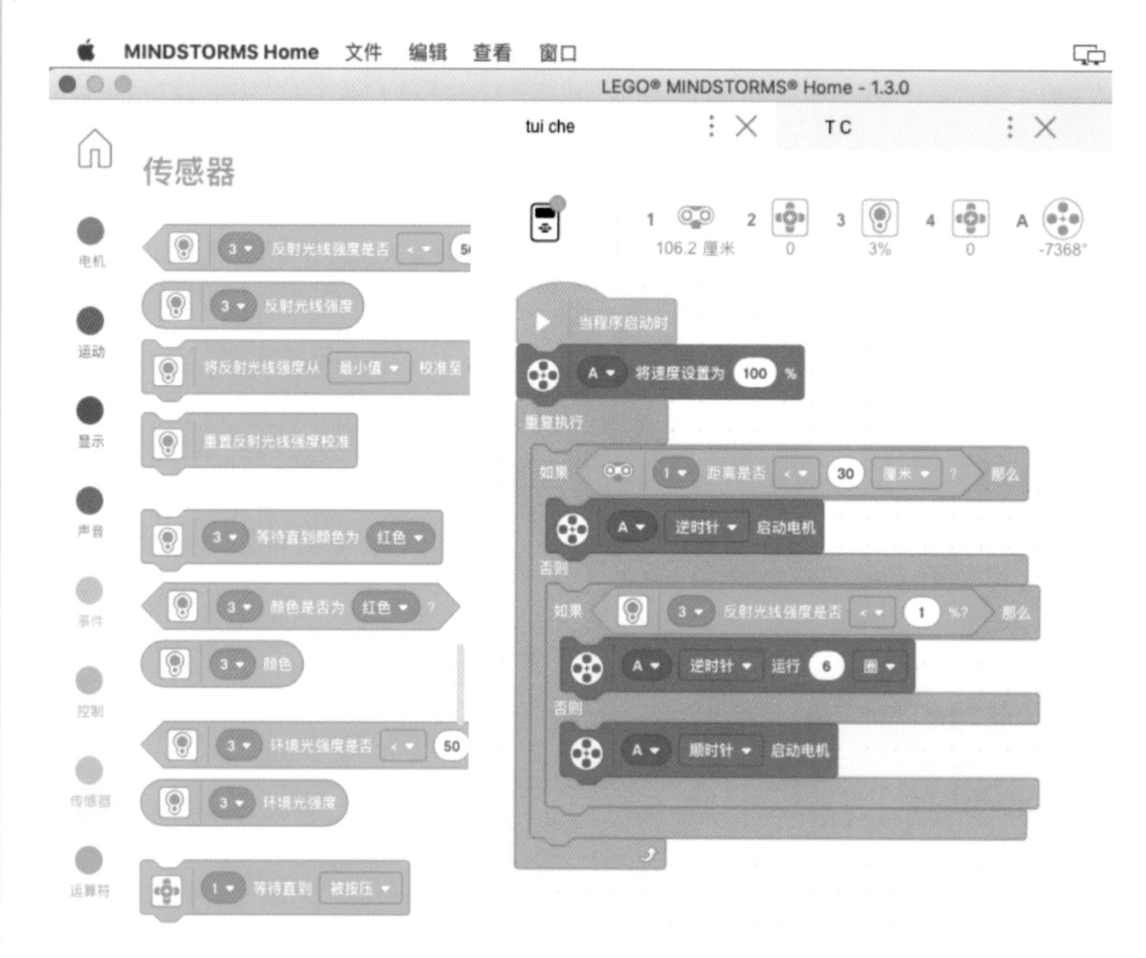

当程序启动时，将端口 A 的大型电机速度设置为 100%。进入循环，如果端口 1 的超声波传感器检测到距离小于 30 厘米，那么端口 A 的大型电机逆时针运转。

否则，如果端口 3 的颜色传感器反射光线强度小于 1%，那么端口 A 的大型电机逆时针运行 6 圈（向后退 6 圈）。

当前面两个条件都不满足时，端口 A 的大型电机顺时针运转（向前走）。

11.4 来编程吧

在上个程序的基础上，增加了实时显示功能。

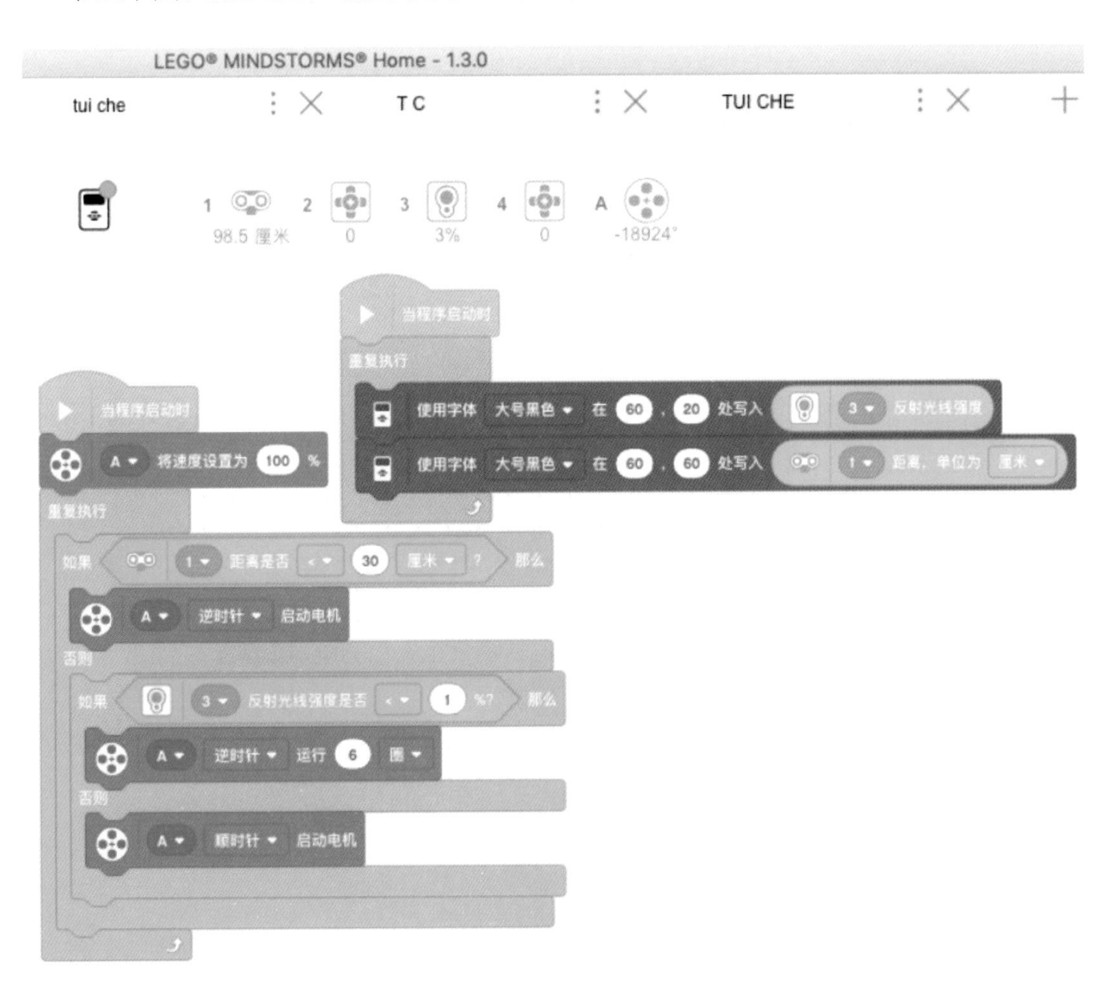

当程序启动时，进入循环。使用字体为大号黑色，在 X 坐标 60，Y 坐标 20 处写入端口 3 的颜色传感器检测到的反射光线强度数值。

使用字体为大号黑色，在 X 坐标 60，Y 坐标 60 处写入端口 1 的超声波传感器检测到的距离，以厘米为单位。

这个程序实现了将颜色传感器测量的反射光线强度和超声波传感器测量的距离实时显示在 EV3 屏幕中间位置的功能。

11.5 一个人也可以做好

这是 4 个流程同时运行的 EV3 Scratch 程序，增加了触动传感器的功能。

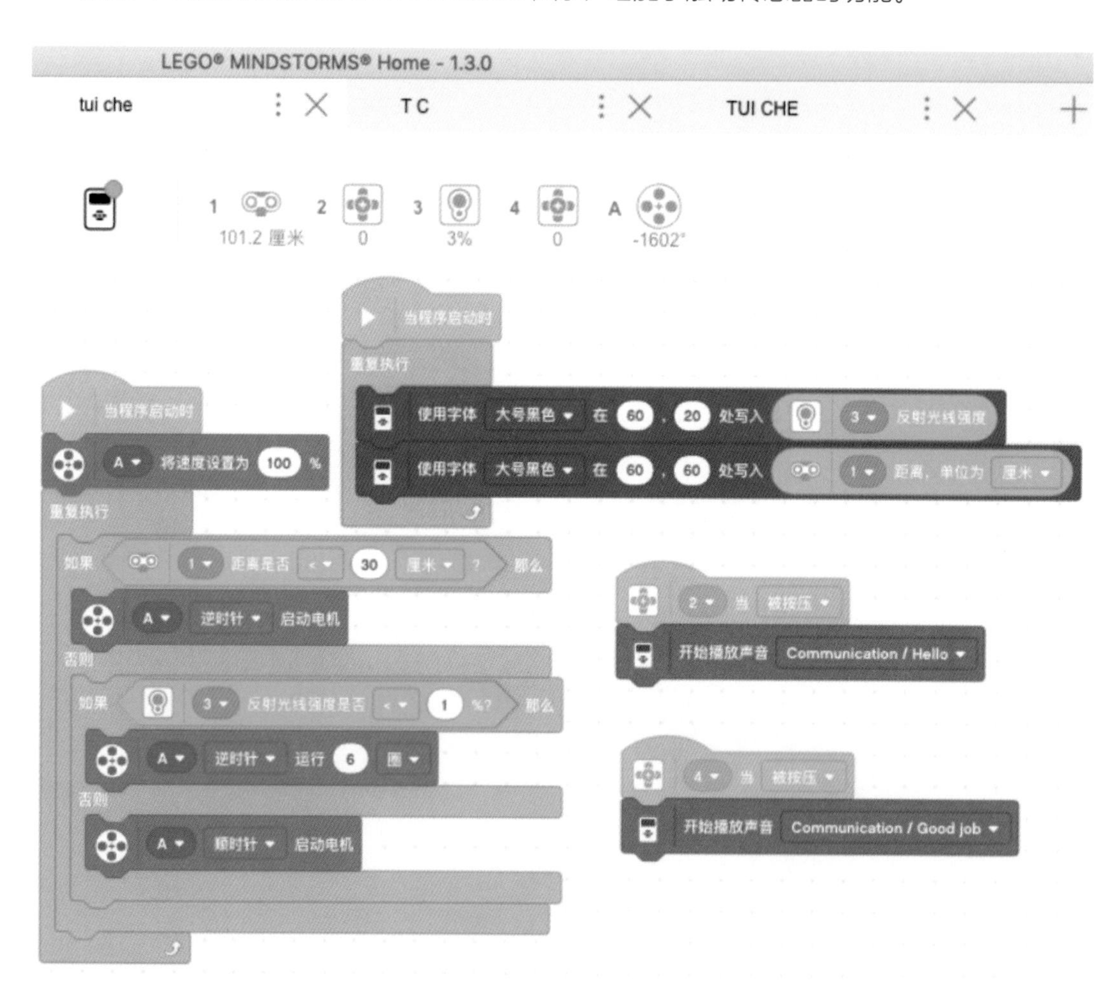

在程序运行时，当端口 2 的触动传感器被按压，开始播放声音 Hello。

当端口 4 的触动传感器被按压，开始播放声音 Good job 。

也可以按照自己的想法，给推车机器人编写程序。实现更多有趣的功能（请分别使用 EV3 头脑风暴软件和 EV3 Scratch 软件编写程序）。

熟悉和认识 EV3 的主要传感器和大型电机、中型电机。

1. 颜色传感器（一种数字传感器）

颜色传感器有三种模式：颜色模式、反射光线强度模式和环境光强度模式。

在颜色模式中，颜色传感器可识别 7 种颜色：红色、黑色、蓝色、绿色、黄色、白色和棕色。另外还有无颜色。可以搭建红灯停、绿灯行的车辆通行系统。

在反射光线强度模式中，颜色传感器测量从红灯（即发光灯）反射回来的光线强度。测量范围为 0（极暗）到 100（极亮）。反射光线强度可以通过编程软件校准。有两个颜色传感器同时连接到程序块时，只能校准其中的一个，另一个无法校准。4 光感巡线比赛时，请使用同一批次，且反射光线强度值接近的颜色传感器。

在环境光强度模式中，测量从周围环境进入窗口的光强度，如太阳光或手电筒的光束。测量范围为 0（极暗）到 100（极亮）。可以搭建能自动追寻亮光的机器人。

颜色传感器采样速率为 1 kHz。当处于“颜色模式”或“反射光线强度模式”时，为使程序运行更精确，颜色传感器必须角度正确、距离物体表面 5 毫米左右。

2. 触动传感器（是一种模拟传感器）

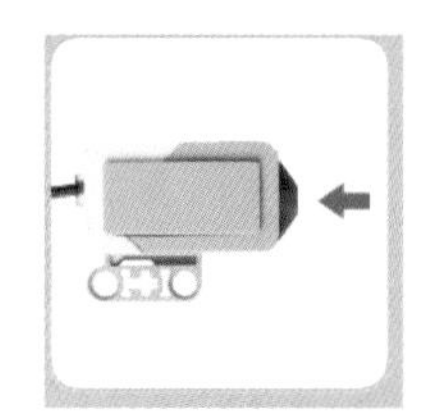

触动传感器可以检测传感器的红色按钮何时被按压及何时被松开。可以对触动传感器编程，使其对以下三种情况做出反应：按压、松开或碰撞按压（按压再松开）。

使用来自触动传感器输入的信息，可以对机器人编程，使其可以通过触碰来感知世界，伸出一只手触到（按压）物体做出反应。

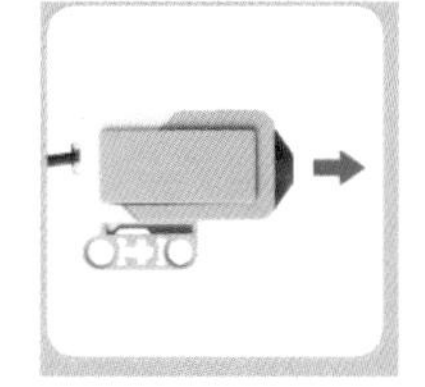

可以通过将触动传感器紧贴在表面下方来组装机器人，然后可以对机器人编程，当它要离开桌子边缘时（传感器被松开）做出反应（停止），悬崖勒马。

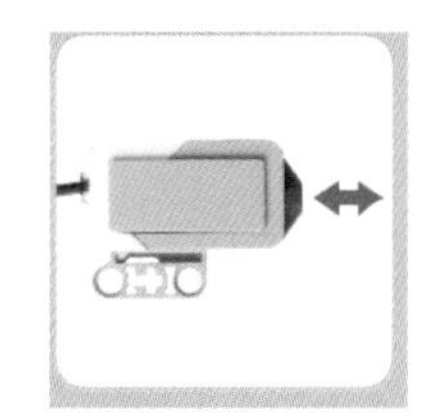

可以对战斗机器人编程，使其持续向前攻击挑战者，直到对手撤退。这一对动作（按压，然后松开）对应的是碰撞、弹开。

大型电机转速为 160~170 r/min，旋转扭矩为 20 N·cm，失速扭矩为 40 N·cm（大型电机转速比中型电机更慢但更强劲）。

大型电机里有电机旋转传感器。

中型电机转速为 240~250 r/min，旋转扭矩为 8 N·cm，失速扭矩为 12 N·cm（更快但弱一些）。中型电机里有电机旋转传感器。

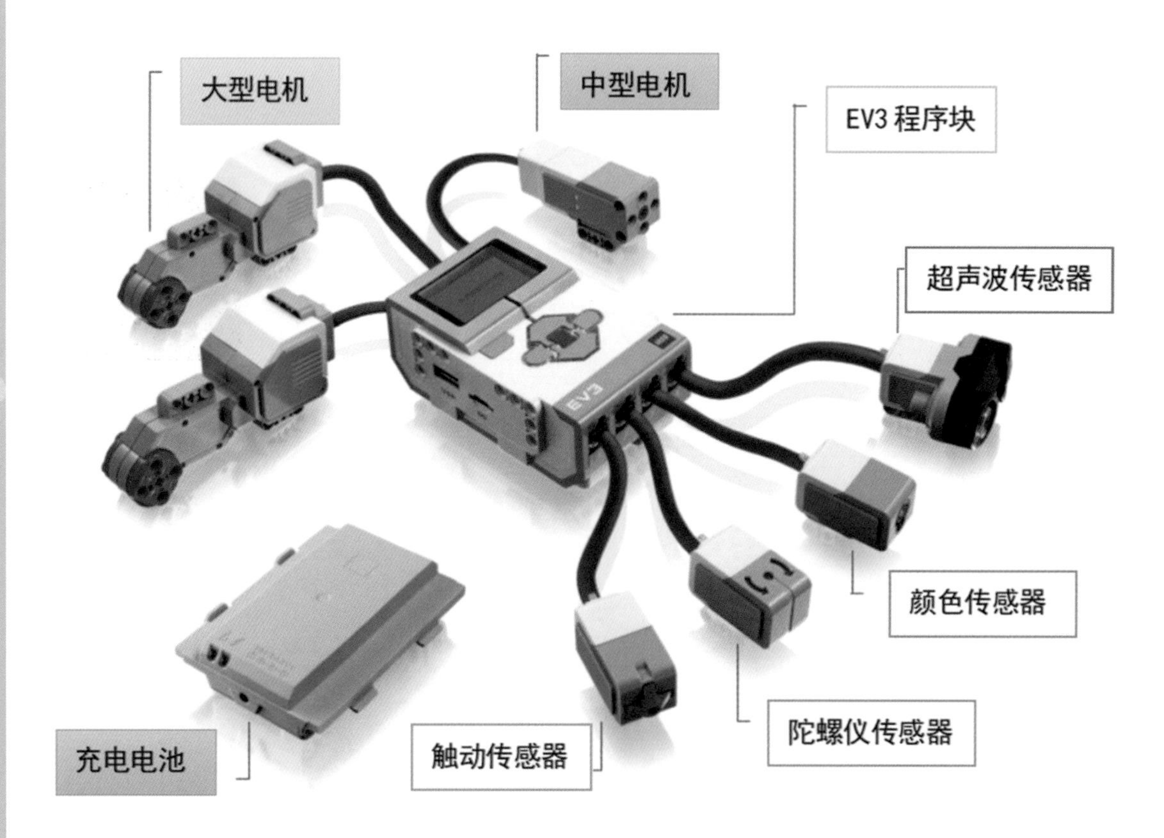

本章我们学习了颜色传感器反射光线强度模式的实际应用，制作了推车机器人，这样就更加熟悉曲柄连杆结构的应用了。在第 12 章，我们将学习直升机模型的制作。直升机模型精简而实用，没有使用装饰零件，结构原理也很简单，适合初学乐高 EV3 机器人的读者。

直 升 机

在前面几章我们学习了很多种机械结构。通过制作不同的模型，理解机械结构的功能。第12章的直升机模型机械结构非常简单，就是利用中型电机和大型电机的转动以及陀螺仪传感器来制作。

直升机主要由机体和升力(含旋翼和尾桨)、动力、传动系统以及机载飞行设备等组成。旋翼一般由蜗轮轴发动机或活塞式发动机通过由传动轴及减速器等组成的机械传动系统来驱动，也可由桨尖喷气产生的反作用力来驱动。

12.1 直升机建模图

使用中型电机作为螺旋桨的动力，大型电机作为尾翼的动力。

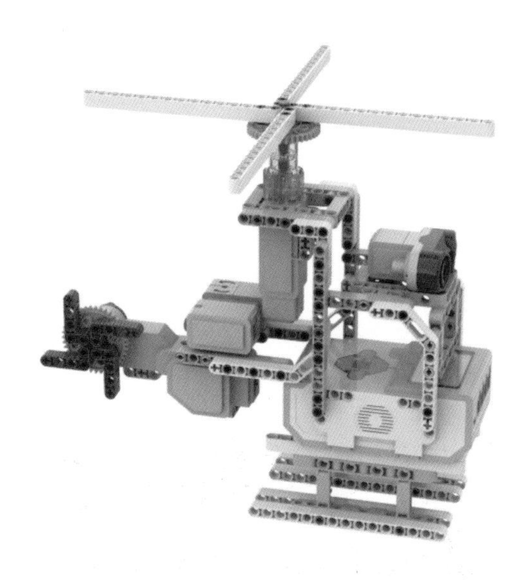

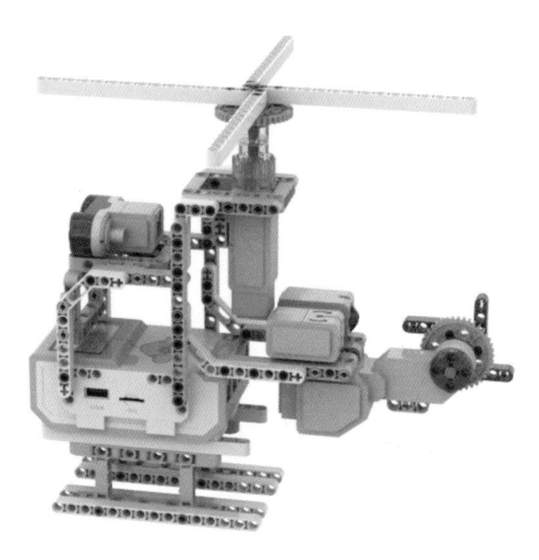

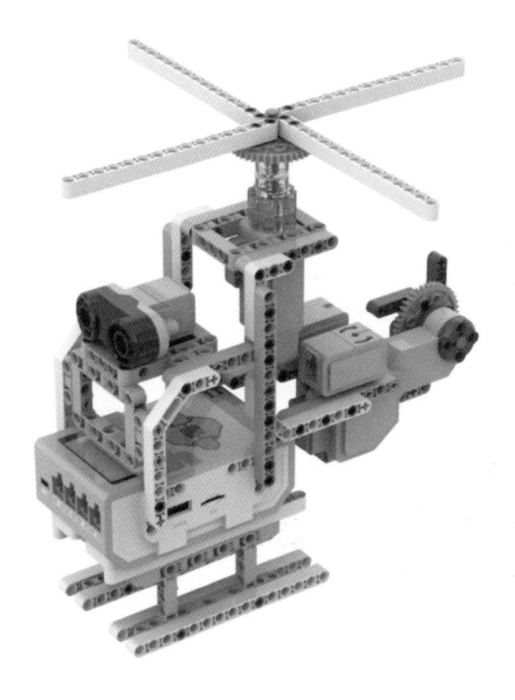

直升机作为 20 世纪航空技术极具特色的创造之一，极大地拓展了飞行器的应用范围。直升机是典型的军民两用产品，可以广泛应用在运输、巡逻、旅游、救护等多个领域。

12.2 EV3 直升机程序

下面是 EV3 直升机程序的相关内容。

12.2.1　直升机基础程序

使用了陀螺仪传感器的 EV3 直升机程序如下。

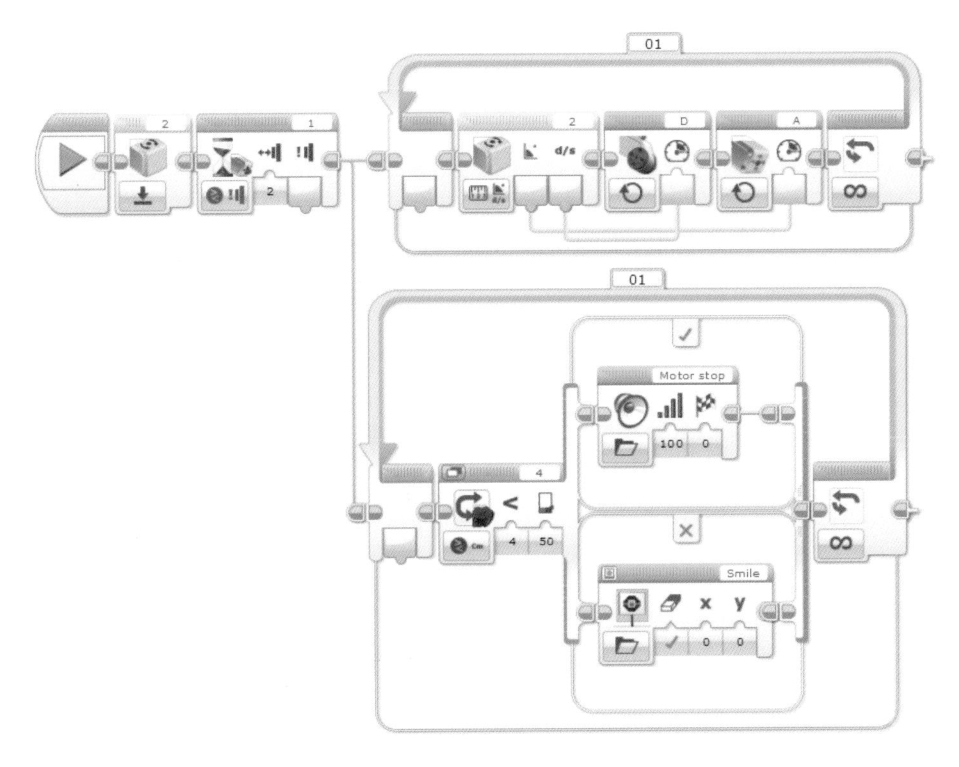

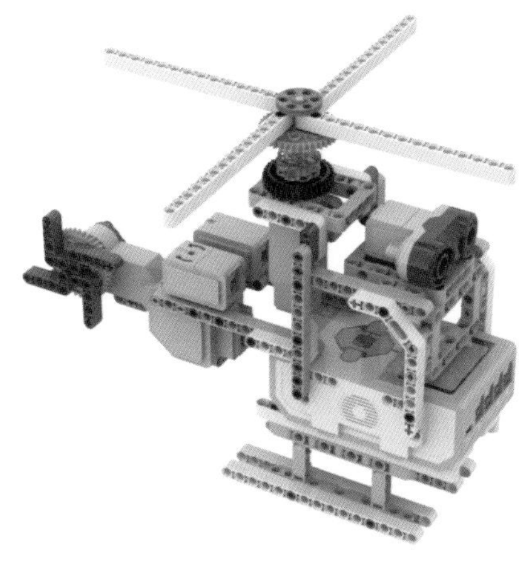

程序开始，端口 2 的陀螺仪重置。等待按下并松开端口 1 的触动传感器。

第一个流程：进入循环，端口 2 的陀螺仪传感器角度值作为端口 A 中型电机的功率。速率值作为端口 D 的大型电机功率。

第二个流程：超声波切换，如果端口 4 的超声波传感器检测的距离小于 50 厘米时，播放声音。否则显示 Smile 图形。

12.2.2 陀螺仪程序

下面是使用陀螺仪测量的数值编写的显示程序。

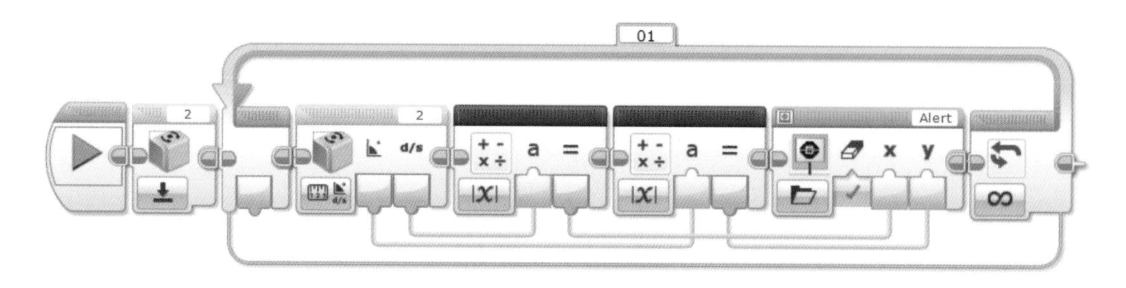

程序开始，端口 2 的陀螺仪传感器重置（重置陀螺仪传感器是为了不要记录上次遗留的数值）。

进入循环，端口 2 的陀螺仪传感器测量的角度值和速率值分别进行绝对值运算。

陀螺仪的角度值作为显示模块 Y 坐标值，速率值作为显示模块 X 坐标值。

在 EV3 屏幕中显示 Alert 图形。X，Y 坐标是陀螺仪测量的速率值和角度值的绝对值。

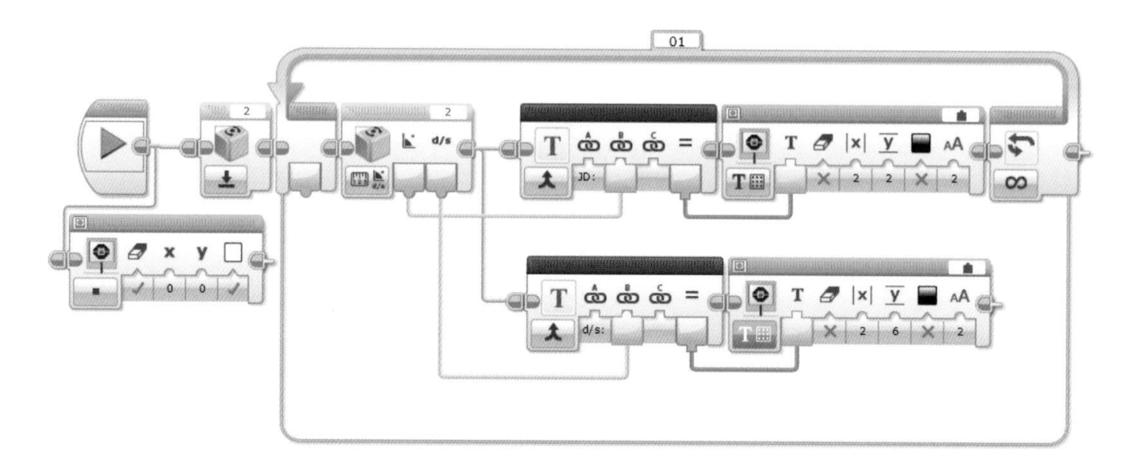

程序开始，清除 EV3 屏幕，重置端口 2 的陀螺仪传感器，进入循环。

实时显示端口 2 的陀螺仪传感器测量的角度值和速率值。

把角度值和速率值分别给文本模块。文本模块的中间使用了空格擦除。文本模块的数值分别给显示模块。不清除 EV3 屏幕，X，Y 坐标分别是 2，2；2，6 。

12.2.3 直升机拓展程序

EV3 直升机拓展程序使用了数学运算模块。

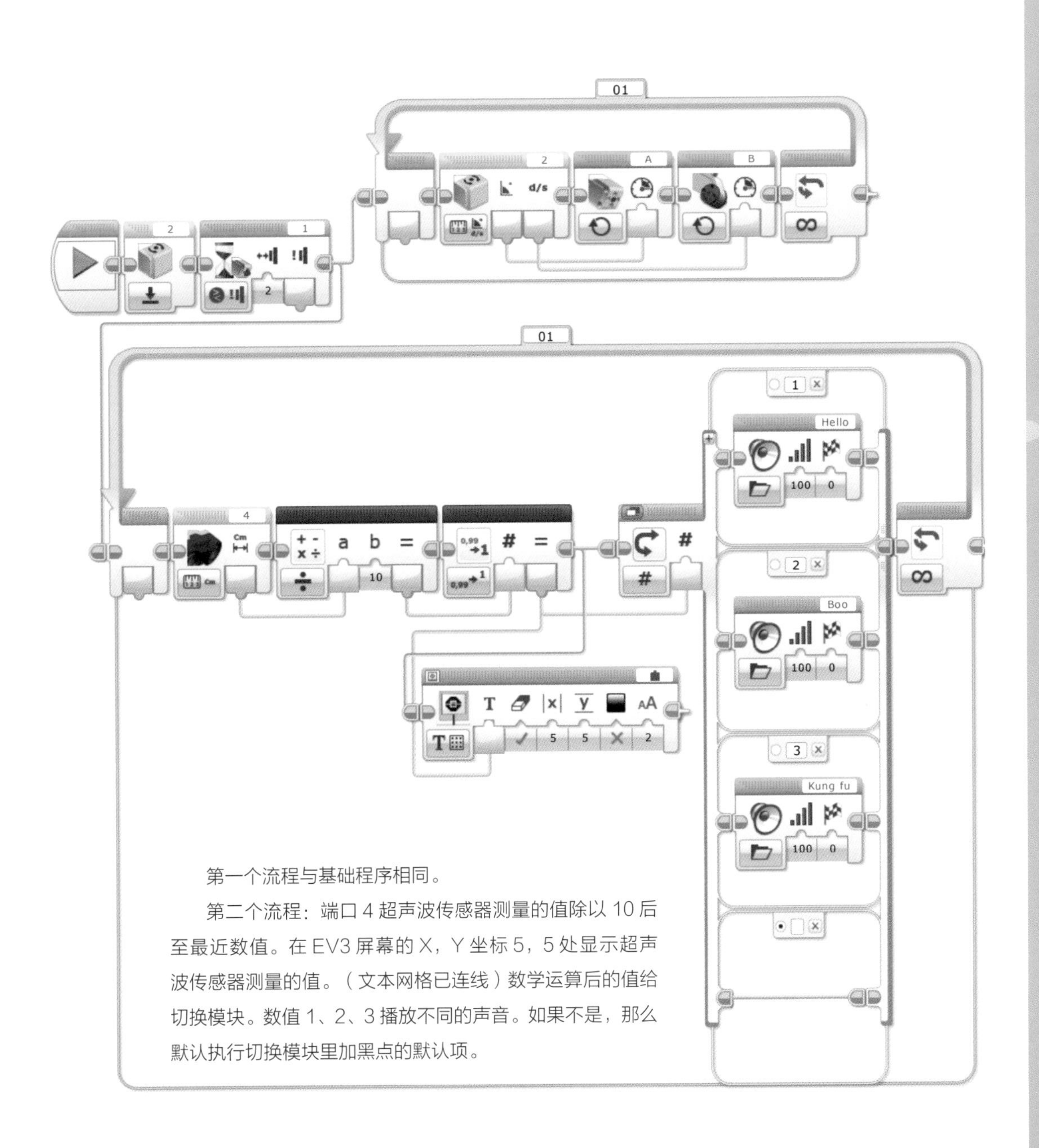

第一个流程与基础程序相同。

第二个流程：端口 4 超声波传感器测量的值除以 10 后至最近数值。在 EV3 屏幕的 X，Y 坐标 5，5 处显示超声波传感器测量的值。（文本网格已连线）数学运算后的值给切换模块。数值 1、2、3 播放不同的声音。如果不是，那么默认执行切换模块里加黑点的默认项。

12.3 EV3 Scratch 直升机程序

使用 EV3 Scratch 编写直升机程序，实现相同的功能。

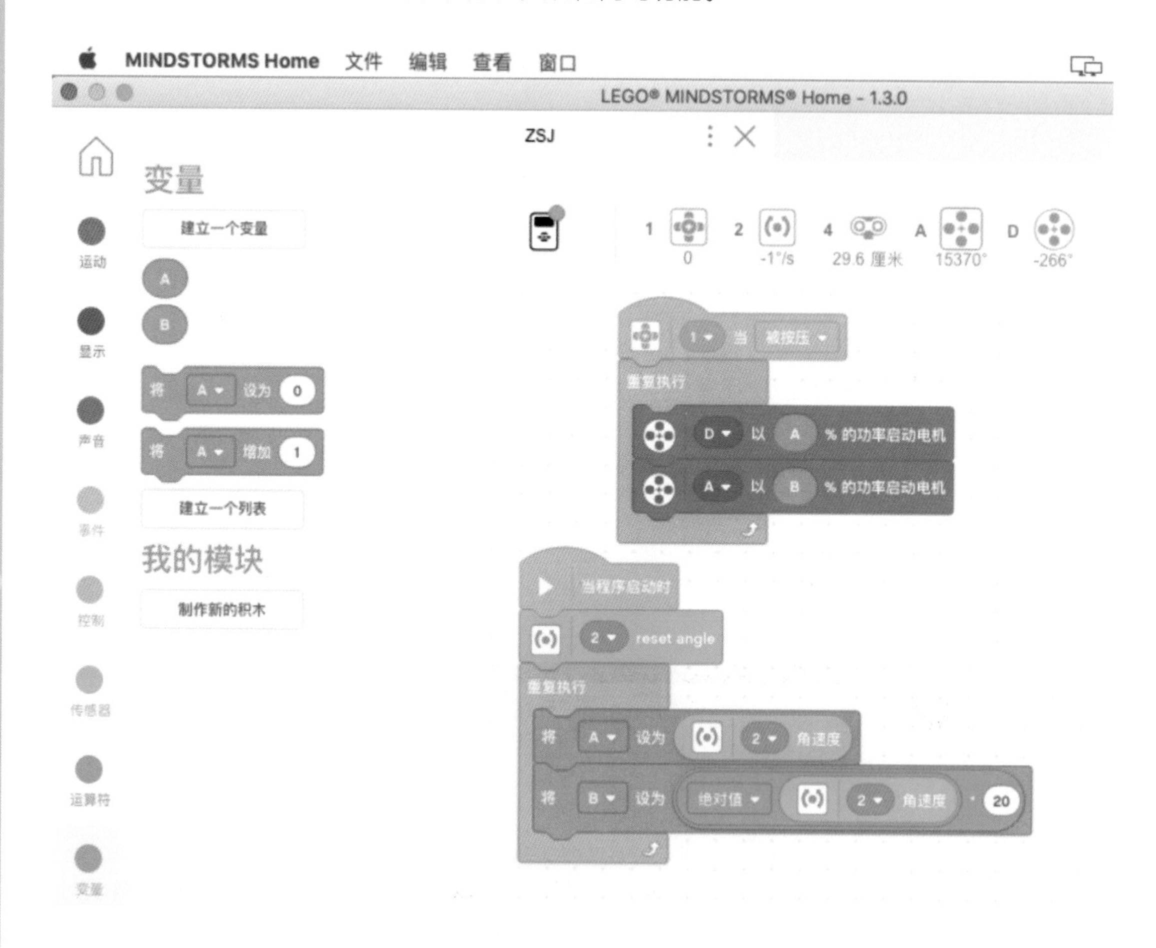

新建变量 A，B。

第一个流程：当程序启动时，重置陀螺仪角度。

进入循环，将变量 A 设为端口 2 的陀螺仪测量的角速度。将变量 B 设为端口 2 陀螺仪测量的角速度绝对值乘以 20。

第二个流程：当端口 1 的触碰传感器被按压时，进入循环。端口 D 的大型电机以变量 A 为功率运转。端口 A 的中型电机以变量 B 为功率运转。

12.4 来编程吧

以下程序增加了实时显示当前功率和超声波传感器的功能。

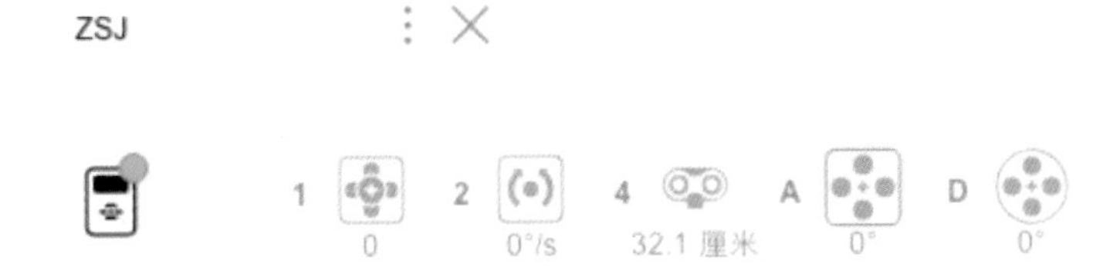

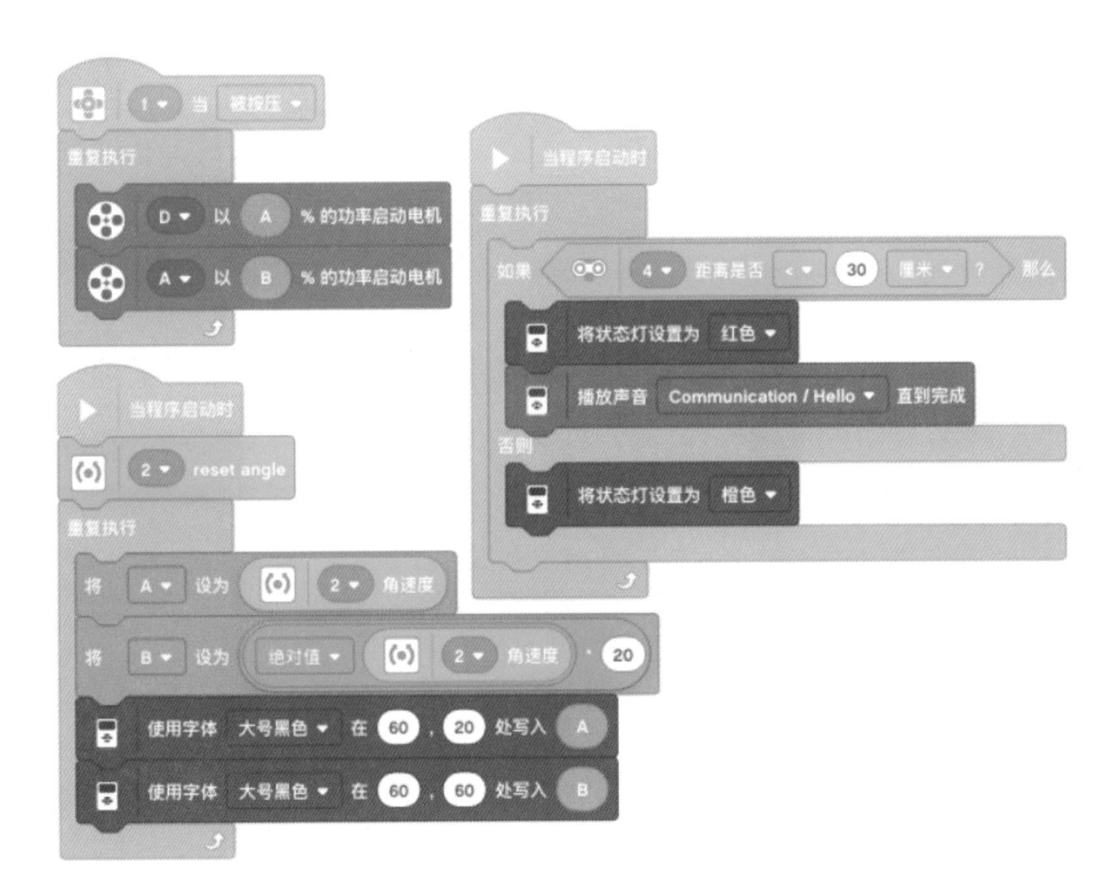

在第一个流程里增加了两个显示模块。“使用字体”为大号黑色，在 EV3 屏幕的 X 坐标 60，Y 坐标 20 处写入变量 A。“使用字体”为大号黑色，在 EV3 屏幕的 X 坐标 60，Y 坐标 60 处写入变量 B。

第三个流程：当程序启动时，进入循环。如果端口 4 的超声波传感器测量距离小于 30 厘米，那么将状态灯设置为红色。播放声音 Hello，直到完成。

否则将程序块状态灯设置为橙色。

12.5 一个人也可以做好

下面来认识 EV3 陀螺仪传感器。

陀螺仪传感器（一种数字传感器）：

陀螺仪传感器可以检测单轴旋转运动。如果朝着箭头指示的方向旋转陀螺仪传感器，传感器可检测出旋转速率（度 / 秒）（传感器可以测量出的最大旋转速率为 440 度 / 秒）。可以利用旋转速率进行检测，例如，当机器人的一部分在转动时，或当机器人摔倒时。

陀螺仪传感器会跟踪总旋转角度。可以利用旋转角度进行检测，例如，机器人已经转动到多远的距离。90° 转动的误差为 ±3°。注：传感器在插入 EV3 程序块时，必须完全静止。如果陀螺仪传感器附属于机器人，则在将陀螺仪传感器插入到 EV3 程序块时，机器人必须在起始位置上保持一动不动。

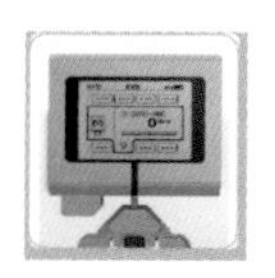

连接陀螺仪传感器：

在 EV3 程序块上，转至“程序块应用”屏幕（第三个选项卡）并使用“中”按钮选择“端口视图”。

使用黑色扁平连接器电缆，通过端口 2 将陀螺仪传感器连接到 EV3 程序块上。确保进行此操作时保持传感器静止不动。在 EV3 程序块显示屏的左侧第二个底部小窗口中，端口视图应用应显示读数“0”，代表该窗口所显示的端口 2 的输入值。

仍保持传感器静止不动，观察显示屏几秒钟。它应该继续显示“0”，即陀螺仪传感器连接到端口 2 的输入值。假如在连接过程中陀螺仪传感器读数并非一直保持“0”，请拔出传感器重新连接。

当在屏幕几秒钟内始终显示“0”时，尝试旋转传感器，观察角度读数的变化。记住，陀螺仪传感器测量的只是一个轴上的角度变化。

在 EV3 程序开始执行时，都必须重置陀螺仪传感器，清除上次的数值记录。

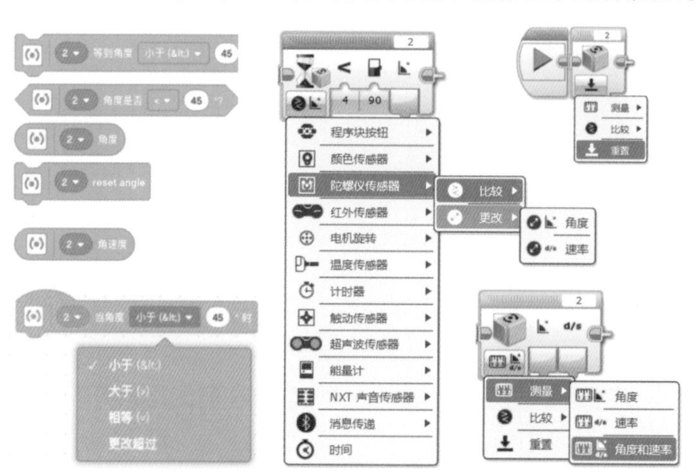

第 12 章讲解的陀螺仪传感器是很灵敏的传感器。在制作模型、编写程序时要特别注意，怎样让陀螺仪传感器测量的数值更加准确。第 13 章使用了十字齿轮的垂直传动。打鼓机器人是非常有趣的乐高 EV3 模型，可以播放音频，打鼓，前后左右移动。

打鼓机器人

打鼓机器人手舞足蹈的样子是不是十分可爱。我们也可以使用乐高 EV3 制作一个打鼓机器人。如果有很多个打鼓机器人在一起打鼓，感觉就像在看广场舞表演一样。

打鼓机器人能打鼓，发出不同的声音。这里使用了十字齿轮的垂直传动。

13.1 打鼓机器人建模图

打鼓机器人使用了十字齿轮的垂直传动。

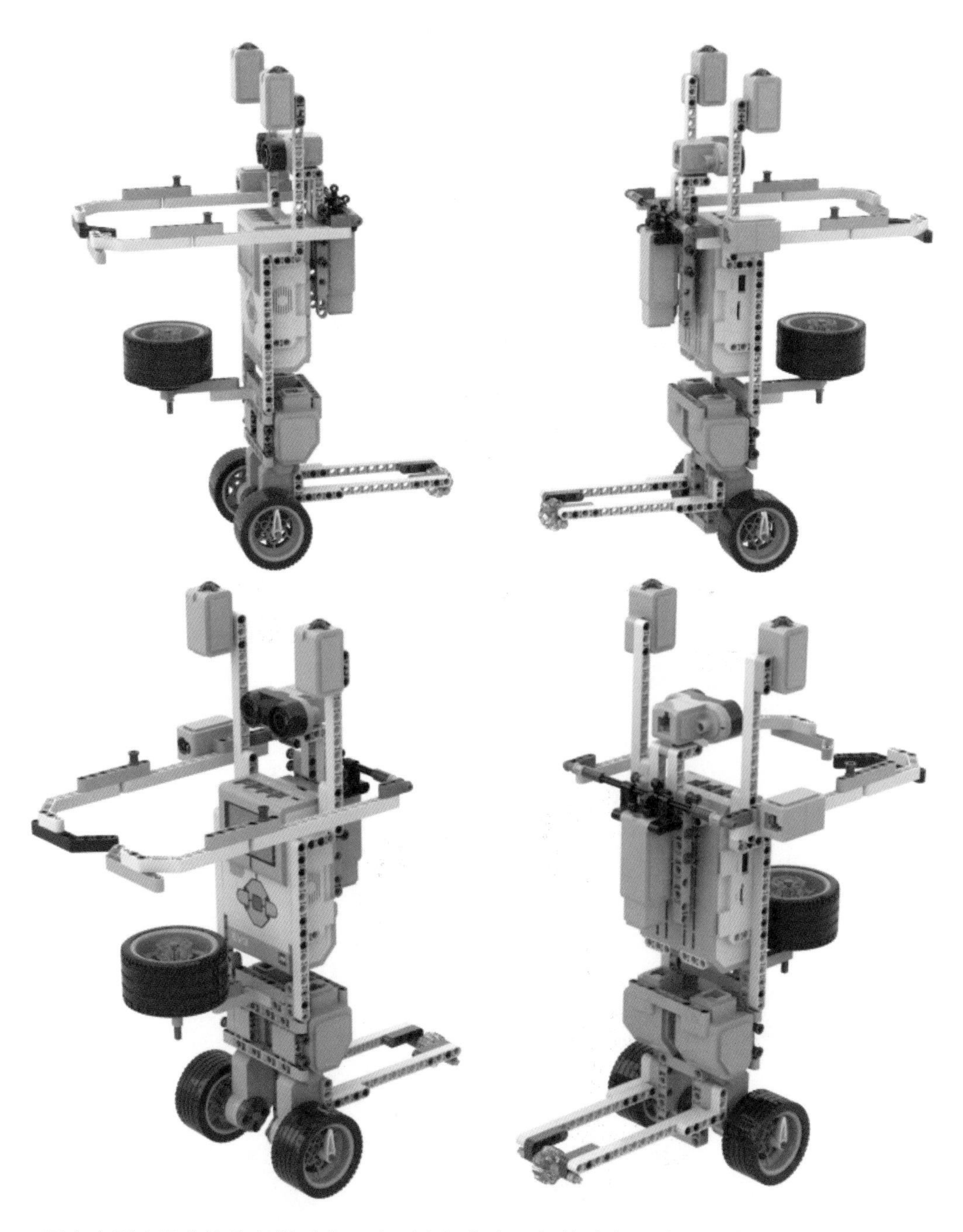

两个大型电机作为脚部的动力，中型电机作为手部的动力，使用十字齿轮的垂直传动。超声波传感器作为机器人的眼睛，触碰传感器和颜色传感器作为控制声音的按钮。

13.2 EV3 打鼓机器人程序

下面是 EV3 打鼓机器人程序的相关内容。

13.2.1 打鼓机器人程序

打鼓机器人 EV3 程序使用了两个流程。

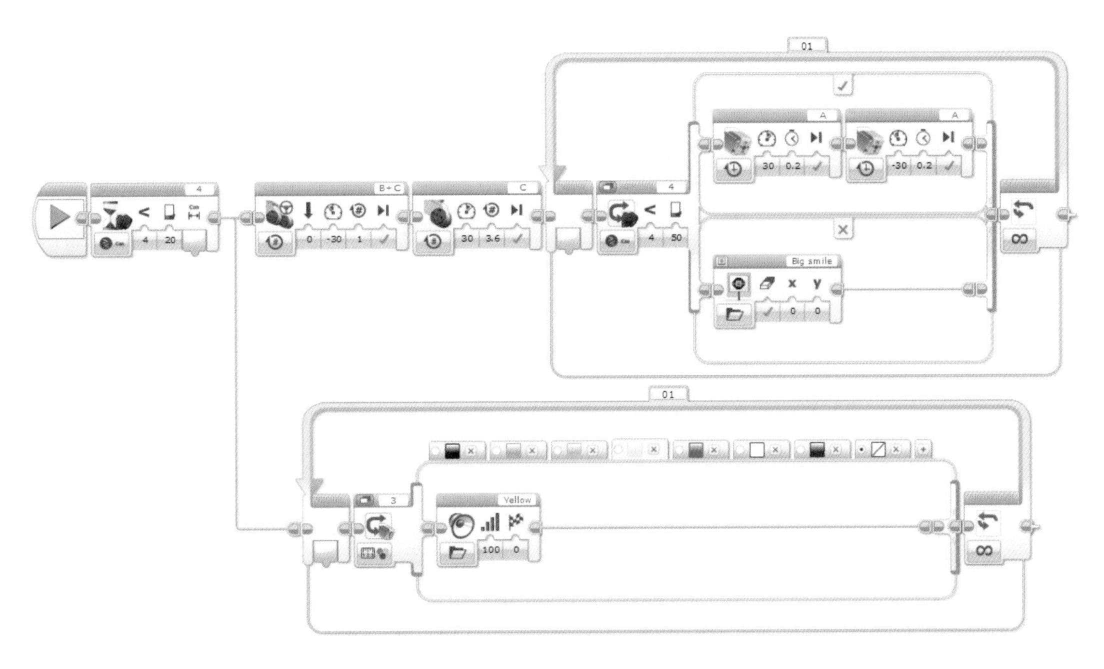

程序开始，当端口 4 的超声波传感器检测到距离小于 20 厘米时，进入两个流程。

第一个流程：

端口 B+C 的大型电机以 −30 的功率运转 1 圈，端口 C 的大型电机以 30 功率运转 3.6 圈。进入循环，如果端口 4 的超声波传感器检测到距离小于 50 厘米，那么端口 A 的中型电机以 30 功率运转 0.2 秒，再以 −30 功率运转 0.2 秒。否则显示笑脸图形。

第二个流程：

进入循环。当端口 3 的颜色传感器检测到黑色、蓝色、绿色、黄色、红色、白色、棕色时。说出每种颜色的英文单词，如果没有颜色，则没有声音。默认选项是没有颜色（在切换模块最后的选项上面加了黑点，就是默认选项）。

13.2.2 拓展程序

打鼓机器人 EV3 扩展程序，按下触碰按钮发出不同的声音。

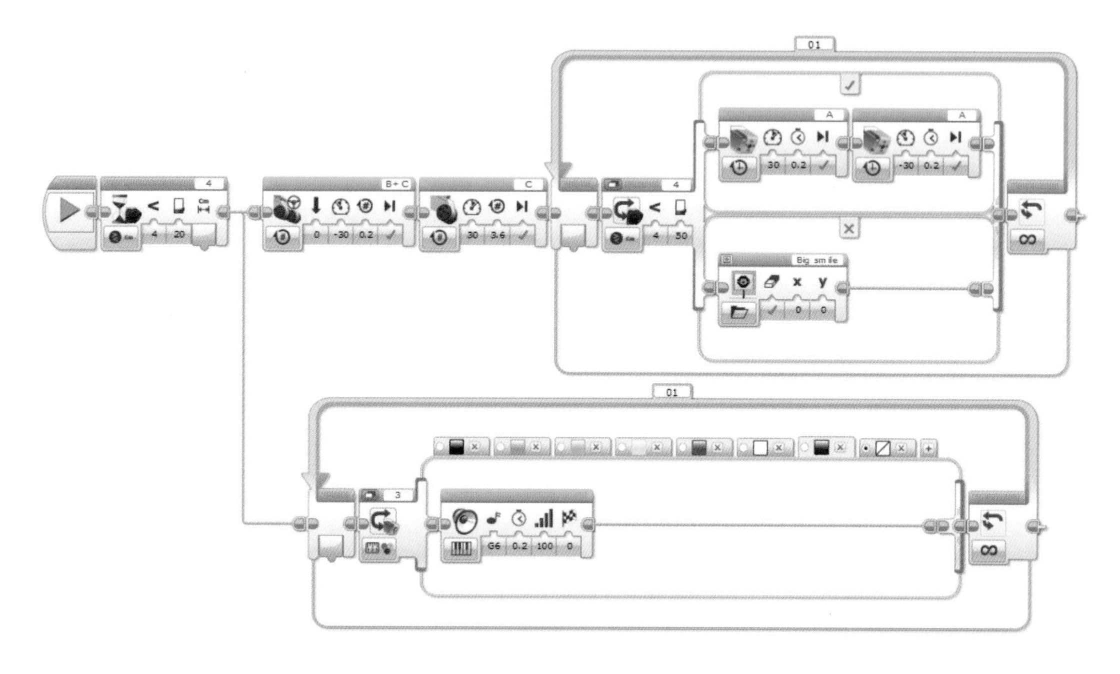

第一个流程里，把颜色单词换成了声音模块里的播放音符。每种颜色对应一个音符。

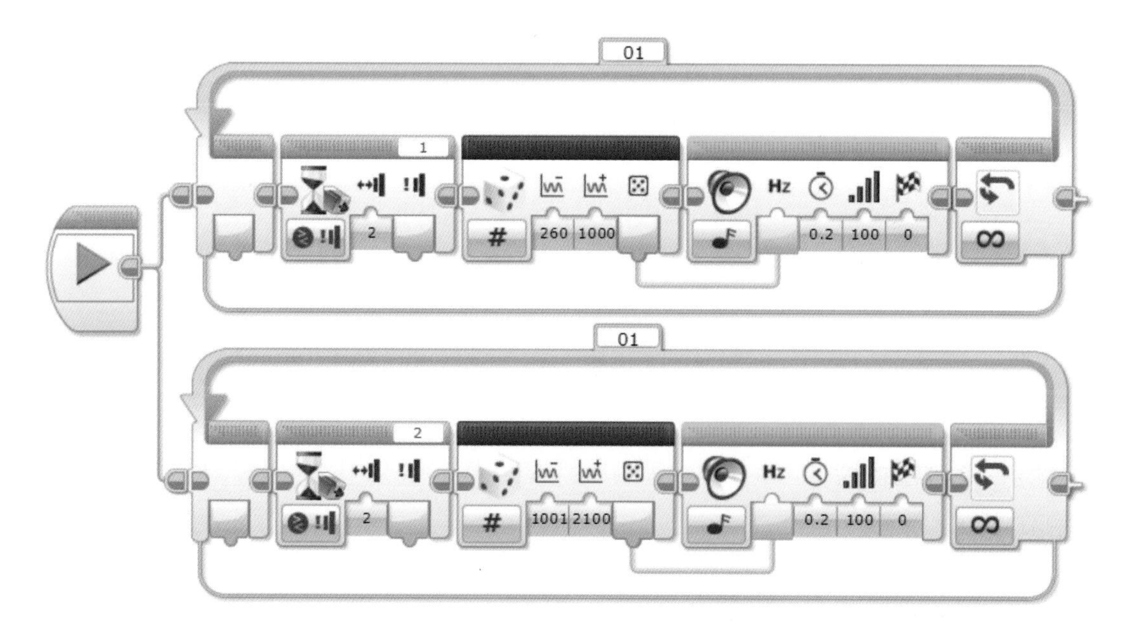

第二个流程和第三个流程功能是一样的。分别按下并松开端口 1、2 的触动传感器，会在随机范围（260—1000）（1001—2100）内生成随机数值作为播放音调的频率。

13.3 EV3 打球机器人模型

可以在打鼓机器人的基础上制作一个打球机器人。

这是一个打高尔夫球的机器人。结构比打鼓机器人简单，程序也不复杂。同学们可以自己编写打球机器人的 EV3 程序和 EV3 Scratch 程序。

把几个打球机器人放在同一个起跑线上，程序开始，打球机器人走到蓝色的球前面，挥动大手，把蓝色的球打进球门。看哪位同学的进球数最多，程序写得最好。

13.4 EV3 Scratch 打鼓机器人程序

使用 EV3 Scratch 编写一个相同功能的打鼓机器人程序。

同学们可以尝试自己编写和理解上面的 EV3 Scratch 打鼓机器人程序。特别是要理解 EV3 Scratch 编程软件与头脑风暴 EV3 编程软件的流程控制模块有什么相同点和不同点；电机模块和运动模块的使用方法；在 EV3 Scratch 中怎样实现多流程多任务；传感器模块的运用与头脑风暴 EV3 编程软件有什么异同点。

13.5　来编程吧

这个是与拓展程序功能相同的 EV3 Scratch 程序。

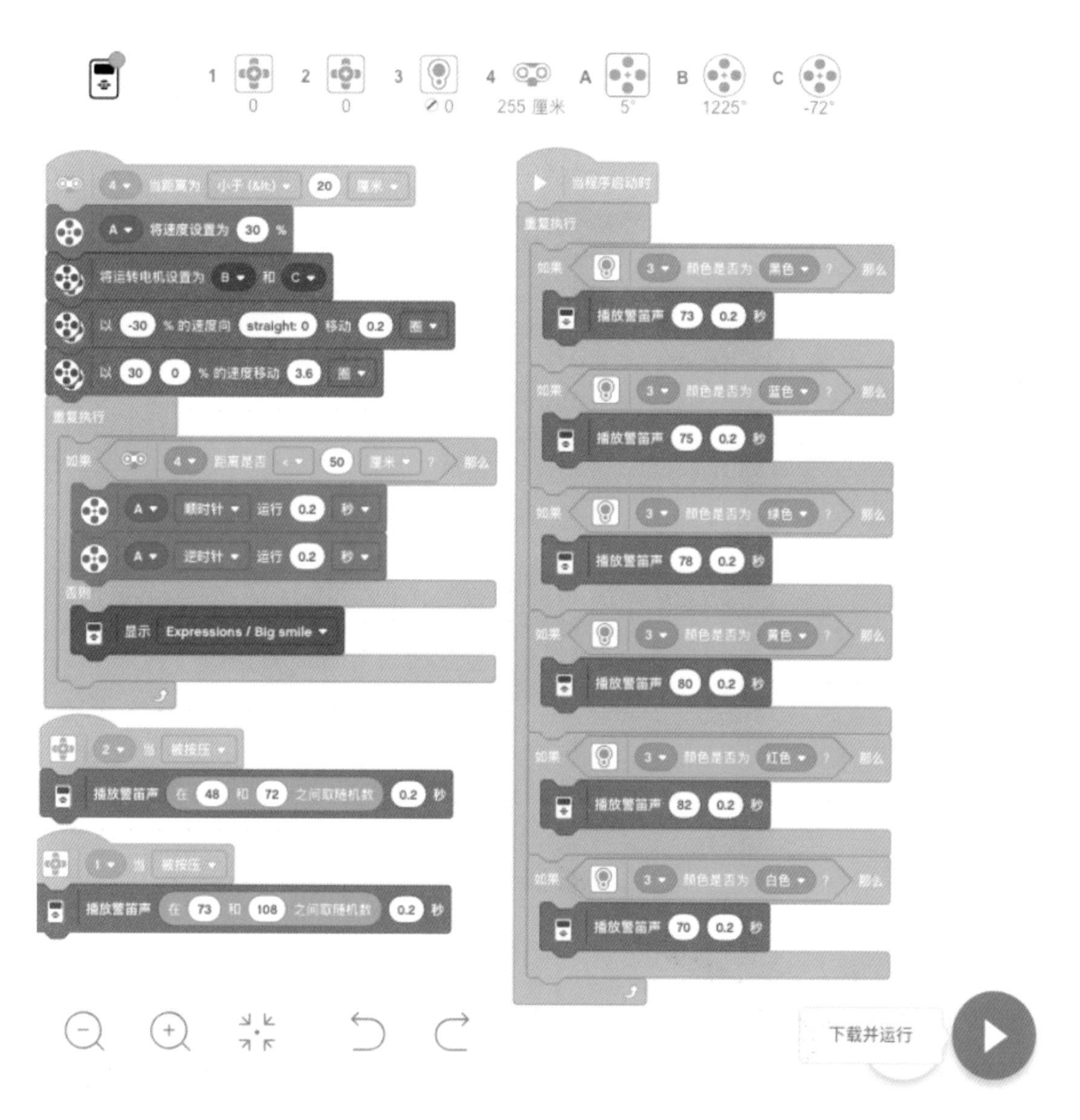

通过 EV3 Scratch 多流程、多任务，随机模块实现了打鼓机器人头脑风暴 EV3 编程软件拓展程序的相同功能。同学们可以自己动手编写程序，多锻炼、多运用新的知识点，把头脑风暴 EV3 编程软件的编程方法运用到 EV3 Scratch 编程里。

13.6 一个人也可以做好

使用乐高 EV3 硬件，制作一个简易的 EV3 电吉他模型，并编写一个 EV3 Scratch 电吉他程序。

可以使用头脑风暴 EV3 和 EV3 Scratch 编写这个电吉他程序。

下面是用 EV3 Scratch 编写的电吉他基础程序，同学们可以丰富这个程序的功能。

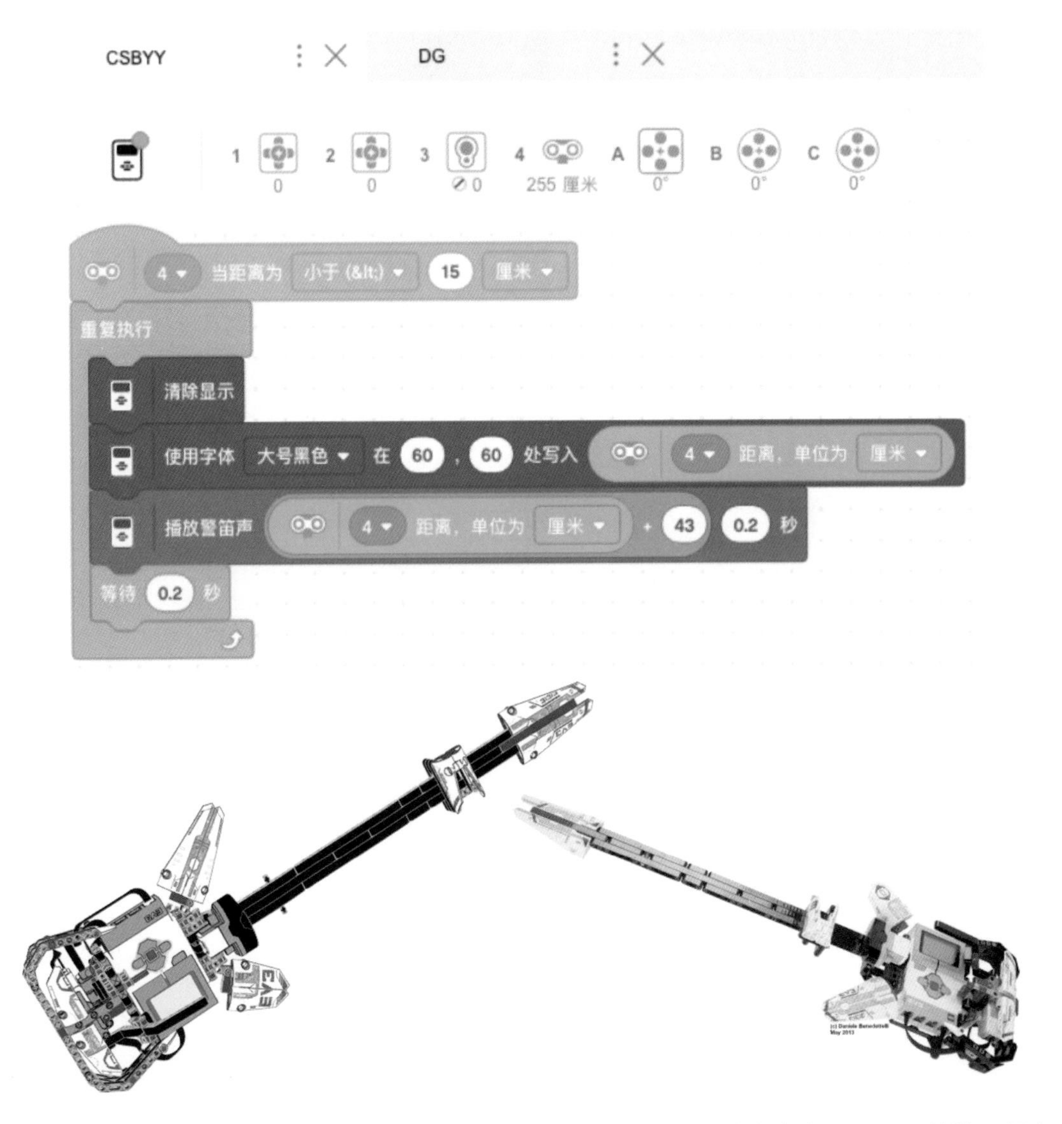

打鼓机器人的任务程序讲解了随机模块，进一步熟悉了声音模块的应用。还可以使用超声波传感器和声音模块，制作一把乐高 EV3 电吉他，并编写电吉他程序。第 14 章将使用多种传感器控制风扇的转动。风扇是生活中经常使用的家用电器。

智能风扇

在前面的陀螺发射器章节里，我们就学习了齿轮的二级加速。大齿轮带动小齿轮就是加速，小齿轮带动大齿轮就是减速。本章的智能风扇使用了二级加速的乐高模型，并使用了装饰零件制作风扇叶，还使用了多种传感器控制风扇的转动。

夏天的时候，风扇为我们带来了舒适的环境，可以用 EV3 教育版制作一个智能风扇。

14.1 智能风扇建模图

风扇使用了齿轮的二级加速。40 齿的主动轮带动 8 齿的从动轮。
与 8 齿齿轮同轴的 40 齿齿轮带动与风扇叶同轴的 8 齿齿轮，实现二级加速。
本书的模型和程序都提供源文件下载，可以按照模型的建模文件搭建风扇。

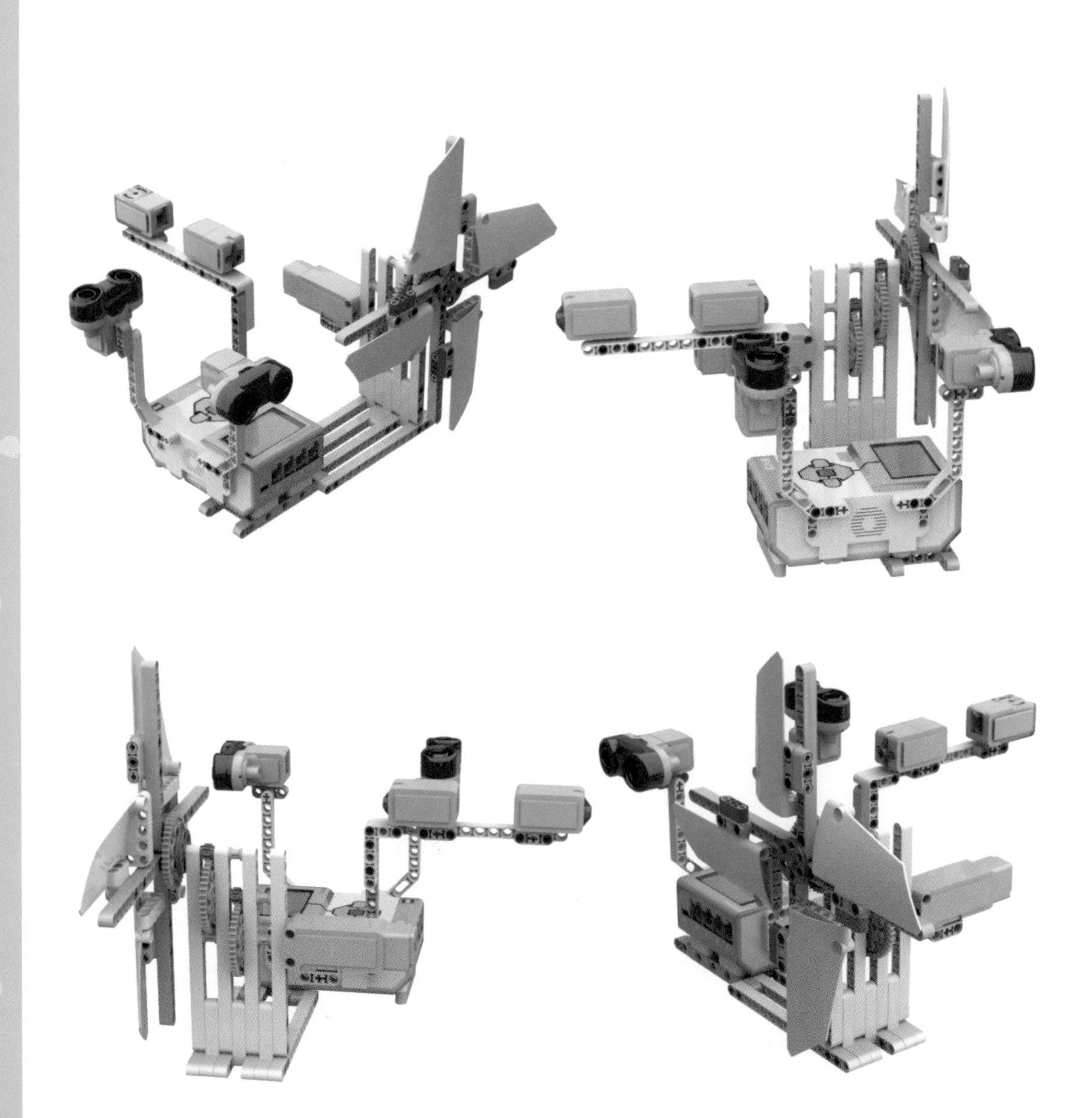

14.2 EV3 智能风扇程序

下面是 EV3 智能风扇程序的相关内容。

14.2.1 风扇基础程序

智能风扇程序的编程逻辑如下：

基础编程任务如下：

（1）按端口 1 的触碰会说数字 One，Two。在中型电机 10 功率与 50 功率之间切换。

（2）按端口 2 的触碰会说数字 Three，Four。在中型电机 -10 功率与 -50 功率之间切换。

第一种编程方法。

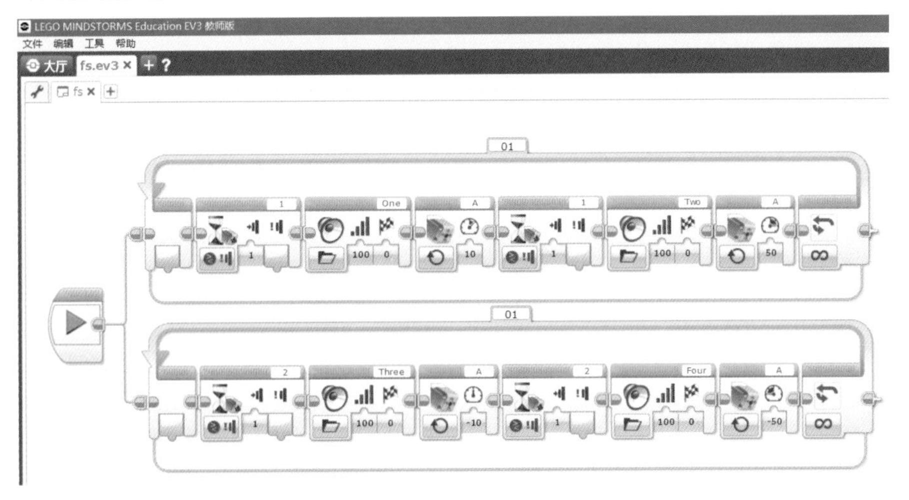

第二种编程方法。

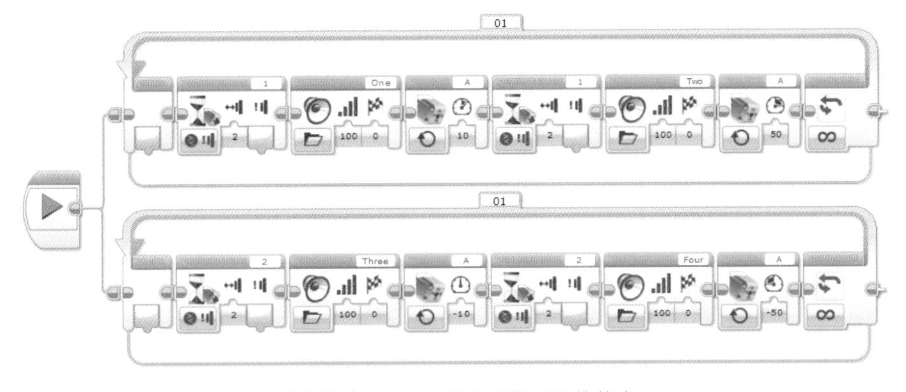

两种方法的不同之处是触碰传感器的状态。

14.2.2 编程逻辑

智能风扇程序的编程逻辑如下：

（1）按下端口1触碰传感器，说Hello。根据端口4超声波检测的距离实时调整中型电机的功率，并显示在EV3主机屏幕中间。

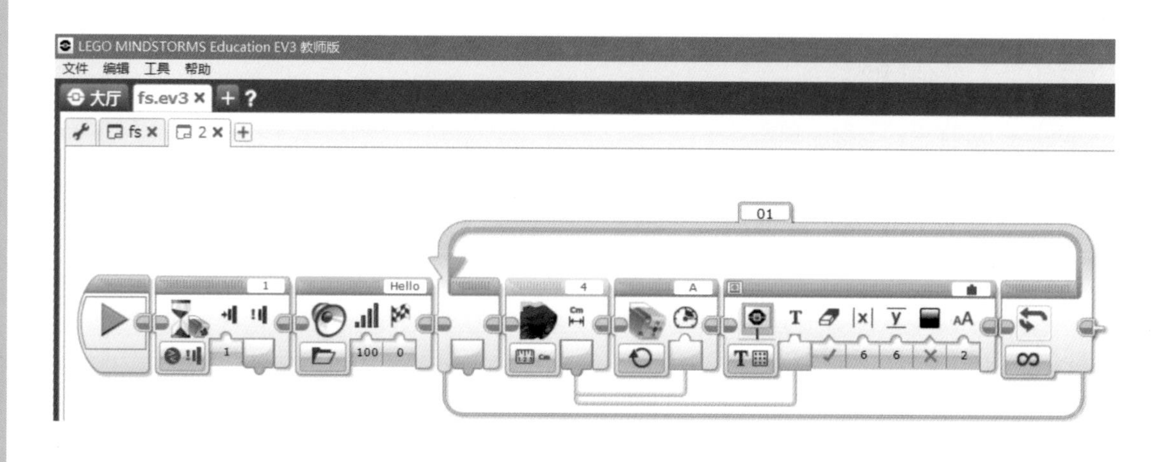

（2）端口3超声波传感器侦测到附近有震动，退出任务3程序的循环。

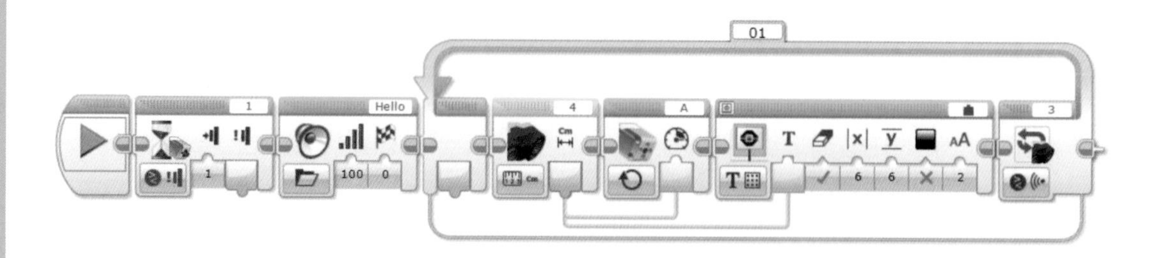

使用超声波侦测模式，退出循环。

14.2.3 拓展提高

风扇模型编程拓展提高：

拓展提高编程任务一：

（1）在基础编程任务1、2的基础上，增加不同的功能，使用多流程编写程序。

（2）当端口3的超声波传感器侦测的距离小于50厘米时，说Hello。

（3）当端口4的超声波传感器侦测到附近有震动时，结束程序。

14.2.4　拓展程序

第一种编程方法：

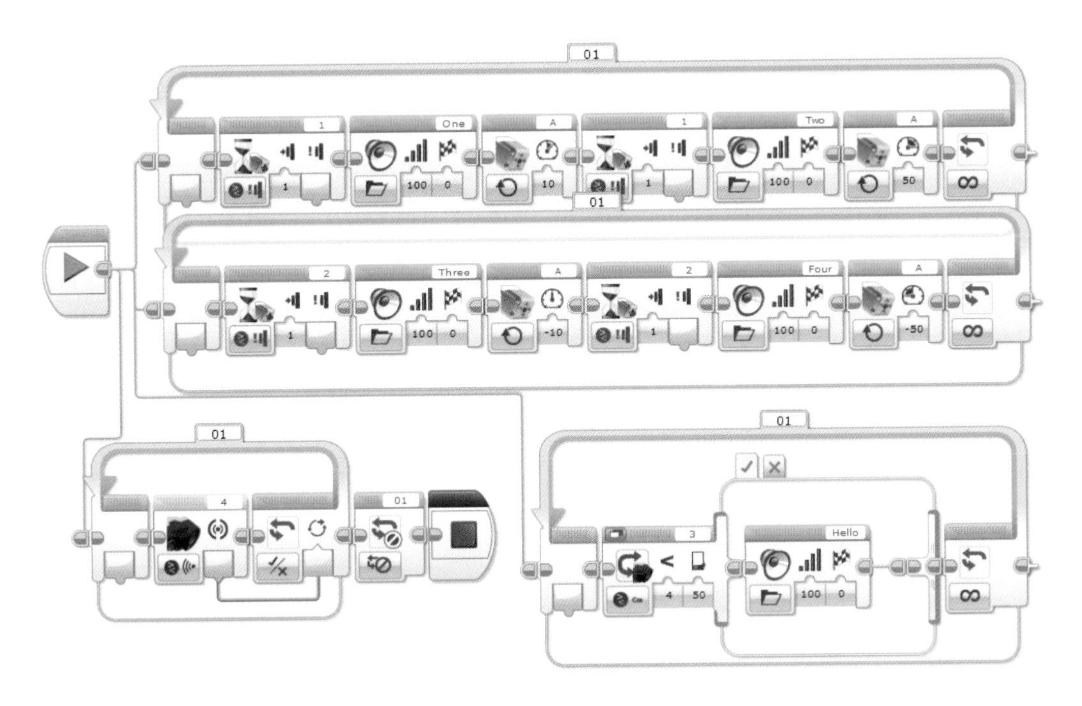

第二种编程方法：

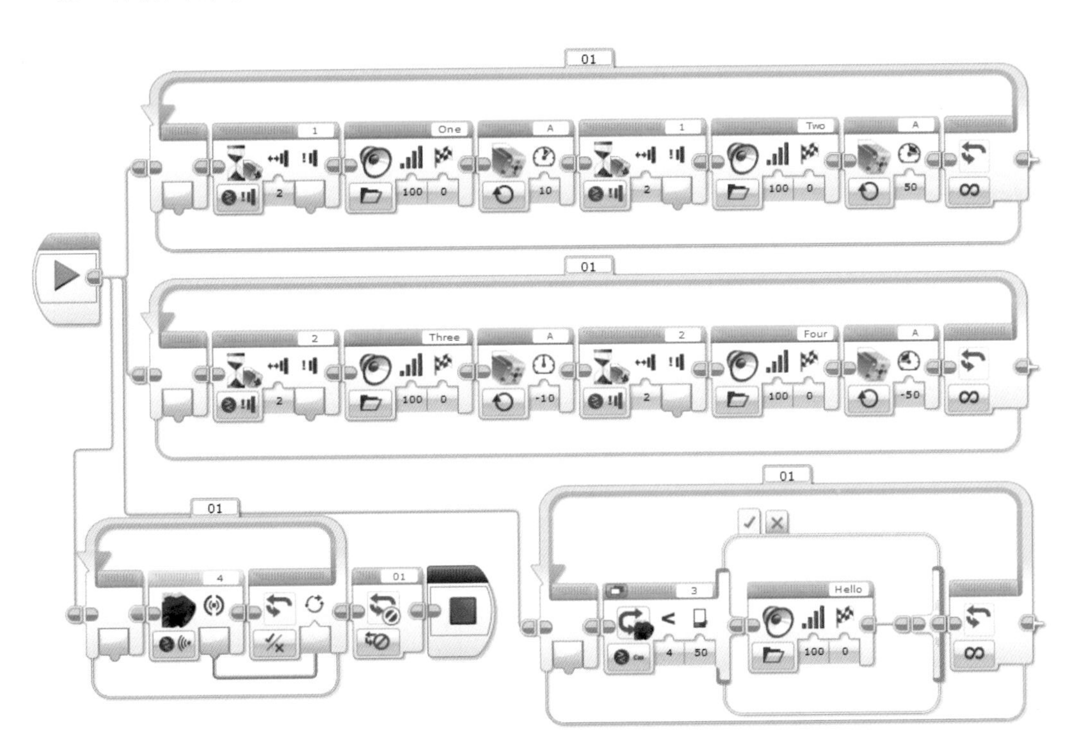

拓展提高编程任务二：

（1）使用变量控制中型电机的功率。每按一下端口1触碰传感器，中型电机功率增加10。

（2）每按一下端口2触碰传感器，中型电机的功率减少10。

（3）增加和减少的数值实时显示在主机屏幕上。

（4）当数值大于80小于-80时，发出警报声（因为电机功率的最大值为100，最小值为-100）。

（5）使用多流程编写程序。

（6）使用多任务编写，当端口3的超声波传感器侦测的距离小于50厘米时，说Hello。当端口4的超声波传感器侦测到附近有震动时，结束程序。

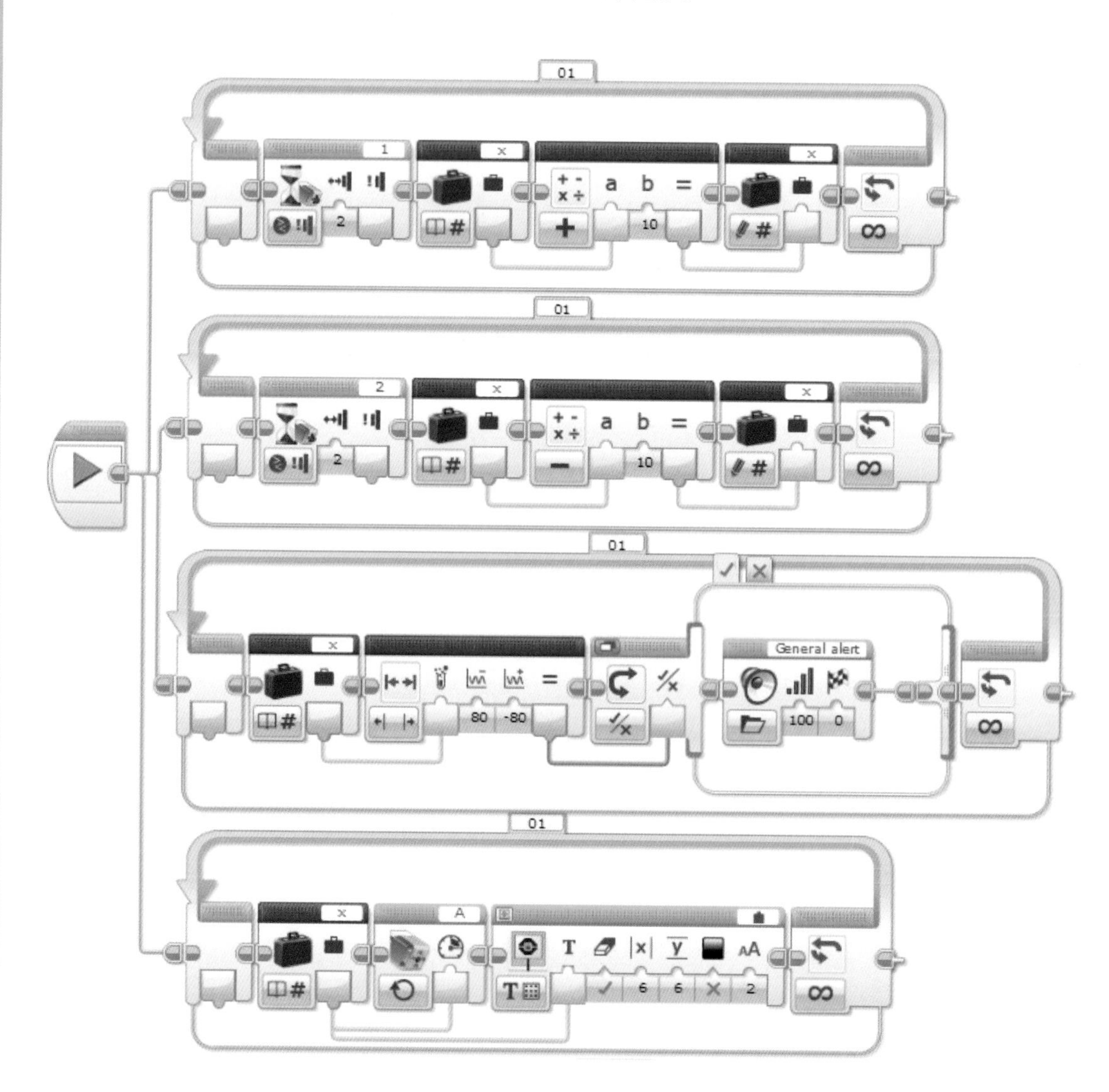

拓展程序如下：

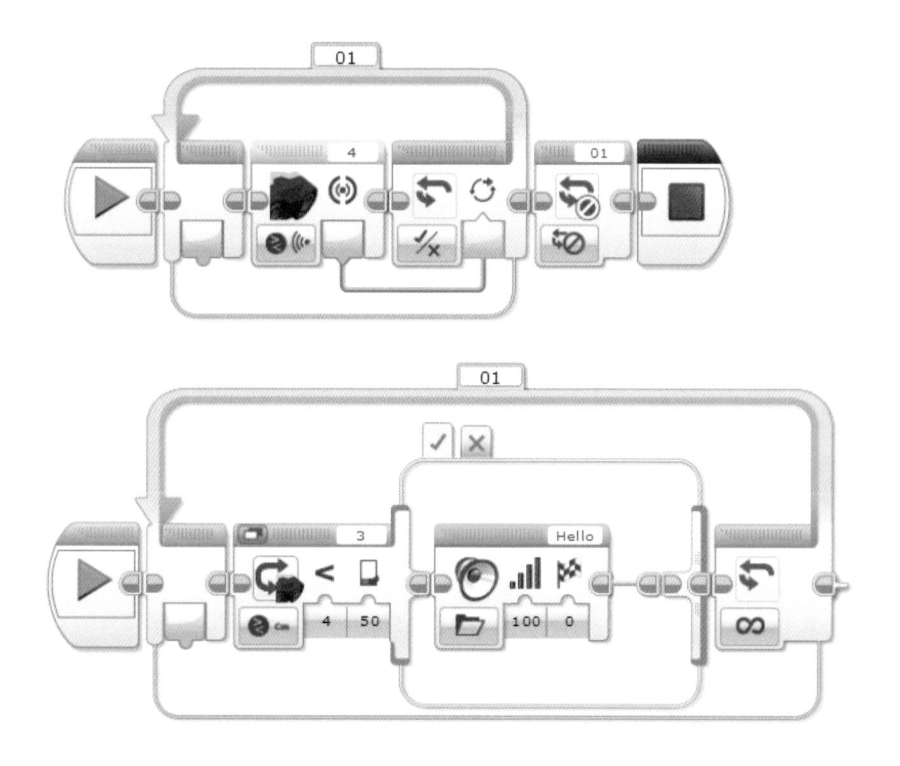

拓展程序使用了变量和超声波监听模式。

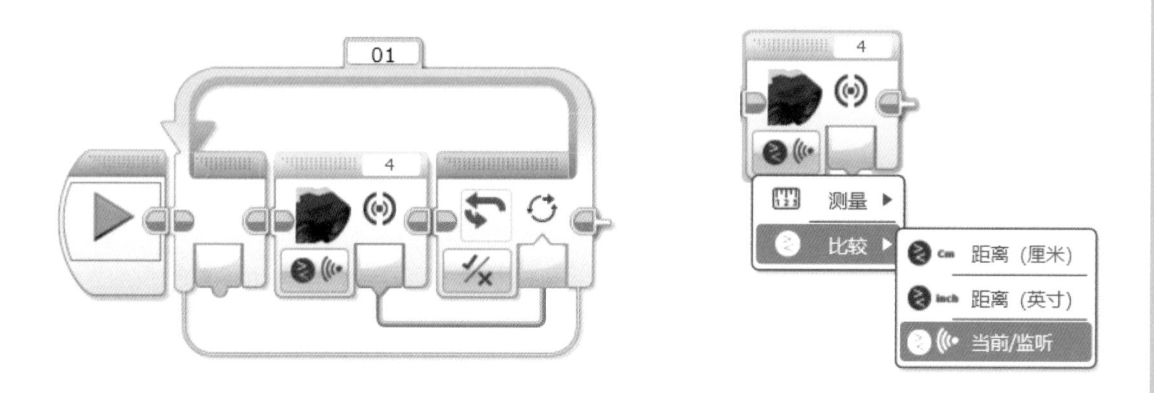

“比较 > 当前 / 监听”模式在“仅监听”模式中监听其他超声波信号。如果检测到信号，则检测到超声波输出将为“真”，否则为“伪”。

14.2.5 EV3硬件

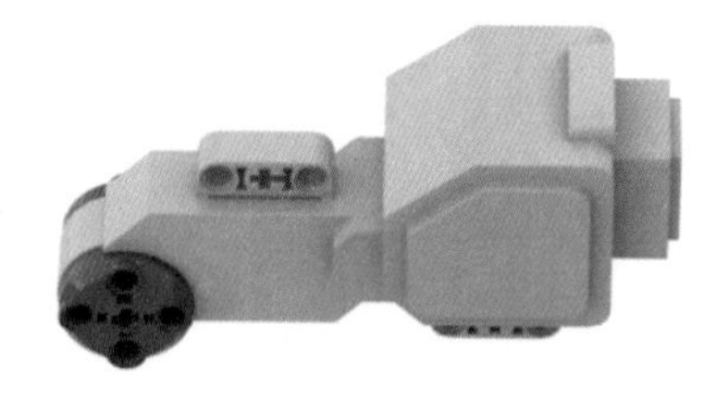

大型电机转速为160~170 r/min，旋转扭矩为20 N·cm，失速扭矩为40 N·cm（大型电机转速比中型电机更慢但更强劲）。大型电机里有电机旋转传感器。

中型电机转速为240~250 r/min，旋转扭矩为8 N·cm，失速扭矩为12 N·cm（更快但弱一些）。中型电机里有电机旋转传感器。

1. 超声波传感器（是一种数字传感器）

超声波传感器可以测量与前面的物体相隔的距离。使用厘米单位时，可检测到的距离范围是3到255厘米，误差为±1厘米。使用英寸单位时，可检测到的距离范围是1到99英寸，误差为±0.394英寸。256厘米或100英寸意味着传感器已经检测不出前方任何物体。挡住超声波传感器其中一个发射口或者接收口，超声波传感器的测量值为255。

2. 陀螺仪传感器（一种数字传感器）

陀螺仪传感器可以检测单轴旋转运动。如果您朝着箭头指示的方向旋转陀螺仪传感器，传感器可检测出旋转速率（度/秒）。（传感器可以测量出的最大旋转速率为440度/秒）。可以利用旋转速率进行检测，例如当机器人的一部分在转动时，或当机器人摔倒时。陀螺仪传感器会跟踪总旋转角度。90°转动的误差为±3°。

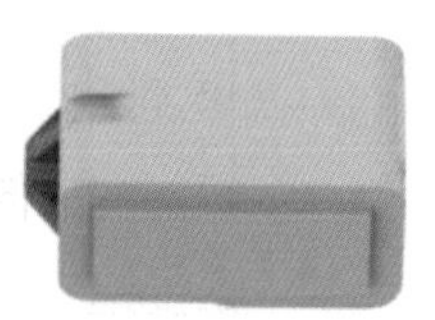

3. 触动传感器（是一种模拟传感器）

触动传感器可以检测传感器的红色按钮何时被按压及何时被松开。可以对触动传感器编程，使其对以下三种情况做出反应：按压、松开或按压后再松开。

14.3 EV3 Scratch 智能风扇程序

14.3.1 机械结构

以下是简易版的智能风扇 EV3 模型，二级加速模型，二级加速原理。

大齿轮带动小齿轮是加速，小齿轮带动大齿轮是减速。

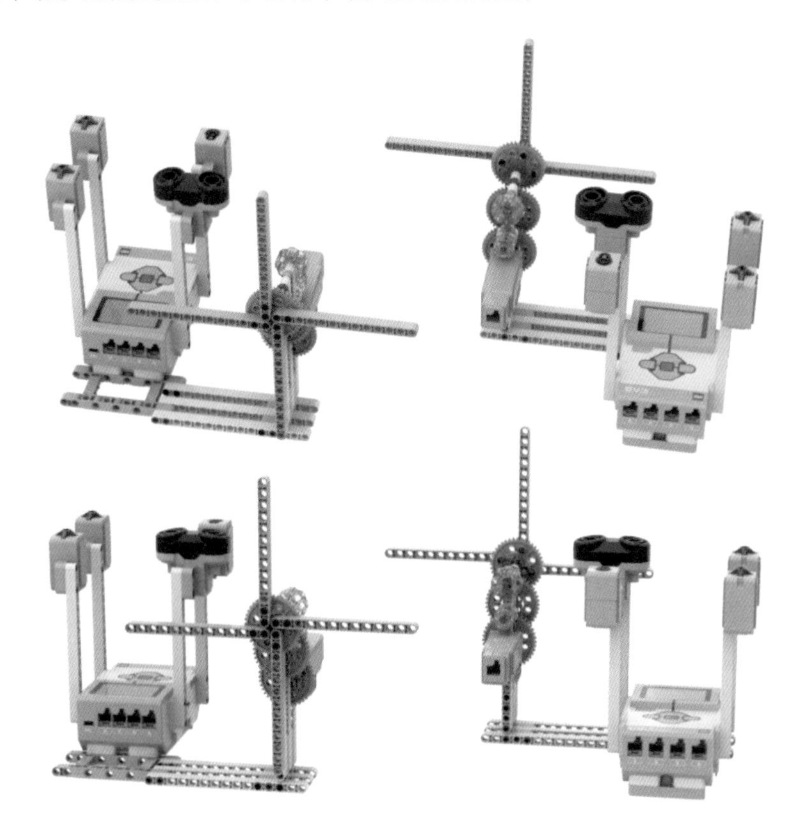

二级加速的模型：40 个齿的大齿轮带动 8 个齿的小齿轮，实现加速功能。

二级加速的倍数：40 个齿除以 8 个齿等于 5 倍，再乘以 5 倍等于 25 倍。

一级加速：40 ÷ 8=5（倍），二级加速：5 × 5=25（倍）实现了风扇叶的加速转动。

14.3.2 EV3 Scratch程序

使用传感器控制智能风扇，以及风扇转速。

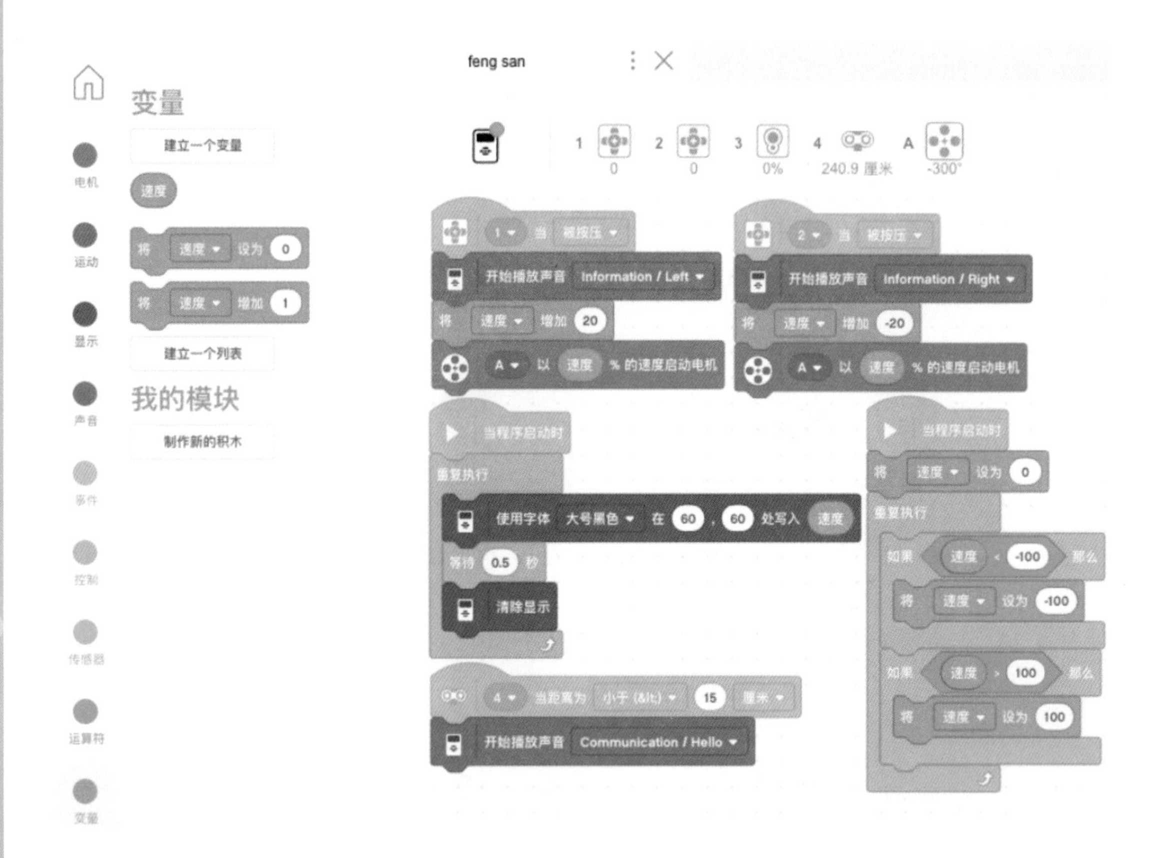

当端口1的触动传感器被按压时，开始播放声音Left。将变量“速度”增加20。端口A的中型电机以变量“速度”的数值为电机速度运转。

当端口2的触动传感器被按压时，开始播放声音Right。将变量“速度”增加-20（增加负数，就是减少20）。端口A的中型电机以变量“速度”的数值为电机速度运转。

如果变量“速度”的值小于-100，那么将变量“速度”改为-100。

如果变量“速度”的值大于100，那么将变量“速度”改为100。

使用字体大号黑色在EV3屏幕的X，Y坐标60，60处写入“速度”的值。显示速度值。等待0.5秒，清除显示，刷新EV3屏幕。

当端口4的超声波传感器检测到距离小于15厘米时，开始播放声音Hello。

14.4　来编程吧

使用颜色传感器的反射光线强度数值作为电机功率。

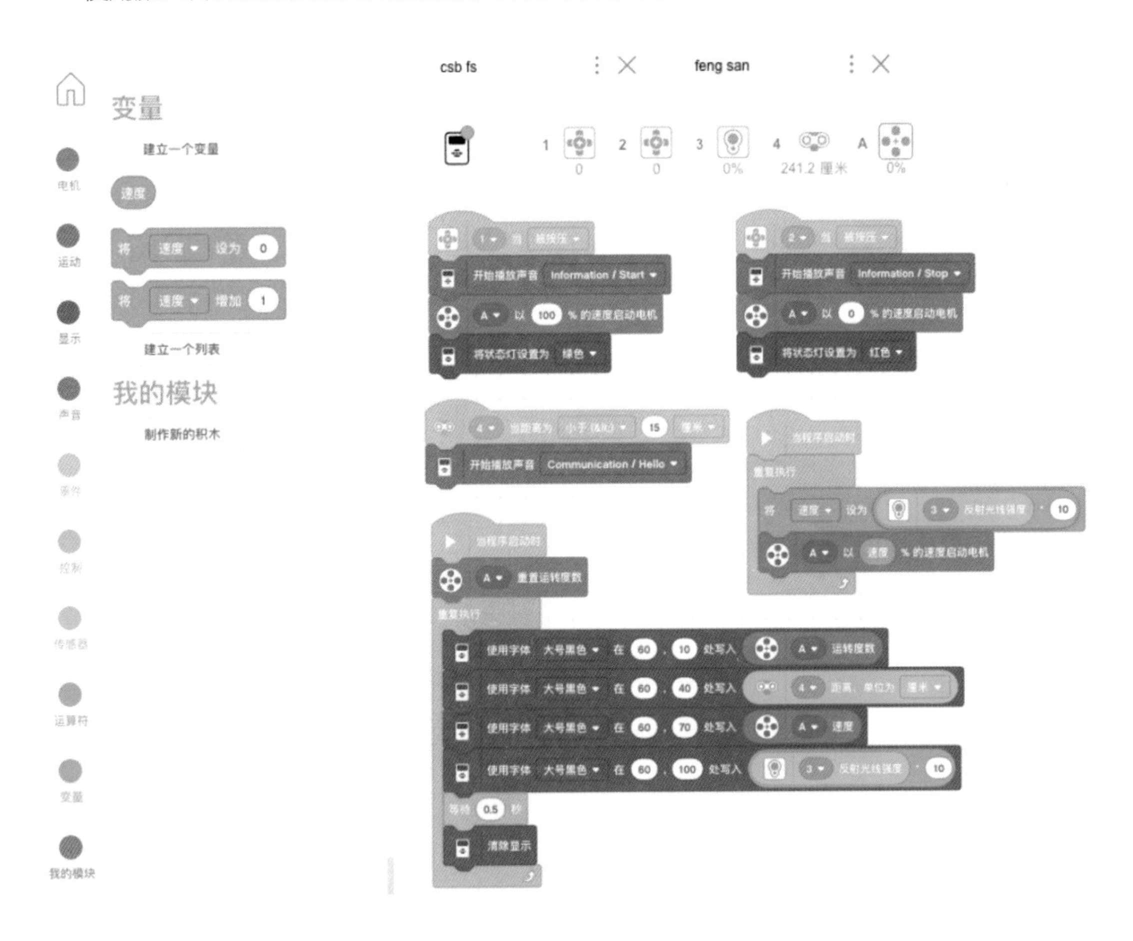

当端口 1 的触动传感器被按压时，开始播放声音 Start，端口 A 的中型电机以 100% 的速度运转，将状态灯设置为绿色。

当端口 2 的触动传感器被按压时，开始播放声音 Stop，端口 A 的中型电机以 0% 的速度运转（电机停止），将状态灯设置为红色。

当端口 4 的超声波传感器检测到距离小于 15 厘米时，开始播放声音 Hello 。

新建一个变量“速度”，端口 3 的颜色传感器测量的反射光线强度乘以 10 作为端口 A 的中型电机速度，运转电机。当程序启动时，在 EV3 屏幕上显示 4 个数值。

14.5 一个人也可以做好

下面这个 EV3 Scratch 程序使用了变量、电机控制。

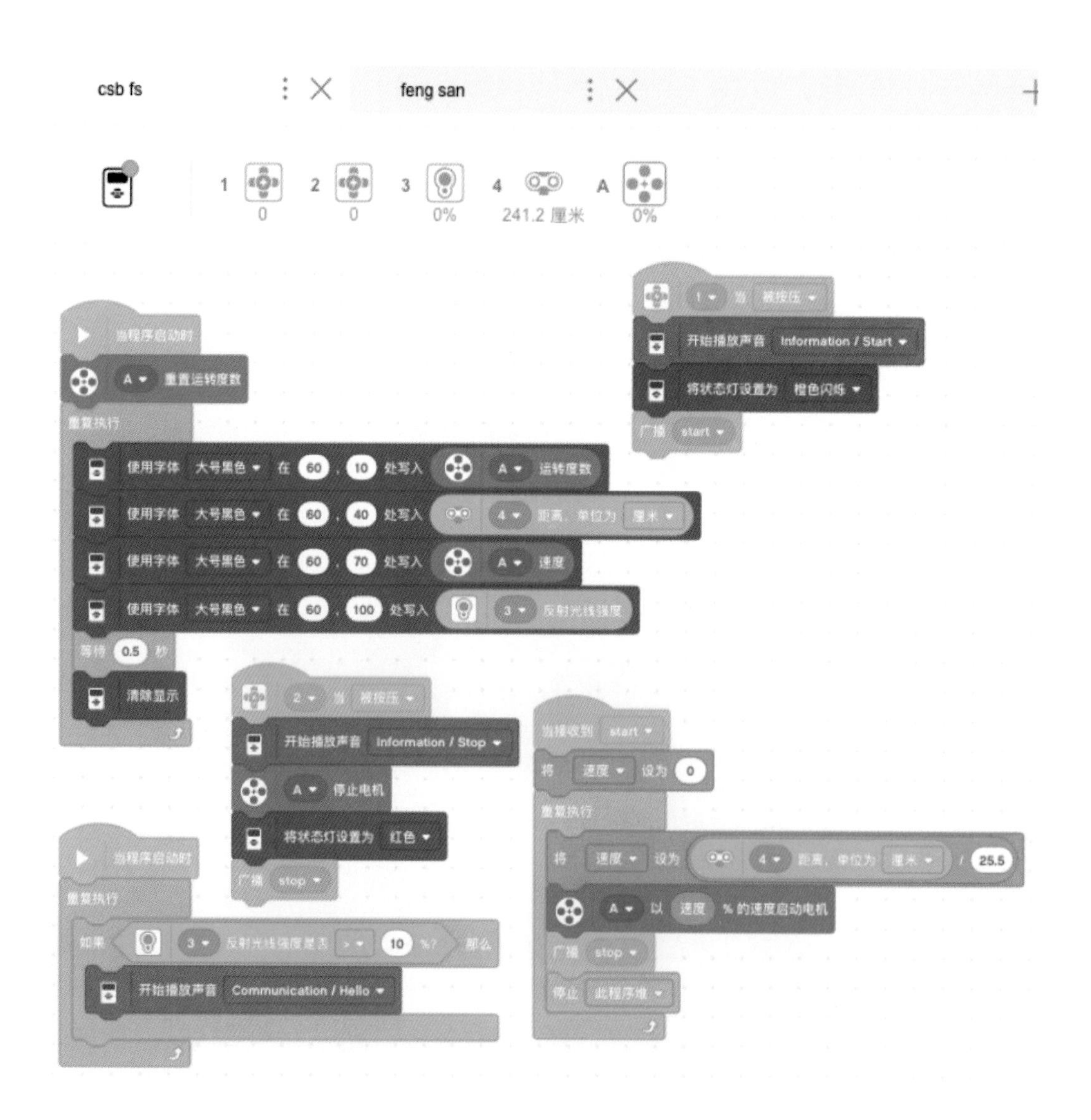

在 EV3 Scratch 里，超声波传感器测量的数值，必须赋值给变量，才能使用。

超声波传感器测量的数值能不能直接赋值给中型电机，作为中型电机的速度值和功率值。

学习完第 14 章的智能风扇后，同学们是不是更加了解齿轮的二级加速了。智能风扇的编程还讲解了超声波传感器的比较 > 当前 / 监听模式。在超声波传感器监听到前方有震动时，就可以继续执行程序。

第15章

机　械　手

发现生活中的美好事物，然后把它们都做成乐高 EV3 模型吧。上一章讲解了智能风扇。在炎热的夏天，给我们带来了丝丝凉风。第 15 章的机械手和猜拳手，在无聊的日子里，可以陪我们猜拳、拿取垃圾袋和空的可乐瓶。让我们的生活充满乐趣。

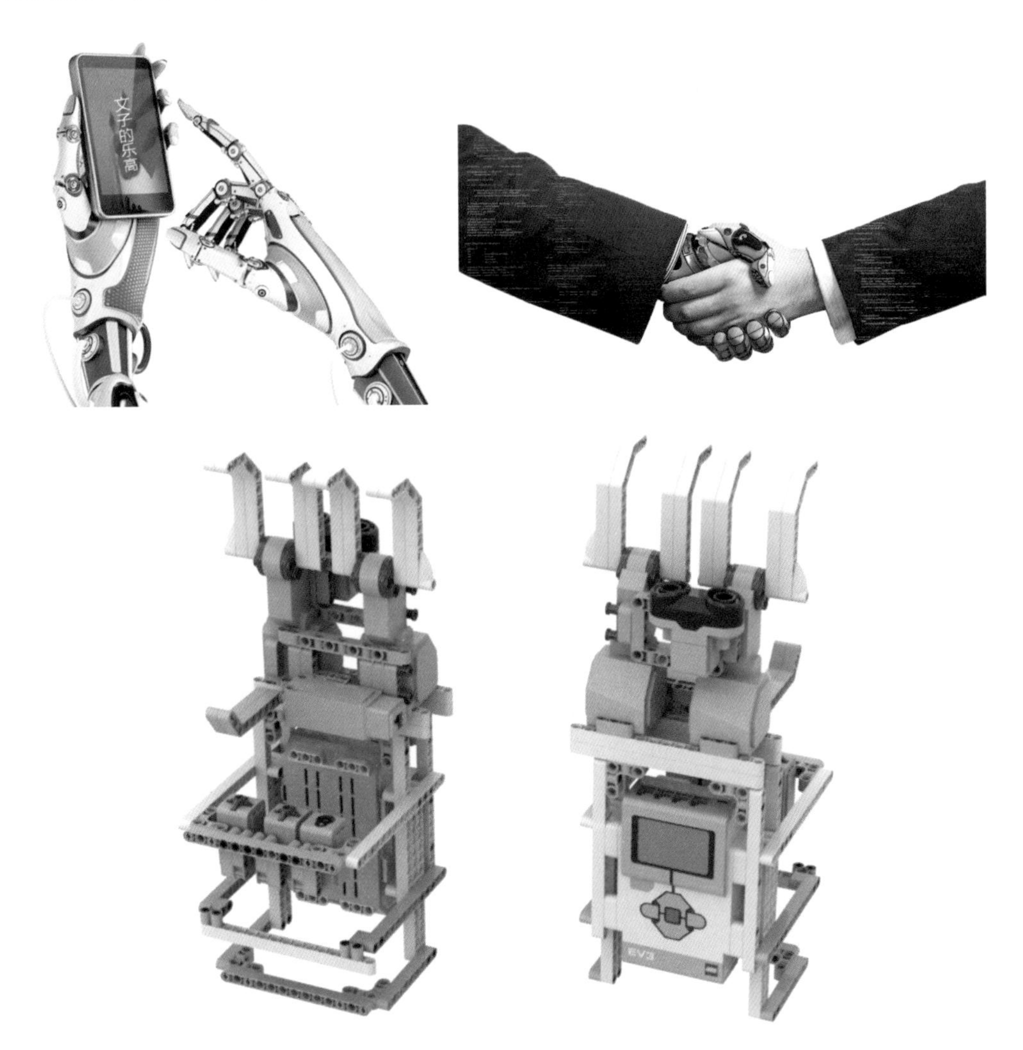

机械手在生活中有很多的用处，可以帮助我们拿取危险物品。

未来的机器人会拥有一双灵巧的机械手，精巧程度可以媲美人类。

15.1 机械手建模图

EV3 机械手、猜拳手模型能够模拟人类的手部动作。

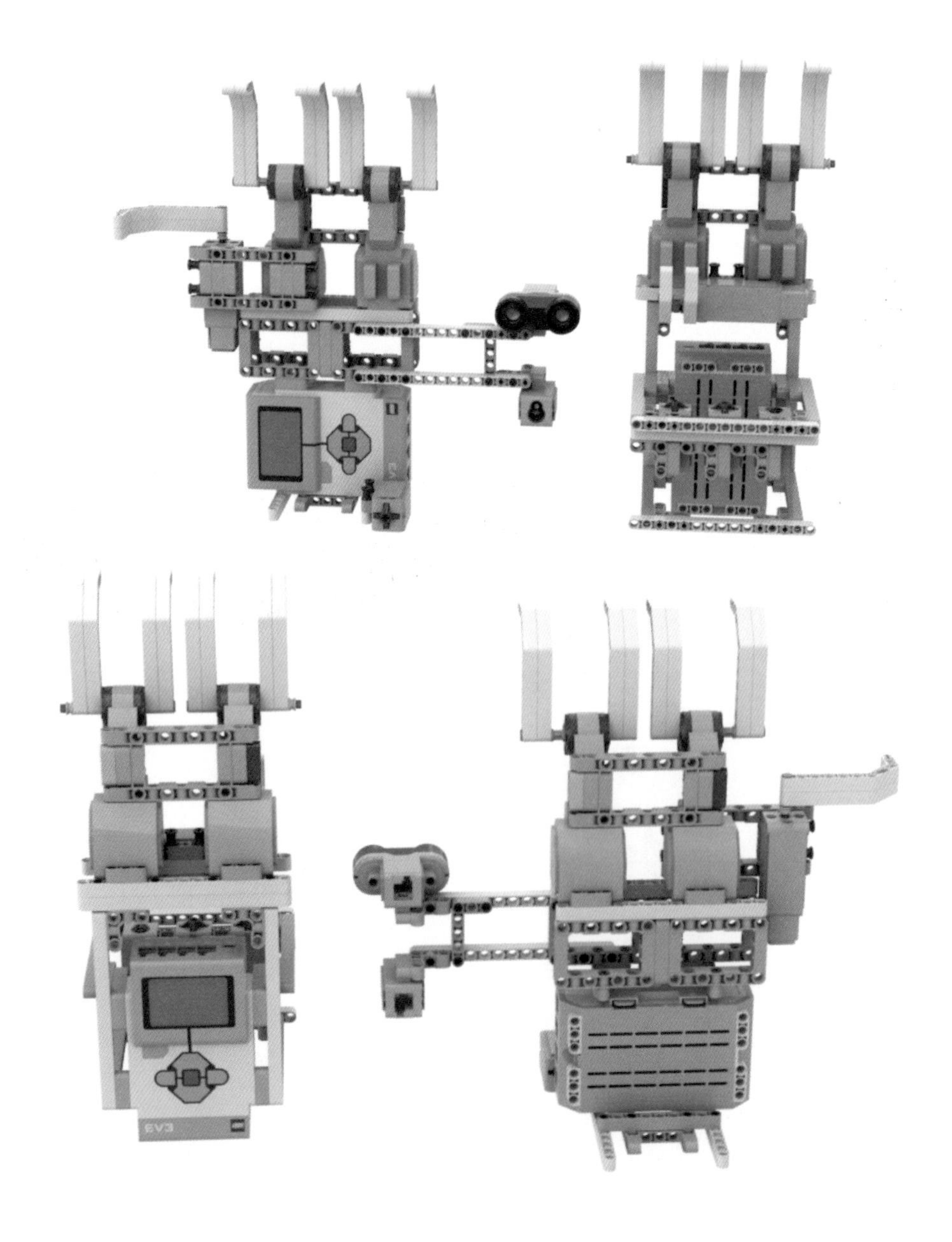

EV3 机械手模型使用了两个触碰传感器，分别控制两个大型电机，还有一个颜色传感器控制中型电机模拟手部的动作。EV3 猜拳手模型使用了超声波传感器和颜色触感器侦测玩家的手势，产生互动的猜拳效果。使用传感器来发现玩家出了哪种手势（石头、剪刀、布），猜拳手做出相对应的手势，与玩家进行猜拳比赛。

15.2 EV3 机械手程序

下面是 EV3 机械手程序的相关内容。

15.2.1 机械手 EV3 程序的 4 个并行流程

机械手 EV3 程序使用了 4 个并行流程。

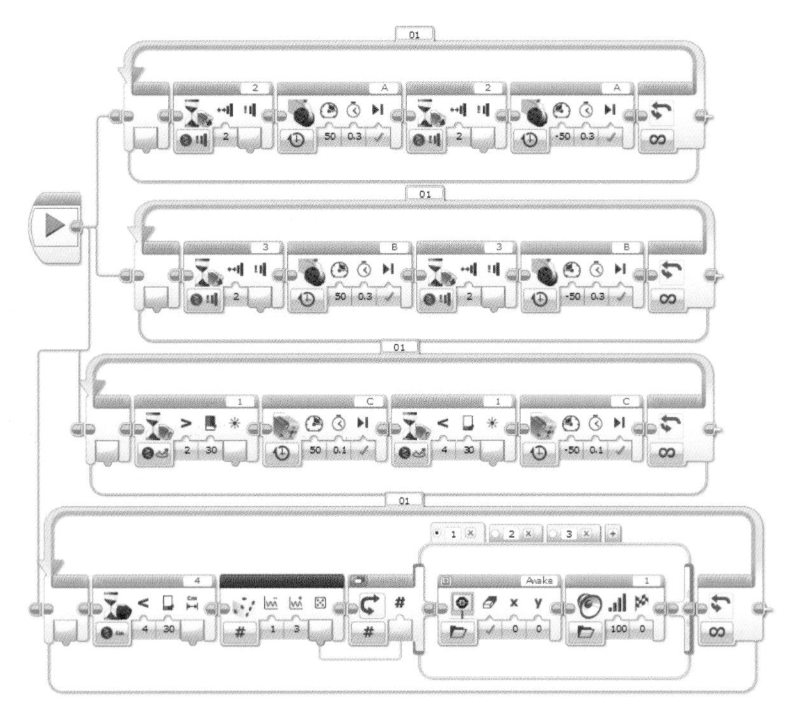

在程序运行之前，必须把 EV3 机械手模型的手指恢复到正常位置，电机使用运行时间的原因是，运行时间不会让电机卡死。如果使用的是圈数和度数，那么电机会卡死。

第一个流程：进入循环，等待按下并松开端口 2 的触动传感器，端口 A 的大型电机以 50 功率运转 0.3 秒停止。等待按下并松开端口 2 的触动传感器，端口 A 的大型电机以 -50 功率运转 0.3 秒停止（就是手指的握紧和松开）。

第二个流程的功能和第一个流程是相同的，不同的是传感器和电机的端口。

第三个流程：这里使用了颜色传感器的反射光线强度。进入循环，等待端口 1 的颜色传感器反射光线强度大于 30，端口 C 的中型电机以 50 功率运转 0.1 秒停止。等待端口 1 的颜色传感器反射光线强度小于 30，端口 C 的中型电机以 -50 功率运转 0.1 秒停止（使用颜色传感器是因为一套 EV3 只有两个触动传感器）。

第四个流程：当端口 4 的超声波传感器测量到距离小于 30 厘米时，随机将 1 到 3 之间的一个数值给切换模块，实现随机切换，并说三句不同的话。

15.2.2 声音编辑器

自定义EV3机械手说的三句话。如果听腻了EV3自带的声音，那么可以自定义自己喜欢的声音到EV3的声音模块里，写入EV3程序中，让程序更有趣。

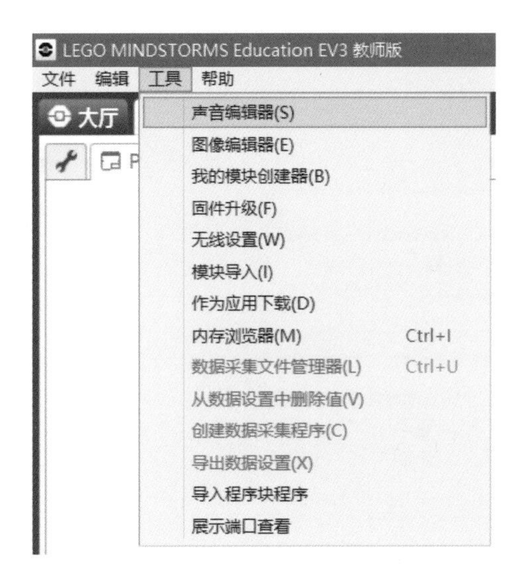

单击EV3编程软件菜单：工具 > 声音编辑器。打开声音编辑器。

在声音编辑器里可以打开wav声音文件、Mp3音乐文件。导入制作好的声音。EV3编程软件里只能制作10秒以内的声音。

15.2.3 文字转语音

如何制作Mp3、Wav声音文件并把文字转换成声音呢?

可以使用一个文字转换声音的小软件。在联网状态下运行这个文字转声音软件。按照提示输入文字，就可以很简单地把文字转换成声音了。然后使用声音编辑器导入声音文件。也可以在搜索引擎里找到网上的在线文字转声音服务转好后下载到计算机里。

15.3　EV3 猜拳手程序

下面是 EV3 猜拳手程序的相关内容。

15.3.1　EV3 猜拳手

图片中的机器人可以和人进行猜拳游戏。

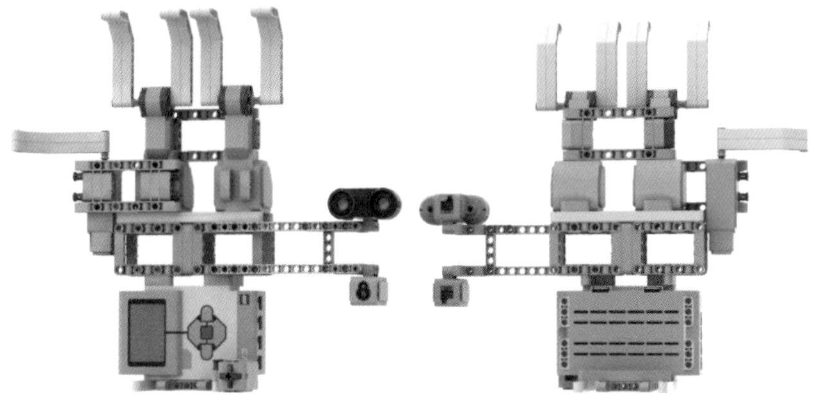

我们可以使用乐高 EV3 制作一个猜拳手，模仿图片中的机器人跟人进行猜拳游戏。

使用不同的传感器检测到不同的手势，让猜拳手做出对应的手势。也可以让猜拳手随机出拳。三局两胜制，看我们能不能赢猜拳手。

编写乐高 EV3 程序有很多种方法，制作 EV3 模型也有很多种方法，一个模型编写不同的程序，可以实现不同的功能。可以在日常生活中产生很多有趣的想法，可以将它们都制作成乐高 EV3 模型，然后在乐高 EV3 模型上编写不同的程序，实现不同的功能。乐高 EV3 的强大之处，就在于能通过观察，发现生活中的乐趣，把它们转换为乐高 EV3 模型和 EV3 程序，使用 LDD，Stud io 建模软件，把这些乐高 EV3 模型制作成文件，并分享给大家。既锻炼了自己的创造力，空间想象力，也锻炼了逻辑思维能力。

15.3.2 猜拳手程序

我们都玩过石头剪刀布的游戏，猜拳手要出三种手势。

这是石头手势的程序，有三个流程。

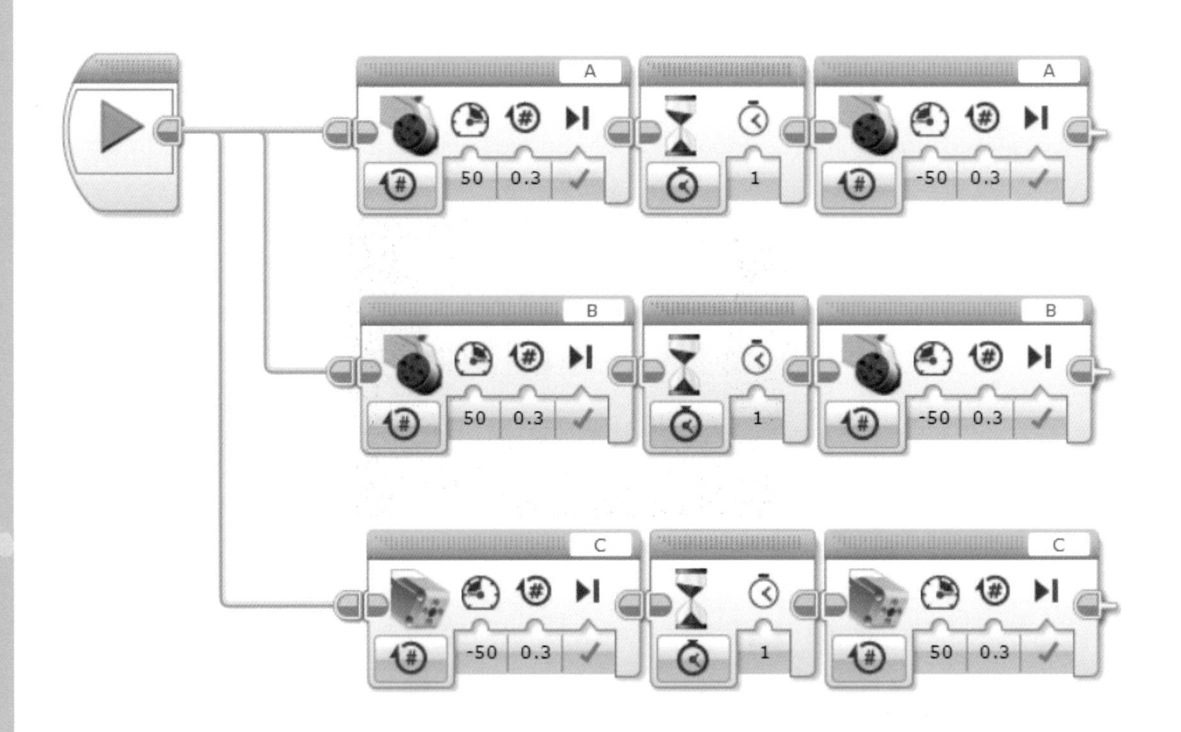

这是石头的手势。把上面的三个流程制作成我的模块。方便主程序调用，写程序时更加清晰易懂。

第一个流程：程序开始，端口 A 电机以 50 功率运转 0.3 秒停止，等待 1 秒后，以 −50 功率运转 0.3 秒停止。

第二个流程：程序开始，端口 B 电机以 50 功率运转 0.3 秒停止，等待 1 秒后，以 −50 功率运转 0.3 秒停止。

第三个流程：程序开始，端口 C 电机以 −50 功率运转 0.3 秒停止，等待 1 秒后，以 50 功率运转 0.3 秒停止。

前两个流程是大型电机，第三个流程是中型电机。三个流程的功能都是一样的。就是三个机械手指握紧 1 秒后松开。

做到类似石头的手势。这就是石头剪刀布猜拳游戏的石头手势程序。后面的剪刀、布也需要做成我的模块，方便调用。

15.3.3　剪刀、布手势程序

这是剪刀手势的程序，有两个流程。

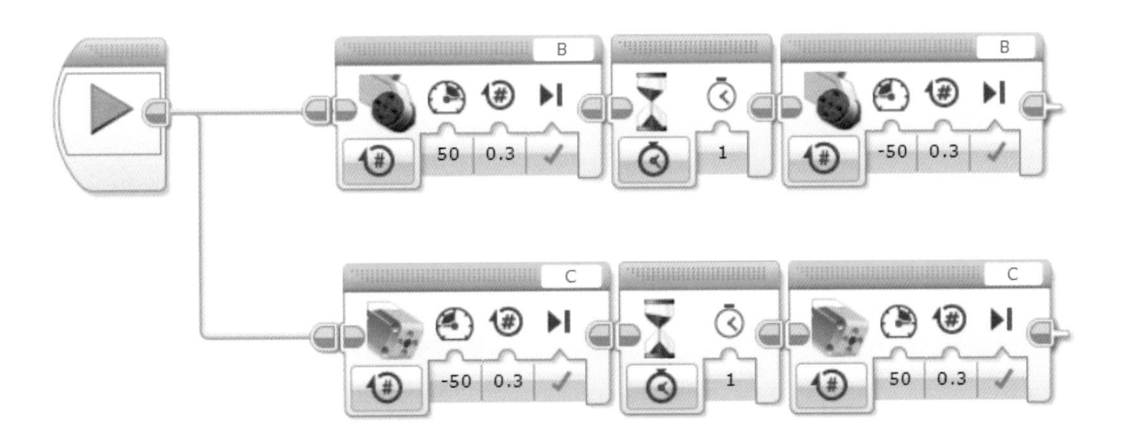

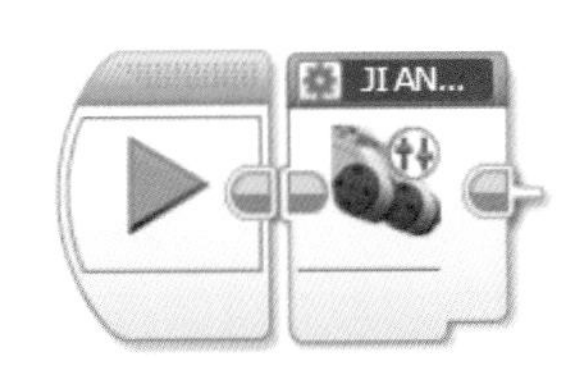

第一个流程：程序开始，端口 B 大型电机以 50 功率运转 0.3 秒停止，等待 1 秒后，以 −50 功率运转 0.3 秒停止。

第二个流程：程序开始，端口 C 中型电机以 −50 功率运转 0.3 秒停止，等待 1 秒后，以 50 功率运转 0.3 秒停止。

总共有三个手指。因为剪刀程序需要两个手指握紧松开，留一个手指作为剪刀的手势，所以只有两个电机的流程。实现类似剪刀的手势，猜拳动作。

这是布手势的程序，有一个流程。

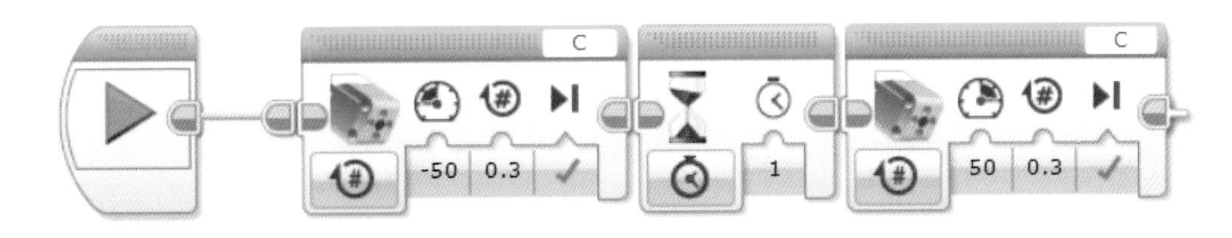

第一个流程：程序开始，端口 C 中型电机以 −50 功率运转 0.3 秒停止，等待 1 秒后，以 50 功率运转 0.3 秒停止。

设定布手势时只需要中型电机动一下，两个大型电机的手指不动，表示是布的手势。在比赛前可以制定好这个规则，因为乐高 EV3 套装的零件有限，一套 EV3 套装无法制作 5 个手指能动的模型。一套 EV3 套装只有两个大型电机和一个中型电机。

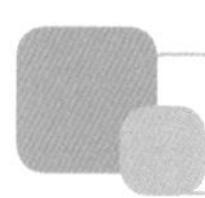

15.3.4 猜拳手程序

猜拳手随机出拳的程序，使用了随机模块。

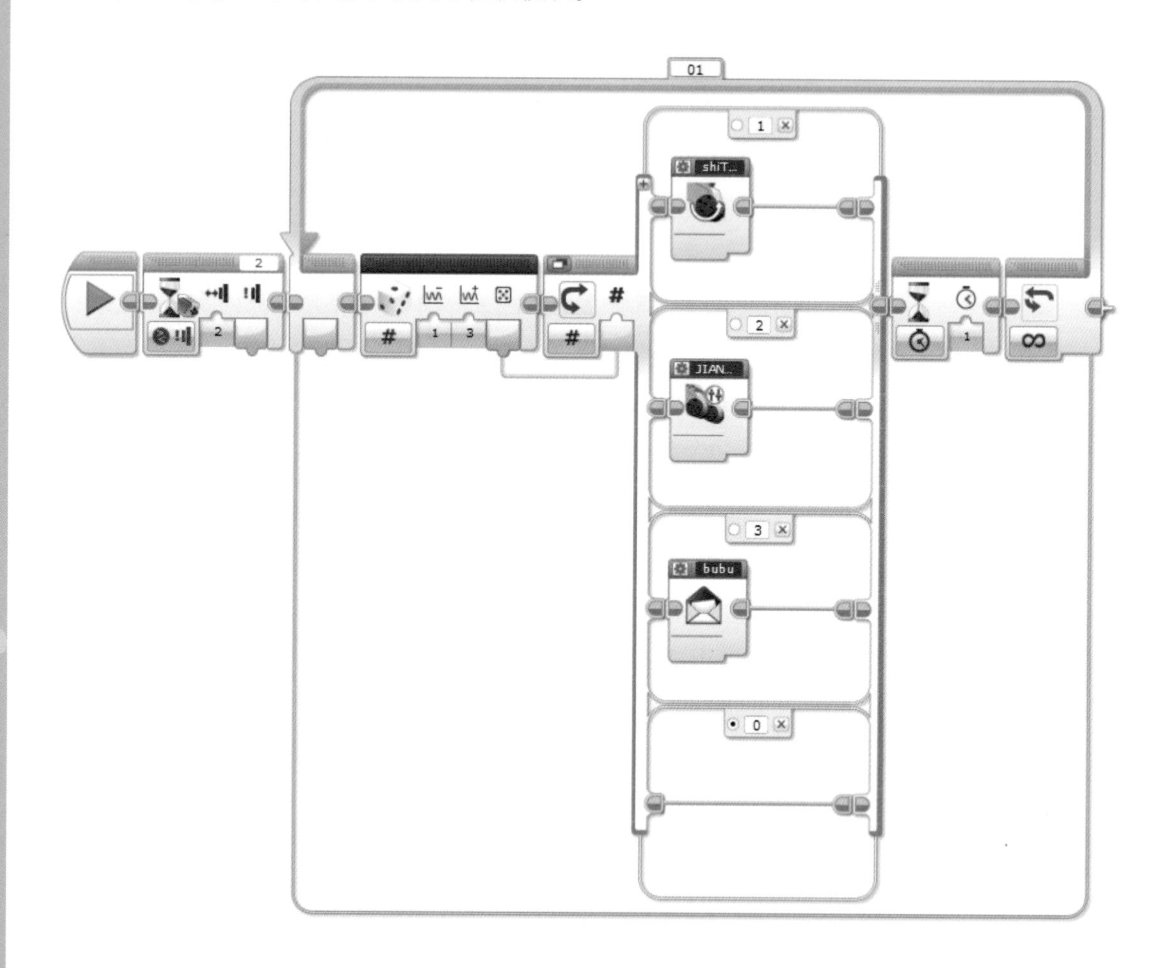

程序开始，等待按下并松开端口 2 的触动传感器，进入循环。随机模块的随机下限为 1，随机上限为 3。在 1 和 3 之内随机产生一个数值。把随机产生的数值给切换模块。切换模块有 4 个选项。第一个选项是石头，第二个选项是剪刀，第三个选项是布。第四个选项是 0，为默认选项（因为不会随机到 0，所以默认 0 的第四个选项是空的）。

随机数值对应到切换选项里的数值，猜拳手就出这个手势：（切换类型为数字）等待 1 秒切换手势（间隔 1 秒时间出拳）。

可以设计一个猜拳游戏，三局两胜制。

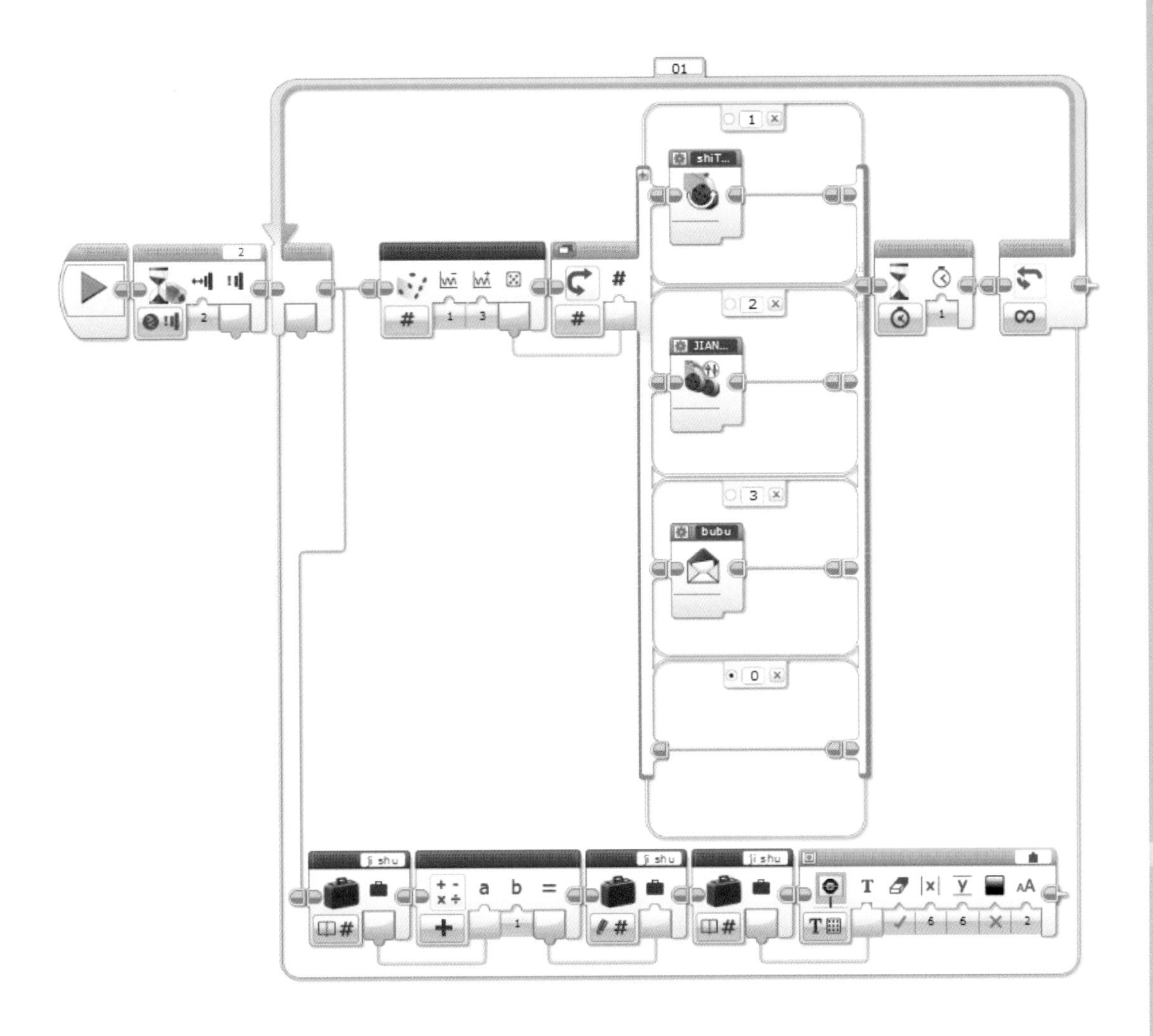

给猜拳手程序增加一个记数程序，记录猜拳手出拳的次数。使用变量的递增来记录出拳的次数。也可以在不同的模型之间调试程序。还可以使用逻辑运算模块编写一个根据超声波传感器和颜色传感器测量的不同数值，做出相对应手势的程序。

15.4 EV3 Scratch 机械手程序

使用 EV3 Scratch 编写一个机械手程序。

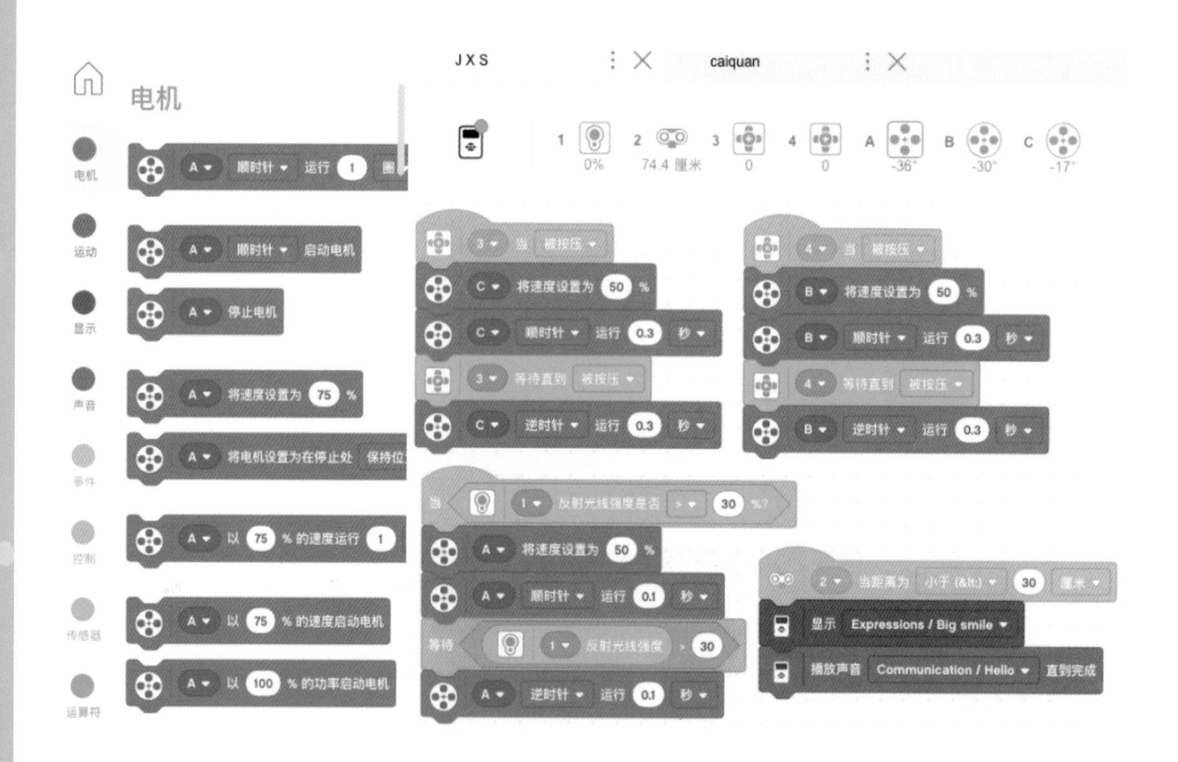

这里有四个流程，通过三个传感器来控制三个手指。

第一个流程：当端口 3 的触动传感器被按压时，将端口 C 的电机速度设置为 50%，顺时针运行 0.3 秒。等待直到端口 3 的触动传感器再次被按压，端口 C 电机逆时针运行 0.3 秒。

第二个流程：当端口 4 的触动传感器被按压时，将端口 B 的电机速度设置为 50%，顺时针运行 0.3 秒。等待直到端口 4 的触动传感器再次被按压，端口 B 电机逆时针运行 0.3 秒。

第三个流程：当端口 1 的颜色传感器检测到反射光线强度大于 30% 时，将端口 A 的电机速度设置为 50%，顺时针运行 0.1 秒。等待直到端口 1 的颜色传感器检测到反射光线强度大于 30% 时，端口 A 电机逆时针运行 0.1 秒。

第四个流程：当端口 2 的超声波传感器检测到距离小于 30 厘米时，显示笑脸，播放声音 Hello，直到完成。

15.5　EV3 Scratch 猜拳手程序

猜拳手程序使用了 EV3 Scratch 制作我的积木。

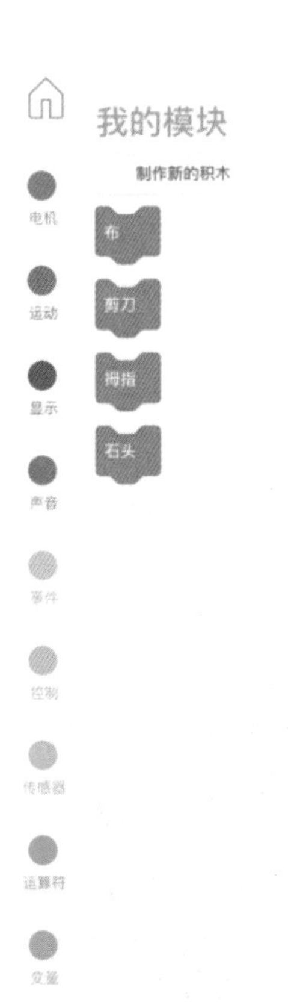

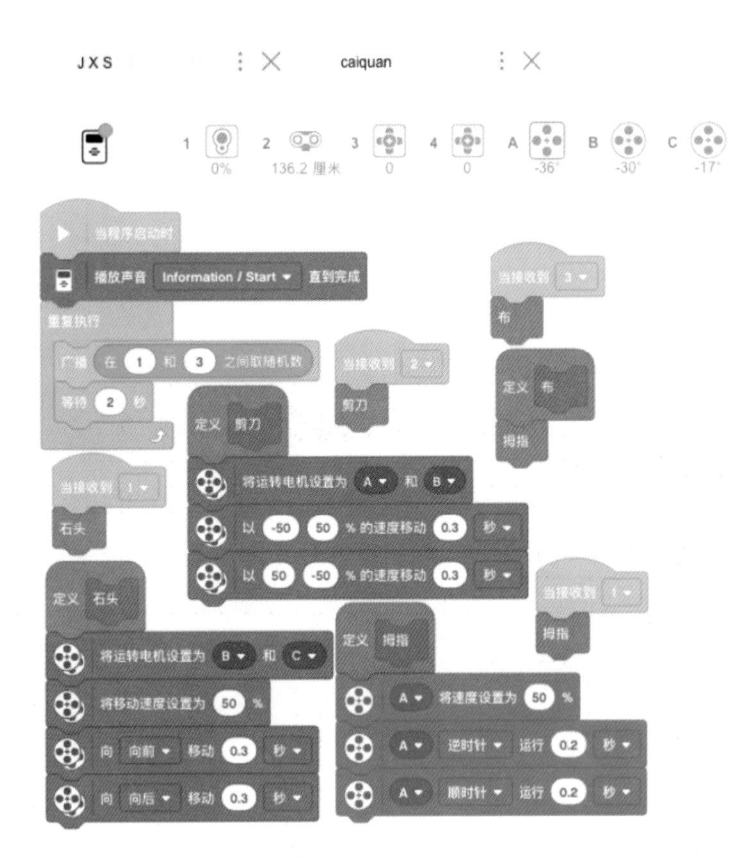

我的模块

制作新的积木

石头

总共制作了 4 个我的积木：石头、剪刀、布、拇指。制作我的积木是为了方便主程序的调用和同时启动电机。

这里使用了广播信息、接收信息并启动模块来同时启动两个流程。达到同时驱动运行两到三个电机的效果。

广播信息的名字使用了数字 1、2、3 是为了能接收到随机数字并同时启动两个流程。当信息名是数字时，就可以接收到随机的三个数字，实现三种手势的随机出拳。我们可以写这个程序，理解制作我的模块、广播信息、接收信息启动、电机和运动模块。

相扑比赛与巡线比赛

如果猜拳手和机械手不能让你爱上乐高 EV3，那么本章的相扑比赛和巡线比赛肯定可以让你爱上它。因为这是国际机器人比赛的比赛项目，每年都有全世界的机器人爱好者参加相扑比赛和巡线比赛。

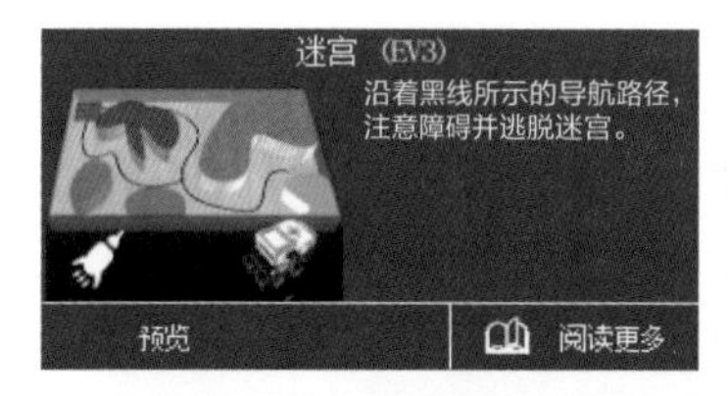

16.1　相扑车、巡线车建模图

这是基础版相扑车和巡线车。巡线车使用了两个颜色传感器。

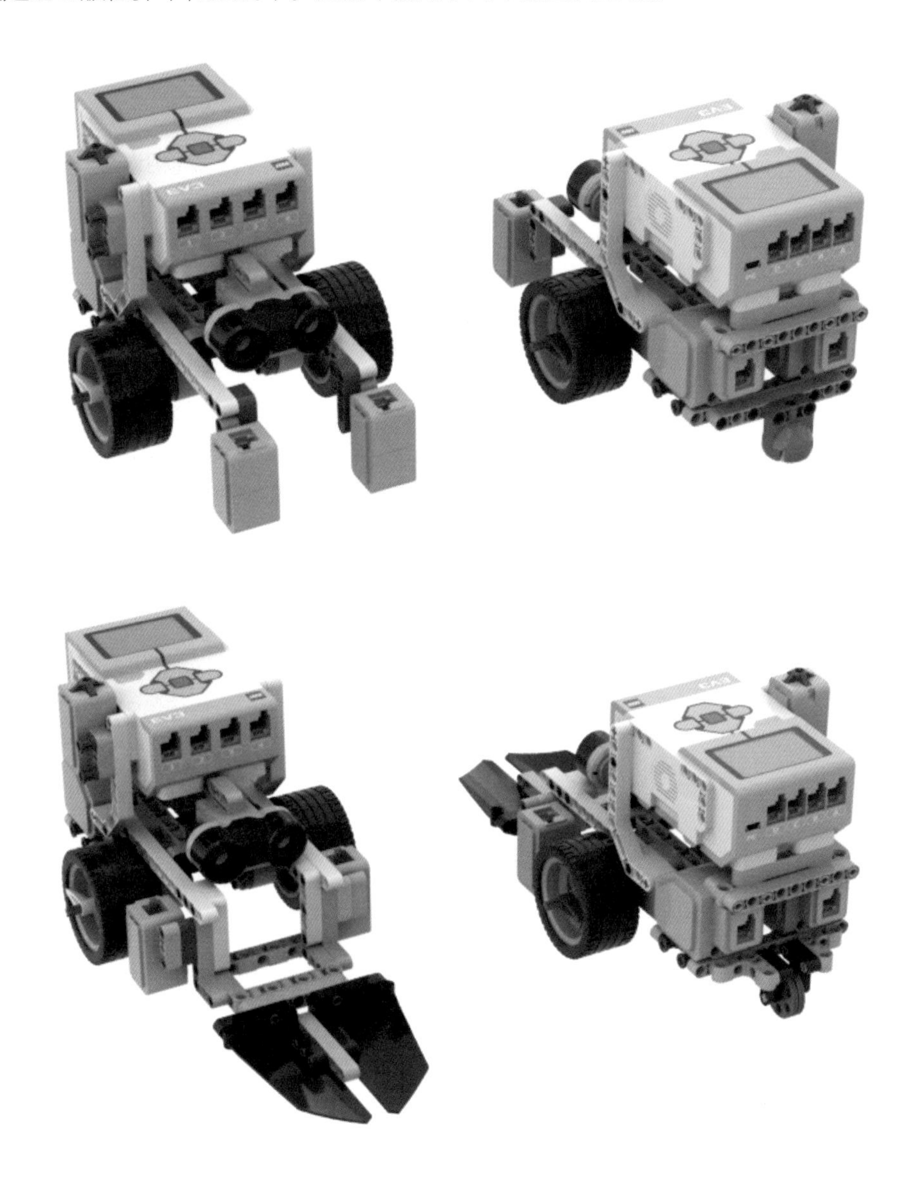

双光感巡线车和相扑车：巡线车是在作者原创的基础车上安装上了两个颜色传感器。巡线车前方的两个颜色传感器用来进行双光感巡线，或者单光感巡线。另一个颜色传感器用来完成别的任务。

相扑车也是在作者原创的基础车身上安装了铲子，用来攻击敌方相扑车并把敌人铲出相扑圈外或铲翻敌方的相扑车。相扑车前方的超声波传感器是用来发现前方是否有敌人的。

16.2 EV3 巡线车程序

从绿色区域巡线到红色区域，在红色区停止巡线。

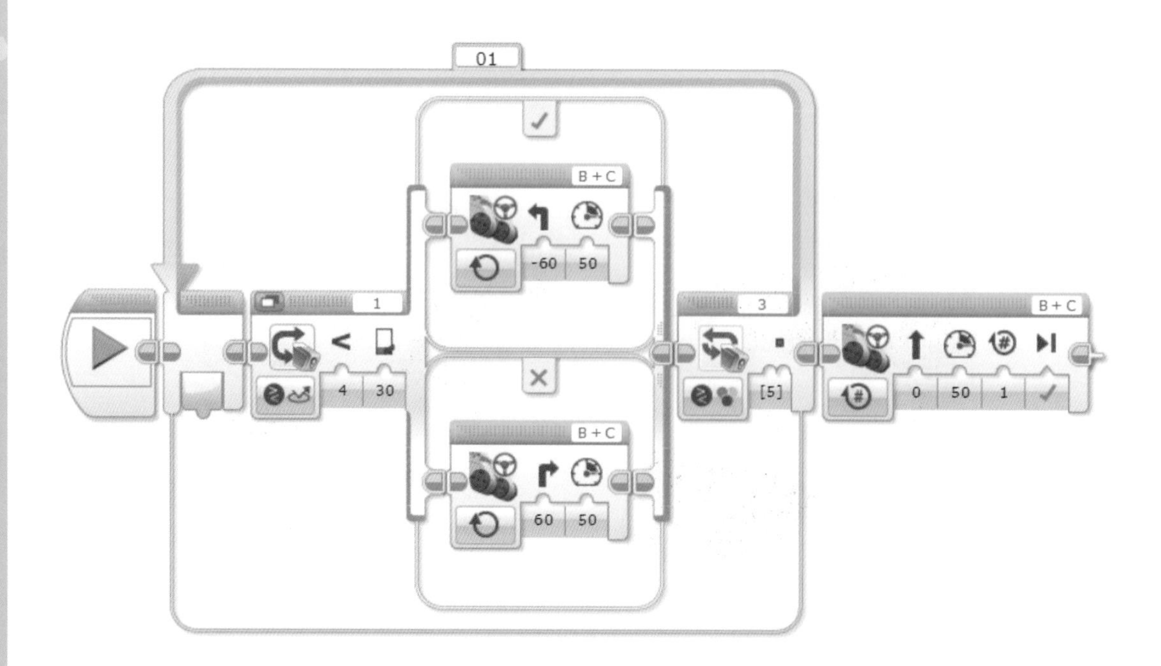

这是一个基础巡线程序，编写程序时注意端口要正确。用端口 1 的颜色传感器巡线，端口 3 的颜色传感器发现红色区域，退出循环。端口 B+C 的大型电机以 50 功率运转 1 圈。

16.3 EV3 比例巡线程序

下面是双光感比例巡线程序，两个比例巡线程序的功能是相同的。可以发现程序的数学公式里，字母是有大小写区别的。这些都是正确的公式写法。

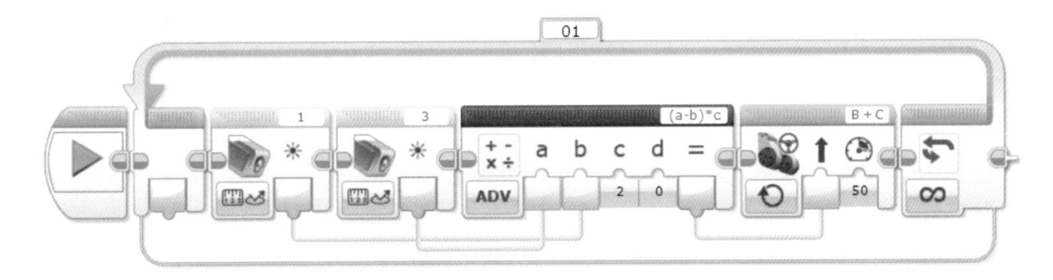

程序开始，进入循环。端口 1 和端口 3 的颜色传感器检测到的反射光线强度分别给数学模块的 b，a（这里可以根据实际的颜色传感器安装方式来调整，就是要把黑线夹在两个颜色传感器之间，赋值给数学模块）。根据数学公式计算出移动转向的度值。

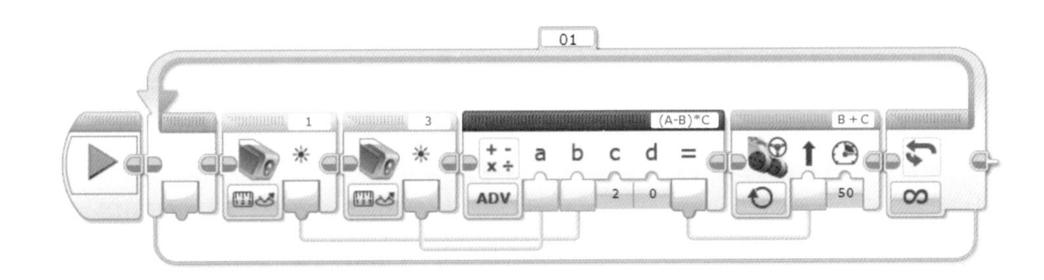

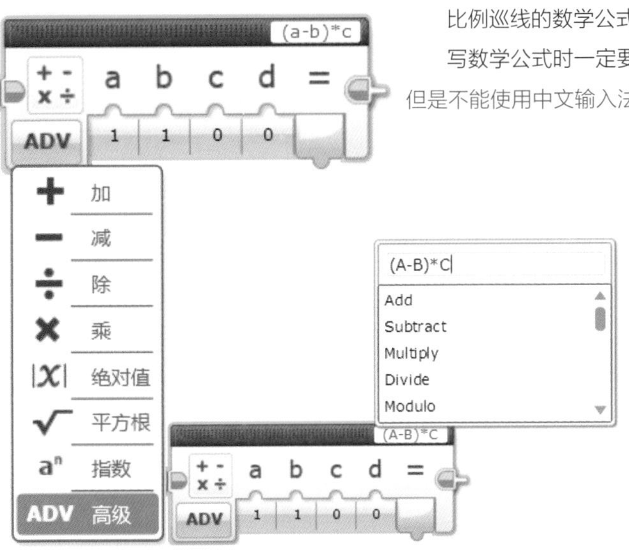

比例巡线的数学公式：(a-b)* c　　大写的：(A-B)*C

写数学公式时一定要注意，可以使用英文输入法的大、小写英文，但是不能使用中文输入法输入数学公式。

比例巡线公式的意思是：(a-b)*c。

a 是端口 3 颜色传感器测量的反射光线强度值。

b 是端口 1 颜色传感器测量的反射光线强度值。

在巡线车巡线时，a-b 肯定有正负值，再乘以 c 的比例值，增大 a-b 的值。公式计算结果给移动转向模块作为转向的度值。

自定义一个属于自己且有个性的我的模块。

下面这个程序是使用了我的模块的比例巡线程序，可以在EV3屏幕上实时显示两个大型电机在巡线过程中的功率。这里使用了我的模块的输入、输出功能。

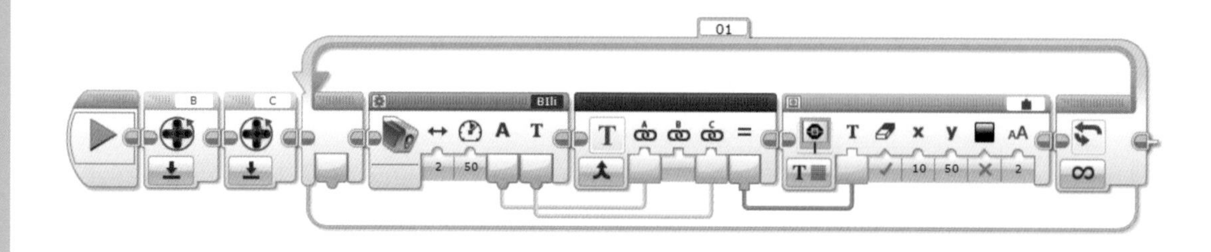

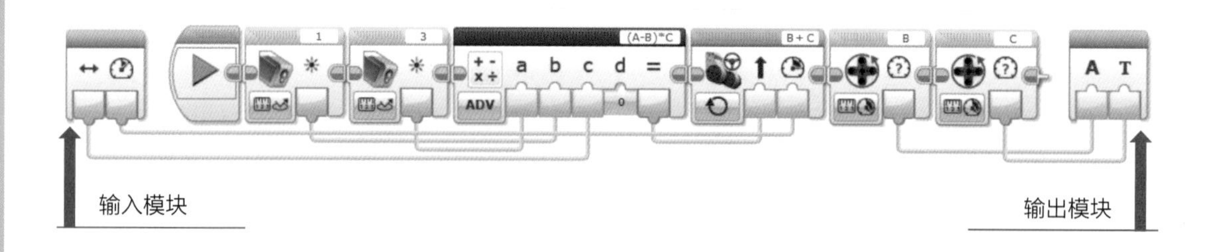

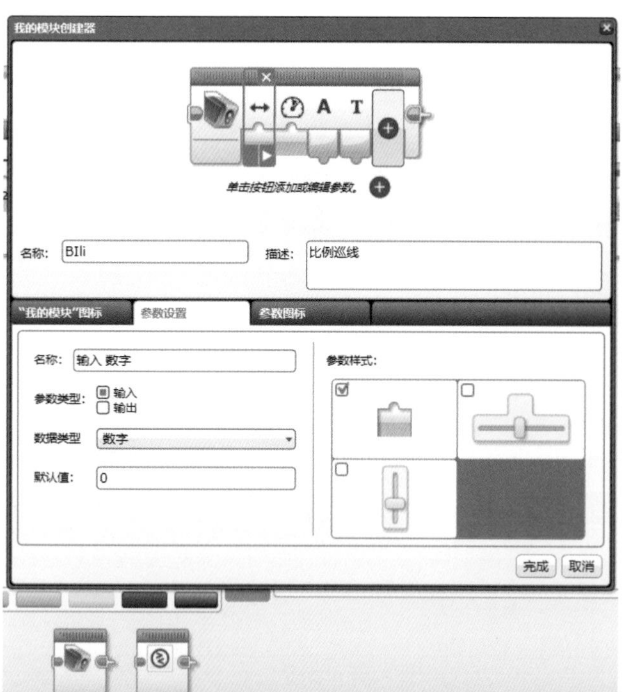

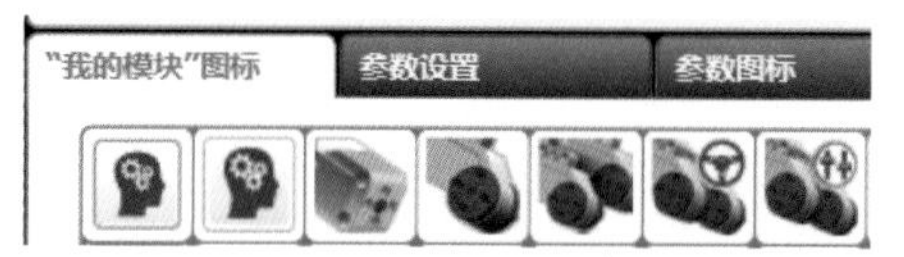

我的模块的名字只能使用英文输入法输入英文，不能加空格。可以输入英文的大、小写字母和数字，不能输入特殊字符和标点符号。可以自定义我的模块的图标和输入输出选项。

制作好的我的模块会出现在原来空的我的模块组里。将其拖出来就可以使用了。

可以自定义一个功能相同的我的模块。

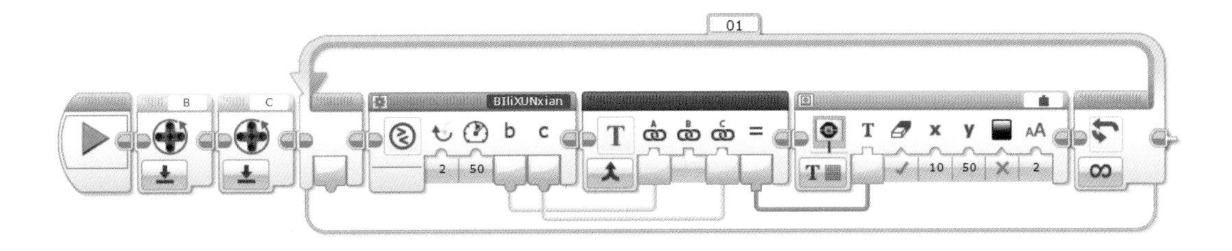

因为我的模块已经放在循环里了，所以在我的模块里不需要加循环模块。

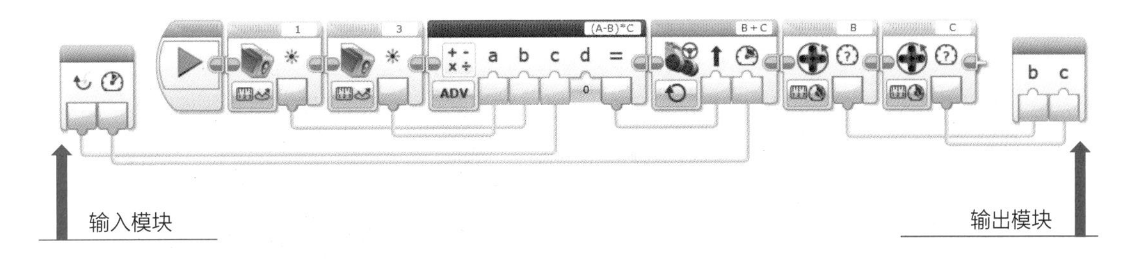

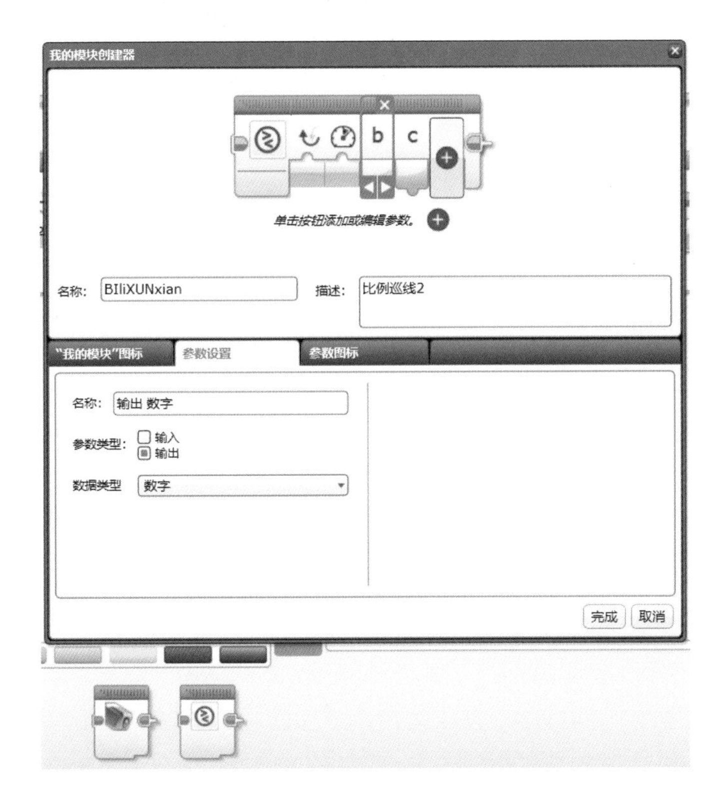

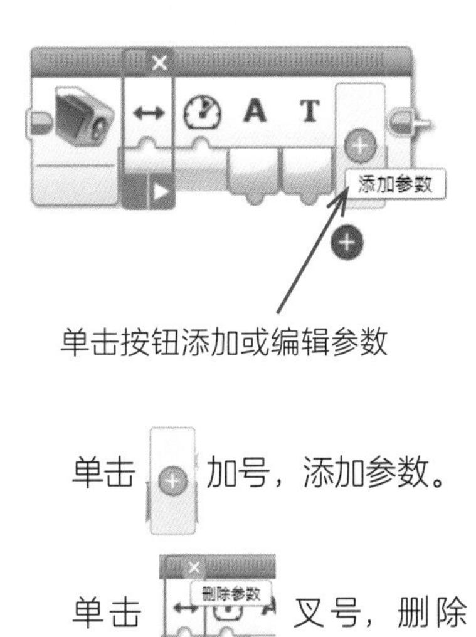

单击 加号，添加参数。

单击 叉号，删除参数。

在参数设置里设置输入、输出参数的类型，填写参数的名称。

16.4 EV3 相扑车程序

相扑比赛的规则是：红蓝两方在白圈里互推，看哪方的相扑车先掉出白圈外。如果两方长时间僵持在圈里，就算平局。在比赛开始时，也可以用隔板挡住双方队员的视野，在未知对方相扑车放置初始位置的情况下，放好自己的相扑车。可以准备多个相扑比赛程序，以应对不同的对手，不同的情况，或者迷惑对手。

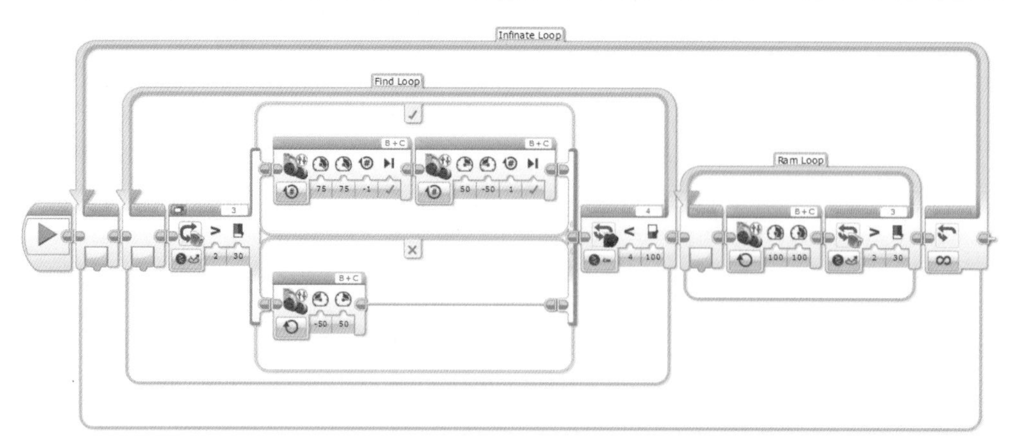

这个是 VRT 虚拟机器人里的相扑比赛程序。

程序开始，进入第一个大循环，再进入第二个循环。端口 3 的颜色传感器测量到反射光线强度大于 30（就是检测到了白线。因为 VRT 里的相扑车是背对着对方的，开始时会先向白圈走）。相扑车后退，转身直到端口 4 的超声波传感器检测到距离小于 100 厘米（就是发现了对方的相扑车）。进入第三个循环，相扑车以 100 的功率冲向对方的相扑车，把敌方推出白圈。如果推车时端口 3 的颜色传感器测量到反射光线强度大于 30，说明推到了白圈边上，退出第三个循环，重新执行大循环。

16.5　EV3 Scratch 比例巡线程序

自己动手编写以下的 EV3 Scratch 比例巡线程序。

跳舞机器人

本章将使用乐高 EV3 套装制作一个跳舞机器人，让跳舞机器人在你的亲朋好友面前跳舞。我们可以编写更多有趣的舞蹈姿势，增加更多的互动功能，成为乐高舞蹈设计师吧。

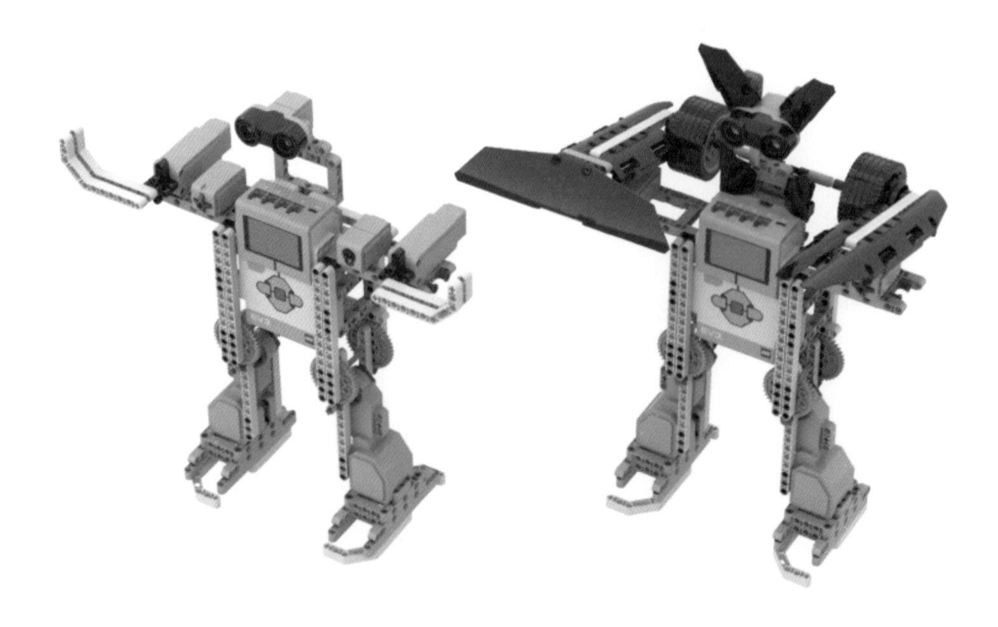

现在有很多机器人都能跟着音乐跳舞。跳舞机器人通过电机的转动，做出不同的舞蹈动作。机器人身上的电机越多，跳舞的动作就越生动。就像人的腿部和手部关节一样，机器人身上的电机就是机器人的关节，电机越多，跳舞机器人越灵活。

17.1 跳舞机器人建模图

机器人随着音乐翩翩起舞，还可以踢足球。

在科幻电影世界里，人类与机器人已经深度融合。现在可以使用乐高 EV3 硬件制作一个可以互动，会跳舞的机器人。机器人要有互动的功能，就必须会说话，能显示文字。让观众听到机器人说话，看到机器人跳舞。机器人还能边跳舞边播放音乐。是不是很有趣？这里需要使用到 EV3 声音编辑器、图像编辑器、我的模块创建器。

17.2 EV3 说汉语显示中文

在百度语音广播开放平台上，把中文文字转换成声音文件，并下载到计算机。

Baidu语音广播开放平台
零成本制作有声读物

输入内容 ⇌ 输入URL

你好

按触碰按钮开始跳舞

情感女声
情感男声
非情感女声
非情感男声

慢速 ✓正常 快速

生成音频

Baidu语音广播开放平台
零成本制作有声读物

搜索：百度语音广播开放平台

信息 ×

生成音频成功

复制MP3地址 试听 下载

在声音编辑器里打开制作好的声音文件，取个名字后保存在 EV3 声音模块里。单击声音模块就可以调用。

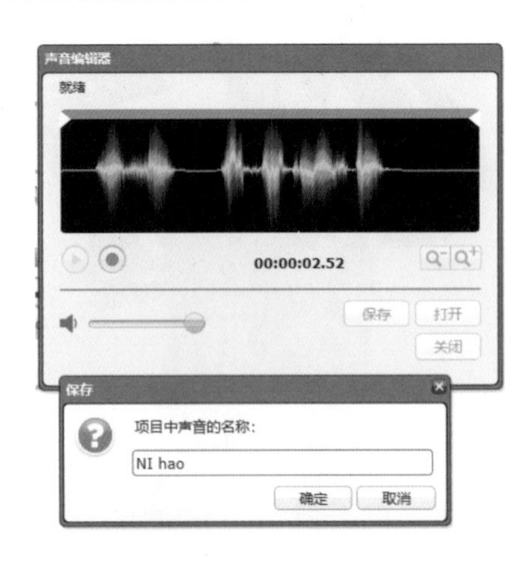

EV3 声音编辑器只能编辑 10 秒内的声音文件。

取个名字，保存好，之后就可以在 EV3 的声音模块里看到保存的声音文件了。编程时，直接调用即可。

在 EV3 屏幕上显示卡通图片、动画、中文菜单。

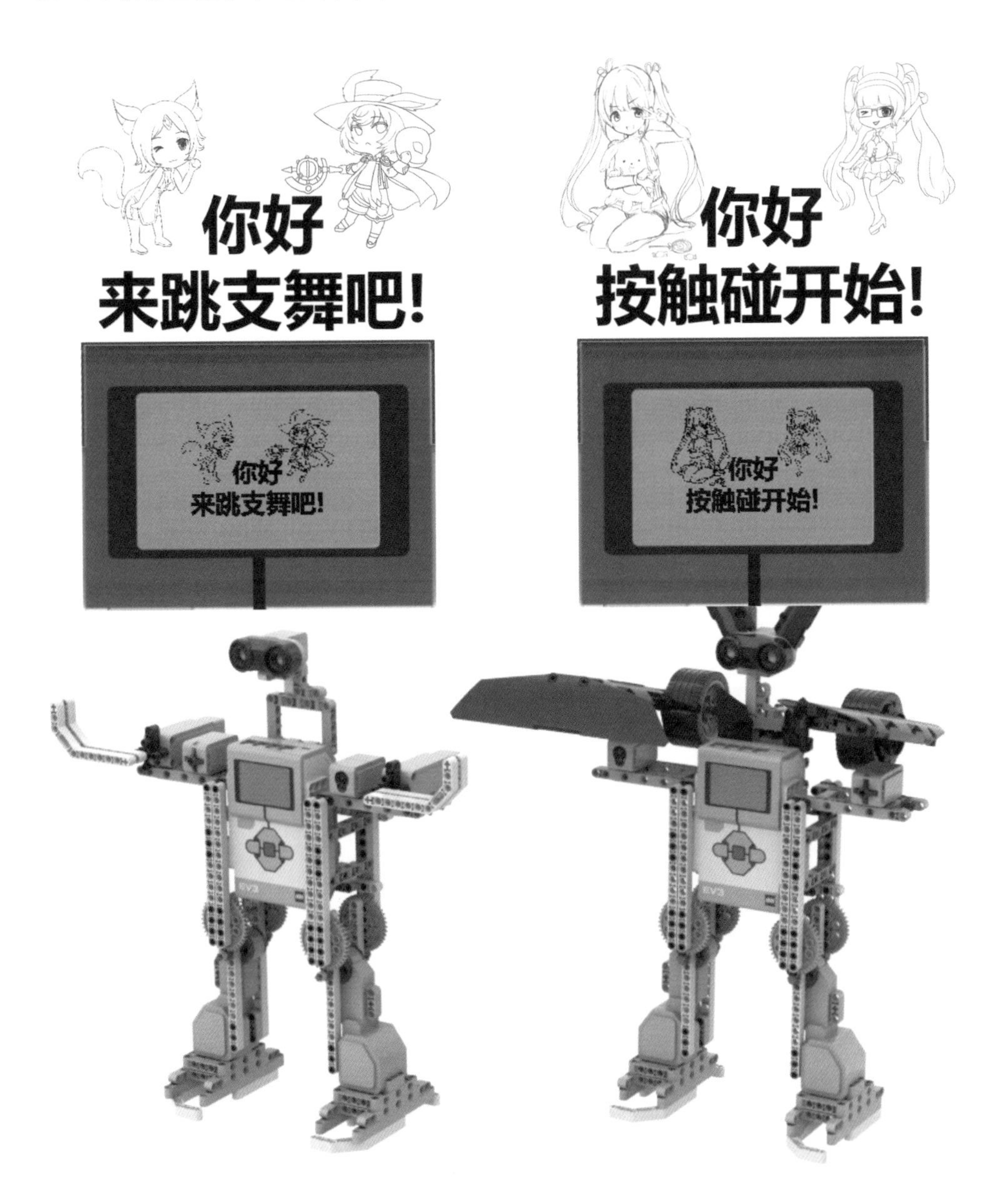

在 EV3 头脑风暴软件中，屏幕无法直接显示中文。只能制作包含有中文文字的图片，图片是白底黑字，粗黑的字体会显示得比较清晰。使用 EV3 图像编辑器把图片转换成 EV3 显示模块的图像。编写程序时，直接调用。

NI LabVIEW 2016 （32 位）

在 NI LabVIEW 2016 软件中，可以编写直接显示中文的程序，在 EV3 屏幕上直接显示中文。

17.2.2 图像编辑器

使用图像编辑软件制作一张 800×600 像素的图片。

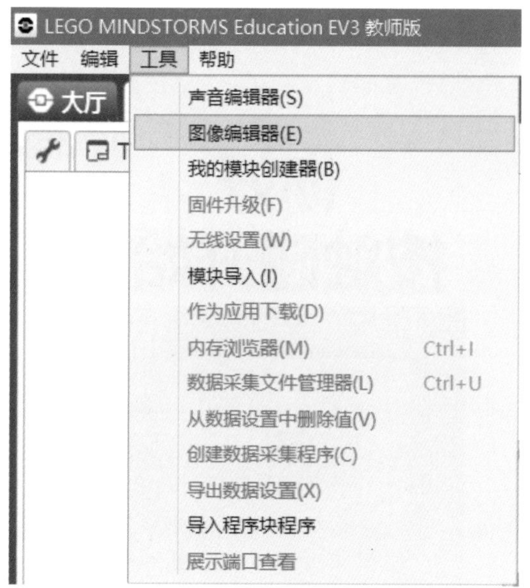

白底黑字的图片，在 EV3 头脑风暴编程软件中字体是黑色的。黑底白字的图片，在 EV3 头脑风暴编程软件中，就是黑色背景的白色字。

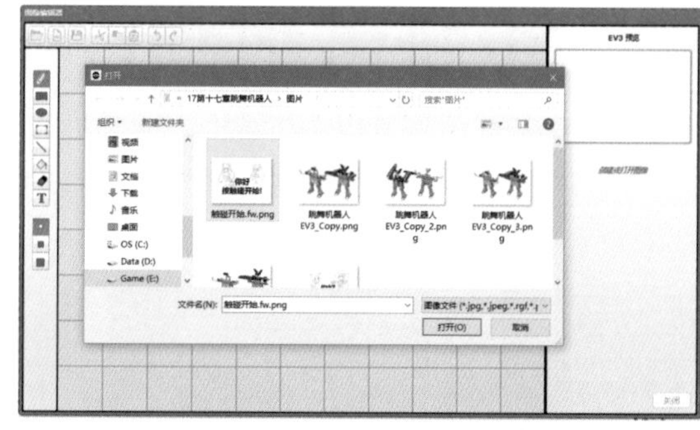

载入制作好的图片到 EV3 图像编辑器。

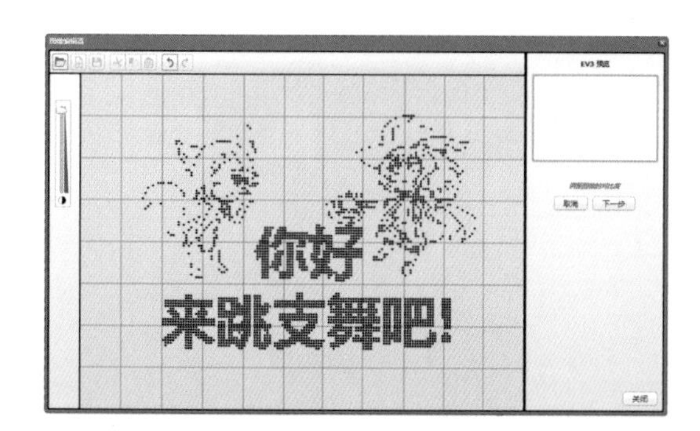

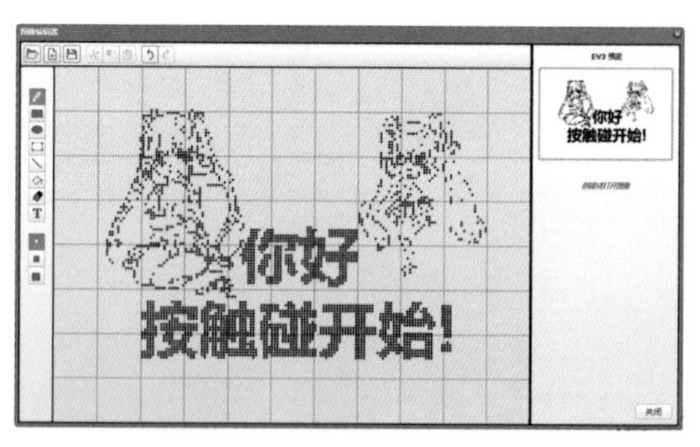

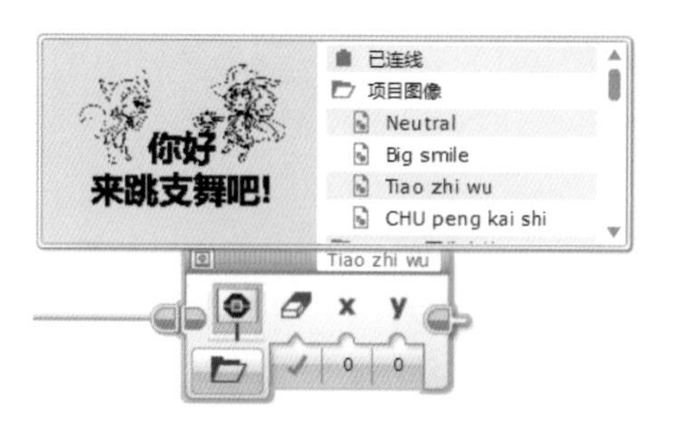

按照 EV3 图像编辑器的操作步骤，调节好对比度，单击下一步按钮，预览图片，取个名字并保存好。

使用图像编辑器制作的 EV3 图像会保存在显示模块里。编写程序时，直接在显示模块里调用。如果要制作中文菜单、卡通动画，就需要制作很多张图片连续播放，就会产生动画效果。

17.3 EV3 跳舞机器人程序

这是跳舞程序的主程序。程序开始，显示提示语：你好，来跳支舞吧！进入三个并行的流程。第一个流程是：进入循环，出现欢迎语和文字提示、播放音乐做跳舞的动作和关闭音乐停止跳舞的动作。第二个流程是：进入循环，当端口 4 的颜色传感器检测到反射光线强度小于 20 时，机器人说：你会跳舞吗？互动话语（当手指放到颜色传感器前时，机器人就会说话，产生互动的效果）。

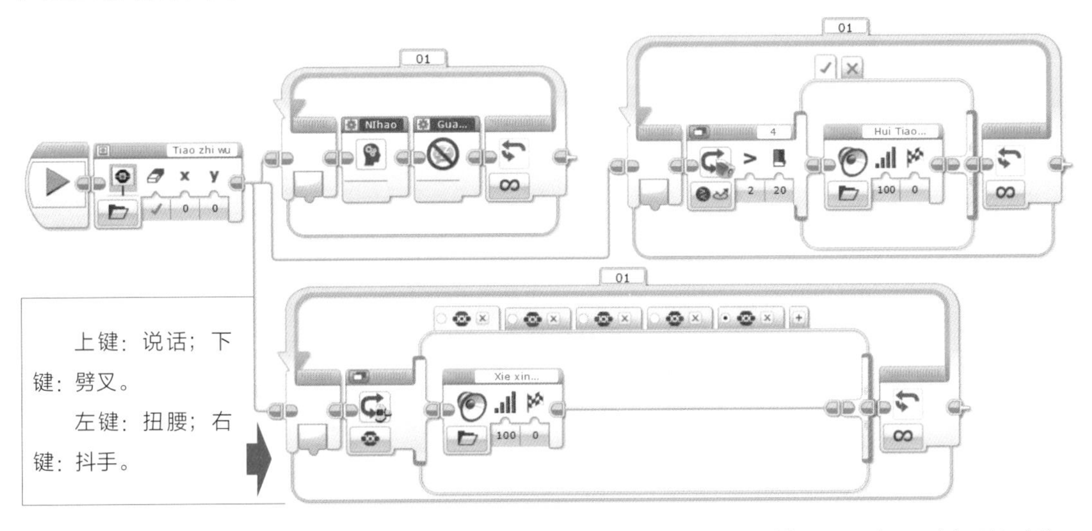

第三个流程是：按程序块按钮的上、下、左、右按钮时说话，做扭腰、劈叉、抖手的动作。

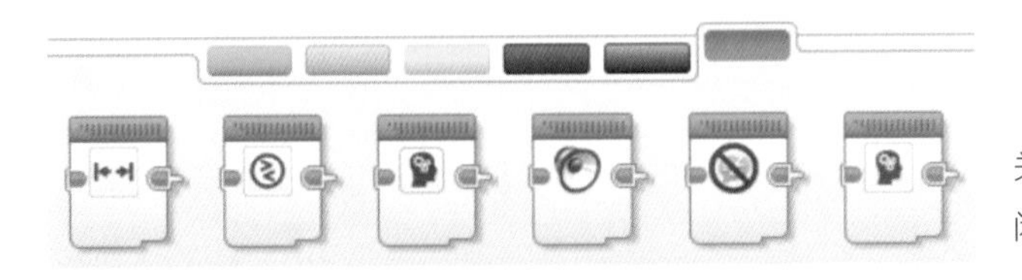

这是已经写好了的我的模块，其中包括：

跳舞动作、音乐、欢迎话语、互动话语、关闭音乐动作（劈叉、扭腰、你好、音乐、关闭、抖手）。

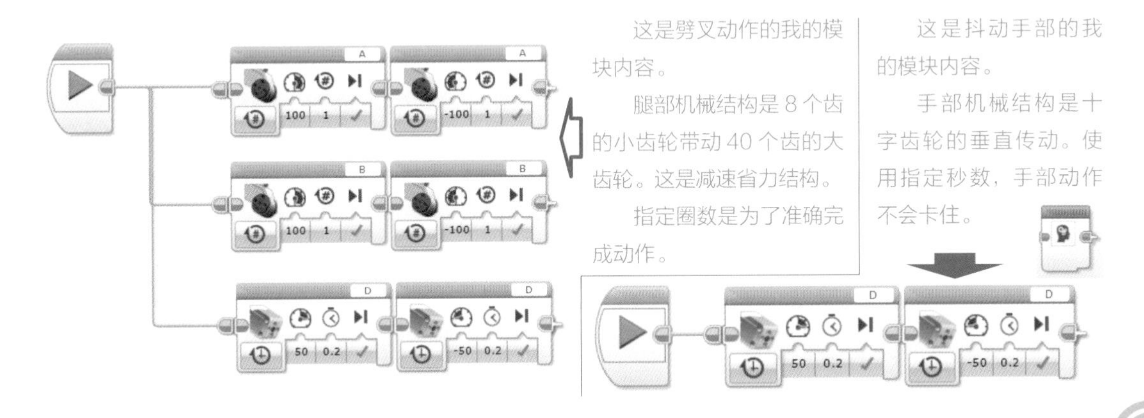

这是劈叉动作的我的模块内容。

腿部机械结构是 8 个齿的小齿轮带动 40 个齿的大齿轮。这是减速省力结构。

指定圈数是为了准确完成动作。

这是抖动手部的我的模块内容。

手部机械结构是十字齿轮的垂直传动。使用指定秒数，手部动作不会卡住。

17.3.1 我的模块

跳舞程序使用我的模块可以简化程序，更好地阅读和理解程序。

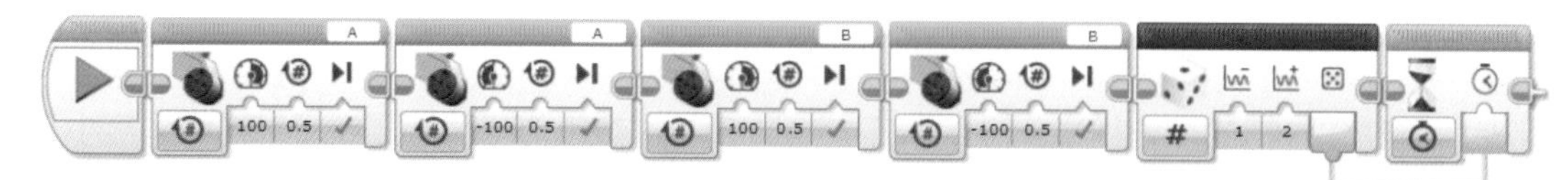

这是扭腰动作的我的模块内容：A电机以100功率运转0.5圈停止，再以-100功率运转0.5圈停止。B电机以100功率运转0.5圈停止，再以-100功率运转0.5圈停止（扭腰动作是要准确完成的，必须用指定圈数）。扭完一次腰，再随机等待1或2秒，之后再次循环扭动腰部。

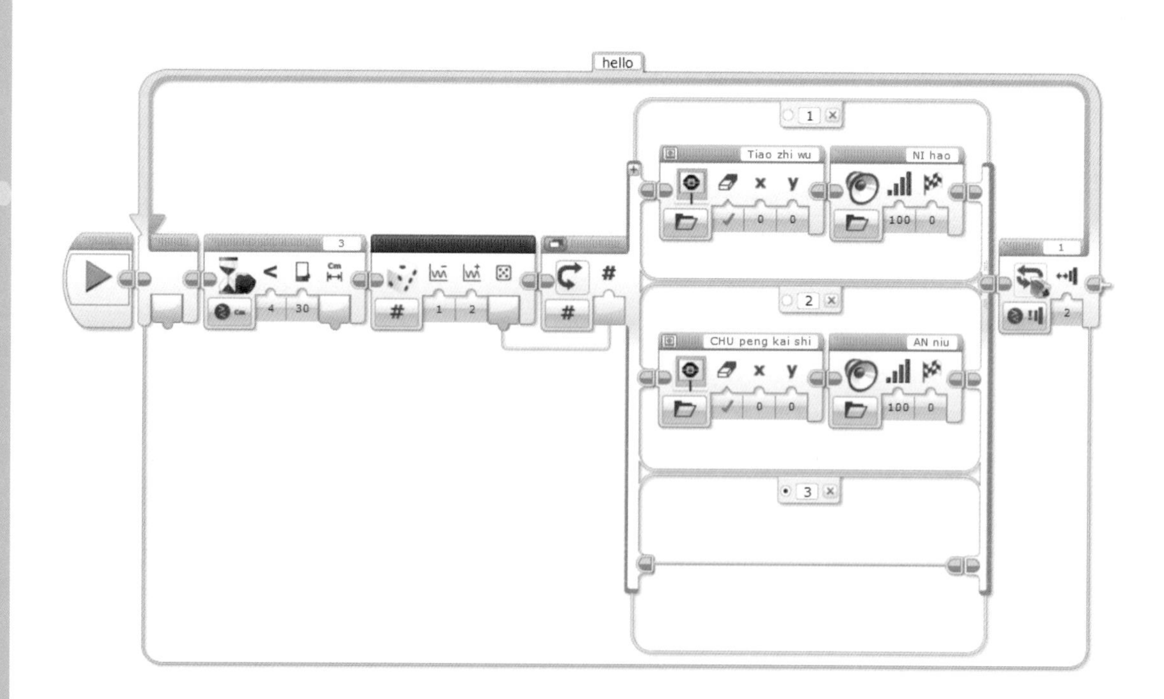

这是欢迎话语和提示文字的我的模块内容：开始进入循环。等待端口3的超声波传感器检测到距离小于30厘米时（等待模块有流程阻塞功能），随机数字1或2给切换模块，根据随机数字选择要说的话语和提示文字。默认不执行操作。当执行完切换模块后，如果按下并松开端口1的触动传感器，则退出循环。这个是欢迎界面的显示和语音提示功能。通过名字为“NIhao”的我的模块达到互动的效果。

17.3.2　播放和关闭音乐

以下是可以播放和关闭音乐、停止跳舞动作的程序。

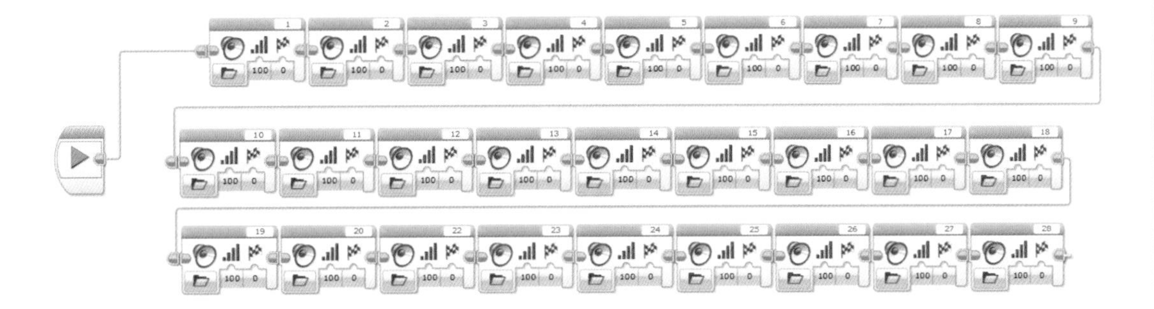

上面密密麻麻地排列着 27 个声音模块。因为 EV3 头脑风暴编程软件支持的最长声音文件时间是 10 秒，所以一首时长是 270 秒的流行歌曲只能被分割成 27 个 10 秒的声音模块，再由这 27 个声音模块以时间先后顺序排列组成一首完整的歌曲在 EV3 程序块里播放出来。当这 27 个声音模块依次播放后，就是一首完整的歌曲了。

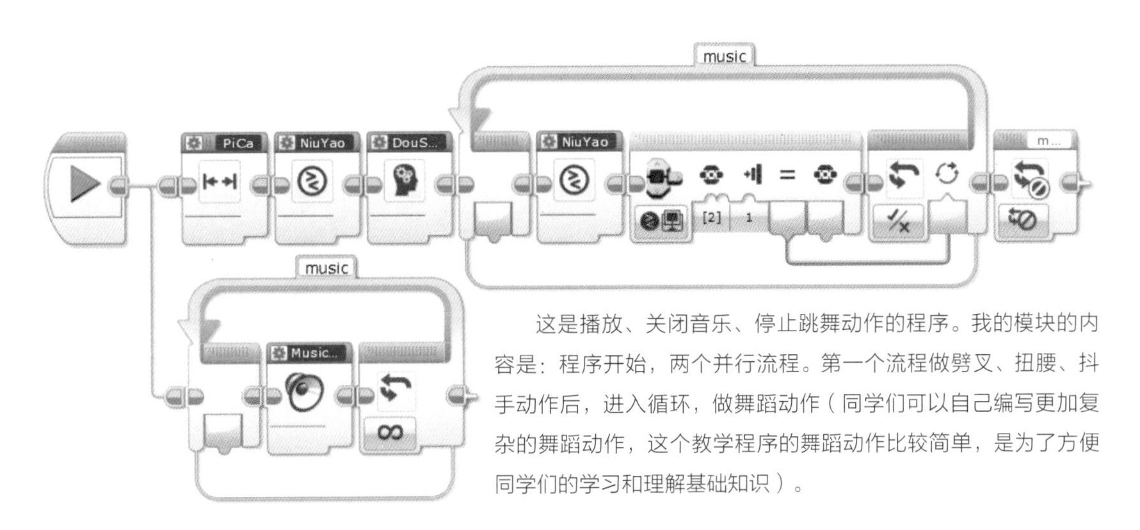

这是播放、关闭音乐、停止跳舞动作的程序。我的模块的内容是：程序开始，两个并行流程。第一个流程做劈叉、扭腰、抖手动作后，进入循环，做舞蹈动作（同学们可以自己编写更加复杂的舞蹈动作，这个教学程序的舞蹈动作比较简单，是为了方便同学们的学习和理解基础知识）。

在我的公众号里有一个舞蹈动作更加复杂的跳舞机器人程序，同学们可以去我的微信公众号：文字的积木，下载复杂舞蹈动作的程序。

当按下程序块中键时，退出循环，执行循环中断模块，退出 Music 名字的循环（就是退出两个流程的循环，因为两个循环的名字都是 Music）。第二个流程是和第一个流程同时执行的，功能是播放音乐。当第一个流程里执行了中断 Music 名字的循环后，停止音乐。

17.4 来编程吧

制作我的模块

使用我的模块的好处是方便调用重复使用的程序模块。

使用我的模块可以更好地编写主程序，调用重复使用的程序。拖动鼠标左键，框选到需要制作我的模块的程序模块（不能框选开始模块）。

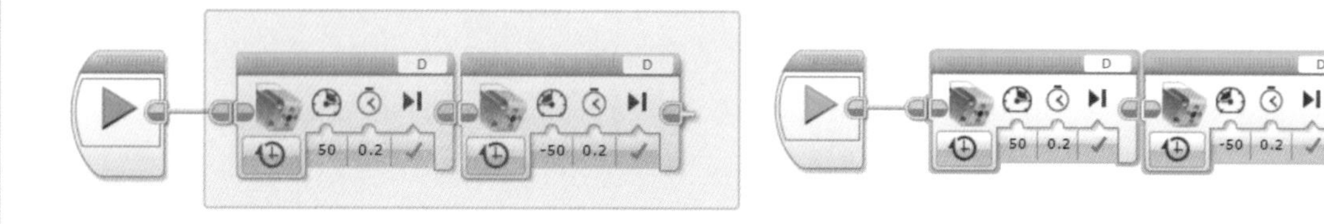

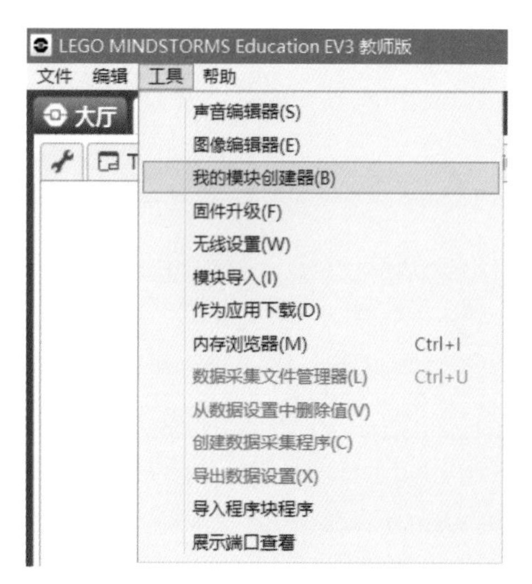

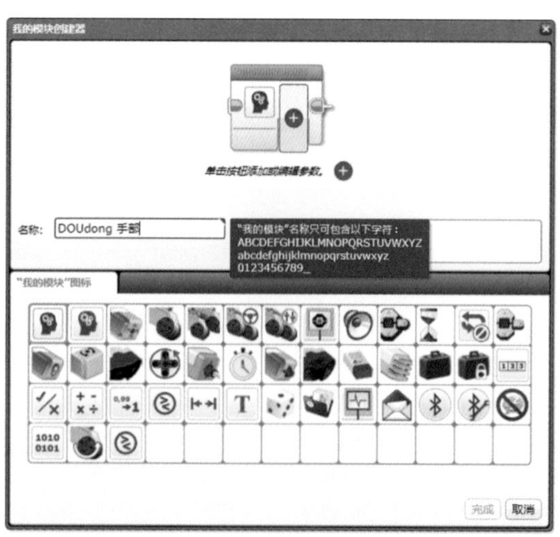

名称： DouShouDONGzuo　　描述： 抖动手部

选好需要制作我的模块的程序模块后，单击菜单中的工具 > 我的模块创建器。给我的模块取一个有功能提示性的名字。比如音乐模块就叫作 yinYUE，或者 music。动作类模块可以叫作 ACT 或者 DONGzuo。劈叉叫作 PiCa，扭腰叫作 NiuYao。这样可以让其他人看程序时更好地理解你编写的我的模块的功能。可以选择更改我的模块的图标，也可以给我的模块增加输入、输出项目。给我的模块取名字时要注意：不能使用中文输入法，不能使用空格，也不能使用特殊字符。如果名字不符合要求，我的模块会提示你输入了错误的字符，并提示只能使用大小写字母和数字。

17.5 一个人也可以做好

使用 EV3 Scratch 编写一个跳舞机器人程序，理解下面的跳舞程序。

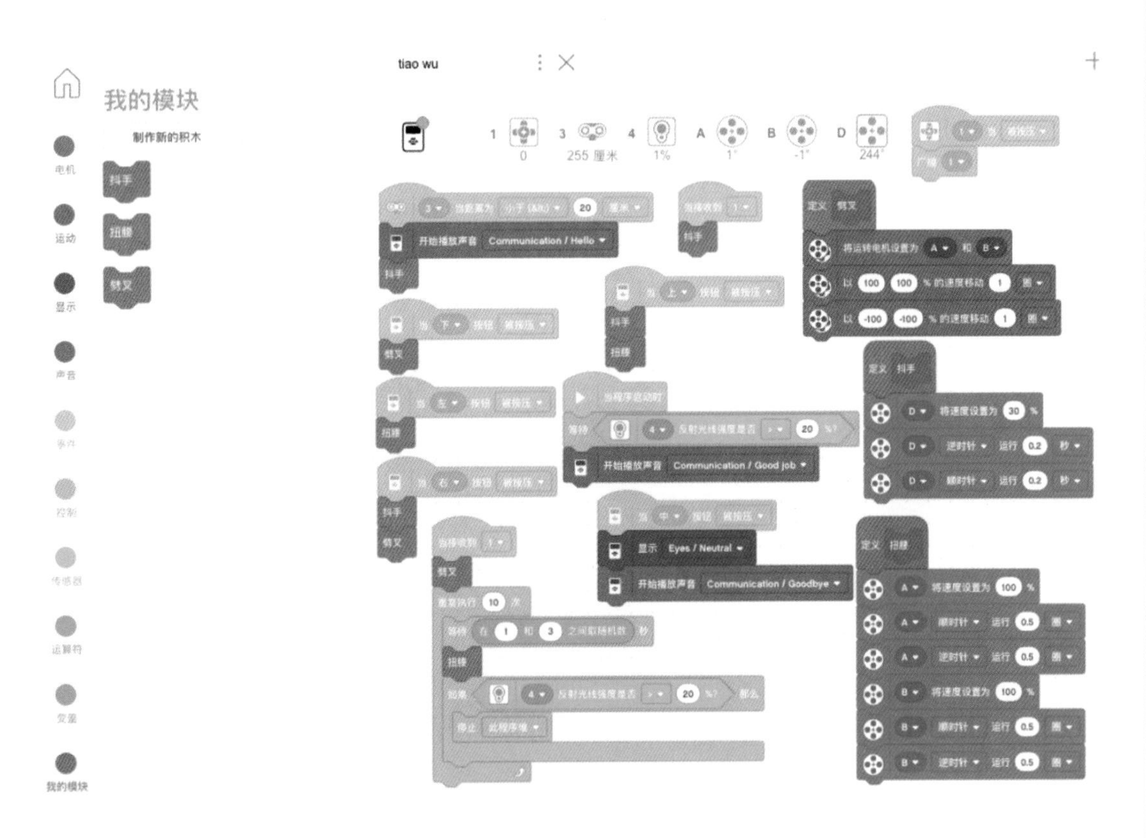

EV3 Scratch 的跳舞程序也是用了我的模块制作新的积木，以方便调用重复使用的舞蹈动作。如果要同时启动两组分支程序，并且同时启动两个或更多的电机，需要使用广播信息和当接收到信息后启动程序，这样可以并行多个流程，同时启动多个电机。如果要停止某个流程，可以使用停止此程序堆。

广播信息时，信息名必须使用数字，这样更好区分。信息名字不能使用中文，现在不兼容中文的信息名。为了程序可以被执行，使用数字的信息名比较好。如果想随机执行某个分支流程，可以使用随机数字来发送数字信息名。当接收到随机的数字信息名字时，就可以执行该分支流程。这样比较方便使用随机模块。

摩 托 车

在第 18 章里，我们会学到乐高 EV3 蓝牙连接、信息发送模块，来制作一辆属于你的乐高 EV3 摩托车，它可以躲避障碍物，还可以用控制器进行遥控。

在电影《终结者 II》中，施瓦辛格骑着一辆霸气的哈雷摩托车。在《灵魂战车》中尼古拉斯凯奇拥有一辆特技摩托车。摩托车不仅是交通工具，也是战士的座驾。

18.1 摩托车建模图

用乐高 EV3 制作一辆属于自己的遥控摩托车。

乐高 EV3 摩托车使用的是 40 齿的大齿轮带动 24 齿的惰轮，再带动 8 齿的小齿轮，实现了 5 倍的加速传动。（从动轮转动方向与主动轮相同）惰轮是指夹在两个齿轮之间，与两个齿轮都啮合的齿轮，它的作用仅仅是改变前后两个齿轮的转动方向关系，而不改变传动比，也不改变位置。惰轮又称过桥齿轮，它的齿数多少对传动比数值大小没有影响，但对末轮的转向将产生影响。

18.2 EV3 摩托车避障程序

使用摩托车前面的超声波传感器实现避障的功能。

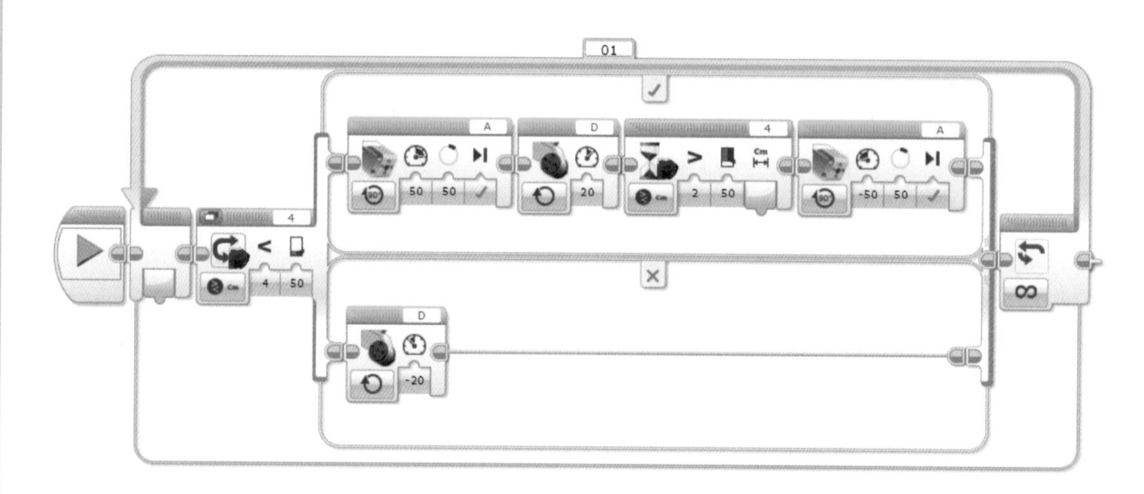

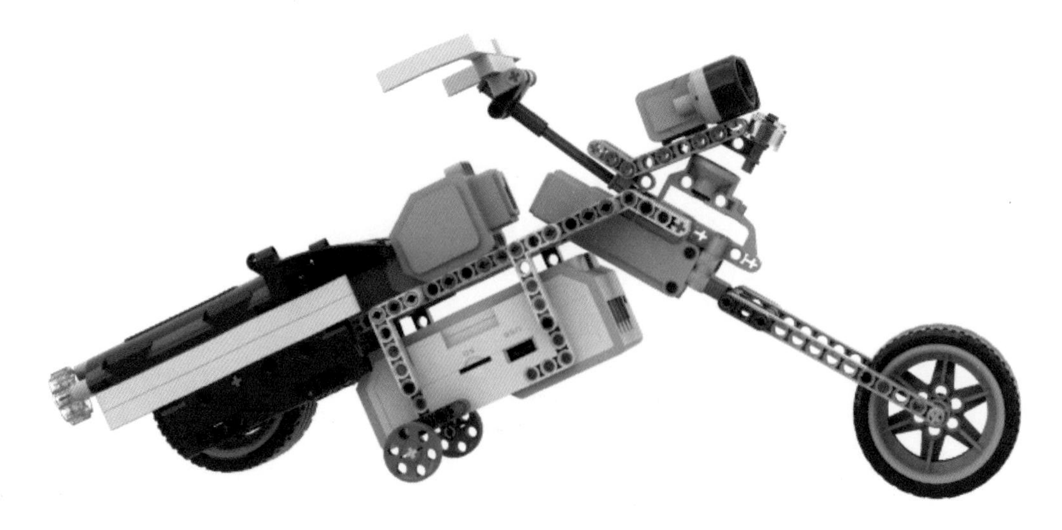

程序开始，进入循环。超声波切换模块，当端口 4 的超声波传感器检测到距离小于 50 厘米时，端口 A 的中型电机以 50 功率转动 50° 后停止（转向），端口 D 的大型电机以 20 功率后退，等待端口 4 的超声波传感器检测到距离大于 50 厘米时，端口 A 的中型电机以 -50 功率转动 50° 停止。否则端口 D 的大型电机以 -20 功率向前走。

因为是齿轮加速传动，加速 5 倍，所以端口 D 的大型电机以 20 功率运转，摩托车实际是以 100 功率的速度在向后移动。端口 D 的大型电机以 -20 功率运转，加速 5 倍后，就是以 100 功率的速度在向前移动。

18.3 EV3 摩托车控制器程序

以下是遥控摩托车的控制器发送程序。实现蓝牙控制需要使用两个 EV3 程序块，三个触动传感器。第一个 EV3 程序块用于发送信息，第二个 EV3 程序块用于接收信息，三个触动传感器执行不同的功能。

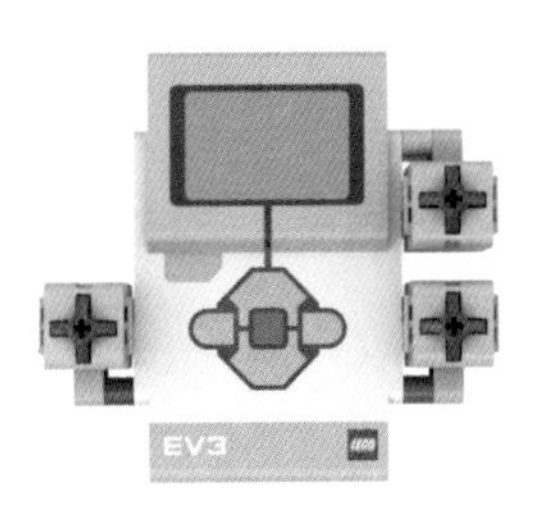

控制器模型使用了程序块按钮。上键向前，下键向后，左键向左，右键向右，中键直行。第一个触动鸣笛，第二个触动停止，第三个触动说笑话。

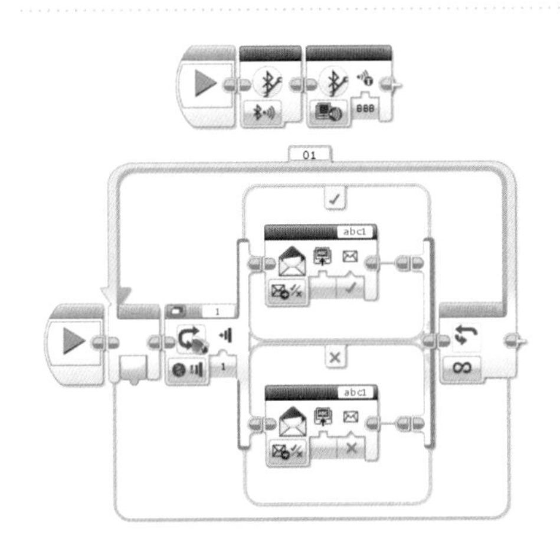

第一个流程：程序开始，开启蓝牙，创建与名字是 BBB 的 EV3 程序块的蓝牙连接（在这个程序运行前，必须先手动建立好蓝牙连接，并且把摩托车的程序块名字设置为 BBB，也可以在程序里更改 BBB 的蓝牙连接名字为当前使用的摩托车程序块名字）。

第二个流程：程序开始进入循环。如果按下端口 1 的触动传感器，发送名为 abc1 的逻辑真信息，否则发送名为 abc1 的逻辑假信息。

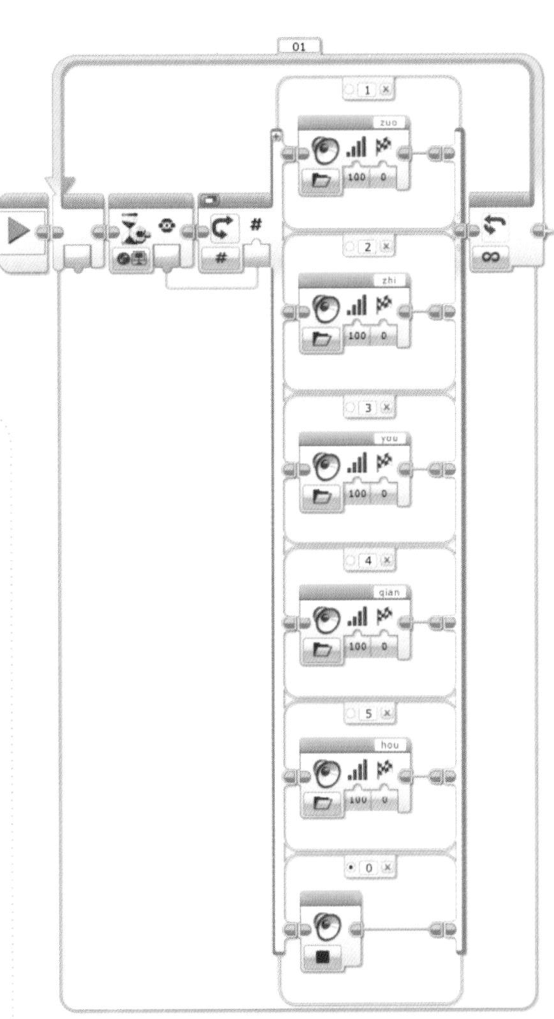

当按下相对应的程序块按钮，控制器 EV3 程序块会说相对应的前后左右直行的提示语音。

不按控制器程序块按钮，则停止声音。提示语音使用文字转语音服务提前制作好。

18.3.1 幽默笑话

使用文字转语音服务制作几个幽默笑话的语音。

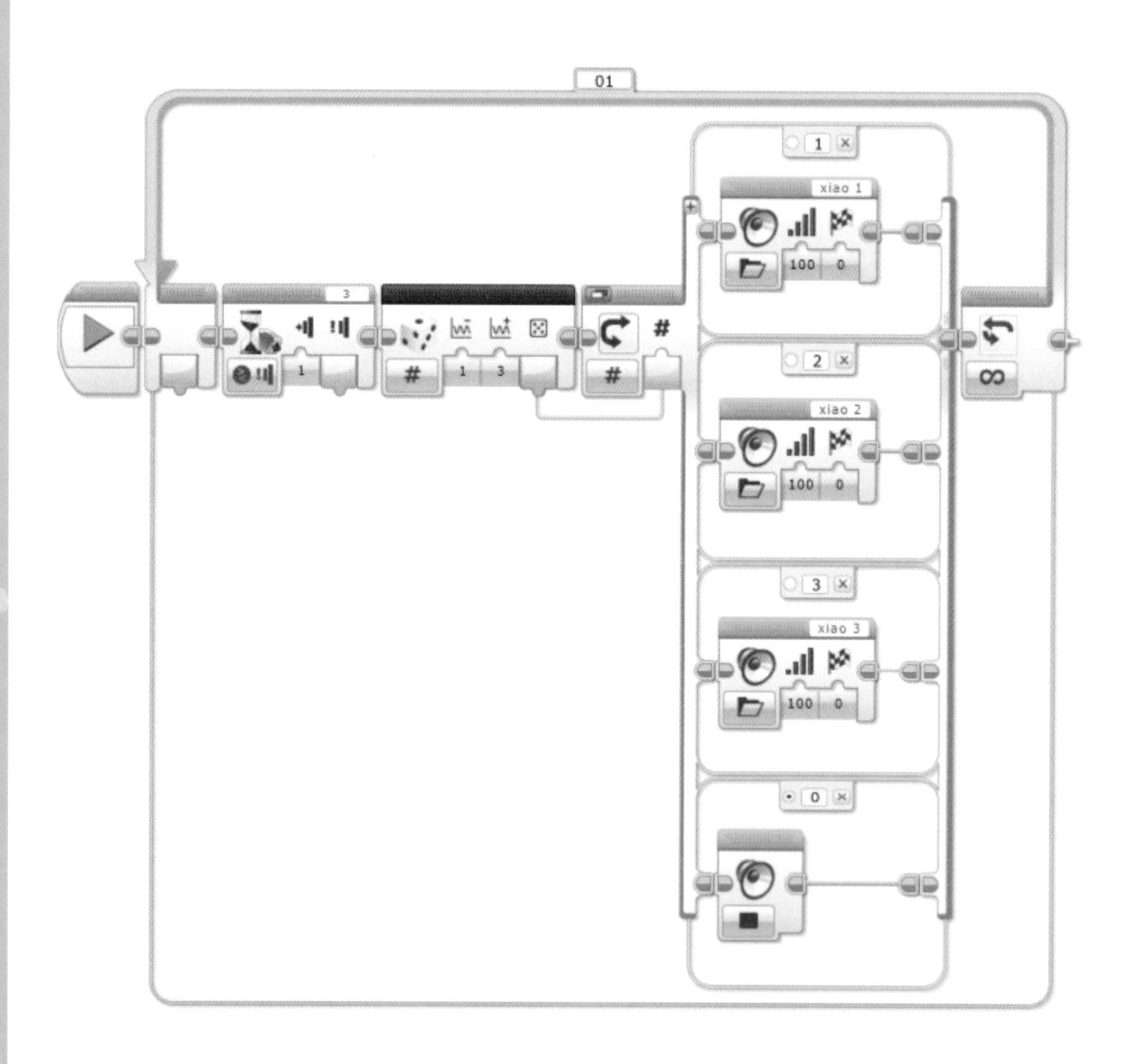

制作的幽默笑话语音文件必须在10秒以内。制作好后，保存到EV3头脑风暴声音模块里，写程序时可以调用幽默笑话语音。

程序开始，进入循环。等待按下端口3的触动传感器。将1到3范围内的随机数值给切换模块，根据随机值切换播放制作好的幽默笑话语音。否则声音停止（在这个流程里用不到声音停止模块。写出来声音停止是为了更好地理解程序）。

这个提示语音流程是为了增加摩托车控制器的互动效果。

可以使用图像编辑器给控制器制作中文菜单。在控制器程序块上显示每个按键的功能。

18.3.2 转弯直行程序

控制摩托车前轮的中型电机向左转、向右转、直行的控制器程序。

第一个流程：程序开始，进入循环。读取变量名为 2 的变量值。变量乘以 -1 的值给信息名为 abc 的信息发送模块、信息。

第二个流程：定义一个变量 2，赋值为 0，进入循环。程序块按钮切换，按程序块中键时，变量赋值为 0。按程序块右键时，变量赋值为 45，按程序块左键时，变量赋值为 -45。

默认不按，不执行操作。

第二个流程的变量值赋值给第一个流程，使用第一个流程实时发送变量 2 的值。在第一个流程里变量乘以 -1 是取变量的相反值。

也可以更改接收程序和控制程序，按自己的想法编写控制程序。

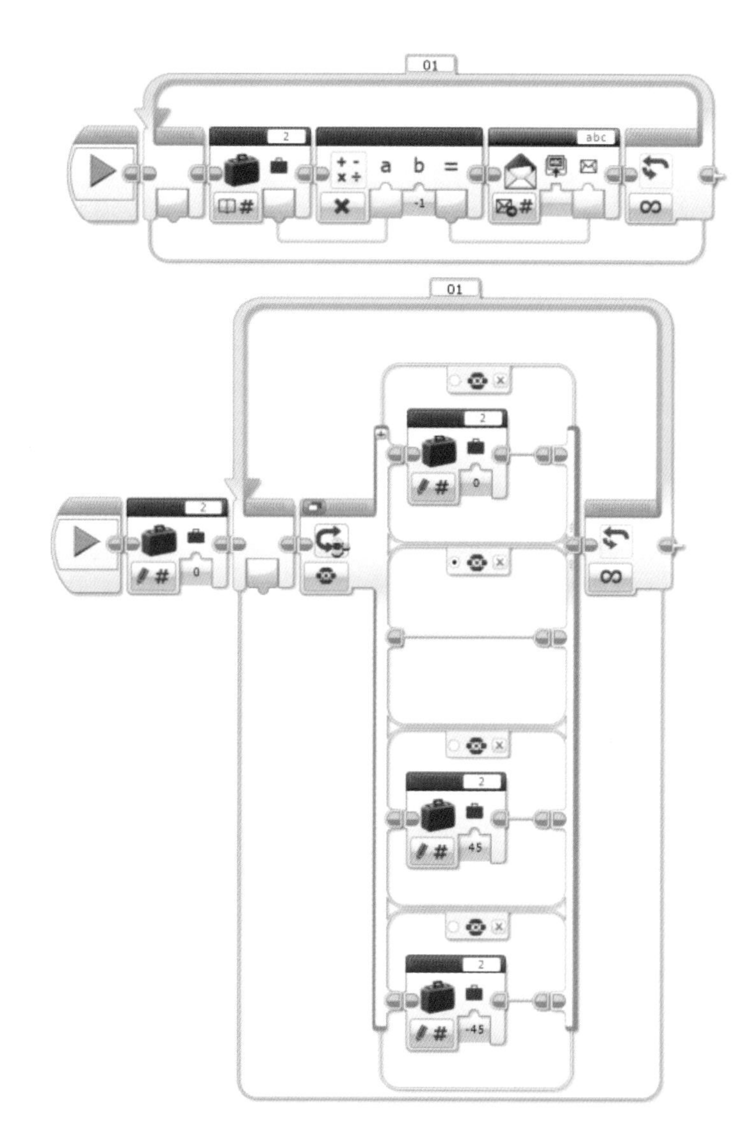

这个程序的功能是：使用程序块按钮的左、中、右键控制摩托车的前轮，中型电机向左、向右、直行。

通过控制器，发送程序块按钮对应的转向值给摩托车程序块。变量的数值运算就是摩托车的中型电机的转向度数。后面的接收程序可以看到相对应的转向程序。

19.3.3 前进后退停止

下面是控制摩托车加速前进、减速、停止、后退的程序。

第一个流程：程序开始，进入循环。等待按下并松开程序块按钮向下键，变量 3 写入数值 -10 。

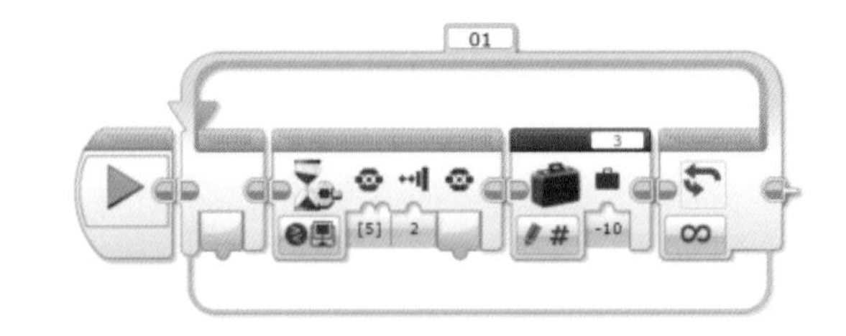

第二个流程：定义变量 3，赋值为 0 ，进入循环。等待按下并松开程序块按钮向上键，读取变量的值加 5。

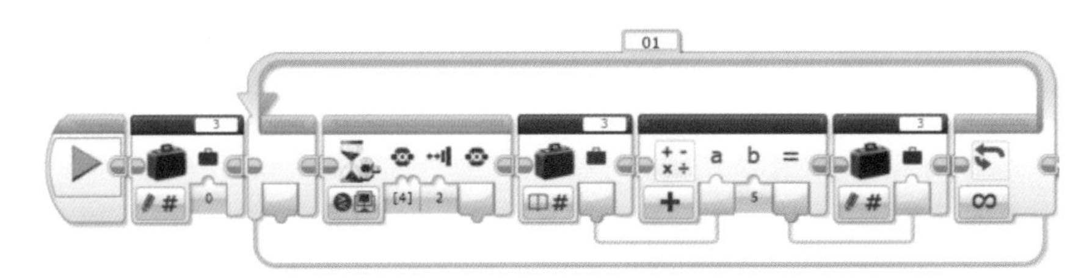

写入变量（就是每按一下向上键，变量就是加

5。实现加速功能，加速前进）。

第三个流程：程序开始，进入循环。把变量的值给信息名为 ab 的信息发送模块、信息。

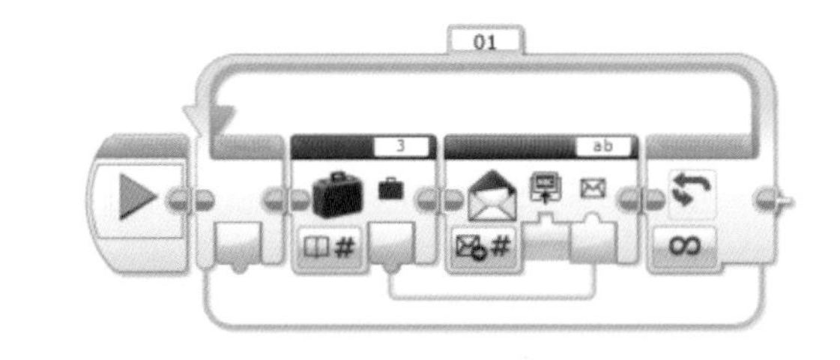

第四个流程：控制摩托车的停止。可以根据自己的想法，重新定义和更改变量的名字。发送和接收的两个程序里的变量名，必须是相对应出现的，以达到控制的功能。变量取名时，尽量通俗易懂。这个摩托车程序用的是数字的变量名字，不太好读懂。

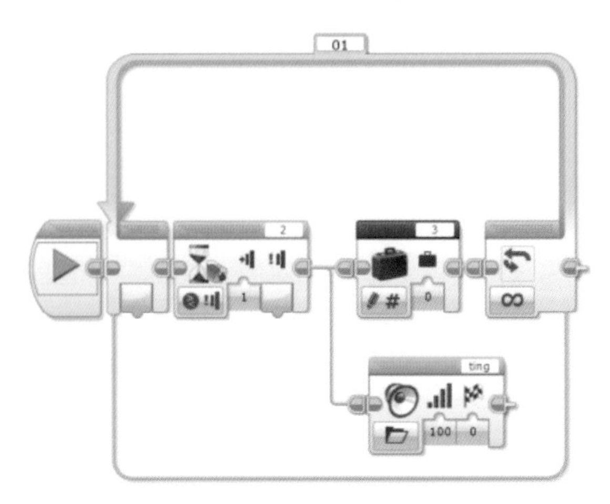

第四个流程：程序开始，进入循环。等待按下 2 端口的触动传感器。在变量里写入数值 0，播放停止的语音提示。

变量赋值为 0，就是摩托车大型电机为 0 功率。这个变量是摩托车大型电机的功率值，可以通过按钮来增大或减少功率值。

18.4 EV3 摩托车接收程序

摩托车模型程序块里的接收程序。接收到控制器程序块发送的控制指令，做出与控制器指令相对应的动作。摩托车接收程序用于接收控制器的指令，执行控制器指令的对应动作。

第一个流程：程序开始，开启蓝牙（在程序开始前，请手动调试将蓝牙连接上控制器程序块。提前手动做好两个程序块的蓝牙连接。这样程序运行时才不会报错）。

第二个流程：程序开始，进入循环。信息接收模块接收信息名为 ab 的信息。接收到的值乘以 −1 后给端口 D 的大型电机，作为大型电机的功率（乘以 −1 是取相反值的意思）。

第三个流程：程序开始，进入循环。信息接收模块接收信息名为 abc1 的信息。把接收到的值给逻辑切换模块，接收的是逻辑值。逻辑值为真时，播放鸣笛声。逻辑值为假时，停止声音。

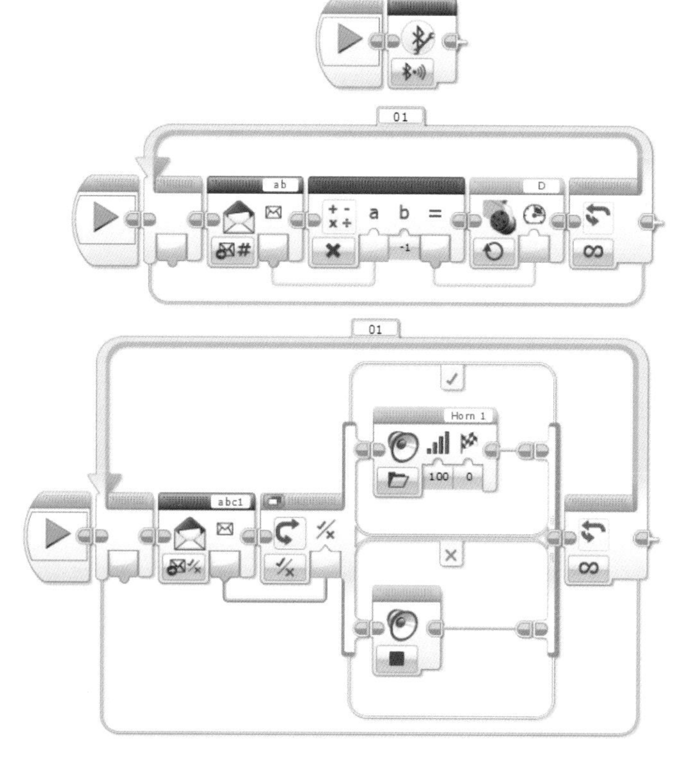

可以根据自己的想法修改信息发送和信息接收模块的名字。但是发送模块和接收模块的信息名必须对应。

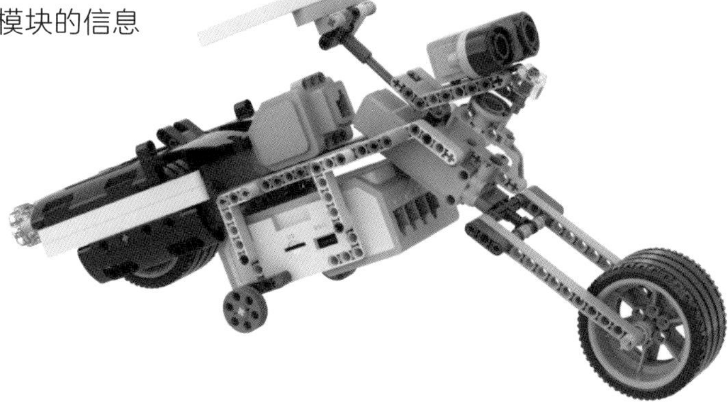

这个是控制摩托车前进、后退、停止的程序。

以下是摩托车转向、直行的程序。通过数学运算，可以控制中型电机的转向度数在正负45°，0°，三个数值之间切换也就是向左45°，直行0°，向右45°。

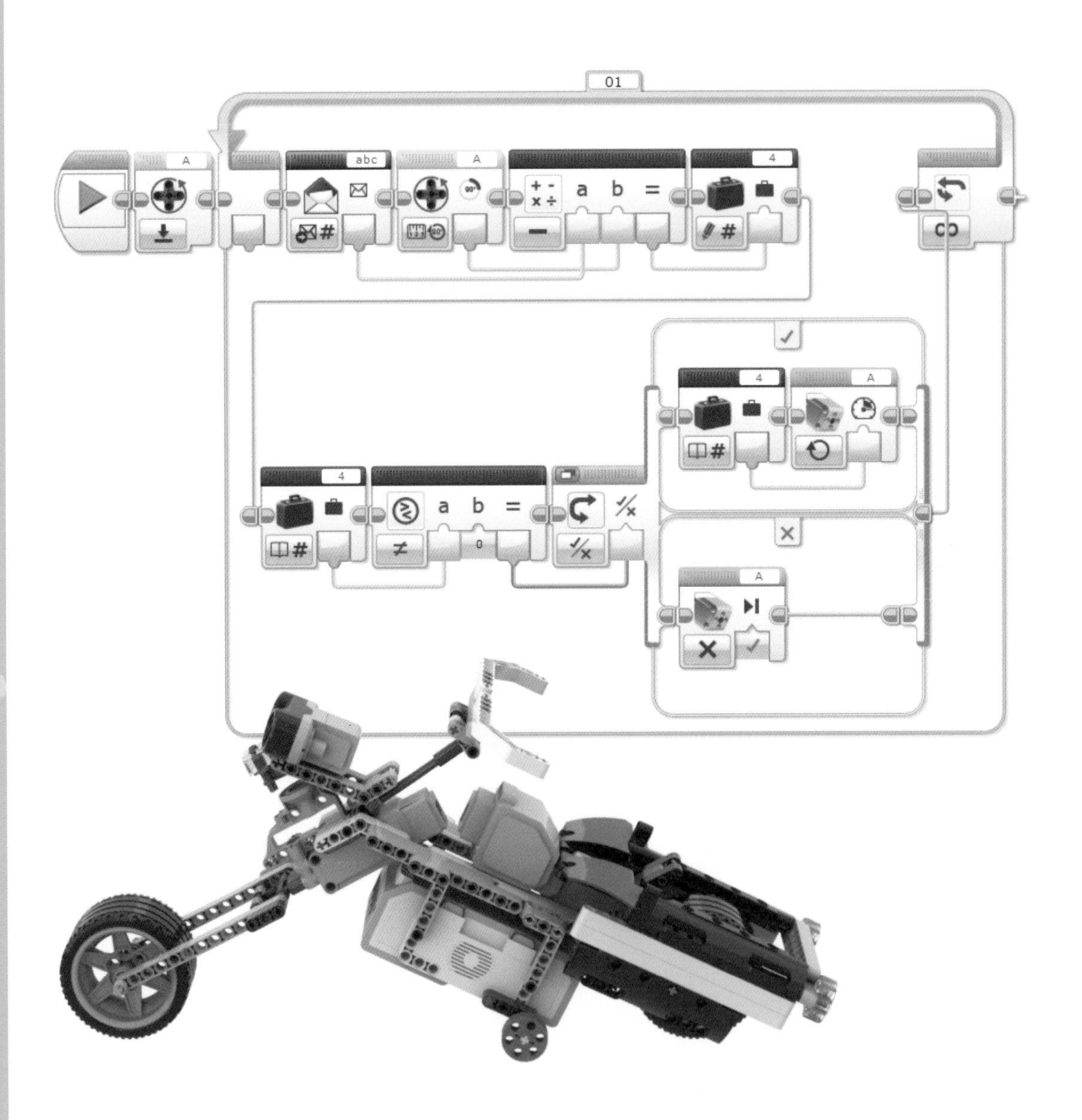

程序开始，重置端口A的电机度数，进入循环。接收信息名为abc的值。把接收的值与测量到的端口A电机的度数值相减。差值给变量4，读取变量的值与0比较。如果不等于0，为逻辑真。把变量的值给端口A的中型电机，作为中型电机的功率转向。

否则中型电机停止（比如接收的数值是45，此时测量的中型电机度数为0。那么45-0=45。45不等于0，就把45给中型电机转向，直到测量的电机度数为45时，45-45=0，中型电机停止转向，此时测量的度数是45°，当接收到0时，0-45=-45，则-45不等于0，电机以-45功率转向到0°。就是恢复到直行状态。这就是中型电机的转向程序，运用了电机旋转传感器实时测量度数）。

18.5 EV3 Scratch 摩托车避障程序

EV3 Scratch 摩托车避障程序与 EV3 头脑风暴摩托车避障程序的功能是一样的。

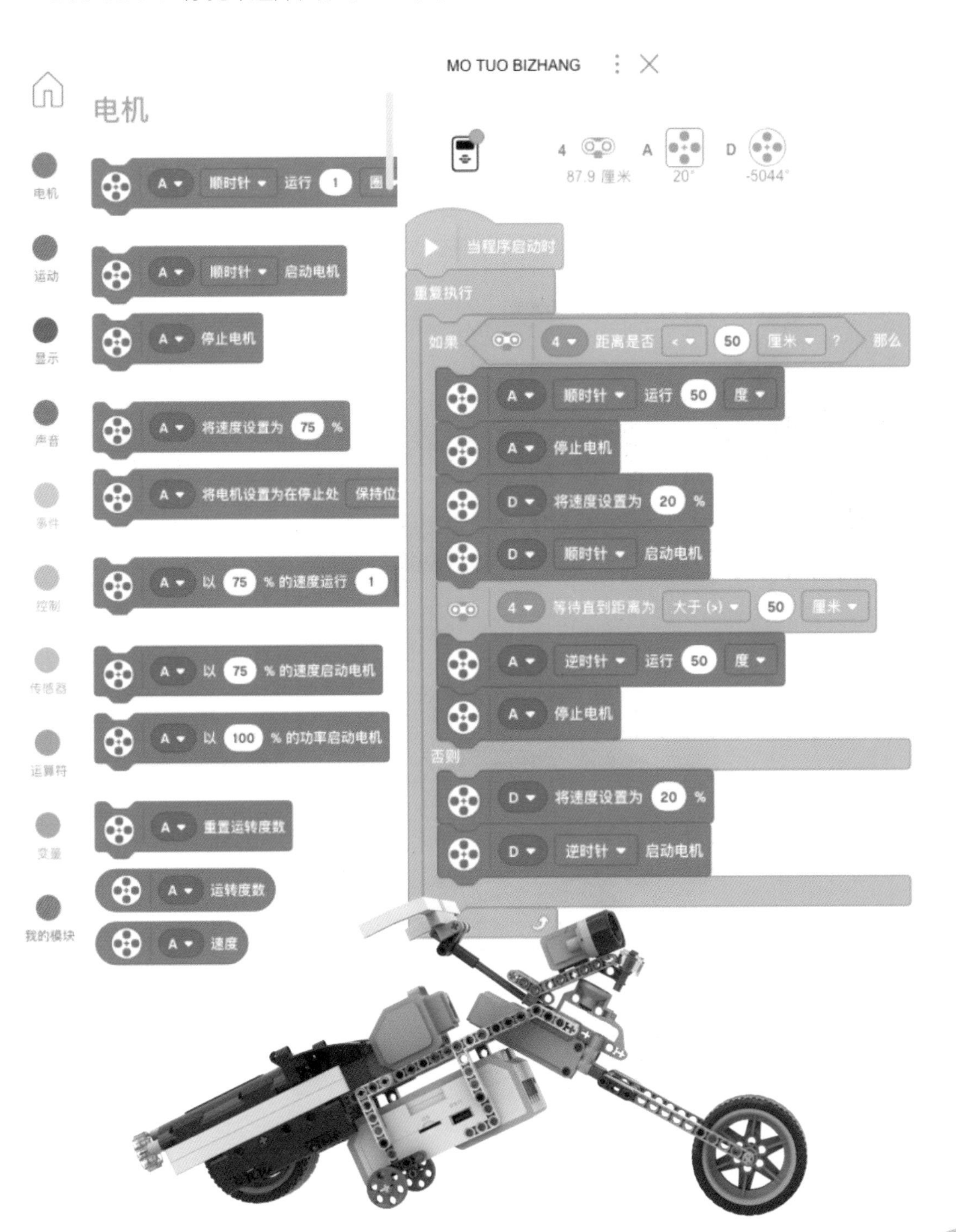

坦 克

拥有了乐高摩托车之后，同学们想不想制作一个能发射炮弹的坦克呢？可以认真学习第19章的坦克基础知识。学好后，根据自己的想法制作一辆坦克吧。

排爆机器人是排爆人员用于处置或销毁爆炸可疑物的专用器材，它可用于多种复杂地形进行排爆，以避免不必要的人员伤亡。

19.1 EV3 坦克建模图

坦克前方的抓手可以用来抓取物体。

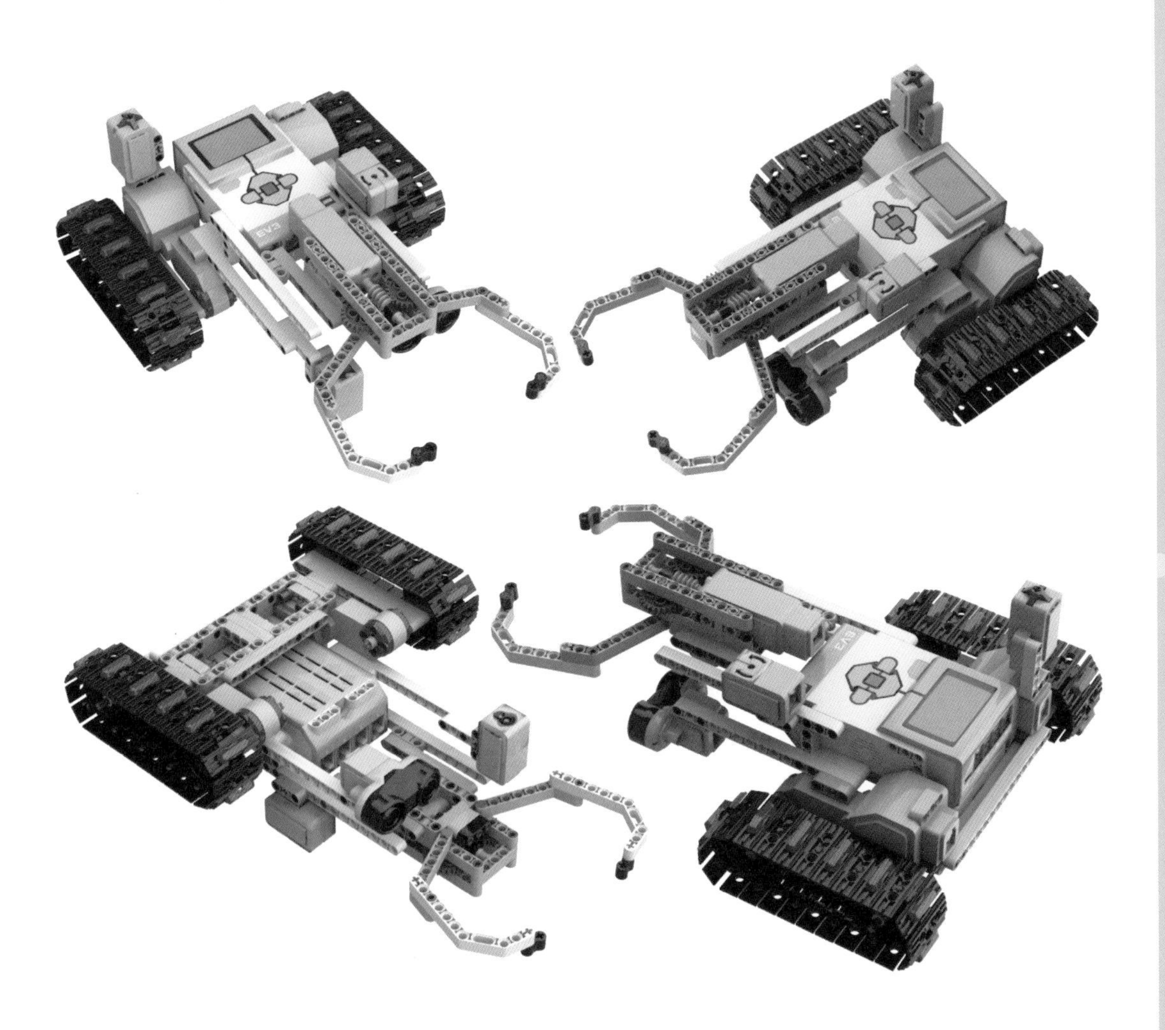

EV3 坦克模型使用了超声波传感器、颜色传感器、触碰传感器、陀螺仪传感器。它使用中型电机控制蜗轮蜗杆结构的抓手。

超声波传感器用于躲避障碍物，颜色传感器用于巡线，陀螺仪传感器用于确定坦克的移动方向，触碰传感器是启动按钮。

再用另一个 EV3 程序块制作坦克的遥控器。可以用坦克遥控器控制坦克的移动和物体的抓取。把 EV3 坦克变成遥控坦克。模拟现实中的排爆机器人，完成排爆任务。

19.2 EV3 坦克程序

下面是 EV3 坦克程序的相关内容。

19.2.1 坦克走正方形

下面是坦克走正方形的实时显示度数。

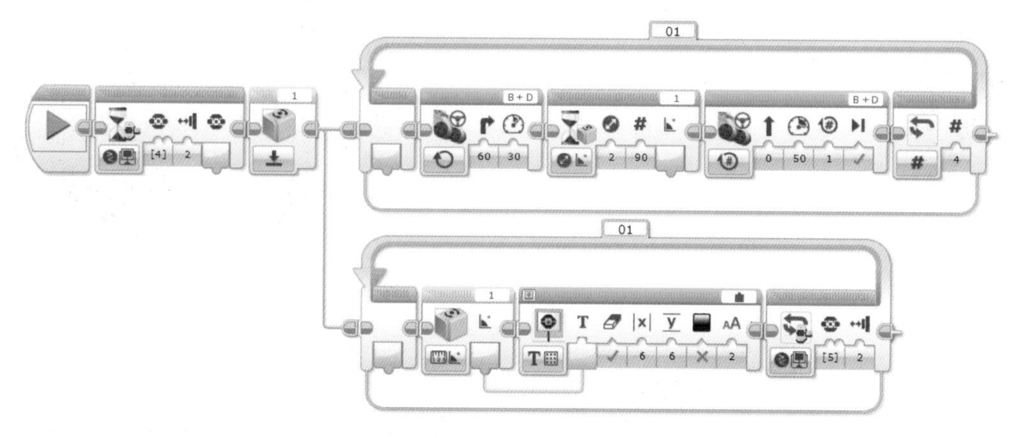

程序开始，等待按下并松开程序块按钮上键，重置端口 1 的陀螺仪传感器。

陀螺仪传感器在程序开始时必须重置，使陀螺仪的角度值归零，后面程序测量的陀螺仪角度值才会准确。陀螺仪是一个很灵敏的传感器，开始时需要保持平稳，坦克移动时，功率不能太高。坦克移动得过快，功率会太高。坦克移动时震动过大，陀螺仪测量的角度也会不准确，无法走正方形。所以坦克的功率不要超过 50。如果坦克移动功率超过 50，不但陀螺仪测量的角度不准确，履带也容易崩裂。

第一个流程：进入循环，端口 B+D 的大型电机以 30 功率转动 60°。等待直到端口 1 的陀螺仪传感器测量到角度在任意方向更改到 90° 时，端口 B+D 的大型电机以 50 运转 1 圈后停止，循环 4 次，刚好走完正方形。

第二个流程：进入循环，把端口 1 陀螺仪传感器测量的角度值给显示模块，实时显示。

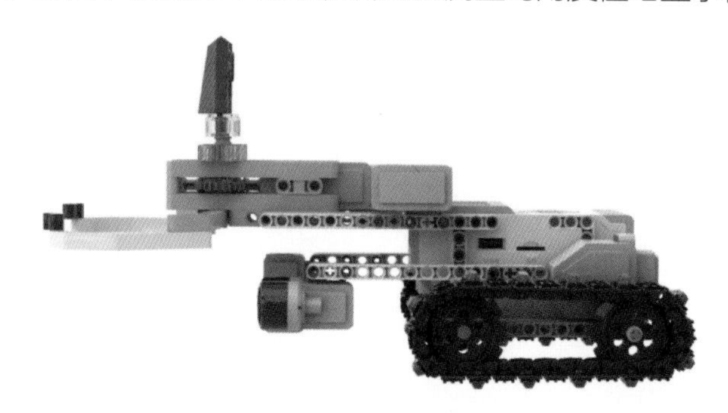

19.2.2 遥控器程序

下面是排爆坦克控制器遥控程序。可以发送信息给排爆坦克。

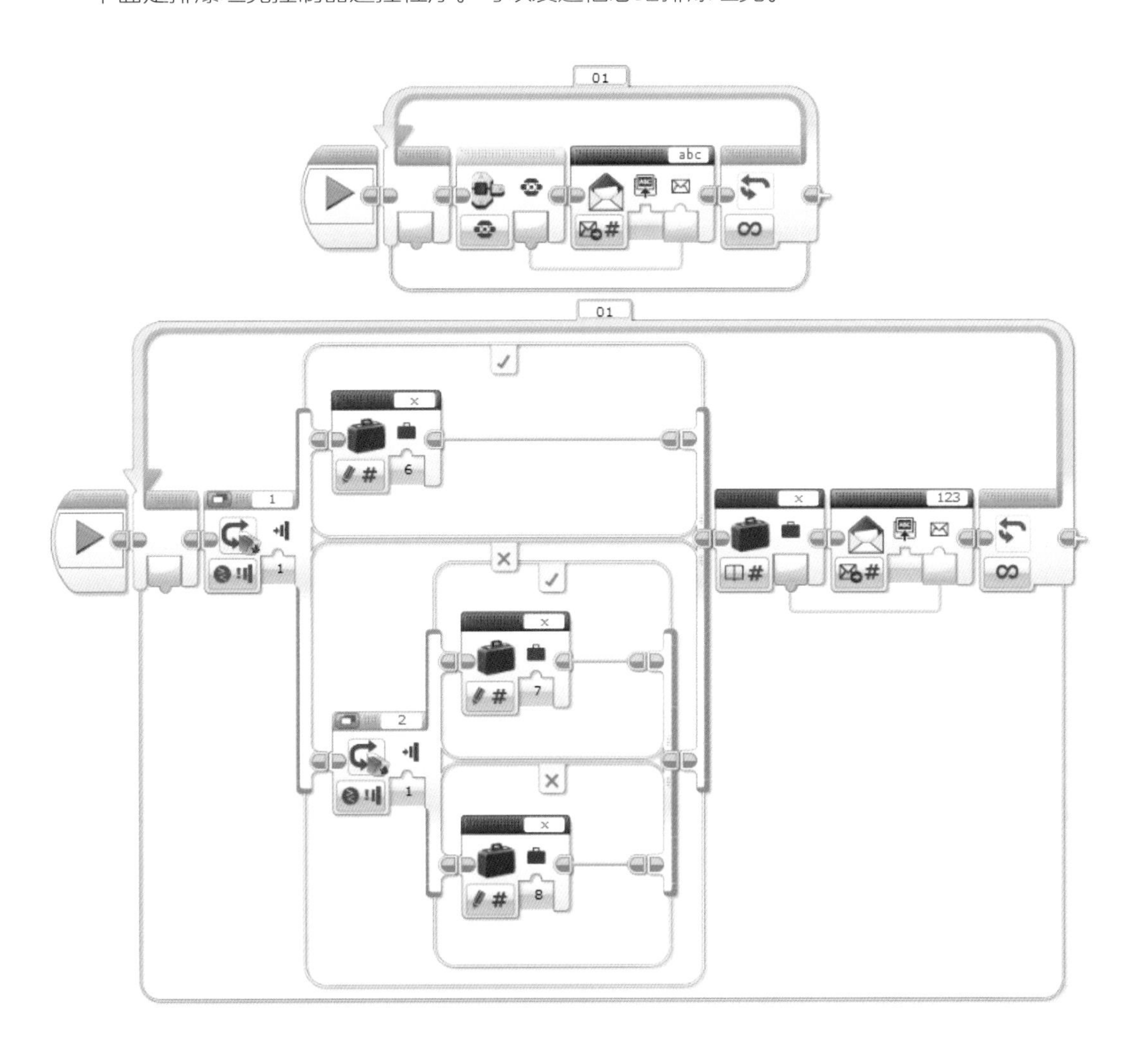

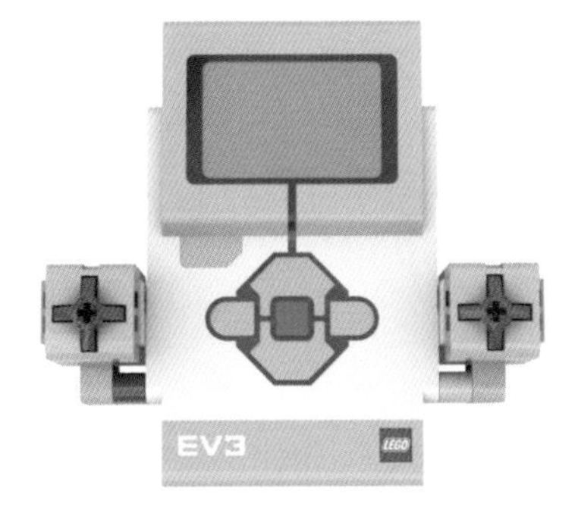

先手动给控制器程序块和坦克程序块建立蓝牙连接，以确保程序运行时能够发送蓝牙控制信息。

第一个流程：程序开始，进入循环。把程序块按钮的数值ID给信息名为abc的信息发送模块，发送信息给排爆坦克。

第二个流程：程序开始，进入循环。按下端口1的触动传感器时，给变量x写入6。当按下端口2的触动传感器时，给变量x写入7。否则变量x写入8。把变量x的值给信息名为123的信息发送模块，发送给排爆坦克（变量x的值6、7、8是坦克对应的动作）。

19.2.3 坦克程序

以下是排爆坦克的接收程序。接收控制指令后，做出相应的动作。

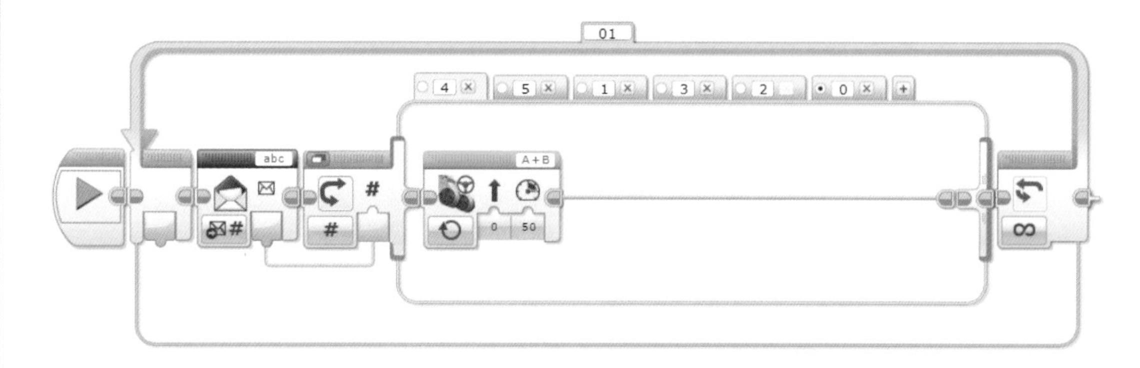

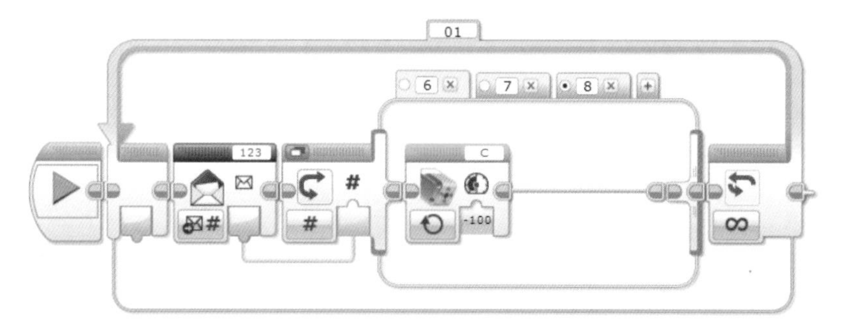

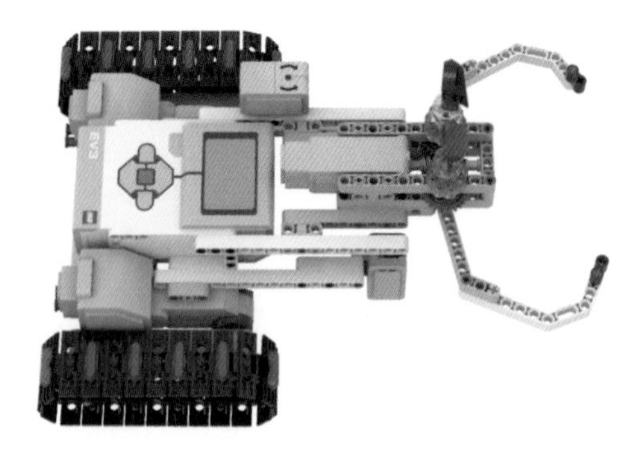

第一个流程：程序开始，进入循环。接收遥控器发出的数值。给数字切换模块，根据控制器程序块按钮对应的数值，坦克做上、下、左、右的动作。中键是发出 Hello 声音的按键。

第二个流程：接收控制器两个触动按钮的数值，给数字切换模块。两个触动按钮的值用于控制坦克的抓手张开和合拢。对应数值 6、7 是让中型电机以正、负 100 功率运转。数值 8 是让中型电机停止运转，也就是停止爪子的动作。默认值是 8。默认中型电机停止运转，这是为了保护爪子，不至于过度张开和合拢，损坏中型电机和齿轮。

19.3 装甲架桥车

逢山开路遇水搭桥，装甲车中的变形金刚，装甲架桥车能轻松解决复杂路况！

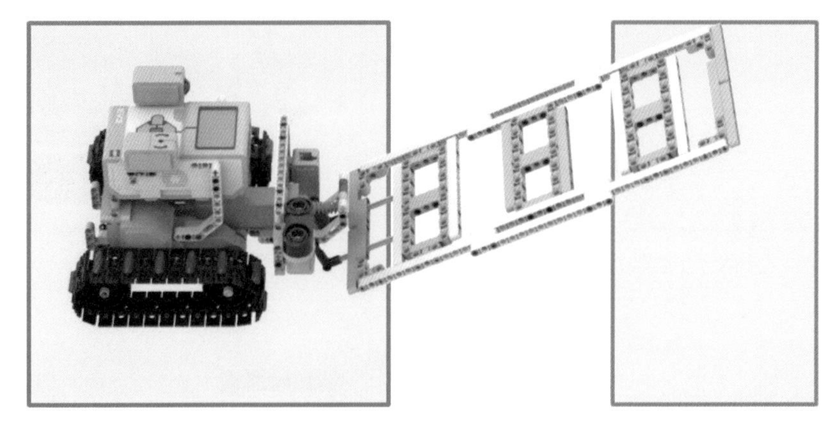

根据这辆装甲架桥车的 EV3 模型，自己编写一个自动架桥程序。

根据下面的装甲架桥车 EV3 模型，编写遥控架桥程序。

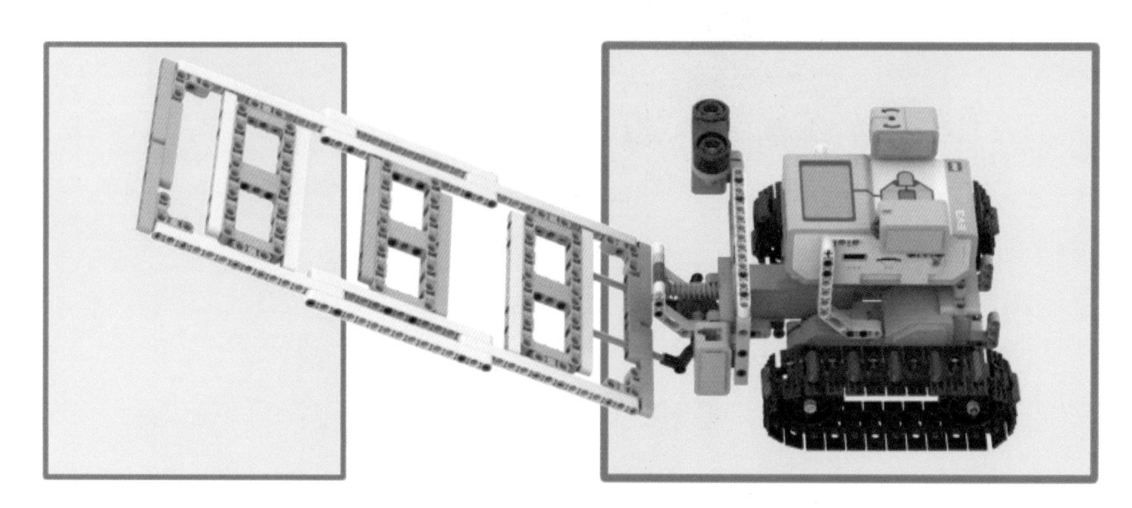

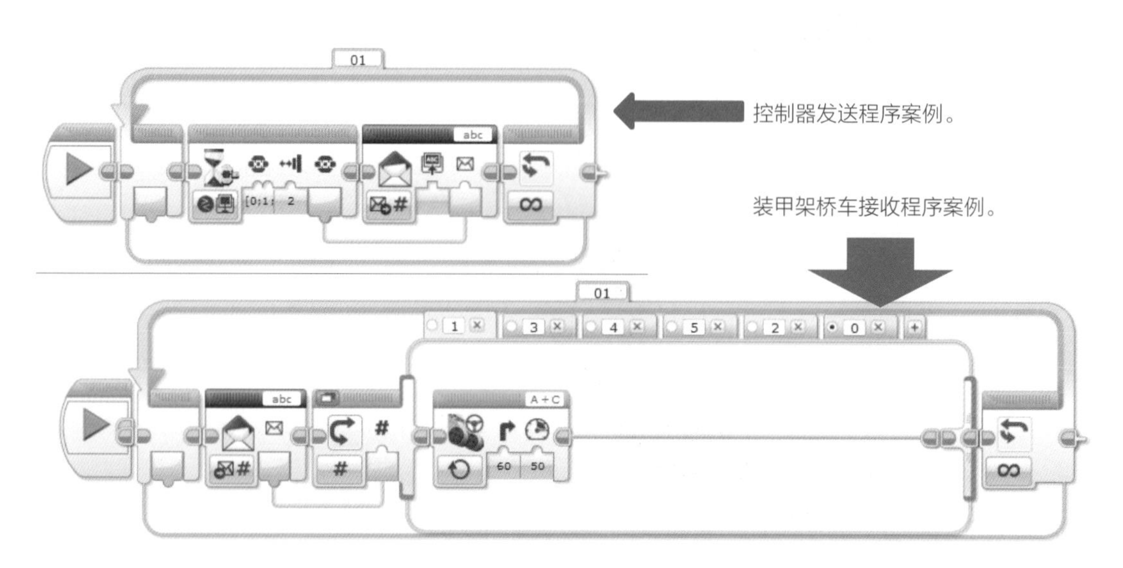

19.4 来编程吧

使用陀螺仪传感器的角度值和速率控制声音模块播放音调的频率和音量，并把陀螺仪传感器测量的角度值和速率实时显示在 EV3 屏幕上。

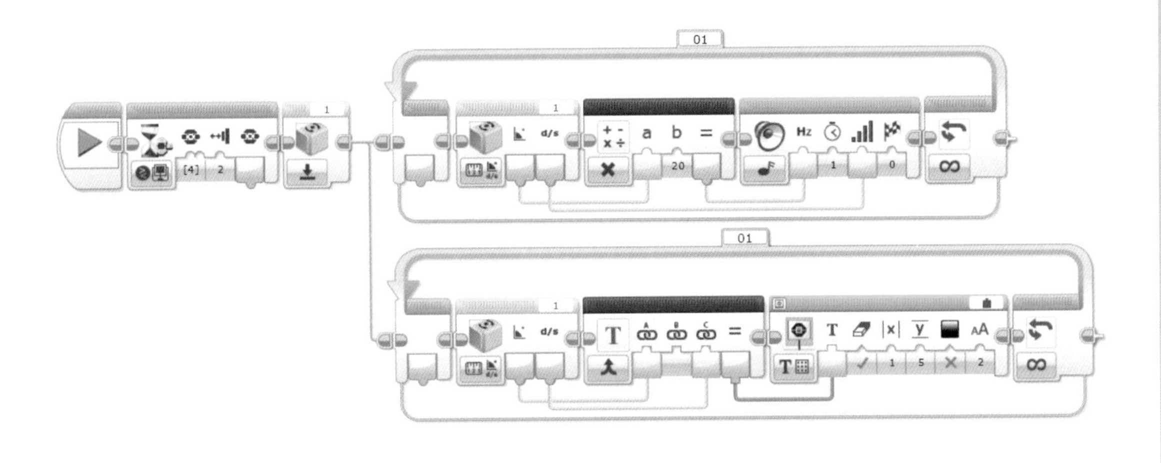

使用电机旋转传感器，记录电机运转后转动的角度，然后电机再回转相同角度，并把电机旋转传感器测量的角度值实时显示在 EV3 屏幕上。

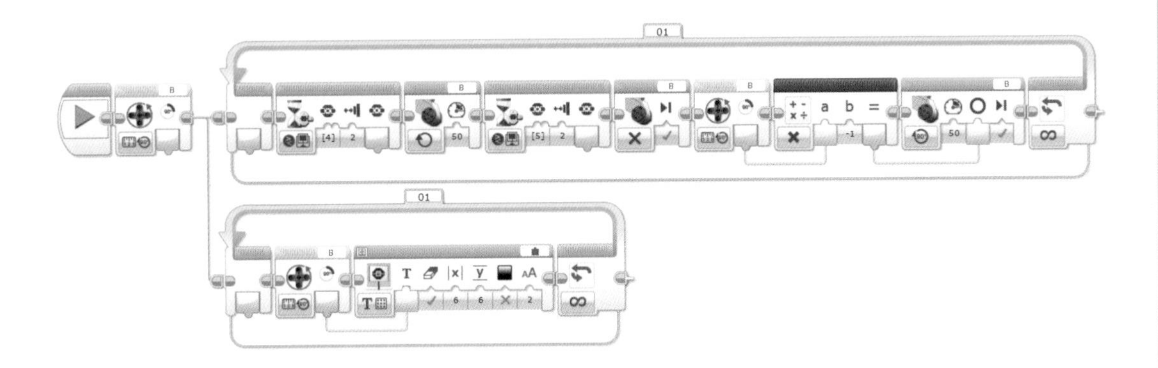

陀螺仪传感器和电机旋转传感器在程序开始执行时，都必须重置传感器数值，这样做是因为需要把传感器的值归零。如果不重置传感器，那么每次程序运行时，传感器测量的数值都会有上次程序运行时遗留的数值，造成传感器测量的数值不够准确，程序运行时会有很大的误差。

陀螺仪传感器和电机旋转传感器是必须要在程序开始时重置传感器的，这是为了程序运行时测量到的数值的准确性。颜色传感器也有校准反射光线强度的功能。

19.5 一个人也可以做好

❶ 这个 EV3 Scratch 程序，使用陀螺仪的角度和速率控制声音模块的频率和音量，并把陀螺仪传感器测量的角度和速率实时显示在 EV3 屏幕上。

```
当 上 按钮 被按压
1 reset angle
重复执行
    播放警笛声 (1 角度 * 20) 0.2 秒
    将音量设置为 1 角速度 %
```

```
当程序启动时
重复执行
    使用字体 大号黑色 在 60 , 60 处写入 1 角度
    使用字体 大号黑色 在 60 , 80 处写入 1 角速度
    等待 0.5 秒
    清除显示
```

❷ 这个 EV3 Scratch 程序，使用电机旋转传感器记录电机运转的度数，电机再反转相同度数，并把电机旋转传感器测量的度数实时显示在 EV3 屏幕上。

```
当程序启动时
B 重置运转度数
B 将速度设置为 75 %
重复执行
    等待直到 上 按钮 被按压
    B 顺时针 启动电机
    等待直到 下 按钮 被按压
    B 以 75 % 的速度运行 (B 运转度数 * -1) 度
```

```
当程序启动时
重复执行
    使用字体 大号黑色 在 60 , 60 处写入 B 运转度数
    等待 0.5 秒
    清除显示
```

二战飞机

莱特兄弟发明了飞机，让人类像鸟儿一样飞向了蓝天。我们可以使用乐高 EV3 制作一架二战飞机。

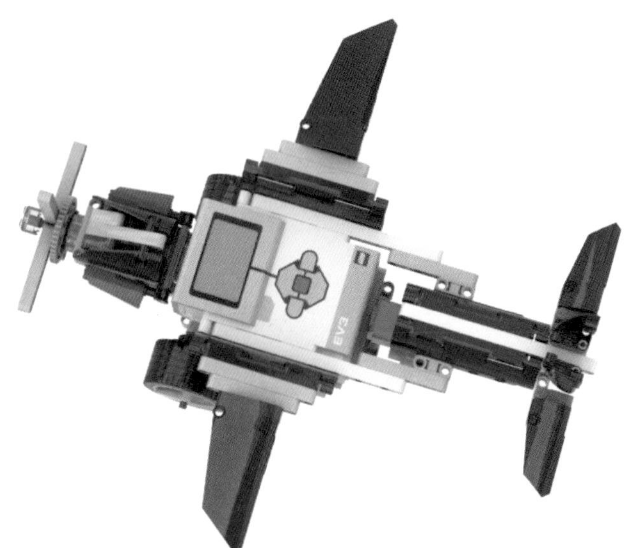

我们在电影中经常能看到二战时的很多飞机，印象最深刻的就是螺旋桨式战斗机。它完全不像喷气式战斗机一样“娇贵”。

20.1 二战飞机建模图

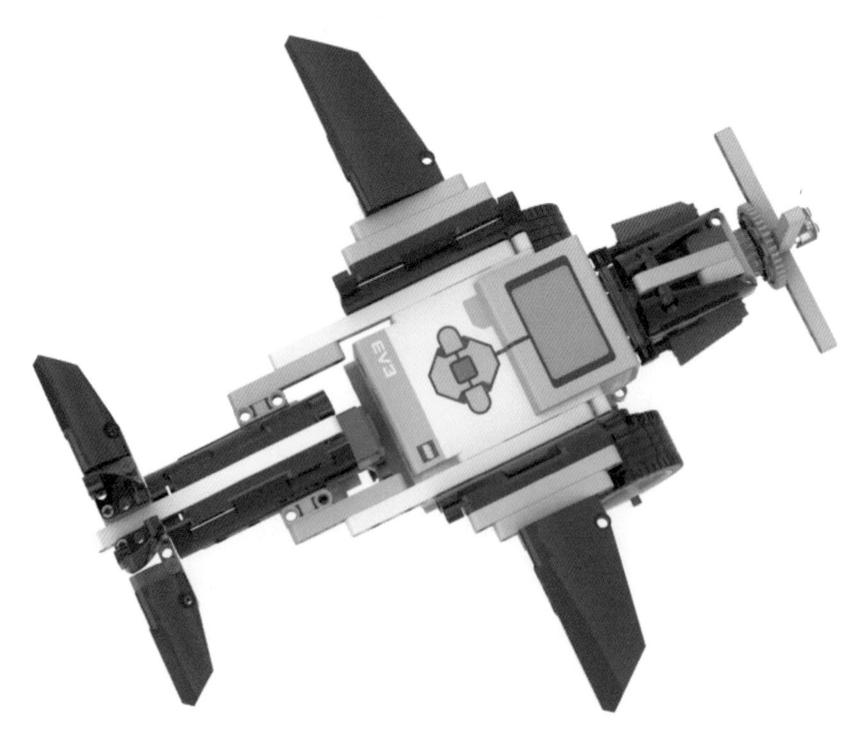

本例使用了乐高45544、45560的装饰零件制作二战飞机的机翼和尾翼，使二战飞机的外形栩栩如生。笔者在原创基础车的程序块两侧增加了装饰机翼，尾翼使用了较小的装饰零件，前面安装了中型电机给螺旋桨提供动力。二战飞机的底部是基础车模型结构，而二战飞机的编程使用了阵列。按键控制模拟二战飞机在机场停机或起飞时，在跑道上需要做的各种准备动作。

20.2 EV3 二战飞机程序

以下将使用阵列模块、阵列运算模块、程序块按钮控制二战飞机前、后、左、右移动。

程序开始，进入第一个循环。等待程序块按钮，随机按下上、下、左、右、中键。写入阵列操作循环 5 次后，进入第二个循环。读取阵列的值给切换模块，执行相对应的切换程序。飞机阵列控制程序使用了阵列（新建变量 > 写入 > 数字阵列）、阵列运算、循环索引。

阵列和阵列运算有讲解视频。可以先编写好程序，再看书的配套讲解视频。动手编写程序，调试程序时，需要耐心。

20.3 EV3 Scratch 二战飞机程序

下面是 EV3 Scratch 二战飞机程序的相关内容。

20.3.1 复习阵列运算

在使用 EV3 Scratch 编写程序前，先复习阵列和阵列运算。

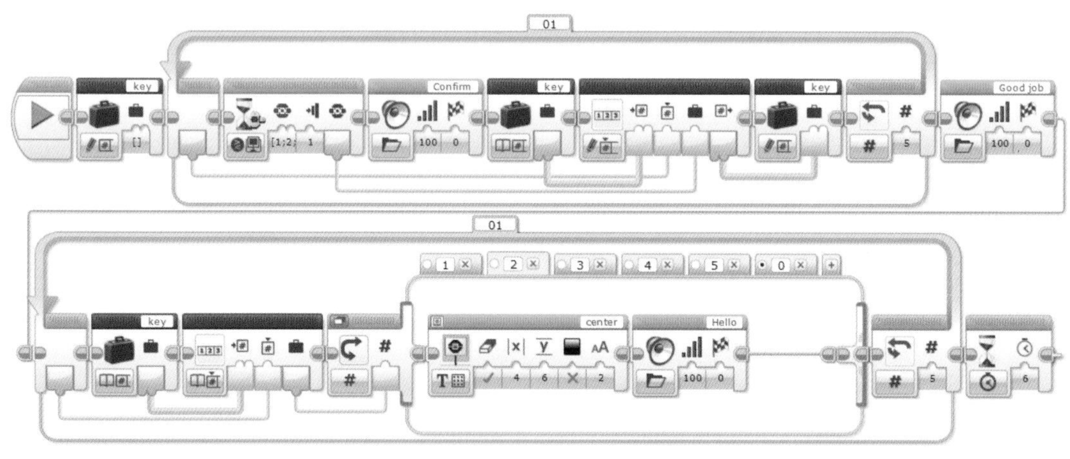

同学们动手把上面的程序编写在 EV3 头脑风暴软件里，使用基础车测试这个程序。

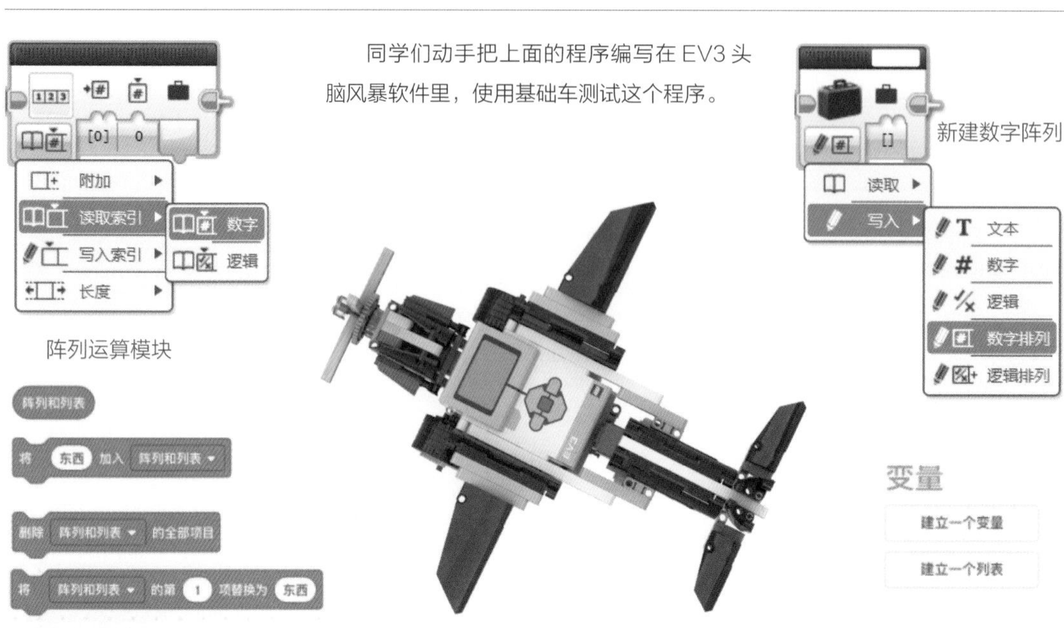

在 EV3 Scratch 里，阵列叫作列表，虽然名字不同，但是功能一样。需要新建列表，才能看到。

使用 EV3 Scratch 编写列表控制飞机前后左右移动的程序。

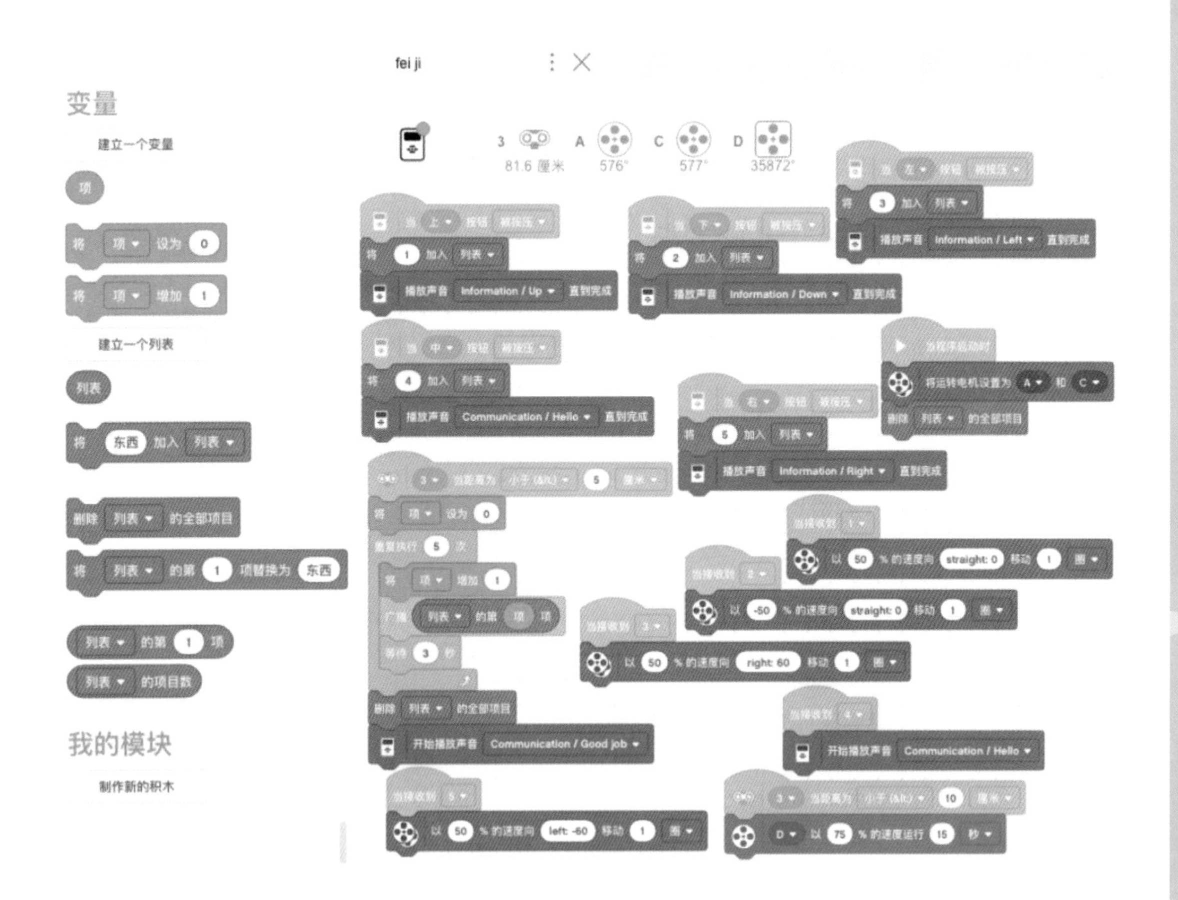

新建一个变量名字叫作（项）的变量，再新建一个列表名字叫作（列表）的表。当程序启动时，将运转电机设置为 A 和 C，删除列表中的全部项目。当程序块按钮上、下、左、右键被按压时，写入 1、2、3、5 数值到列表的第一、二、三、五项里。按中键时，写入列表的第四项里。按相对应的按钮播放上、下、左、右，Hello 的声音。当端口 3 的超声波传感器测量到距离小于 10 厘米时，端口 D 的中型电机以 75% 的速度运行 15 秒。当检测到距离小于 5 厘米时，将变量设为 0，重复执行 5 次，变量每次增加 1，每 3 秒执行一次，依次广播列表记录的按键顺序。

信息名使用数字的好处就是可以接收到变量的数字。5 个分支程序对应着 5 个 EV3 程序块按钮的动作和功能。列表类似成绩单，学号对应着学生的成绩。

20.4 来编程吧

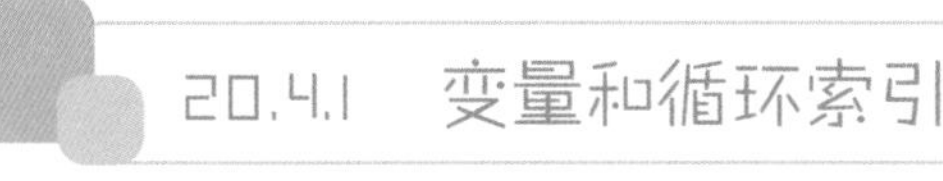

20.4.1 变量和循环索引

使用变量和循环索引，编写从 1 到 100 的递增程序。

使用变量编写的 1 到 100 按顺序递增程序。

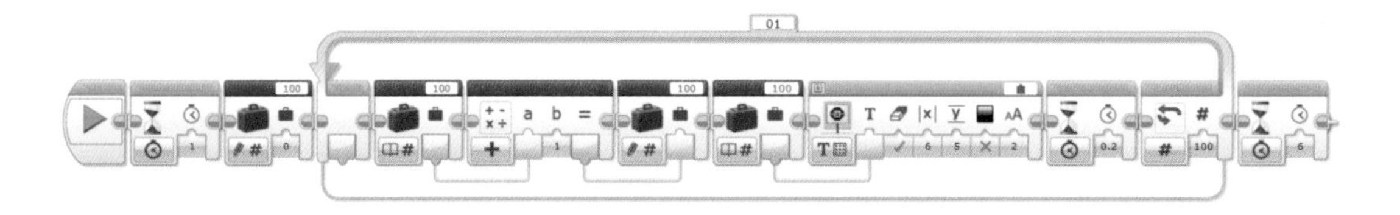

使用循环索引编写的 1 到 100 按顺序递增程序。

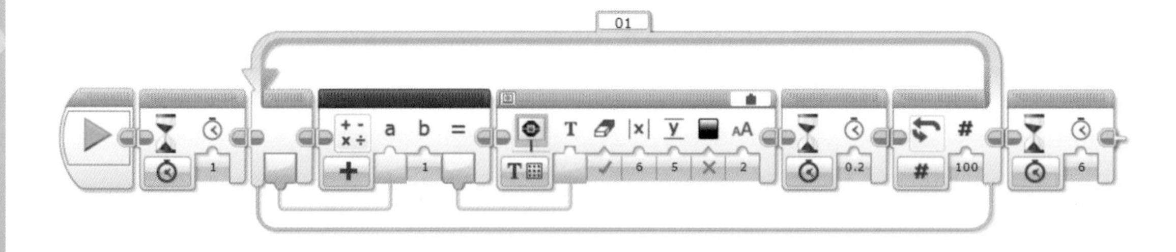

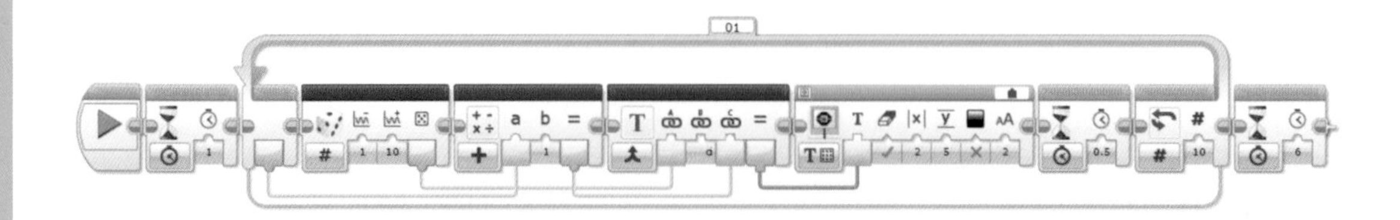

在 EV3 屏幕上每隔 0.5 秒显示一个 1 到 10 之间的随机数字，同时使用循环索引计数。

20.4.2　电机旋转传感器

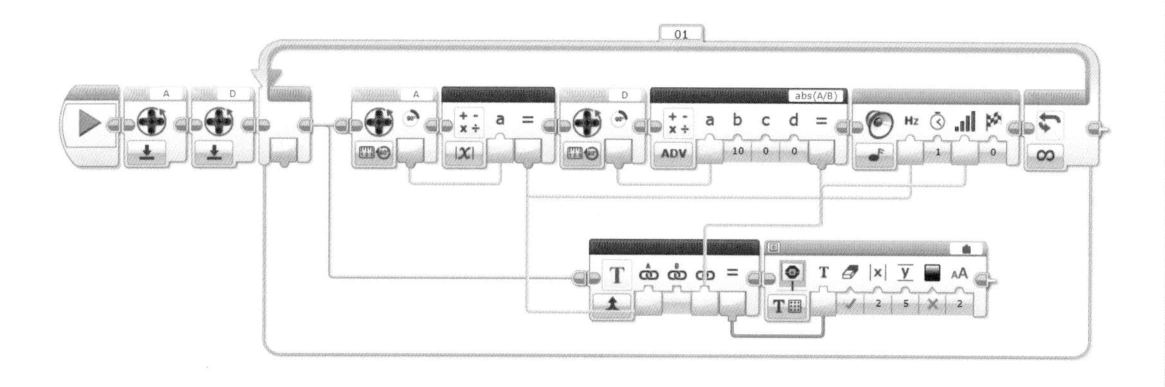

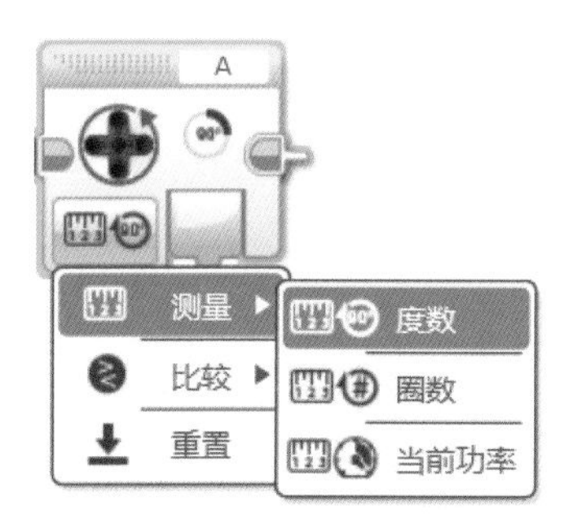

电机旋转传感器集成在大型电机和中型电机里，可以测量和记录大型电机和中型电机的旋转度数、圈数、当前功率。

电机旋转传感器在程序开始运行时必须重置，清除上次运转时遗留下的记录，确保本次程序运行时，电机旋转记录的数值更精确。上、下两个程序的功能是一样的。使用端口 A，D 的电机分别控制声音模块播放音调的频率和音量，两个程序的功能是一样的，但编程方法不一样。

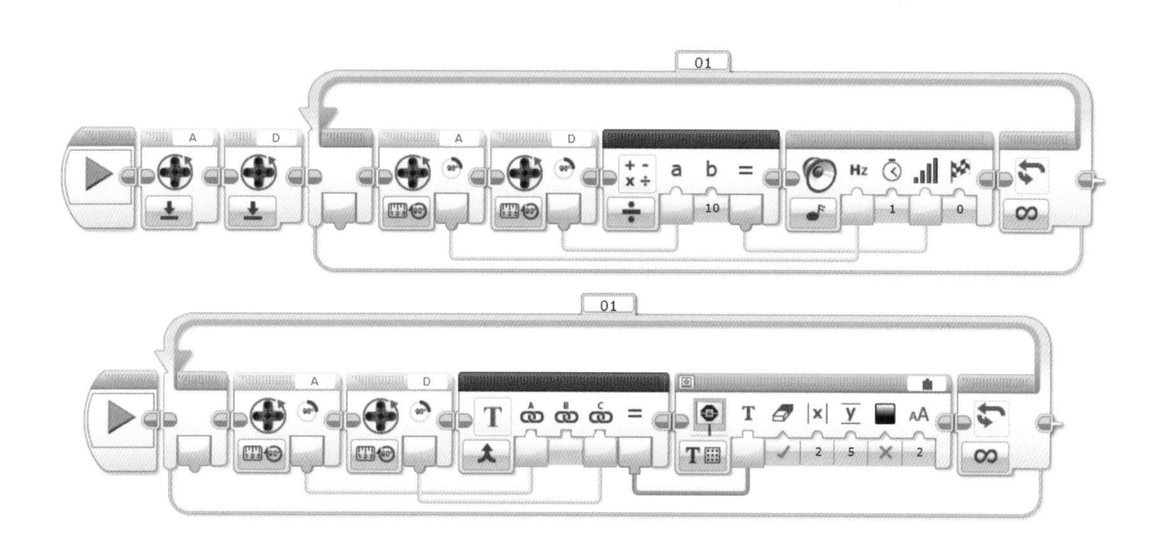

20.5 一个人也可以做好

使用变量编写 1 到 100 按顺序递增的程序，并显示在 EV3 屏幕上。

使用列表编写程序块按钮上不同的按键，在 EV3 屏幕上显示与按钮相对应的英文，并播放声音。

赛 车

第 21 章的赛车模型是可以遥控的乐高 EV3 赛车。它不仅能跑，还能转弯，并且有语音提示等。

赛车运动分为两大类：场地赛车和非场地赛车。最早的赛车比赛是在城市间的公路上进行的。可以使用乐高 EV3 制作方程式赛车和越野车，编写避障程序和蓝牙遥控程序。

21.1 赛车建模图

以下是方程式赛车和越野车建模图，它通过齿条传动，可使前轮转向。

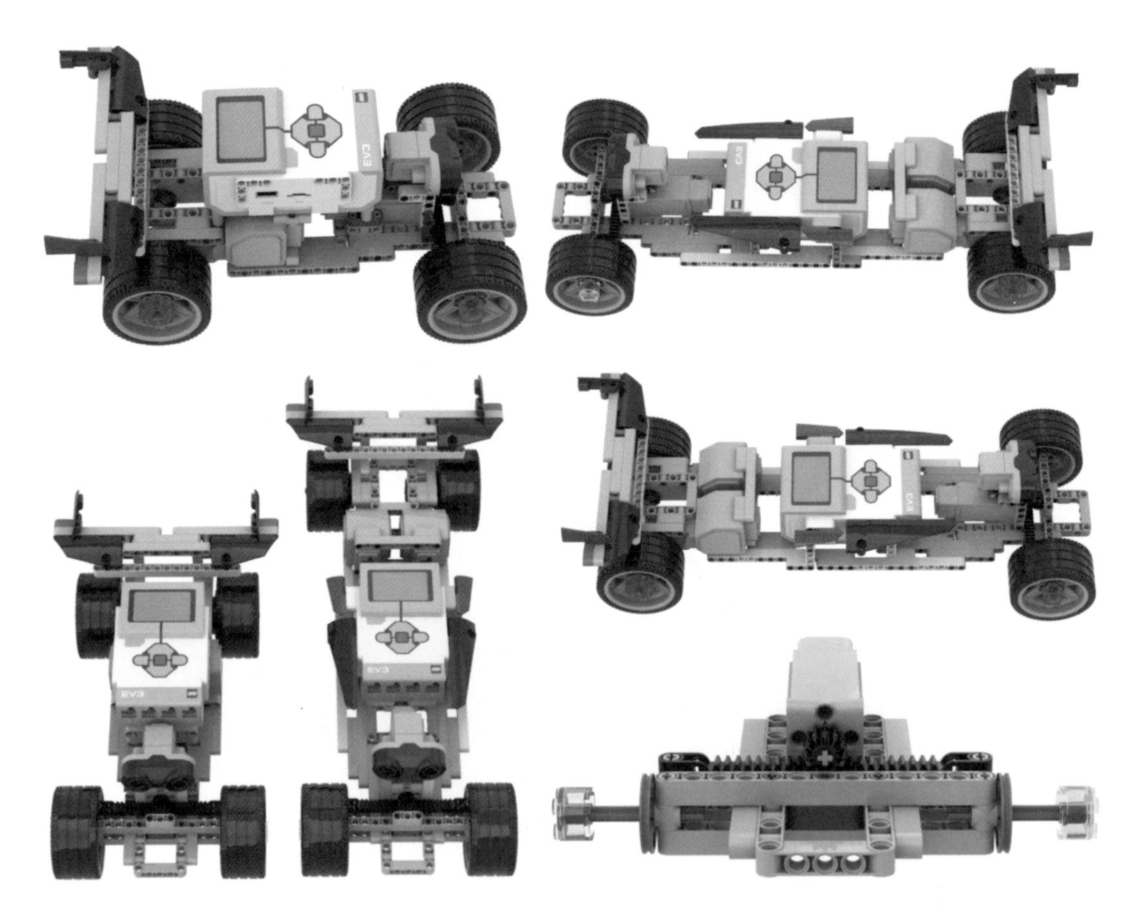

赛车和越野车的前轮使用了齿条传动。如上图所示的传动类型能够改变运动的形式，齿轮是旋转运动，下方的齿条则是直线运动。齿条传动使前轮能够转向，后轮也可以通过两个轮子的转动速度不同，形成差速转向。

21.2 EV3 赛车程序

下面是 EV3 赛车程序的相关内容。

21.2.1 赛车避障程序

以下是赛车和越野车的超声波避障程序。它使用了流程控制模块。

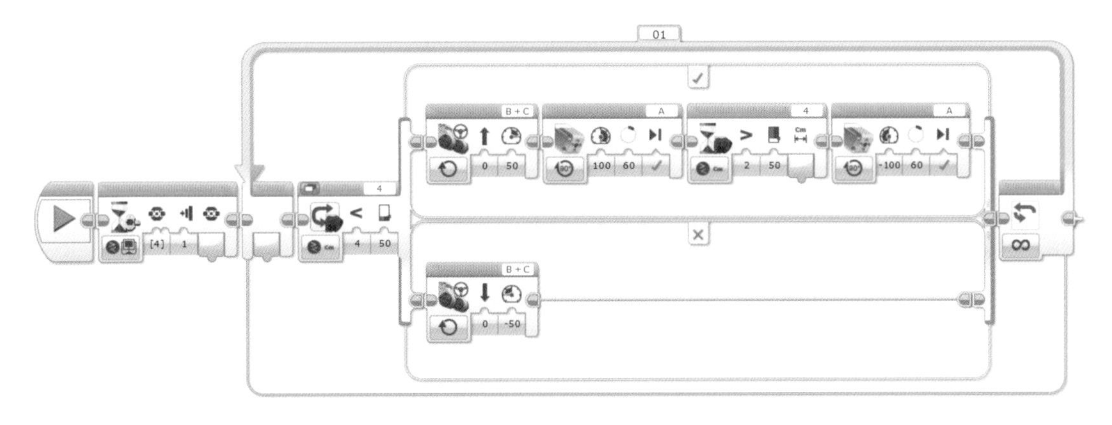

程序开始，等待按下程序块按钮上键，进入循环。当端口 4 的超声波传感器检测到距离小于 50 厘米时，端口 B+C 的大型电机以 50 功率后退。端口 A 的中型电机以 100 功率运转 60° 后停止（转向后退）。等待距离大于 50 厘米时，端口 A 的中型电机以 −100 功率运转 60° 后停止（恢复直行）。否则端口 B+C 的大型电机以 −50 功率运转前进。

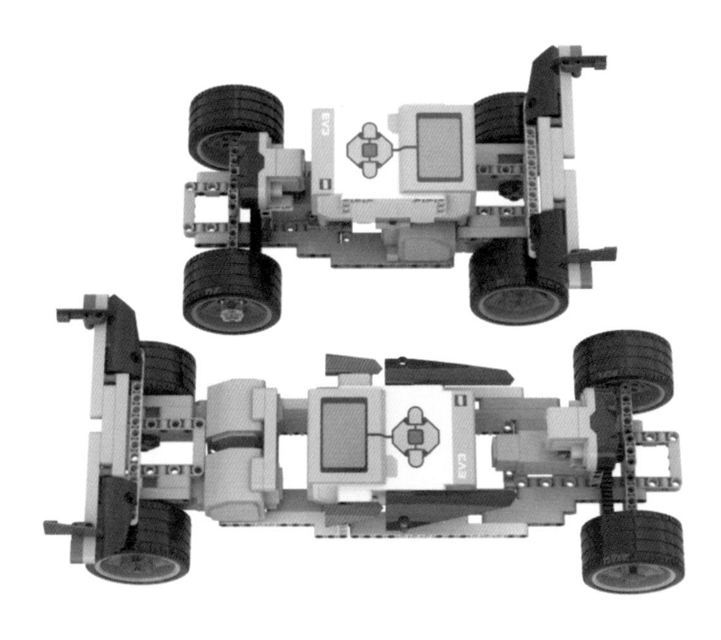

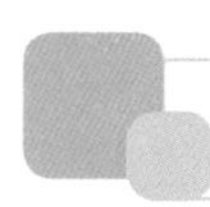

21.2.2 遥控程序

以下是赛车遥控器程序，可通过蓝牙控制发送指令程序。

在程序运行前，先手动设置好控制器程序块和赛车程序块的蓝牙连接，建立好蓝牙连接后，再运行程序。

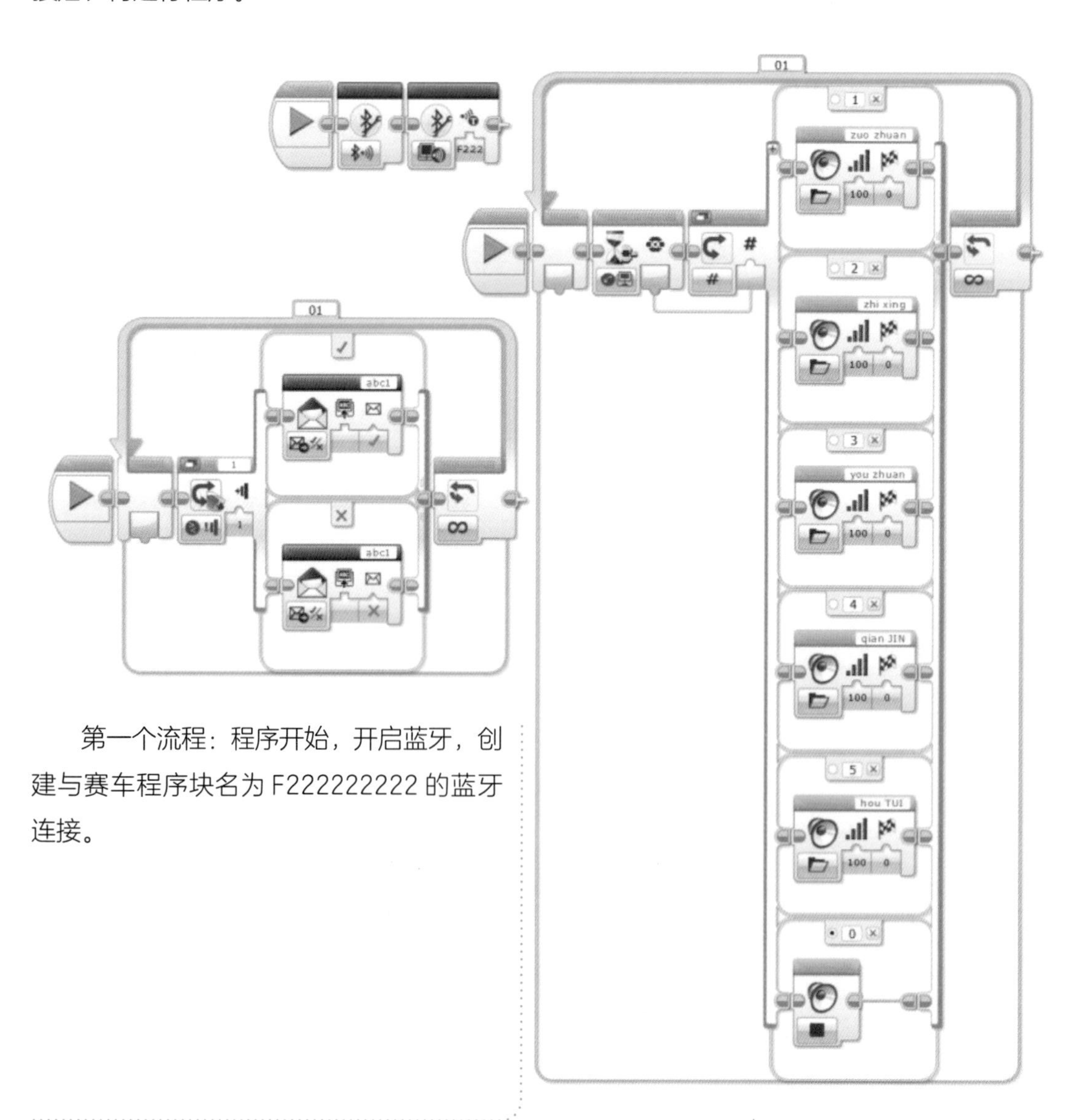

第一个流程：程序开始，开启蓝牙，创建与赛车程序块名为 F222222222 的蓝牙连接。

第二个流程：程序开始，进入循环。如果按下端口 1 的触动传感器发送信息逻辑真，信息名为 abc1。否则，发送信息逻辑假。

第三个流程：按下程序块按钮的上、下、左、右、中键，播放相对应的前、后、左、右、直行的提示语音。

控制器发送程序，程序块按钮的上、下键控制前进、后退。

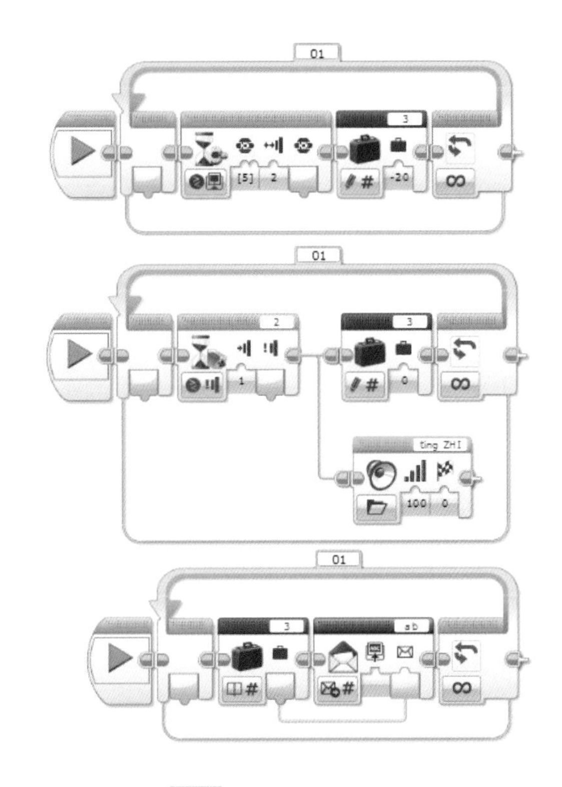

第一个流程：程序开始，进入循环。等待按下并松开程序块按钮的下键，变量3写入数值-20。

第二个流程：程序开始，进入循环。等待按下端口2的触动传感器，变量3写入数值0，播放语音提示后停止。

第三个流程：程序开始，进入循环。把变量3的数值给信息发送模块。以信息名为ab发送信息。变量3是控制赛车前进、后退、停止的大型电机功率。

第四个流程：程序开始，定义变量3，进入循环。等待按下并松开程序块按钮的上键，读取变量3的值加10，写入变量3（这个流程是增加赛车的移动速度）。增加功率，按一次程序块按钮，增加10功率。

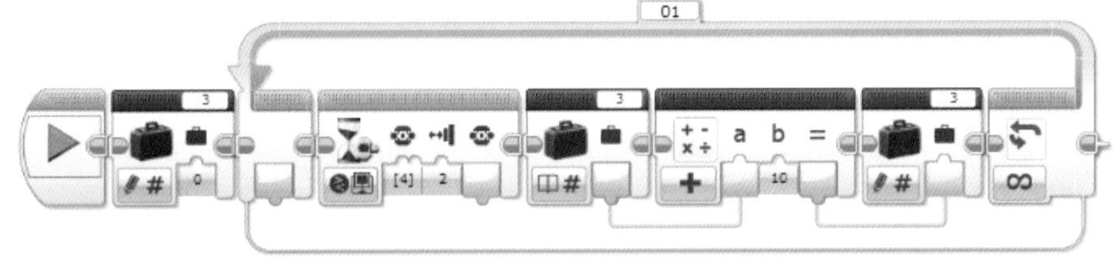

按触动传感器是停止。按下键是以-20功率后退。按下程序块按钮上键是每按一次，增加10功率，加速前进，初始值是0。

控制器程序发送的是控制指令。信息发送模块的名字是不同的。信息接收模块的名字应对应信息发送模块的名字。乐高EV3的蓝牙控制可以同时连接8个程序块。用一个程序块控制其他7个程序块。信息发送模块里可以写入不同的程序块名字，同时控制多个程序块。接收的程序应对应相同的名字。

以下是控制器发送程序，按下触动按钮，播放幽默笑话语音。

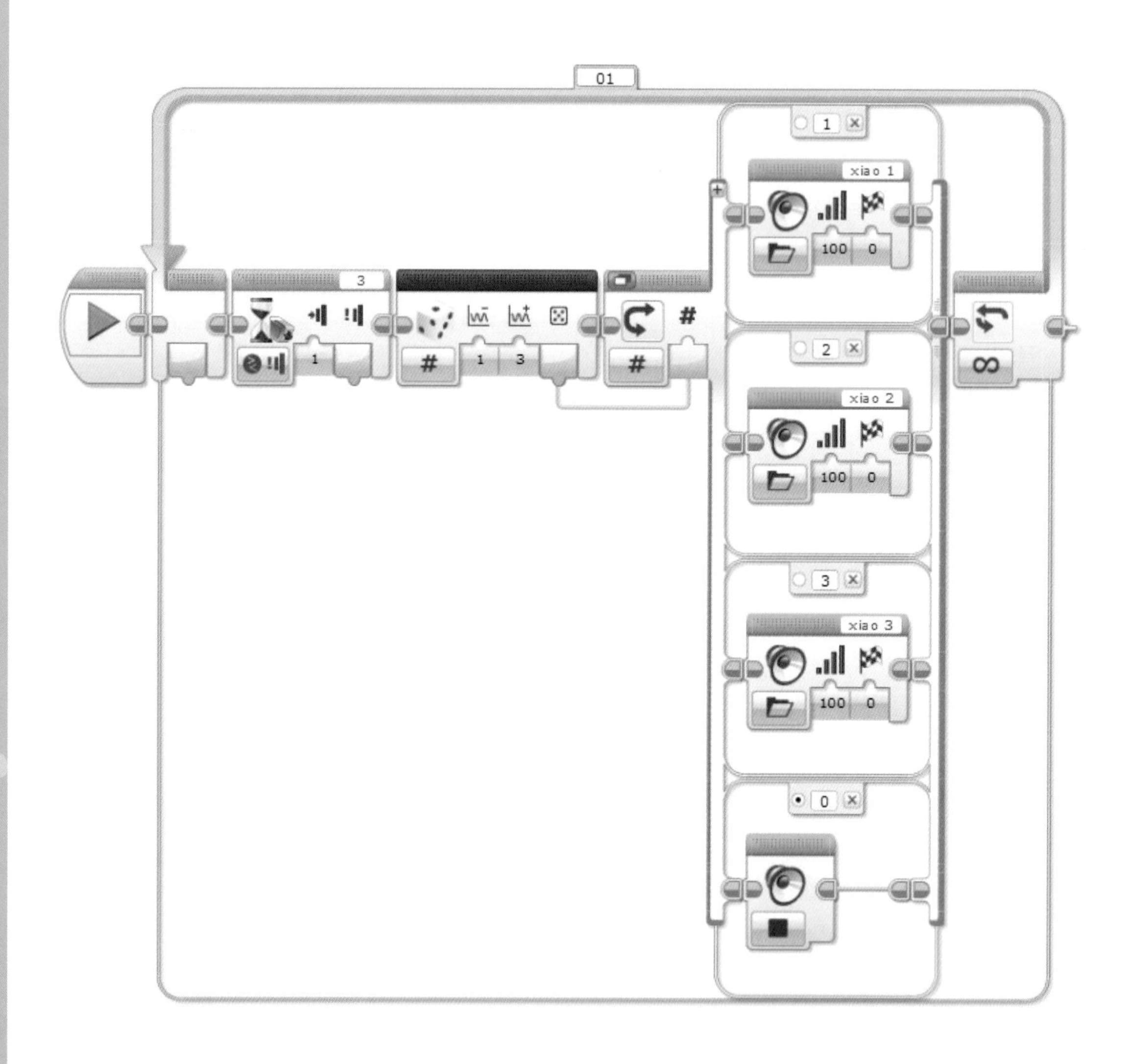

程序开始，进入循环。等待按下端口 3 的触动传感器。随机模块在 1-3 范围内随机设置一个数值给切换模块。随机播放 3 个幽默笑话中的一个，数字切换模块的默认项是 0，声音停止。

可以自定义喜欢的互动语音提示，也可以使用图像编辑器制作控制器菜单。使用有中文字的图像制作中文菜单，使用文字转语音服务，制作中文提示语音。程序的互动很重要，可以让使用者方便地使用控制器，了解控制器的功能。

以下是控制器程序，用于发送控制赛车的中型电机转向信息，并控制赛车转向。

第一个流程：程序开始，进入循环。读取变量 2 的数值乘以 -1 后的值给信息发送模块。以信息名为 abc 发送信息。变量 2 的值是中型电机的转向值。

第二个流程：程序开始，新建变量 2，进入循环。程序块按钮切换模块，按下中键，变量写入 0。按下右键，变量写入 60。按下左键，变量写入 -60。默认为不按键。

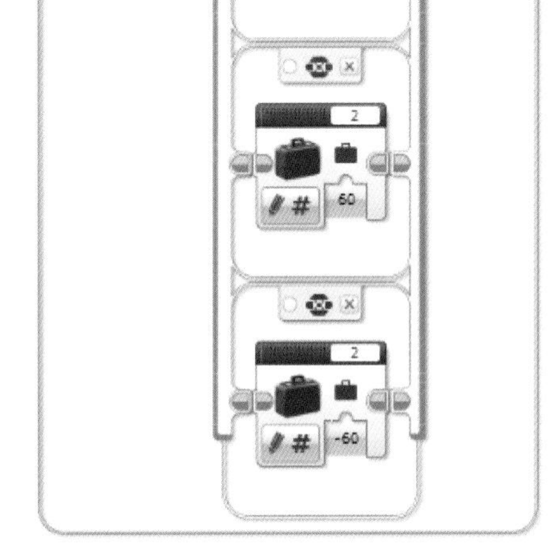

这两个流程是控制赛车转向的程序。通过按下程序块按钮的左、中、右键控制赛车左转、直行、右转。

可以修改变量名，使变量的名字更容易理解。变量名尽量使用拼音和英文单词，以便让别人更容易理解程序。

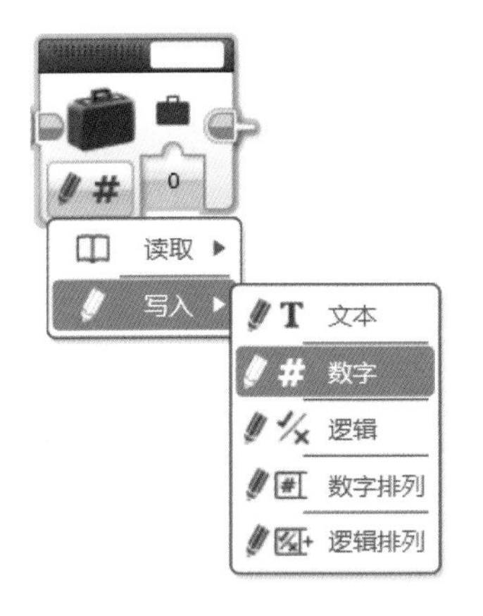

在编写程序时，变量模块非常重要。

变量类似书包一样，书包里可以放文具、书本。变量里可以放数值、文字、逻辑值，数字排列、逻辑排列。变量图标是一个公文包，它很形象地表达了变量的功能。

21.2.3 接收程序

以下是赛车接收程序，用于接收控制器的指令前后移动、加速前进、停止。

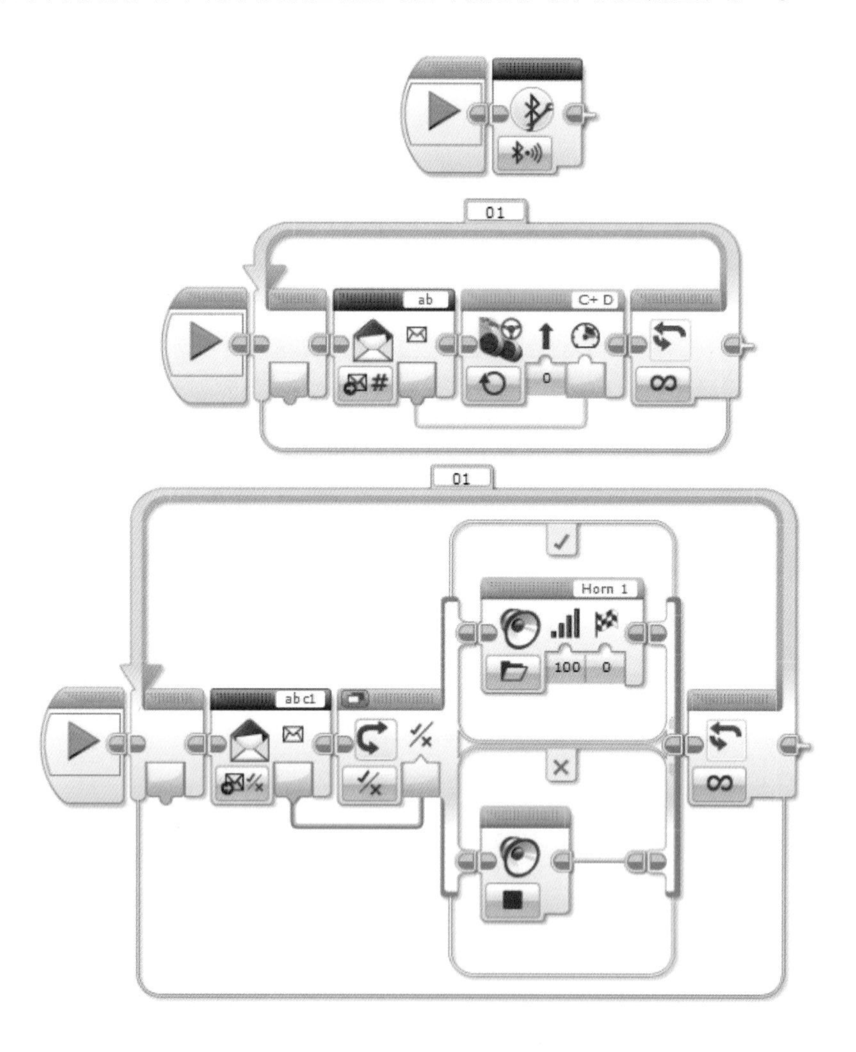

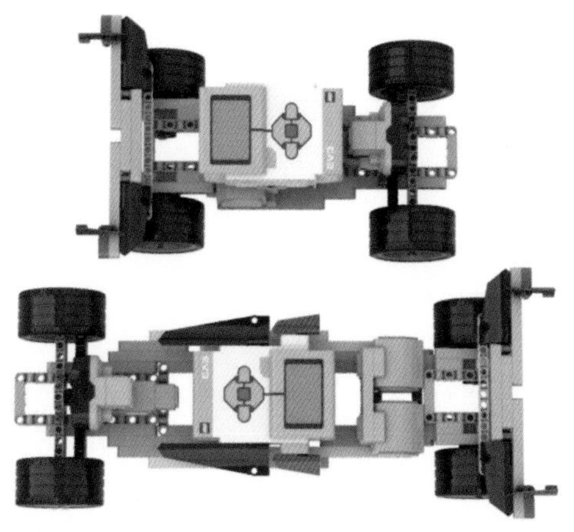

第一个流程：程序开始，开启蓝牙连接。

第二个流程：进入循环，接收信息名为ab的信息。接收的信息值作为C+D大型电机的功率。

第三个流程：进入循环，接收信息名为abc1的信息。接收的信息值给逻辑切换模块，逻辑真时鸣笛，逻辑假时声音停止。

这三个流程是控制赛车前进后退的程序。接收到控制器发送的大型电机功率后，根据功率的正负值，执行前进、后退、停止动作。

以下是赛车接收程序，用于控制赛车的左转、右转、直行、转向动作。

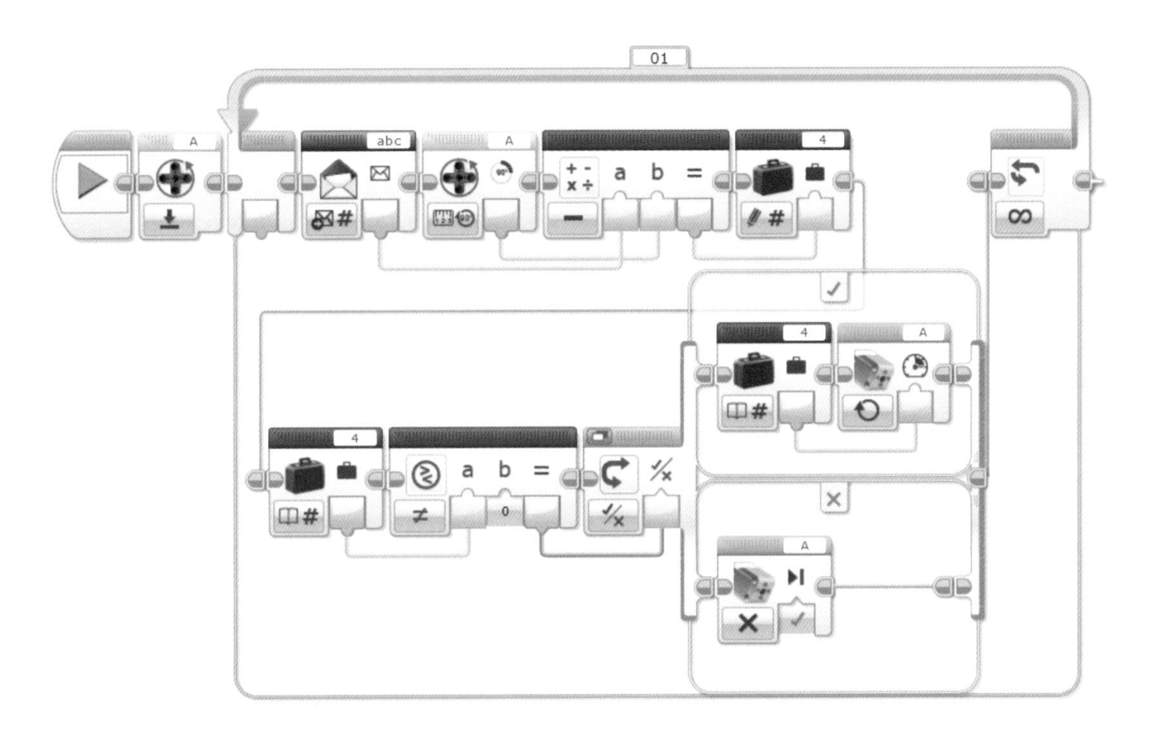

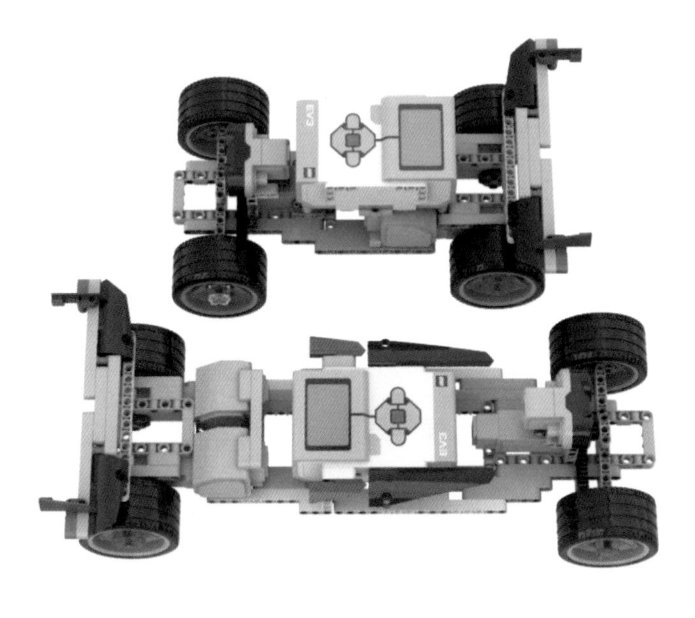

程序开始，重置电机旋转传感器，进入循环。

接收信息名为 abc 的信息。用接收到的数值减去电机旋转测量到的端口 A 电机运转的度数。把差值给变量 4，读取变量的值与 0 做比较。如果不等于 0 为真，把变量的值给端口 A 的中型电机，作为中型电机的功率，运转中型电机。否则停止端口 A 的中型电机（控制中型电机左转、直行、右转）。

变量的值与电机旋转测量的度数做减法运算。可以限制中型电机旋转的角度为 60°。变量的值与 0 做比较，可以让中型电机运转到正确的度数位置后，停止运转。控制中型电机精确转向。程序开始时，中型电机度数是 0。当中型电机运转到 60° 时，刚好与发送的 60 相减得 0，电机不转。当发送 -60 时，差值是 120，中型电机反向运转到 120°，实现转向。

21.3 EV3 Scratch 赛车模型程序

使用 EV3 Scratch 编写的赛车超声波避障程序与摩托车超声波避障车程序功能一样。

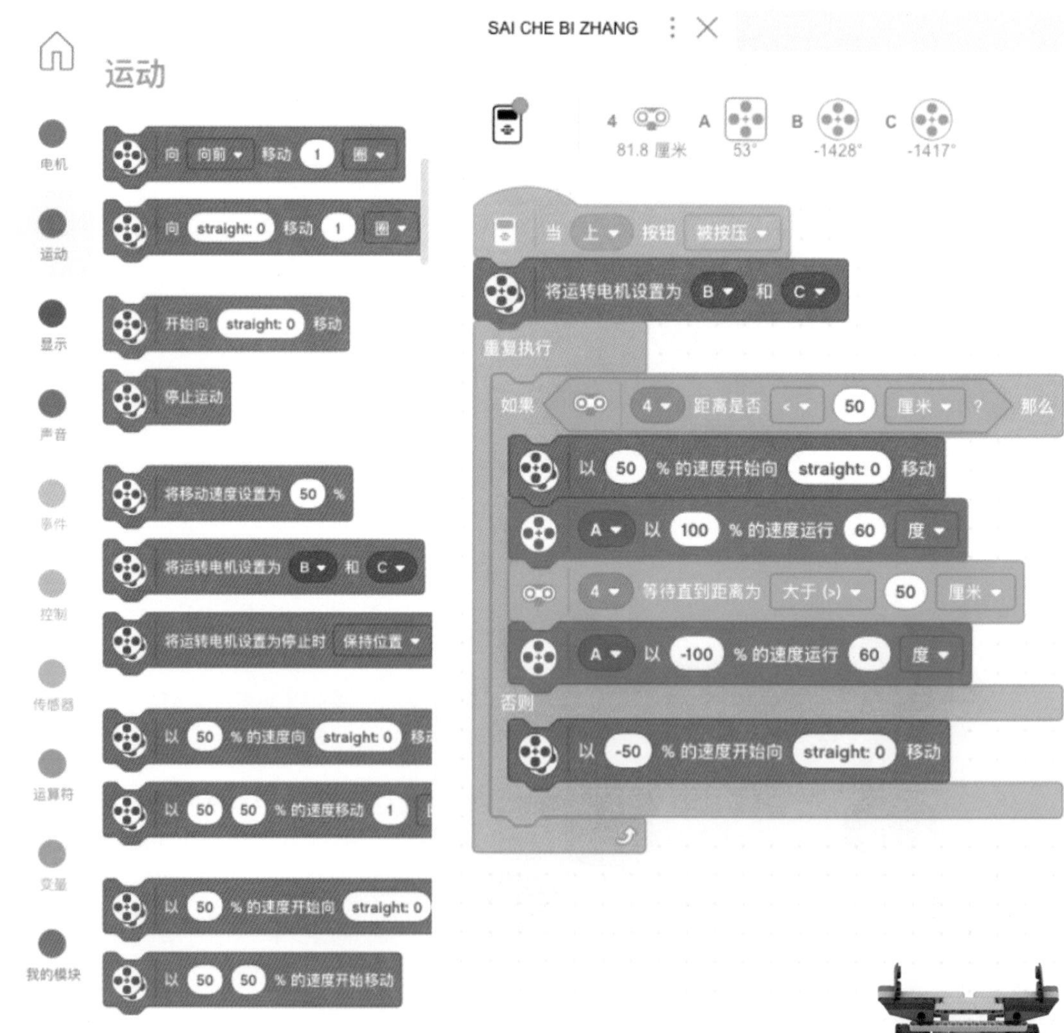

同学们可以亲自动手编写这个超声波避障程序。理解 EV3 Scratch 与 EV3 头脑风暴编程软件的异同点。这两个 EV3 软件的编程方法有相似之处，也有不同之处。要掌握好一种编程语言，必须亲自动手编写，调试程序。

21.4 来编程吧

同学们可以编写以下几个程序理解循环索引、电机旋转、陀螺仪传感器的功能。

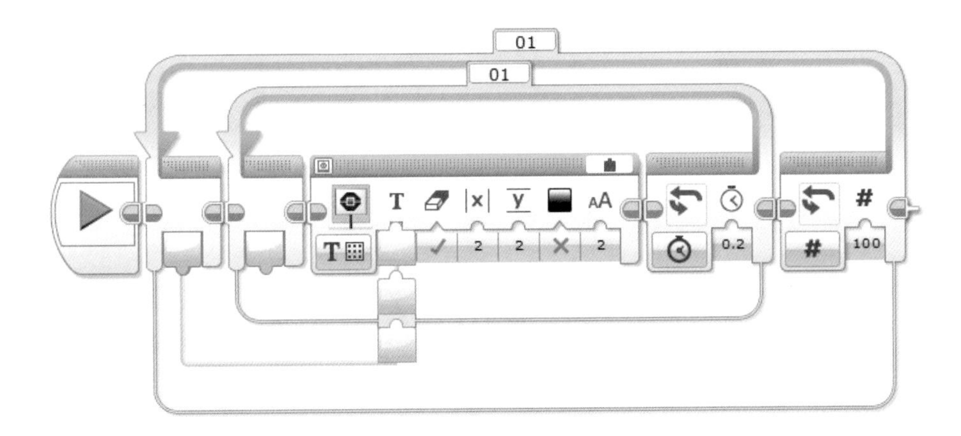

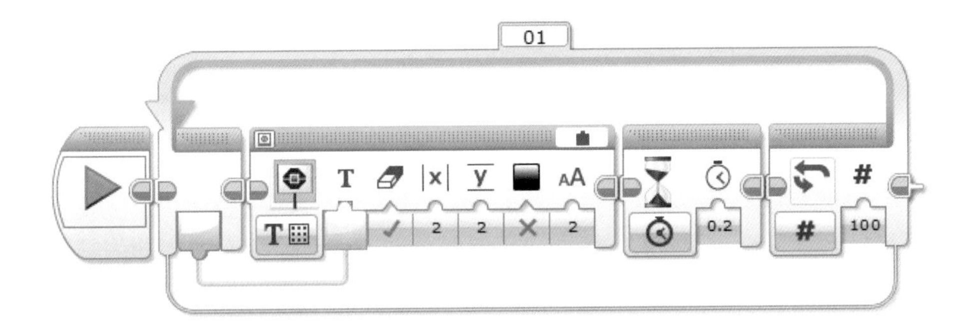

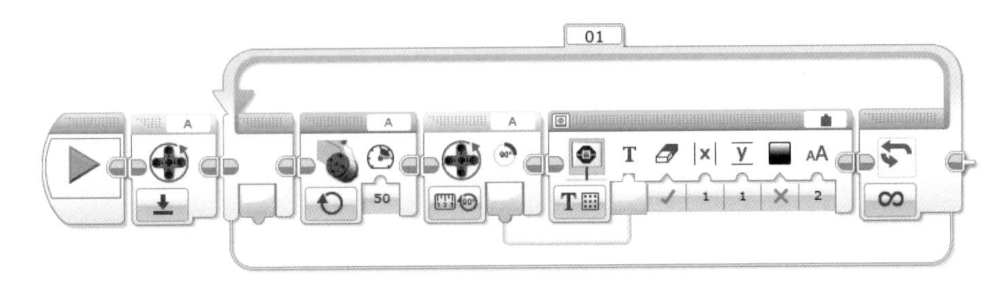

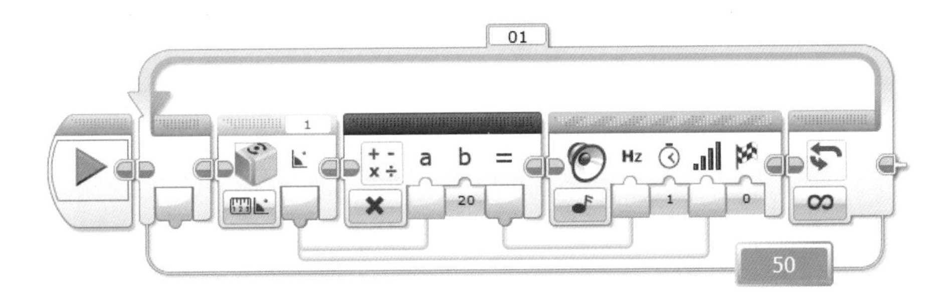

21.5 一个人也可以做好

1 编写和调试程序，理解陀螺仪传感器的功能。

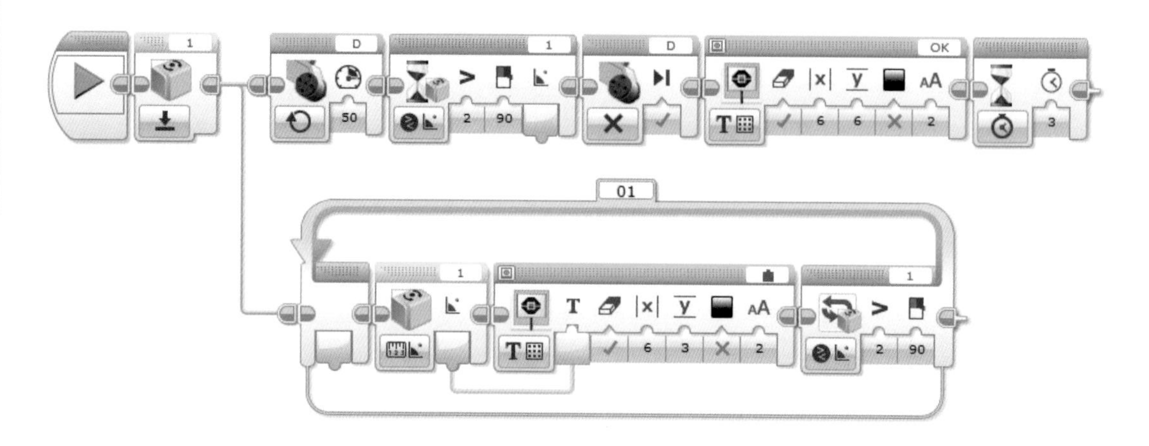

2 编写和调试程序，理解电机旋转模块的功能。

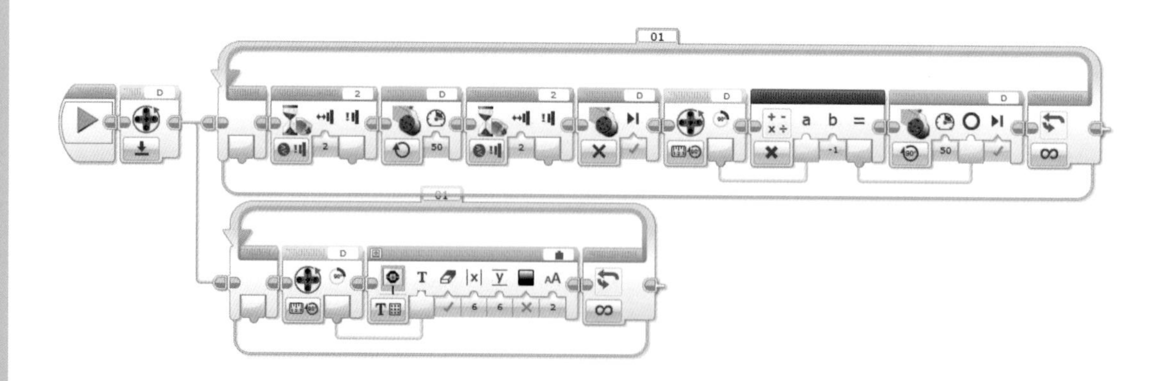

3 使用蓝牙连接、文件读写、消息传递、阵列运算模块编写一个程序。

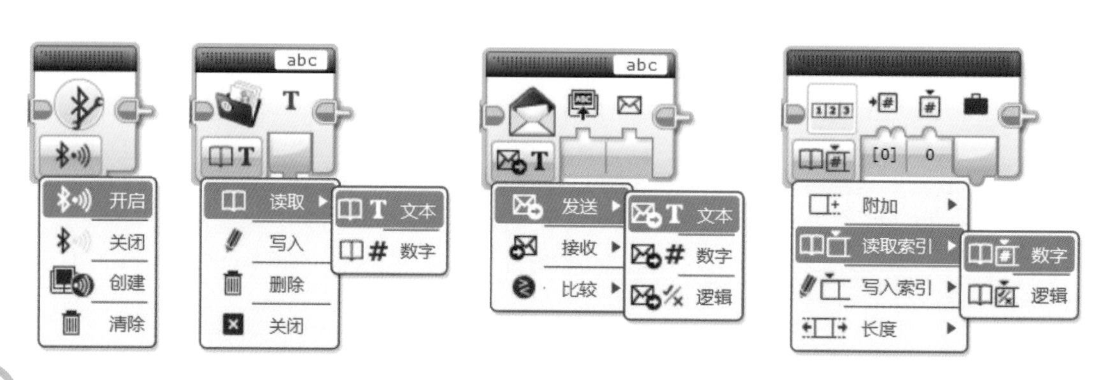